海洋岩土工程

〔澳〕马克·伦道夫（Mark Randolph）
〔英〕苏珊·古弗内克（Susan Gourvenec）　著

刘　涛　郑敬宾　王　栋　付登锋　封晓伟　周泽峰　译

科学出版社

北　京

图字：01-2020-5350 号

内 容 简 介

在海洋资源开发的过程中，海洋岩土工程作为关键支撑技术，决定了海洋油气平台、可再生能源系统等海岸工程建设与运行工作的基础稳定性。由于沉积物环境、荷载类型与施工安装技术的不同，海洋岩土工程与陆地岩土问题存在显著的差异，已分化成为一门独立的学科。本书的结构按照典型海洋工程项目设计流程安排，在前四章中，介绍了海洋环境、海上原位勘察和海床土的力学响应，进而详述海洋桩基础、浅基础和锚泊系统的岩土工程设计，最后介绍了可移动自升式平台、海底管道设计和海底地质灾害三类涉及多种方法结合的典型问题。

本书内容由浅入深、基础资料丰富，使读者在已有岩土工程理论知识的基础上，深入了解海洋岩土工程领域最新发展，可作为海洋岩土工程、港口航道与海岸工程专业研究生的教材，也可供海洋岩土工程设计人员、技术人员和广大海洋工程工作者查阅、借鉴。

审图号：**GS 京（2022）1174 号**

图书在版编目（CIP）数据

海洋岩土工程／（澳）马克·伦道夫（Mark Randolph），（英）苏珊·古弗内克（Susan Gourvenec）著；刘涛等译.—北京：科学出版社，2022.11
书名原文：Offshore Geotechnical Engineering
ISBN 978-7-03-072127-3

Ⅰ.①海⋯　Ⅱ.①马⋯②苏⋯③刘⋯　Ⅲ.①海洋工程–岩土工程–研究　Ⅳ.①P752

中国版本图书馆 CIP 数据核字（2022）第 066516 号

责任编辑：韩　鹏　崔　妍　张井飞／责任校对：何艳萍
责任印制：吴兆东／封面设计：图阅盛世

科 学 出 版 社 出版
北京东黄城根北街 16 号
邮政编码：100717
http://www.sciencep.com

北京中科印刷有限公司 印刷
科学出版社发行　各地新华书店经销
*
2022 年 11 月第 一 版　开本：787×1092　1/16
2023 年 2 月第二次印刷　印张：30 1/2
字数：750 000
定价：398.00 元
（如有印装质量问题，我社负责调换）

中 译 本 序

我们很高兴看到中文版的《海洋岩土工程》出版，希望广大读者能从中获得实用的信息。

《海洋岩土工程》英文版出版于全世界海洋油气开发急剧扩张时，海洋岩土工程师面临的前沿问题是如何在不熟悉的深海沉积与地质灾害环境中提供锚泊方案。今天，海洋岩土工程师正在应对新的挑战，需要用足够的速度与规模提供海洋可再生能源（特别是风能），以实现脱碳目标，助力缓解气候变化。

中国在海上风电领域履行了承诺，2021年中国海上风电新装机容量占全世界的80%。本书2011年出版时全球海上风电装机容量不足4 GW（引自《2011全球海上风电报告》），而中文译本即将出版时已超过55 GW（引自《2021全球海上风电报告》）。

本书提供的土力学知识和岩土工程设计指导，不但适用于海洋油气开发，也适用于海上风电开发。实际上，这些知识和方法可用于任何海洋设施的岩土工程设计，无论是能源的生产、储存和转移领域，还是水产养殖领域。

我们十分感谢中国朋友及同事们的努力，他们担负着《海洋岩土工程》文字与图表翻译的艰巨任务，特别感谢刘涛、郑敬宾、王栋、付登锋、封晓伟、周泽峰、田英辉、张建国和闫玥。我们与多名译者有过多年合作，许多合作成果已纳入本书。

我们希望这本书对您有所帮助，并为中国和全球的能源转型做出贡献。

马克·伦道夫（Mark Randolph）

苏珊·古弗内克（Susan Gourvenec）

2022年12月

Foreword to Chinese translation of Offshore Geotechnical Engineering

We are delighted that *Offshore Geotechnical Engineering* has been translated to Chinese and hope you find the book informative and useful.

The original version of *Offshore Geotechnical Engineering* was published at a time of considerable offshore hydrocarbon production expansion globally, when offshore geotechnical engineers were addressing frontiers of anchoring solutions for deep water, in new and unfamiliar seabed deposits and geohazardous environments. Today, offshore geotechnical engineers are addressing new challenges of delivering offshore renewable energy, and in particular offshore wind, at the pace and scale required to meet necessary decarbonisation targets to mitigate climate change.

Offshore wind is a sector in which China has demonstrated its commitment, installing 80% of the new offshore wind capacity globally in 2021. When our book was first published in 2011, there was under 4 GW of installed offshore wind globally (*Global Offshore Wind Report 2011*), while as this Chinese translation comes to print, over 55 GW of offshore wind capacity has been installed around the globe (*Global Offshore Wind Report 2021*).

The soil mechanics and geotechnical design guidance provided in *Offshore Geotechnical Engineering* is as applicable for offshore wind applications as for offshore hydrocarbon applications. Indeed, the knowledge and methods are applicable to geotechnical design of any offshore infrastructure, whether for energy generation, storage or transmission, or for food production through aquaculture.

We are immensely grateful to the work of our Chinese friends and colleagues who have undertaken the considerable task of translating the text and figures of *Offshore Geotechnical Engineering*. In particular, Tao Liu, Jingbin Zheng, Dong Wang, Dengfeng Fu, Xiaowei Feng, Zefeng Zhou, Yinghui Tian, George Zhang and Yue Yan, we have worked with many of those who have undertaken this translation for many years, and much of that collaborative work is included in the content of the book.

We hope you find the book a useful resource and that it will contribute to the energy transition in China and globally.

Mark Randolph and SusanGourvenec, December 2022

原　书　序

　　海上岩土工程的设计实践是由陆上实践发展而来的，但在过去 30 年中，这两个应用领域趋于分化，一方面原因是海上使用的基础和锚固设施的规模不同，另一方面原因在于施工和安装技术的根本差异。因此，海洋岩土工程已成为一门新的专业。

　　这本书的结构遵循一种模仿典型海上项目流程的模式。在前几章中，简要概述了海洋环境、海上现场调查技术和土体特性解释。然后介绍桩基、浅基础和锚固系统的岩土工程设计。最后讨论了三个需要多学科方法的主题：移动钻井平台、海底管线以及地质灾害的评估。

　　《海洋岩土工程》作为本科和研究生课程的框架，也将吸引专注于海洋行业的专业工程师。

　　这本书包含了足够的材料，使具有土力学与基础设计基础知识的读者能够在原有知识基础上继续学习，这些材料重点介绍的是海洋岩土工程中分析和设计技术的最新发展。

　　马克·伦道夫是西澳大学海洋地基基础系统中心的创始人、专业咨询公司先进岩土工程公司（Advanced Geomechanics）的创始人之一、朗肯讲座主讲人。

　　苏珊·古弗内克是西澳大学海洋地基基础系统中心的教授，为本科生、研究生和工业界讲授海洋岩土专业课程。

译 者 前 言

海洋中蕴藏着丰富的能源、矿产与生物资源，海洋岩土工程是海洋开发中的关键技术环节，支撑着港口、防波堤、海洋平台和海底生产系统的高效建设与安全运营。由于工程地质环境、荷载类型与施工技术的差异，海洋与陆上岩土工程的关注点不尽相同。国内外的海洋岩土工程都处在蓬勃发展时期。

由马克·伦道夫（Mark Randolph）教授与苏珊·古弗内克（Susan Gourvenec）教授撰写的 *Offshore Geotechnical Engineering* 是海洋岩土领域的权威著作，在工业界和学术界都得到广泛认可。本人 7 年前初次拜读该书，欣喜若狂，想到如果能译为中文，更能为国内的工程师与研究生提供帮助。后有幸与两位作者的前同事王栋教授一起工作，畅谈之后决定动手翻译。两位作者得知后亦欣然应允，为本书的翻译提供诸多便利条件。

本书共分 10 章，第 1 章介绍与梳理全书主要内容；第 2 章简要介绍海洋环境与海底沉积物的特征；第 3 章讨论海床特性的调查方法，包括不同类型的物探、原位勘察技术与室内试验等；第 4 章介绍海床土的力学响应；第 5 ~ 9 章分别关注海洋桩基础、浅基础、锚泊系统、可移动自升式平台基础、海底管道与立管的设计准则；第 10 章介绍海底地质灾害及评估方法。全书内容由浅入深，各章节按照典型海洋工程项目设计流程安排，同时各章自成体系，便于系统学习与参考。

翻译伊始至最终定稿历经 4 年，其间刘涛教授负责第 1、2、10 章，郑敬宾博士负责第 3、4、8 章，付登锋副教授负责第 5、6 章，周泽峰博士负责第 7 章，封晓伟教授负责第 9 章，王栋教授负责全书技术核对与检查。翻译过程中，Fugro 集团高级主任工程师张建国博士、墨尔本大学田英辉副教授、中国海洋大学张艳博士、天津大学闫玥副教授等检查译稿，提供大量有益建议。为保证行文流畅度与对技术理解的准确性，诸位同道句斟字酌，更有众多专业名词需兼顾国内已有说法。一并感谢上述人员付出的心血。

在翻译成文中，我们力求忠于原著，准确表达原意，同时也充分考虑汉语表达习惯，以方便读者阅读。希望我们的翻译能够承前人之心志，向科学之前路，明自然之恢宏。

刘 涛

原 书 前 言

海上岩土工程的设计及实践均源于陆上实践，但在过去的 30 年中，这两个应用领域发展方向趋于分歧，其中一部分原因是海上岩土工程设计中所使用的地基基础和锚泊设施的规模有异于陆上岩土工程，另一部分原因则是两种环境下施工或安装技术差别很大。因此，海洋岩土工程不可避免地发展成为一个独立的专业，最初仅在专业的工程师以及研究人员中传授，随后通过高等教育中的研究生和本科生专业课程逐渐扩散。

本书内容最初来源于 1998 年西澳大学（University of Western Australia，UWA）石油和天然气工程硕士专业的海洋岩土工程课程。如今，本课程除了是该专业的一门硕士课程外，也是西澳大学工程学士本科阶段最后一年的选修课。课程涵盖了土力学和地基设计的基础知识。开设此类课程的目标在于让学习者能够在其原有知识基础上，重点关注与现代海洋工程开发相关的问题。现代海洋工程的开发海域水深已经超过了 2000 m。

除了普洛斯（Poulos）在 1988 年的《海洋岩土工程》等极少数的专著，岩土工程这一领域的专业汇总很少，希望这本书既能作为本科和研究生课程的框架，又能为本领域专业工程师提供参考。与其他教科书一样，本书作者不得不针对以下方面做出艰难的决定：土力学和岩土工程的先验知识、作者的专业知识需要在其他学科的范围内解决。我们的解决方法是避免重复其他教科书中已有更好描述和涵盖的材料，无论是在基本原理方面，还是在专业领域（如抗震设计或目前快速发展的地质灾害评估领域）方面。关于此类问题，我们给出了概述，并提供进一步阅读的建议，但不试图进一步解释已有良好总结的内容。此外，作为本书的一个特别目标，我们寄希望于确定新的研究材料，并专注于传统设计方法（包括美国石油协会和国际标准化组织系列等行业指南中的一些方法）存在缺陷的领域。

本书的结构遵循了大众所熟悉的模式，模仿了典型海上项目的流程。前几章从海洋的简要概述开始介绍海洋环境以及最活跃的近海油气区域沉积物的"标志性"岩土特征。然后给出目前探索调查海底特性的各种方法，从高级地球物理方法开始，介绍并解释海上常用的原位岩土技术和不同类型的室内试验。关于土体的一章（第 4 章），与工业项目中的"解释性"报告一并提出，然后提供一种如何通过不同的现场调查技术来量化影响后续设计的关键土体特征的方法。此外还讨论了物模试验的作用，解决土体响应或"土-结构"相互作用中不易分析的问题，对模型比例尺也提供了独特的见解。

三个中心章第 5~7 章分别涉及桩基础、浅基础和锚泊系统的岩土工程设计。近海工程一直处于新设计方法的前沿，这些方法是通过近海工程资助的研究计划开发的，并随后在设计指南中采用。典型案例包括 20 世纪 70 年代开发的桩侧向响应模型、20 世纪 80 年代和近年分别开发的黏土和砂土中桩轴向承载力方法、评估循环载荷对浅基础性能影响。

研究者不断探索这些设计模型模拟现实的程度。锚固系统正持续快速发展，以响应工业对更深水域的探索与需求。虽然这迫使传统拖锚设计采用更科学的方法，但它也需要依赖数值和物理模拟作为设计方法的基础，并通过现场试验进行验证。

第 8～10 章需要的岩土工程设计方法通常可以与海洋开发的其他部分分开处理，并需要多学科方法的融合。其中第 8 章涉及移动式钻井平台的设计，特别是所谓的"自升式"钻井平台（这一直被视为最容易出现意外风险的领域），概述了模拟"桩靴（spudcan）"基础与土体相互作用的新方法，并将该响应与整个钻机的结构和水动力建模相结合。第 9 章和第 10 章分别涉及管道和地质灾害，两者在深水开发中尤为重要，通常涉及更危险的海底地形和更长的回接至海岸的管道。地质灾害评估主要是工程地质学家和海洋地貌学家的领域，而管道设计本身就是一门专业学科。但是，这两个领域都有岩土工程内容，例如评估海底滑坡的稳定性及其对海底基础设施的影响，以及管道与海底之间的详细相互作用，这些是这些章节的主要重点。

感谢许多为本书做出贡献的人，他们有的提供了直接纳入本书的课程材料，有的间接提供研究成果来完善本书的内容。其中许多人是海洋地基基础系统中心（COFS，Centre for Offshore Foundation Systems）的现任或前任成员，该中心是 1997～2005 年期间由澳大利亚研究委员会成立并资助的一个特别研究中心。特别感谢戴维·怀特（David White）教授，他主要负责第 5 章和第 9 章的桩基和管道设计部分，以及马克·卡西迪（Mark Cassidy）教授，他是第 8 章移动钻井平台部分的主要作者。除此之外，感谢马克·森德斯（Marc Senders）博士对现场调查部分的贡献，以及詹姆斯·亨格什（James Hengesh）先生对地质灾害部分的贡献。特别感谢 Advanced Geomechanics（AG）公司的卡尔·厄德里奇（Carl Erbrich）先生，他是 1998 年原硕士课程的主要讲师之一，以及课程的其他讲师，包括哈克梅特·乔尔（Hackmet Joer）博士（曾属 COFS，现为 AG）、马丁·费伊（Martin Fahey）教授（西澳大学土木与资源工程学院）、伊恩·芬尼（Ian Finnie）博士（AG）和保罗·黑费尔（Paul Hefer）先生（曾属 AG）。

马克·伦道夫，苏珊·古弗内克，于珀斯
2010 年 2 月

目　　录

第 1 章 引 言

1.1 历史回顾

1947 年，在距离美国路易斯安那州海岸 18 英里①、水深仅 6 m 的海域，历史上第一座海上石油平台"Superior"建成（图 1-1）。今天，全世界分布着 7000 多个海上平台，应用水深已经超过 2000 m。在 20 世纪 70 年代初，深水开发仅仅意味着水深 50~100 m，且大多数海上平台所处水深不足 50 m。如今，"深水"和"超深水"一般指 500 m 和 1500 m 左右的水深。

图 1-1 第一个海上石油平台——Superior：1947 年，路易斯安那州海岸（Leffler et al., 2003）

---

① 1 英里≈1.6 千米。

多年来，墨西哥湾的早期经验主导着海洋岩土设计。墨西哥湾海底以软黏土为主，因此常采用打入式桩基础。然而，全球各地等海域的地质条件各不相同，由此发展出各种新的海洋基础形式。

在挪威政府强调本土投入的强力政策支持下，挪威工程师率先在北海发展了混凝土重力式基础，因为北海高强度的黏土和密砂能够为浅基础提供足够的承载力。

特定海床条件（如钙质土）或环境条件（如加拿大海域的冰荷载）促进了新概念基础或平台类型［如钙质土中的灌注桩、波弗特（Beaufort）海中的沙岛］的提出。

由于靠近大陆的油气资源逐渐枯竭，新开发项目距陆地越来越远，从而逐步进入深水。深水油气开发中发展了多种柔性结构（如拉索塔式平台）以及由受拉构件和锚系泊的浮式结构（如张力腿平台和浮式生产单元）。其中最具影响力的锚当属负压安装的深水桶形基础，例如图1-2所示的在墨西哥湾 Na Kika 场区中的应用（Newlin，2003a）。

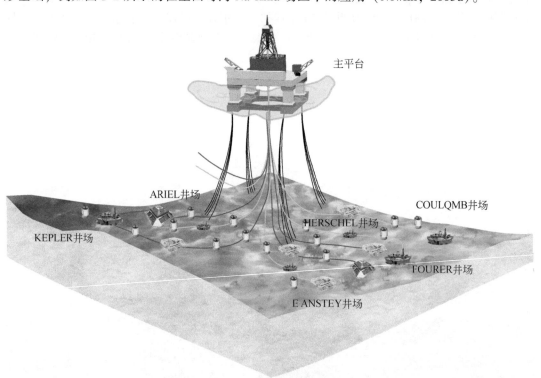

图1-2　墨西哥湾 Na Kika 开发区域，水深2000 m（Newlin，2003a）

随着海洋开发逐渐远离陆地，需要在开采场地建设储存设施（主要储存液体）并由油轮定期运走，或者通过长距离管线输运。利用海底管线将邻近场区连成网络有很高的经济价值，因为石油和天然气可通过管线输送至中心设施进行加工或输出，这种趋势导致生产管线和外输管线越来越长，管线设计越来越影响新项目的经济效益。

深水资源开发的一个显著特征是加剧地质灾害威胁，包括天然气水合物分解、海床内气体迁移、大陆架边缘的海底滑坡、陡峭坡体（如墨西哥湾的 Sigsbee 陡坡，图1-3）等。

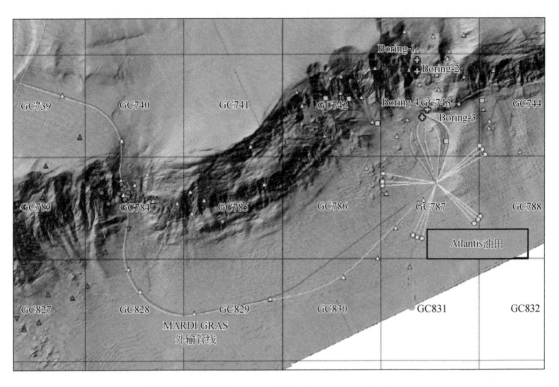

图 1-3 墨西哥湾 Sigsbee 陡坡（Jeanjean et al.，2005）

1.2 海洋工程的特点

海洋环境中的岩土工程有以下显著特点：

（1）现场勘察费用极其昂贵，调动和租用合适船只的费用经常高达数百万美元；

（2）海底沉积物条件特殊，对碳酸盐土和珊瑚尤其如此；

（3）外部荷载大，环境荷载比重高，弯矩荷载相对于结构自重较大；

（4）施工过程中一般不可修改设计，否则将导致成本急剧上升；

（5）虽然地基基础刚度对结构动力响应很重要，但设计重点更多集中在承载力或极限状态，而不是变形。

基础施工成本昂贵，还要承受相对较高的环境荷载，导致地基尺寸较大。例如，进入海床 200 m，直径 2~3 m 的桩基。

一个典型的海上油田开发可能覆盖很广的区域（可达数十平方千米），包含若干个固定式结构或锚泊位置，还有连接油井的生产管线、连接岸上或地方干线的外输管线等。因此，现场勘察往往需覆盖很大区域，尽管区域中的大部分位置只需测试浅地层。

海洋结构可分为固定式结构和浮式结构，某些基础类型可服务这两类结构形式。例如，桩基础既可用于支撑导管架平台，也可作为张力腿式平台或其他类型浮式结构的锚泊基础。地基基础和锚泊系统需要适应水深的增加，大量科研投入必不可少，用于验证新的基础类型和锚泊系统。与此同时，美国石油协会（American Petroleum Insitute，API）和国际标准化组织（International Standards Organisation，ISO）也制定了相关设计规范和推荐做法。虽然这些规范不可避免地落后于最新研究进展，但工业界一直努力跟上研究进展，通过专家组成的技术委员会不断更新设计规范。美国船级社、挪威船级社和劳式船级社等第三方监管机构也在校验科研发展的新设计方法、协调整个行业发展等方面发挥了重要作用。

1.3　固定式结构的基础

导管架平台或固定钢板结构是第一批海上结构形式。墨西哥湾的设计经验以及正常或弱超固结黏土地基条件共同决定了基础形式多为打入桩。最初使用的是木桩，但木桩很快就被易于施工的钢管桩取代。对于简单的平台设计，钢管桩一般布置在导管架的边角处（图1-4）。打桩时可使用蒸汽锤，蒸汽锤与桩头之间通过送桩传递荷载。近年来，水下液压锤更常用，液压锤可直接放到桩套上。

图1-4　运输中的中等尺寸导管架结构

欧洲北海早期开采区典型的地层条件为经历冰川作用的超固结黏土（剪切强度一般为100~700 kPa）与密砂互层。这样的地质条件允许采用直接坐落在海床上的混凝土重力式平台，平台基础仅需短裙边进入浅部土层。近期建造的平台，如 Gullfaks C（图1-5）和 Troll 平台，位于更深水域（200~300 m）的较软沉积物上，基础需要带有长裙边，长度为 20~30 m，通过造成负压（降低基础内部压力，实现与周围静水的压力差）将裙边贯入海床中。

钢制裙式基础是多种基础类型的统称，例如板式基础、桶形基础、用于锚泊单个构件的吸力罐或吸力沉箱。实践证明，裙式基础用途非常广泛，能够承受压力、拉力或水平载荷，并可使用相对轻型的施工船安装。在北海地区，除了重力式结构外，导管架搭配吸力沉箱基础的结构形式也已应用成功。

图 1-5 Gullfaks C 平台混凝土重力式结构示意图

小型平台可以采用简单的三脚架式基础（通过中心管柱支撑平台）或单桩基础。混合结构（如混凝土基础上的钢结构）以及一些打破传统模式的结构也越来越常见，例如在移动钻井平台（即自升式平台）底部永久性或临时性地安装钢质或混凝土平板基础。

自升式平台（图 1-6）作为一种可移动钻井平台，由三根或四根独立的桩腿支撑，每根桩腿底部装配桩靴基础，桩靴是一种扁圆锥形基础，底面中心有一个突出的尖端。平台的船体部分升到海面之上的一定作业高度，桩靴可能需要贯入海床以下数倍的自身直径。

图1-6　自升式移动钻井平台

桩基础、浅基础和桩靴基础将分别在第5章、第6章、第8章作详细介绍。

1.4　柔性和浮式设施的锚泊系统

当水深大于200 m时，隔水套管具有足够的柔性，因此可以使用移动或浮式平台。在不超过500 m的中等水深，由于传统平台占地面积很大，顺应塔平台更具吸引力。顺应塔平台上部具有较大的质量和浮力，对环境荷载的反应较迟缓。典型的周期为10～15 s的波浪会在顺应塔结构响应前通过结构。顺应塔结构的适用水深通常大于300 m，这是由于较浅的水深条件将导致顺应塔结构的刚度增加，从而使其无法工作。

Ronalds（2005）综述了不同形式的浮式系统——包括浮式生产储油船（Floating Production Storage and Offloading vessels，FPSO）、半潜式平台、张力腿平台（含迷你型张力腿平台）和单柱式平台——的特点与选择时需要考虑的因素。所有浮式系统都需要系泊和安装到海床中的某种类型的锚。

张力腿平台利用绷紧的筋腱（或钢管）来提供海底固定钢板和上部浮式结构之间的张力；海底固定钢板由打入式钢管桩固定，或由压载物和吸力式沉箱共同固定。

其他浮式结构可以通过悬链线或者（半）张紧式系统系泊。在浅水至中等水深，悬链线系泊常用于浮式设施，或用来提高柔性结构的稳定性。锚泊系统可简单采用重物，即重力锚，但埋入海床中的锚能够提供更大抗拉力。

在更深的海域，悬链线在海床中的倾角最大达到45°，因此张紧或半张紧式的系泊系统更具吸引力。张紧形成的竖向拉拔荷载促进了新型埋入锚和吸力式沉箱的发展。埋入锚（如 Vryhof Stevmanta 公司发明的埋入式平板锚）可以在高竖向荷载条件下正常工作，而吸力式沉箱除了利用吸力抵抗外荷载外，还可通过额外压载提高承载力。

锚的类型

形式最简单的锚利用重量系泊上部结构，即重力锚。这种类型的锚一般是坐落在海床上的空箱，箱内填充石料或铁矿石，如澳大利亚西北大陆架 North Rankin 项目中用于锚固火炬塔的箱型锚（图 1-7）、Wanaea 和 Cossack 油田用于固定 FPSO 的箱型锚。

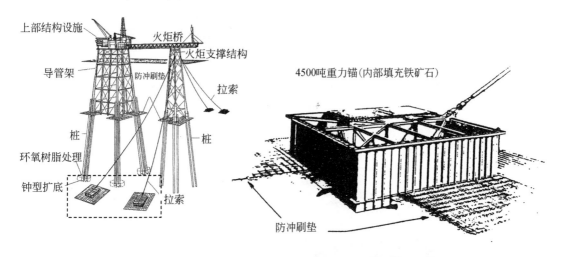

图 1-7　North Rankin 项目中火炬塔采用的箱型锚（Woodside Offshore Petroleum, 1988）

一种新的重力锚是将格栅板埋置在由岩石或铁矿石构成的堆堤下（Erbrich and Neubecker, 1999）。格栅板安置在堆堤的背面，如果格栅板失效，整个堆堤都要被拆除。这种类型的锚在澳大利亚西北大陆架 Apache Stag 油田的开发中得到了应用（图 1-8）。

埋入锚可以大致分成五类：打入桩或钻孔灌注桩、吸力式沉箱、拖锚、平板锚和动力贯入锚（鱼雷锚）。桩基础可提供最高的承载力，尤其是在基础单纯受拉时，这种情况在张力腿平台的设计中十分普遍；目前深海永久锚泊系统中最常用的是吸力式沉箱（图1-9）。不同类型锚的设计将在第 7 章详细介绍。

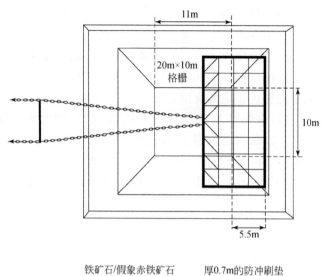

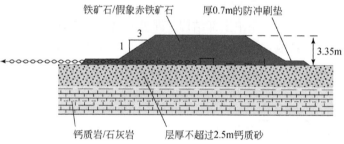

图 1-8　Apache Stag 油田中采用的格栅板和堆堤组成的锚（改自 Erbrich and Neubecker，1999）

图 1-9　运输船上的吸力式沉箱

1.5　海底管线和地质灾害

本书最后两章将介绍近二十年来海洋岩土工程领域日益重要的工程问题，这些问题都一定程度超出了传统岩土领域的专业知识范畴。

管道设计是海洋领域的一门专业学科，主要目的是确保管道中可能呈多相状态的油气成功输送。作为一种海洋工程结构，管道必须具有足够的强度来承受内部和外部的压力、在铺设和运行的过程中不发生屈曲、在海床上处于稳定状态。岩土方面的设计主要涉及管道（埋置于沟槽中或直接铺设在海床上）在土中的稳定性，以及决定稳定性的"管道–海床"极限相互作用力。

过去十年中，由于偏远、深水区域开发所需管道长度的增加，管道在岩土方面的设计越来越复杂。在深水区域，管道通常直接铺设在海床上，管道的设计必须使其能够承受由于温度变化产生的周期性膨胀和收缩、管道胀缩引起的横向屈曲和其他现象（如"轴向走管"）（Bruton et al., 2006；Carr et al., 2006）。上述问题及其他相关岩土工程设计将在第9 章介绍，其中，软弱沉积物中管道的埋深计算将作为重点，因为埋深影响管道横向或轴向运动的后续反应。

如图 1-3 所示，大陆架边缘陡坡上发生的海底滑坡形成威胁管道和其他海底设施的地质灾害。在离岸更近的地方，飓风引发的海底泥流同样危害管道（Gilbert et al., 2007）。海洋地质灾害评估依赖于许多其他地学分支的技术支持，岩土工程在其中发挥的作用相对较小，将在本书第 10 章提供简要介绍，同时也将讨论评估和降低风险水平的方法。

第 2 章　海 洋 环 境

2.1　活跃的地质构造、大陆漂移和板块构造学说

地球是一颗活跃的行星，科学家在 20 世纪 60 年代才开始将地球理解为活动的、动态变化的物体，这一认知的改变代表着一场重大的科学革命，就像哥白尼和达尔文掀起的革命一样，这场革命以它的提出者——德国气象学家阿尔弗雷德·魏格纳——命名。1915年，他率先收集了大量支持大陆漂移理论的证据。作为一名气象学家，他在格陵兰岛的冰面上度过数个冬天，正是在这些与世隔绝的日子里，他将地球作为深入思考的对象，提出大陆板块的漂移就像冰山漂在海上。同时，南美洲东海岸和非洲西海岸形状的明显匹配促使他得出了这一理论。

魏格纳认为地壳各部分在液态核上缓慢漂移，并假设 2 亿年前曾有一个巨大的超级大陆，他将其命名为泛大陆（Pangaea，希腊语意为"整个地球"）。大约 1.3 亿年前，Pangaea 开始分裂成两个相对较小的超级大陆，即劳亚古陆（Laurasia）和冈瓦纳古陆（Gondwana）。6600 万年前，也就是恐龙刚灭绝时，超级大陆分裂为类似今天的大陆板块。

漂浮在软地幔上的大陆板块由厚度 80~400 km 的岩石构成。大陆板块在水平和竖直方向都存在运动，速度约 1~10 cm/a。随着板块边缘的重叠、互相挤压或被推回地幔，板块大小也发生变化。板块构造理论不仅解释了地球板块的移动，同时也解释了地震、火山、海沟和山脉的形成及其他地质现象，这是因为地球的大部分地震活动基本发生在相互作用的板块边界处。

大陆板块的顶层被称为地壳，包括海平面以上的"大陆地壳"和海底的"海洋地壳"。图 2-1 展示了美国地质调查局根据地震折射波数据绘制的世界地壳厚度等值线图，大陆地壳厚度通常为 35~40 km，而海洋地壳较薄，厚度通常不到 10 km。

与大陆地壳不同，海洋地壳在各类洋中脊上形成，新的地壳在"扩张中心"被推入海床，在"俯冲带"被推入地幔。扩张速度最快可达 100 mm/a，但通常不超过 30 mm/a。图 2-2 是美国国家地球物理数据中心编制的海洋岩石圈年龄数字模型，展示了地壳活动，最年轻和最古老的地壳分别标志扩张中心和俯冲带。图 2-3 显示了一些与大陆板块、大陆地壳及海洋地壳有关的动力学过程，包括海底扩张和俯冲、板块碰撞形成山脉及火山。

图 2-1　大陆和海洋地壳厚度（单位：km）

资料来源：美国地质调查局

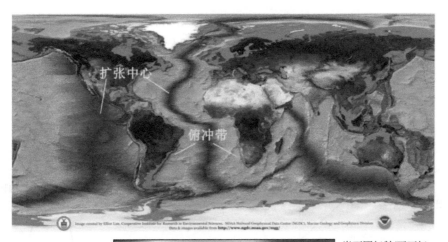

图 2-2　地壳活动（Muller et al., 2008）

资料来源：美国国家地球物理数据中心

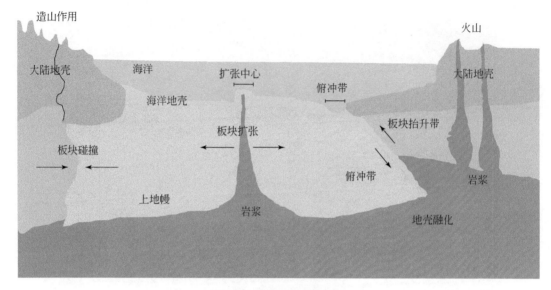

图2-3　板块和地壳构造

2.2　海洋地质

海底地形特征

图2-4展示了典型海底地形特征：大陆边缘、大陆隆和深海平原，深海中也可能存在海沟和海山。大陆边缘包括大陆架和大陆坡。大陆架是邻近陆地的水下延展，向海延展至陆架断裂或大陆脊，然后续接大陆坡；大陆坡的坡脚为大陆隆，大陆隆通向深海。

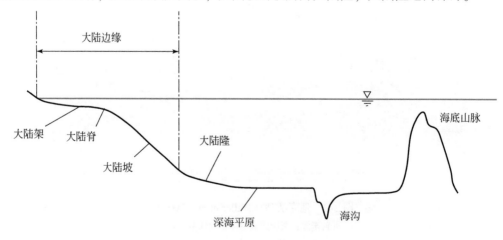

图2-4　海底地形特征（改自 Poulos，1988）

大陆边缘非常重要，因为这里储藏了丰富的石油，是海洋石油和天然气行业工程师主要关注的地区。大陆边缘约占海底总面积的 20%，达到 7400 万平方千米，约为澳大利亚面积的十倍。

虽然所有海底地形都能用一般的术语概括，但区域差异总是存在的。图 2-5 是由美国国家地球物理数据中心编制的陆地和海底地形阴影图，显示了大陆边缘的范围。图 2-6 是选定位置处大陆边缘的地形剖面，表明了大陆架和大陆坡地形的多样性。

图 2-5　大陆边缘水深阴影地形，显示了大陆边缘的范围（数字标注点位与图 2-6 对应）

资料来源：美国国家地球物理数据中心

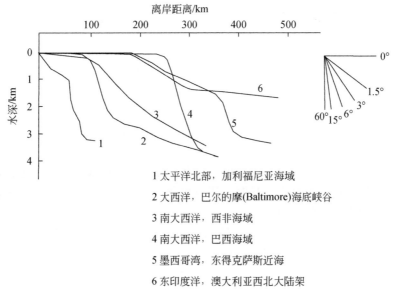

1　太平洋北部，加利福尼亚海域

2　大西洋，巴尔的摩(Baltimore)海底峡谷

3　南大西洋，西非海域

4　南大西洋，巴西海域

5　墨西哥湾，东得克萨斯近海

6　东印度洋，澳大利亚西北大陆架

图 2-6　标注点位处的海底地形剖面

图 2-6 中展示的地点与图 2-5 世界地图中的标记对应，某些海域的局部水深有很大的变化，特别是在北太平洋、墨西哥湾和澳大利亚西北大陆架。

大陆架既可能几乎不存在，也可能延伸几百千米直至水深 10～500 m 之间的陆架断裂。冰川区的陆架断裂水深最大，珊瑚生长区的陆架断裂水深最浅。大陆架的平均坡度约为 1：500（0°07′）。

由陆架断裂向外，大陆坡的坡度大于大陆架，变化范围从三角洲地区的平均坡度 1：40（1.2°）到断裂带的 1：10（6°），水深达到 2～3 km。大陆隆位于大陆坡的坡脚，坡度在 1：1000 和 1：700 之间。靠近大陆隆的深海平原，坡度在 1：1000 和 1：10000 之间，水深 2.5～6 km。

2.3 海洋沉积物

2.3.1 海洋沉积物的分布

图 2-7 是美国国家地球物理数据中心编制的世界大洋及边缘海域的沉积物分布数字模型。沉积物通常在大陆边缘最厚，在新形成的洋中脊上最薄。部分海底区域被强大的底流冲刷，因而缺乏沉积。大陆边缘虽然仅占整个海底面积的 20%，但拥有约占总量 75% 的海洋沉积物。在许多地区，大陆隆是一种沉积特征，主要由沉积泥浆形成，厚度可达 1.6 km。峡谷通常切过大陆隆，成为沉积物向海输送的通道。深海平原通过峡谷或其他通道与陆源沉积物相连，这些沉积物以黏稠泥浆的形式输送到平原（Poulos，1988）。

2.3.2 沉积物来源及分类

海洋沉积物由陆地碎屑物质或海洋生物遗骸等组成，这就使得沉积物分为陆源沉积物（从陆地输送而来）和远洋沉积物（在水体中沉降的沉积物）两大类。由于远洋沉积物的沉积速度非常缓慢，所以近岸和沿海地区被陆源沉积物覆盖。

陆源沉积物来自河流、海岸侵蚀、风成或冰川活动等，根据颗粒的大小，可对陆源沉积物进行分类。陆源沉积物通常由石英和长石等硅酸盐类矿物颗粒组成，主要由岩石侵蚀形成，这就是"岩源"一词的由来。

远洋沉积物通常是细粒的，一般根据成分进行分类。有机或生物源的远洋沉积物来自海洋生物的不可溶残骸，如贝壳、骨骼、牙齿和介壳等。岩源的远洋沉积物来源于被风运输到海洋中并在水中沉降的颗粒。

海洋沉积物也可由水体或沉积物内部的生物和化学反应形成，称为水成沉积物。图 2-8 总结了一些海洋沉积物形成的过程。

1. 岩源沉积物

河流是最大的海洋沉积物来源，每年向海洋贡献约 200 亿吨沉积物。颗粒的沉降主要

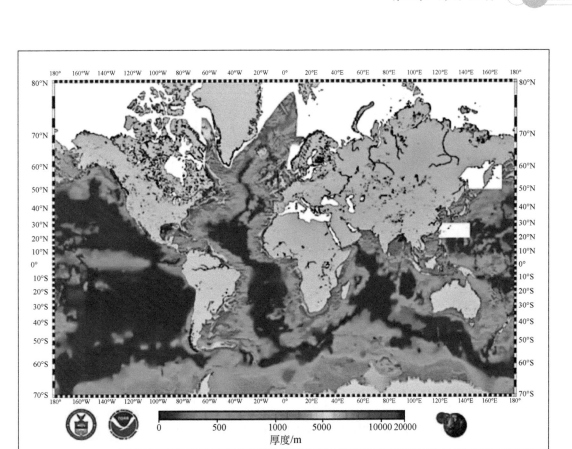

图 2-7　世界海洋及边缘海域沉积物厚度（Divins，2009）

资料来源：美国国家地球物理数据中心

受颗粒大小控制。一般来说，距离海岸越远，颗粒越细，但海底碎屑流和浊流（异重流）输送的物质例外。特别是浊流能够将沉积物从大陆边缘输送到大陆隆，然后进入深海平原。浊流形成的沉积具有粒级层理，细颗粒在上，颗粒大小随深度增加而增大（第 10 章将详细讨论海底滑坡、碎屑流和浊流）。

风每年向海洋输送约 1 亿吨沉积物。在作为远洋沉积物沉积之前，细颗粒可以被带到相当远的地方，甚至可以到达世界各地。

2. 生物源沉积物

生物源沉积物来自浮游生物，分为硅质和钙质。浮游生物是现今乃至整个地质历史上最丰富的海洋生物，两种主要类型是浮游植物（像植物一样进行光合作用）和浮游动物（类似植食动物）。这些生物不能溶解的外壳由碳酸钙或二氧化硅构成。钙质有机物常见于浅水和温带热带区域，而硅质有机物更常见于极地、赤道和极深海域。碳酸钙是钙质沉积物的主要成分，高压下可溶，因此水深超过 4000 m 时通常不存在。

硅藻（一种微小浮游植物）和放射虫（一种微小浮游动物）是形成硅质生物沉积物

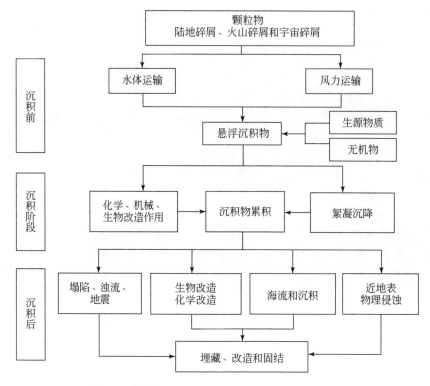

图2-8　海洋沉积物的沉积过程（改自 Silva，1974）

的最常见有机物。钙质生物沉积物由珊瑚藻、球虫、有孔虫类和棘皮动物等动植物的大量骨骼遗骸堆积而成，最常见的生物钙质颗粒来自贝壳或有孔虫类的介壳。有孔虫类的直径通常小于 1 mm，介壳由一个或多个相互连接的腔室组成。图2-9 显示了澳大利亚西北大陆架水深约 1 km 处的海底有孔虫类。如果某海域曾经水很浅，生物碳酸盐沉积物中也可能存在珊瑚。

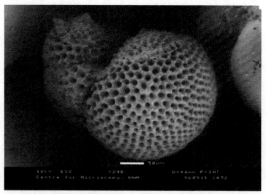

图2-9　澳大利亚西北大陆架深水区的海底有孔虫

所有这些微生物的共同特征是介壳、贝壳或骨架经常有孔隙并且形状尖锐，碳酸钙的硬度又相对较低，导致钙质沉积物的易碎和高压缩性等特征。图 2-10 对比了澳大利亚西北大陆架的 Goodwyn 钙质砂与石英颗粒硅砂的显微照片，清晰展示了颗粒形状的差异。与坚硬、圆润的硅砂相反，钙质砂颗粒易碎、角状、中空。

(a)　　　　　　　　　　　　　　　　　　　(b)

图 2-10　显微照片

（a）钙质砂；（b）硅砂

碳酸盐类土沉积后易受生物和物理化学过程的改造作用，从而引起一系列从颗粒间弱胶结直到强胶结材料形成晶状体的变化，这些效应显著影响土的力学性质。

2.3.3　原位应力状态

海底沉积物有正常固结、超固结和未完全固结（又称欠固结）三种原位应力状态。缓慢沉积且沉积后未被改变的沉积物属于正常固结。需要注意的是，对于定义为正常固结的沉积物，老化效应通常会引起超过原位有效应力的屈服应力，因此，从岩土工程的角度看，它们属于典型弱超固结，屈服应力比为 1.5 ~ 2。真正的超固结可以由冰川消退或近期事件造成，如海洋渐进侵蚀、海底滑坡突然移走上覆土压力、过去的波浪荷载增加了前期固结压力等。欠固结发生在超静孔隙水压力未消散时，而超静孔压可能由快速沉积引起，例如三角洲地区或海底流滑停止后的快速沉积。诱发海底滑坡的原因包括天然气水合物分解、游离气逸出或连续的波浪荷载。

当涉及海洋岩土工程时，必须强调海底之上的水深或水深变化不影响海床中的超静孔压，原因是海底之上水体对总应力和孔压的贡献是相同的，因此海床内的有效应力保持不变。只有当海床中孔隙水或孔隙气压力的变化不等于总应力的变化时，才会影响有效应力状态，进而影响沉积物的抗剪强度与海底稳定性。

大陆架和大陆坡沉积物的原位应力状态依赖之前和最近的应力历史。理解原位应力状态及相关的超静孔压条件，对于预测地基基础行为至关重要。第 3 章将讨论原位应力状态和超静孔压的确定方法，第10章将讨论超静孔压在地质灾害触发机制中的重要性。

2.3.4 部分海域的岩土特性

沉积环境、地貌过程和海洋过程不仅塑造了海底地形，也造就了各大陆架的区域土层条件。区域土层条件则决定了技术和经济上最可行的地基基础与现场构筑物形式。

简而言之，随着离岸距离和水深的增大，细粒沉积物逐渐占据主导地位，这是因为粗粒的陆源沉积物不能输送太远。某些地质灾害也在深水中更普遍，如通常分布在大陆架边缘的陡坡。

主要油气开发海域的常见海床条件可大致概括为

（1）墨西哥湾：正常固结、中高塑性的软黏土（约 30<PI<70），常存在互层砂层；

（2）巴西海域的 Campos 和 Santos 盆地：高碳酸盐含量的砂土和黏土；

（3）西非：正常固结、超高塑性软黏土（约 70<PI<120，Puech et al.，2005），通常由河流三角洲快速沉积形成；

（4）北海和其他冰川区：超固结硬黏土和密砂，被新近沉积的较软土体覆盖；

（5）东南亚：表面的硬壳层是更新世低海平面时期的残余物，其强度比下卧土层高一到两个数量级；

（6）澳大利亚西北大陆架和帝汶海：碳酸盐类的砂土、粉土和黏性土，通常具有不同程度的胶结。

上述每个海域面积广大，海域内的土体条件也不尽相同，然而，上述描述大致囊括了决定油气田上部结构和基础设计的沉积物类型。

近年新的油气开发重要海域包括南大西洋两岸的极深海（西非沿岸的几内亚湾和安哥拉海域，巴西东部的 Campos 和 Santos 盆地）、澳大利亚西北大陆坡和帝汶海等，目前对这些海域的主要沉积物缺乏认识，它们的特征分别为极高塑性、高压缩性和高碳酸盐含量。除了不熟悉的海底沉积物，水深增加还伴随一系列地质灾害。里海（尤其是距阿塞拜疆海岸 120 km 的 Azeri Chirag Gunashli 联合体的超级油田）与埃及西尼罗河三角洲，都位于地质灾害高发地带。北极盆地拥有全世界约 25% 的未知石油资源，可能成为下一个开发前沿。这打开了丰富的资源宝库，但也带来了北极环境条件下工程建设的诸多挑战。

2.3.5 海洋沉积物与陆地沉积物的比较

陆地和海洋沉积物的环境与组分差别均影响其工程性质。例如，海洋沉积物所处的高压低温环境可能影响其微观结构以及天然气在孔隙流体中的性质；海洋沉积物的高生物质含量影响强度和压缩性，并促进沉积后的生物和化学反应。海洋和陆地沉积物的孔隙流体性质也不同，海洋沉积物是盐水饱和，而陆地沉积物通常是淡水饱和。图 2-11 展示了孔隙水含盐量对土体工程性质的影响：将同一种黏土与盐水（图 2-11 左）或等量淡水（图

2-11 右）混合，盐水混合的黏土具有足够的抗剪强度，能够保持其形状并支撑刮刀，而淡水混合的黏土则呈泥浆状。

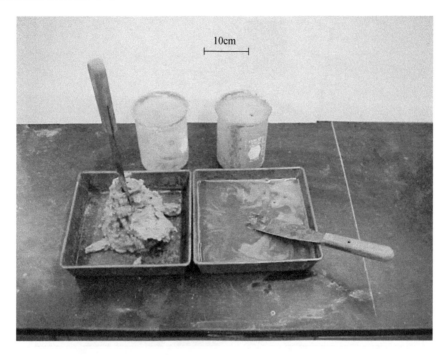

图 2-11　含盐孔隙水对土体强度的影响：盐水（左）和淡水（右）（Elton，2001）

2.4　水动力机制

水动力，本书特指海洋运动产生的力，可形成施加在海洋工程结构上的环境荷载，引起安装或铺放在海底上的构筑物（如基础或管道）周围的冲刷作用。在自由场地，水动力会引起海床运动甚至海床失稳。

水动力来源于波浪和海流，波浪和海流不仅冲击结构物，也搬运悬浮的沉积物（通常称为"推移质"）。海底沉积物的输送导致侵蚀和淤积，可能表现为沙波、沙纹和冲蚀槽（图 2-12）。水动力导致海底表面不连续，极端情况下甚至引起海床的剪切破坏。起伏的海底不利于基础或其他设施坐底。另外，基础或管线就位后，水动力是环境荷载的重要组成部分，并不断冲刷海底结构附近的沉积物。流体动力学是一门专业学科，这里只进行简要介绍，如需更多信息，可查阅专业书籍（比如 Dean and Dalyrymple，1991；Duxbury et al.，2002）。最新的专业信息也可在可靠的科学网站获取，如美国国家海洋与大气管理局官网（http：//www. noaa. gov）。

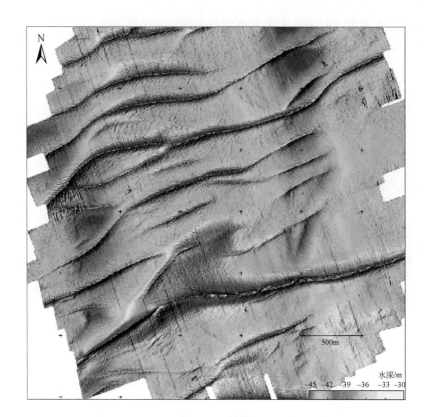

图 2-12　沙纹

2.4.1　海流

海流引起各大洋内水体的连续运动,其流动模式复杂,既有水平流,也有垂向流。海流对近岸和远海、表层和大洋深部水体都有影响。近岸海流受潮汐和局部风浪的驱动,可能影响任意深度的水体。远海接近表层的海流受全球风场的驱动;而深部水体温度和盐度的不同导致海水密度变化,从而发生温盐环流。

图 2-13 展示了近岸与远海海流的发生位置与延展范围。海流对海工结构有重大影响,因此受到岩土工程师的关注。Gerwick (2007) 强调立管和桩基础上的涡旋脱落以及缆线和管线的振动。涡旋脱落不仅能导致浅水区的冲刷,而且引起光缆、锚链和包括导管架腿和立管在内的管状结构的循环振动(称为涡激振动),进而造成导管架腿和立管的疲劳。

1. 表面流

潮汐流由月亮和地球之间及太阳和地球之间的引力诱发,太阳和地球之间的距离大得多,因此引力作用相对较弱。潮汐流可能分层,表层水和下层水体的运动方向相反,所以潮汐流的速度和方向是不断变化的。与其他海流不同,潮汐流的变化非常规律,能够准确

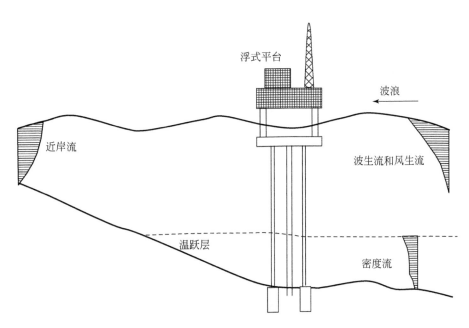

图 2-13 海流系统之间的相互作用（改自 Gerwick，2007）

预测。在半封闭的海盆，比如加利福尼亚湾、阿拉伯湾和朝鲜湾，能够发展出微型潮汐机制，产生共振，导致更强的潮汐流（Fookes et al.，2005）。

沿岸流主要由局部风和浪驱动。沿岸风顺海岸线流动，影响波浪的形成，进而影响沿岸流。波浪抵达岸边的速度取决于海底面、海岸线特征和水深。当波浪传播到海岸线时，波浪破碎释放的能量将产生平行于海岸线的海流，这种流被称为沿岸流。沿岸流受当地风驱动，而远海的表面流由信风带和西风带驱动。地球自转和科里奥利效应的联合作用导致来自赤道附近的暖空气上升并向两极移动，在北半球为顺时针移动，在南半球则为逆时针移动。部分空气在南北纬 30°左右冷却，下降之后返回赤道区域，而部分空气则继续向两极移动。这种全球风运动驱动海洋表层，造成近表层水的环流，称为大洋环流。由于科里奥利效应，大洋环流在北半球为顺时针，南半球为逆时针。世界范围内存在五个大洋尺度的环流，它们的西侧边界流动强而窄，东侧边界流动弱而宽。图 2-14 标注了主要的大洋环流。墨西哥湾流是一种西部边界流，因维持美国佛罗里达州的温带气候而闻名，其流速较快，速度为 2~5 km/h。

虽然风驱动表层海流，但科里奥利效应引起的 Ekman 螺旋现象，导致海流的运动方向可能不同于风。当表层海水在风作用下运动时，深层水体被拖动。每层海水的运动都源自上一层海水的摩擦力，且流速比上层海水慢，直到某一水深处（约 100 m）运动停止。与表层海水一样，深层海水也会受到科里奥利效应的影响，北半球向右，南半球向左。因此各层海水向右或向左偏移，形成螺旋效应。

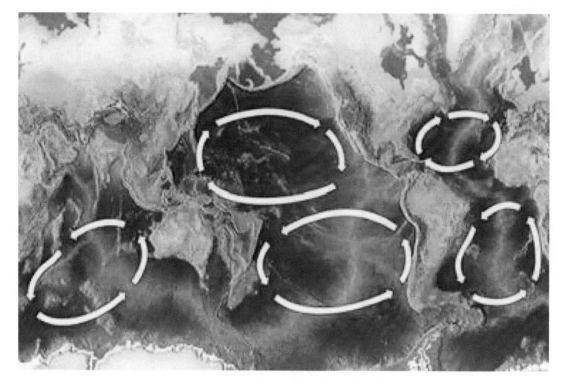

图 2-14　世界主要大洋环流

资料来源：美国国家海洋与大气管理局

2. 深海流

由于温度和盐度的变化（冷而咸的海水比温暖的淡水密度大），深海的海水密度差异会引起海流，被称为温盐环流。因为水结冰时盐分不结冰，导致还未结冰的水盐度增大，因此极地地区的海水比其他海域更咸。冷、咸、高密度的海水下沉，拖动表层海水来替换，进而使其变得冷而咸，密度增大到可下沉，这一过程就是有"全球传送带"之称的温盐循环的开始。冷咸海水在北极地区下沉，沿西大西洋盆地向南移动。当沿南极海岸移动时，冷咸海水得到补充。海流主要分为两个方向，一支向北进入印度洋，另一支进入西太平洋。两支海流向北移动时变暖并上升，接着向南向西循环往复。变暖的水上升穿过水体，温暖的表层水环绕全球运动，最终返回循环开始的北大西洋。据估计，一立方米的水需要约 1000 年的时间才能完成"全球传送带"的旅程。深海流"全球传送带"的示意图见图 2-15。

2.4.2　波浪

波浪荷载通常是底部固定式结构设计的控制性因素，波浪也导致浮式结构在所有六个

图 2-15 温盐环流——"全球传送带"
资料来源：美国国家海洋与大气管理局

自由度方向均发生运动，因此海洋工程设计中必须考虑波浪荷载。许多专业书籍讨论了波浪对海洋建设活动的影响和波浪预报实用指南（例如 Chakrabarti，2005；Gerwick，2007）。本节将对波浪进行简单介绍。

1. 表面波

海洋表面的波浪主要由风引起，并沿水–气界面传播。由于风在海水表面的运动产生压力差和摩擦力，从而扰动了海面的平衡，使能量从风能转化为波浪能，最终形成波浪。风吹过平静的海面时泛起涟漪，而海水表面的上下起伏又为风的进一步"抓取"提供了更加便利的环境条件，从而使波纹逐渐发展为微波。当微波变得足够高并与气流相互作用时，海面上方的风变为湍流，并把能量传递给波浪。当海面变得越来越波涛汹涌时，风将更多的能量传递给波浪，从而使波浪越来越大。如此循环往复，波浪变得更高更陡。波浪的形成受风速、风时和风距（即风在某单一方向吹动的距离）的影响，这些因素共同决定了波浪的大小。假设风速恒定，水深、风距和风时足够使波浪以与风相同的速度传播，形成完全发育海况。在完全发育海况下，波高和波长达到极限状态，此时即使水深、风距和风时进一步增加，风能也不再转化为波浪能，波浪从而不继续增大。受风力影响区域之外传播的波浪（以距离或时间衡量）称为"涌浪"。涌浪能够从它们的产生区域横跨海洋传播到海洋的另一边，并且可以朝与风向不同的方向传播。涌浪能传播数百千米，有时甚至可达数千千米——南极海域风暴产生的涌浪经常抵达赤道地区。

海浪，和所有形式的振动相同，都需要一个恢复力使其重新达到平衡状态，从而不断地进行传播。小波纹通过表面张力恢复，而波浪通过重力恢复。因此，海洋表面波也被称为"重力波"。

海洋表面波可以通过波长、波高和传播区域的水深来区分，所有其他参数，如波浪引起的水的速度和加速度等，理论上都可以由这些参数来确定。理想海浪的特征波形如图 2-16 所示，波的最高点称为波峰，最低点称为波谷。波长 L 为两个连续波峰（或两个连续波谷）之间的水平距离，波高 H 为波谷与波峰之间的垂直距离。理想状态的波浪形状为正弦曲线，即波峰和波谷形状相同，并间隔以固定的波长。水深 h 是从平均海平面到海底的距离。连续两次波峰或波谷经过某一特定点的时间称为周期 T，波在单位时间内传播的距离称为波的速度 C，也可以称为相速度或波速。

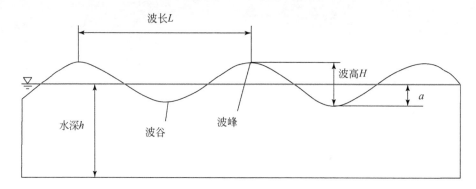

图 2-16　理想海浪的特征要素

根据线性波理论（即 Airy 波理论），海面高度可以由时间 t 和水平距离 x 推导得出：

$$\eta(x,t) = \frac{H}{2}\sin\left[2\pi\left(\frac{t}{T}-\frac{x}{L}\right)\right] \tag{2-1}$$

波速 $C=L/T$；波长通常用波数 $k=2\pi/L$ 表示；波的角频率 $\omega=2\pi/T$。如果给定水深 h 和角频率，波数由色散关系式确定：

$$\omega^2 = gk \cdot \tanh(kh) \tag{2-2}$$

虽然波形在海面以波速 C 水平传播，但组成波浪的水质点并没有发生水平位移，只是水质点之间发生了能量的传递。波浪中的水质点在一个几乎封闭的轨道上运动，轨道直径随深度逐渐减小，在波峰以下一定距离处的水质点几乎停止运动。

在浅水中，波浪内的水质点沿椭圆轨道运动（图 2-17（b））；在超浅水中，即 $h \leqslant L/20$ 时，椭圆轨道的短轴随深度增大而减小，至海底只做水平运动（图 2-17（c））；在深水中，所谓的波基面位于平均海平面以下 $L/2$ 深度处（图 2-17（a）），此深度处水质点的运动幅度仅为海面处的百分之几。

为了估算波浪引起的水动力载荷，需要计算水面以下任意深度 z 处波浪引起的水质点

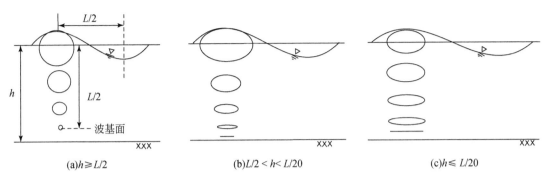

(a)$h \geqslant L/2$　　　　　(b)$L/2 < h < L/20$　　　　　(c)$h \leqslant L/20$

图 2-17　前进波下的水质点运动轨迹

速度。其水平分量和垂直分量可表示为

$$v_x = \omega \frac{H}{2} \frac{\cosh\left[k(h-z)\right]}{\sinh(kh)} \sin(\omega t - kx)$$

$$v_z = \omega \frac{H}{2} \frac{\sinh\left[k(h-z)\right]}{\sinh(kh)} \cos(\omega t - kx)$$

(2-3)

在强风暴中，水深高达 200 m 的海底表层沉积物也可能受到表面波的影响。一般情况下，水深 50 m 以内的海床受到表面波的显著影响，可能引起砂质沉积物的液化和冲刷，也对暴露的管线或其他设施造成强水动力载荷。

实际上，波浪的波形千变万化，具有随机性，它们几乎不符合理想周期性重复的正弦波，也不一定沿同一方向传播。真实的海浪通常是由来自该海域的一个或多个方向的风浪和来自其他海域的涌浪叠加而成。波浪倾向于创造一个混乱的海洋状态，其组分波的方向不同，波长和周期也不同。而涌浪往往更有规律性，可以采用单一周期性重复波形充分描述。叠加各种正弦曲线能实现不完全理想的海洋状态，图 2-18 展示了由两个正弦波叠加而成的复杂波形。

2. 内波

海洋中存在的另一种重力波是内波。内波在流体介质内部而不是表面振动。典型的内波发生在温暖的上层海水与深层海水（冷、咸，因而密度较大）的交界面上。这种交界面称为温跃层，通常位于水深 100~200 m 范围内，但在水深 1000 m 处也曾观测到波高 60 m 的内波（Gerwick，2007）。温跃层附近水层的密度变化明显小于水-气界面处，因此，温跃层的恢复力及诱发和驱使内波传播的能量都小于表面波。内波的传播速度小于表面波，典型周期为几分钟（尽管在开放海域观测到过几小时的周期），而风浪的典型周期只有 5~15 s，涌浪的典型周期为 20~30 s。

3. 海啸

最后一种值得一提的波浪为海啸。海啸是由地震、火山喷发或海底滑坡产生的一种冲击波，其冲击力足以使上覆海水发生垂直位移。在远海，海啸波的波高较小而波长很大，

— 25 —

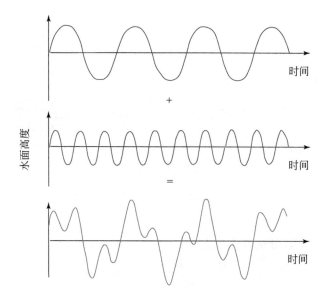

图 2-18　两个正弦波的叠加（Dean and Darymple，1991）

以至于可忽略不计。海啸波的波高通常小于 1 m，而波长却可达到几十甚至几百千米。与此相比，普通风浪高 2 m 左右，波长为 100～200 m。当海啸波靠近海岸时速度减慢、波长缩短、高度增加，这一过程称为波浪的"浅水效应"。波浪的顶部比底部移动得快，导致海面显著上升，产生清晰可见的波浪。海啸波一般不像风浪一样在接近海岸时破碎，而更像是向遥远的海岸快速流动的潮汐（海啸波因而被称为"潮波"，虽然它与潮汐没有任何关系）。一场海啸可能由若干个波组成，由于波长较大，这些波可能在一段时间内相继到达海岸，而首波通常并不是最具破坏性的。大约 80% 的海啸发生在太平洋，但有记录的大多数海啸集中在俯冲带（图 2-2）。

第3章 海上原位勘察

3.1 引 言

建立可靠的海床地层模型是海洋地基基础设计的关键前提，地层模型需确定各相关地层的岩土工程参数。对于某一特定场区，进行原位勘察之前通常需要先进行初步设计研究，其中必须依靠地区经验来完成海床特性评价。建立的场地模型范围应大于拟建工程范围，这样不仅有利于随后的工程设备位置调整，也方便评估区域海床的空间变异性。关键地质特征，如断层、埋藏古河道及其他局部非均匀性特征，也需要标注在模型地图中。

完整的场地特征分析包括三个阶段：

（1）桌面调研阶段，包括初步获取海洋气象数据；

（2）地球物理探测阶段；

（3）岩土工程勘察阶段。

综合利用上述勘探手段可以为拟建结构的地基基础设计提供岩土参数（图3-1）。需要注意的是，海洋和气象资料并不是海床岩土性质的一部分，但将在初步的地基基础研究中用来确定荷载。了解波浪和海流状况也有助于评估潜在的海床特征，例如沙波、风暴引起的泥流或冰蚀沟槽。

3.1.1 桌面调研

桌面调研整合已有的信息，对场地条件进行初步评价，评估备选的概念设计。需要收集的资料包括：

（1）海底地形概况；

（2）区域地质条件；

（3）潜在地质灾害；

（4）海底障碍物或其他特征；

（5）区域海洋和气象数据。

除了为初步设计提供基本信息外，桌面调研还将指导后续的地球物理探测和岩土工程勘察。桌面调研不仅用于确定工程设计阶段需补充的资料，还要明确获取数据的位置。桌面调研除了评估地震、海底滑坡或浅层气溢出等地质灾害风险，还需评估初步设计方案的成本、可行性及提供所需安全保障的可能性。

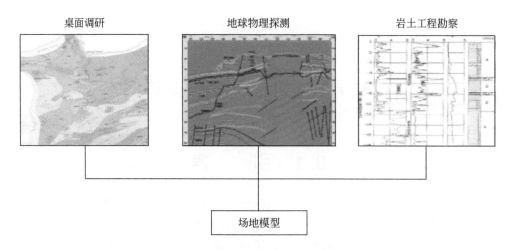

图 3-1　场地特征描述的概念分类

多数情况下，桌面调研作为评估油气场地资料的一部分，地球物理资料的精度在桌面调研阶段能够满足确定海床特征和主要地层变化的要求。这些资料主要包括近似测深（水深和海床地形）等，可为后续勘察阶段的详细规划提供参考。

区域海洋和气象资料一般比较容易获取，特别是在墨西哥湾和北海等海上开发成熟区。需要搜集的重要的区域资料主要包括：上部水体及海床表面附近的海流，设计重现期内的极端风浪；潮汐；温度环境和季节性天气类型（飓风或气旋、季风和海冰）。这些数据主要用来确定拟建结构的环境荷载及勘察工作的天气窗口期。桌面调研阶段获得的海洋气象资料应能支持判断特定设计概念的可行性，而在项目实施过程中还需要更多更翔实的海流、风和波谱的资料。

桌面调研可在较短时间内启动，根据项目的性质和规模确定持续时间，典型时间在一到数月之间。与获取新数据的原位调查相比，桌面调研费用低一个数量级。

3.1.2　地球物理探测

地球物理探测方法，如三维浅层地震和侧扫声呐技术，可以标示大范围内的局部海床与土体条件，揭示海床特征和障碍物，确定主要沉积层厚度与断层。此外，还可以根据声学信号的传播特点及特定地层内的穿透距离，揭示浅层气或天然气水合物的存在。典型的地球物理探测至少应包括以下数据：

（1）确定水深和海床地形的海洋测深数据；

（2）确定下部地层分布的地震反射波数据；

（3）确定麻坑和冰蚀沟槽等地貌特征的侧扫声呐数据。

地球物理方法是评估地震诱发海底滑坡灾害的主要技术手段。通过集合地质时间尺度上的历史特征，如断层、陡坎、碎屑流滑体及不整合地层序列，可以推测地质灾害的重现

期与量级。

地球物理数据一般需要岩土工程勘察的确认才能够用于定量的岩土工程设计，但它对于构建完整的海床模型是必不可少的。通常情况下，地球物理数据覆盖已进行原位勘察的场地，以追踪整个区域内不同的地层分布。这种方式能够定量评价关心点位上特定土体的性质，至少能反映地层的连续性、各层的倾向倾角、以往地质事件形成的内部结构等。土体分层和每层土性质的最终确定需要进行独立的岩土点位勘察，在此基础上利用地球物理模型进行插值，以推测不同原位测试点位之间土体的性质。

地球物理探测的工作周期可能长达 3 个月，典型费用在百万美元量级。本章后续将详细介绍各种探测设备的应用范围及典型结果。

3.1.3 岩土工程勘察

岩土工程勘察包括海上作业、取样后的陆上室内试验、试验结果的解析，目的是获得工程设计参数。海上作业通常包括海床取样，也可能进行贯入和十字板剪切等原位测试。

岩土工程勘察结果将"确认"物探结果，可以提供有限点位处更详细的地层情况，包括每层土的类型描述、抗剪强度和贯入阻力等关键性质的定量量测。钻孔样的陆上处理包括：地质编录、用于确定设计参数的一系列基础和高级土工试验。

岩土工程勘察的原始钻孔资料反映了每个孔位土体条件的垂向剖面，用于复核桌面调研阶段和地球物理探测阶段的成果。与物探数据的有机结合可以将岩土工程勘察数据扩展到更大区域，但很显然，距离钻孔点越远，获得的定量精度将越低。

所有海上作业都需要大型船只支持，其中一些船专门服务于原位勘察，因此费用较高。可用的工作平台（不同大小和类型的船只）种类很多，平台的选择取决于需求、作业率和成本。初期阶段或覆盖区域较广的原位勘察可能相对粗糙，有时只需从海底浅层获得扰动试样。更为详细的勘察包括钻孔并获取最低扰动程度的土样、原位试验等，这些工作可以全部在工作船上进行，或者将钻井架放到海底后通过脐带缆操作。

所需的岩土工程数据、设备应用范围、岩土工程勘察报告和数据解译将在本章后续详细介绍。规划一次海上岩土工程勘察需要很长时间（至少 3 个月），对于主要（或唯一）航次尤其如此，这样不仅能确保获得项目所需的数据，也有利于找到并预订合适的勘察船或钻探设备。勘察船移动到选定点位及后续的各种钻探和试验操作需要较长时间，因此勘察工作成本高，大多数项目达到数百万美元。岩土工程勘察从计划、获取数据、陆上室内试验到给出工程设计参数的数据解译，往往需要超过一年的时间。

对于重大工程来说，地球物理探测和岩土工程勘察往往交织推进，可能需要多次海上作业才能完成。对于典型的海工设施布设位置还未确定的项目，选址流程如图 3-2 所示。虽然流程图中没有特别说明，但在项目开始就应依托现有资料对地质条件进行评估。在流程最后阶段，应再次评估已有资料，除提供详细的工程报告外，还应建立场地的地质模型。

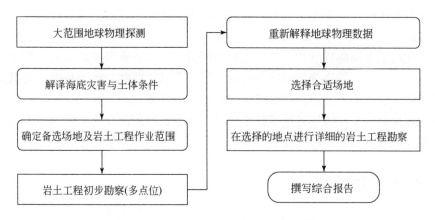

图 3-2 桌面调研、地球物理与岩土工程勘察的综合应用

3.2 地球物理探测

3.2.1 综述

地球物理探测和数据解译的理论极其复杂，已成为一门独立的学科。这里仅简要描述现有不同类型的装备及其功能，概述物探调查如何规划，主要针对测线布置，也将展示一些装备的典型探测结果，进而简要讨论地球物理数据在区域和局部地质灾害评估中的应用。

地球物理探测的主要类型如表 3-1 和图 3-3 所示。三个主要目标是获取水深数据、详细的地形特征与下部沉积物地层条件。

表 3-1 地球物理探测的主要类型

用途	设备
水深测量（水深）制图	常规回声测深、条带状测深
海底地貌的海底制图	侧扫声呐
"海底"地层的地震剖面	Boomer 型、电火花型、Pinger 型和 Chirp 型剖面仪，高分辨率数字地震勘探（气枪）

3.2.2 水深测绘

水深测绘的目的是得到海底水深数据，进而提供三维海底图像。水深测绘可以给出目

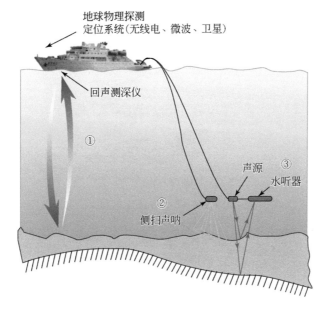

图 3-3　地球物理探测的主要类型（改自 Sullivan，1980）
①回声测深仪测深；②侧扫声呐海底测绘；③利用声源和水听器进行海底连续剖面测量

标位置的海床坡度，也可用于识别古滑坡或碎屑流，以及火山、断层陡坎、海底障碍物等地质特征。最常见的测深方法是回声测深和条带测深。

1. 回声测深

传统的单波束回声测深仪与普通船只上使用的回声测深仪相似。然而，为了满足调查的精度要求，单波束测深仪需进行波浪补偿，以自动校正海况变化，另外还必须进行海水中声速的校正。单波束测深能够得到每个测点上的水深，测点间距一般为 25～50 m。测点沿每一条测线连续分布，所得水深数据生成调查海域的海底等值线图。典型声波频率范围为 30～300 kHz，高频率才能保证不穿透海底沉积物，从而确保在海床表面获得清晰反射。

多波束回声测深使用一个扇面的窄声束，可以获得更精确的水深数据，效率高且成本低。多波束回声测深仪可以安放在船上，但一般拖行或将其安放在遥控无人潜水器（ROV）上，ROV 距海底 50～300 m。结合回声测深仪的水深数据与全球定位系统（GPS）数据，就能提供仪器位置，以估算绝对水深。

2. 条带测深

条带测深系统一般使用一束波束，当船前进时，波束从船的一侧扫到另一侧，获得几乎整个扫测范围内大量测点处的水深（图 3-4）。该系统具有升沉、纵摆和横摆补偿功能。存储的数字信息经软件处理，生成三维可视化海底图像。该系统特别适用于地形崎岖的海底区，如果安装在 ROV 或拖曳平台上，还可同时获得侧扫信息。典型的覆盖宽度范围约为 4 倍水深。

图 3-4　条带测深系统示意图

3.2.3　地貌测绘

侧扫声呐是一种水下成像的方法，它将窄波束的声能（声波）从"拖鱼"（或类似设施，如 ROV）的侧面向下发射，覆盖海底。声波由海底和障碍物体反射回拖鱼。在某些频率下，拖鱼的使用效果更好。高频（500～1000 kHz）分辨率高，但声能传播距离短；50 kHz 或 100 kHz 这样的低频提供的分辨率低，但声能的传播距离将大大增加。

拖鱼一次产生一个能量脉冲，并可以接收反射回来的脉冲。拖鱼的成像范围由两次能量脉冲之间的时间决定，因此一次只能建立一行图像数据。坚硬的物体会反射更多能量，使得图像上灰度更高；不反射能量的软弱物体则显示为弱灰度。

在声呐图像上，声波传递不到的区域，如物体背后的阴影部分，将显示为白色，参见图 3-5 沉船图像。

图 3-5　侧扫声呐示例：沉船图像

3.2.4　海底连续地震剖面

连续地震浅地层剖面技术将拖曳声源和接收器结合，产生一系列反射记录。经过处理，测试区域沉积物的地震剖面将以图形的形式显示出来。浅地层剖面系统由三部分组成：声源、二维接收器阵列（用于高分辨率测量的水听器或拖缆）和记录系统。声源和接收器通常为拖曳式，一般位于海面以下数米处。目前使用的记录系统多以数字信号保存，但也可以产生"模拟"输出信号，以便即时评估。勘察人员根据透射深度（海底以下的深度）和分辨率（能分辨出的最小地层厚度）两个指标选择相应的声源类型。某种程度上这两个指标是互斥的，因此需综合考虑。现代超高分辨率测量设备有效调和了透射深度与分辨率的矛盾，但高分辨率设备相对昂贵，用于海洋平台的选址并不一定合适。表 3-2 汇总了浅地层剖面系统的主要参数以及它们对透射深度和分辨率的影响。

透射深度由海底和下卧层（靠近海底的硬层，可阻碍声波透射）的组分决定。声波在海底既会发生反射又会发生散射。反射后剩余的能量将继续透射到下部土层，而声波在海底以下土层交界面处的反射将进一步损失能量，并影响后续的声波透射。

表 3-2　浅地层剖面穿透力和分辨率的关系

变量	穿透力	分辨率
提高频率	降低	升高
增加带宽	降低	升高
增加脉冲持续时间	升高	降低
增加功率	升高	降低

声源释放的能量必须足够大，才能达到所需的透射深度，但透射深度的增加又会导致地震剖面图像的分辨率降低，从而给图谱解译带来困难。因此，必须结合勘察工作目标选择合适的声源。声源的名称可以反映其功率和频率。表 3-3 总结了浅地层剖面声源的差异。基于流体动力学的需求，声源的形状和尺寸各不相同，以便控制拖曳深度。典型的牵引配置如图 3-6 所示。

表 3-3　常用的浅地层剖面仪类型

种类	穿透力/m	分辨率/m	评价
Boomer 型	100	0.6 ~ 1	功率小
电火花型	100	0.6 ~ 1	较难获得频率曲线
Pinger 型	25	0.3 ~ 0.6	功率大
Chirp 型	25	0.3 ~ 0.6	改良的技术
气枪型	> 200	< 0.3	多道电缆

高分辨率数字测量系统（high- resolution digital surveys，HRDS）使用气枪作为声源。HRDS 优于 boomer、电火花和 pinger 系列的剖面仪，因为其体积更小，且信号的信噪比更高。根据透射距离以及分辨率的要求，多道接收装置被排列成不同长度、间距和分组的接受拖缆阵型。海床上每个点的反射读数都将被记录在可用的接收频道中，将其相加或"重叠"，即可得到一条测线上的数据，这样做的首要目的是提高随机噪声的信噪比。

高分辨率数字测量系统的另一个优点是其声源和接受拖缆的拖曳深度比较浅（约为 3 m），其他的传统设备拖曳深度约为 7 m。拖曳深度浅更容易去除水面反射产生的干扰波，但较浅的拖曳深度也会使得系统更易遭受恶劣海况影响。

3.2.5　自主式水下航行器

尽管传感器本身可以安装在拖曳体或 ROV 上（后者通过脐带缆与船只相连），但之前章节所述的各类测试系统大都在船上直接操作。然而近十年来，基于自主式水下航行器（Autonomous underwater vehicels，AUV）的新型探测系统迅速发展，可用于远海水深量测、地貌测绘和地层剖面分析。与需要长脐带缆将信息传回船只的传统拖曳式测量系统不同，AUV 可以将来自各种传感器的数据存储在系统内部，回收时再下载数据。此外，为了实现实时数据监测与数据质量控制，AUV 可以利用自带的声学调制解调器（图 3-7）将数据通过海水传回母船。类似的调制解调器配置还可以向 AUV 发送操作指令，并接收反馈系统性能的关键信息。

3.2.6　测线布置

平台选址工作的测线通常需要覆盖整个相关区域，包括油气田生产管线、可能布置的

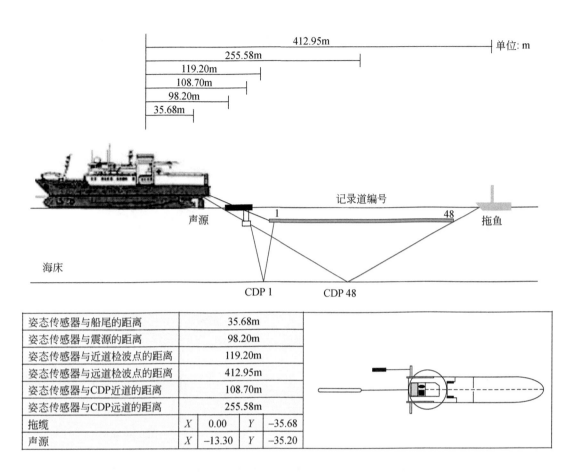

姿态传感器与船尾的距离	35.68m		
姿态传感器与震源的距离	98.20m		
姿态传感器与近道检波点的距离	119.20m		
姿态传感器与远道检波点的距离	412.95m		
姿态传感器与CDP近道的距离	108.70m		
姿态传感器与CDP远道的距离	255.58m		
拖缆	X	0.00	Y	−35.68
声源	X	−13.30	Y	−35.20

图 3-6　浅层剖面仪的典型牵引配置（改自伍德塞德（Woodside）能源有限公司提供的资料）

海底设施、锚泊设施、浮标以及平台的备选位置。一般情况下，外输管线段需单独测绘，测绘区域通常为狭窄的海底走廊。主场地内的主网格线间距通常为 75 ~ 100 m，交叉线间距为 300 ~ 500 m，如图 3-8 所示。物探船的航线应覆盖所有网格并收集所有需要的数据。显然，带有长拖缆的拖曳体会使此类探测相对困难，因此 AUV 系统比传统装备更具优势。

　　如果有可用的钻孔信息（即使是在调查区外的附近区域），强烈推荐建立钻孔到调查区域的连接测线。这样船上的物探工程师可以根据钻孔数据校核勘测数据，然后追踪得到该区域整个水平向的地层信息（在地层连续的情况下）。若在现场操作过程中掌握这些信息，可在必要时重新勘测某些线路，而无须追加大量费用。在已知存在灾害的区域内，可以调整测线的间距，以便更好地认识和明确潜在风险。图 3-8 为测线网格示例。

3.2.7　海床地貌和沉积物剖面图与灾害评价示例

　　本小节提供了一些物探结果，以说明如何使用这些结果识别海床特征、建立沉积物的初步分层、识别海床或区域性灾害。

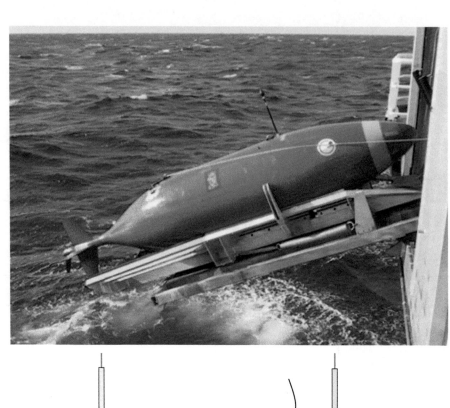

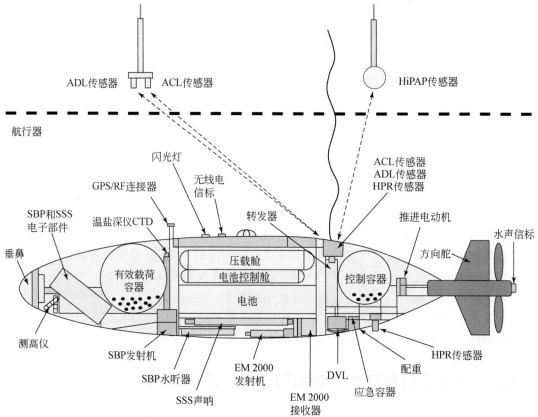

图 3-7　Hugin 3000 型 AUV（照片由 Kongsberg Marine 有限公司提供；图源自 Cauquil et al.，2003）

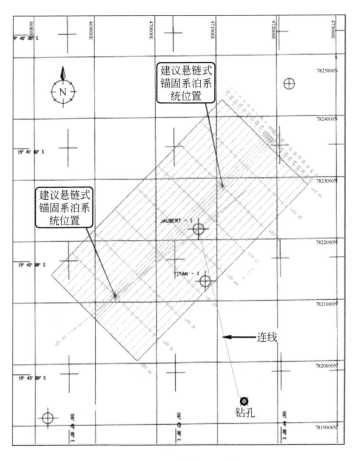

图 3-8   测线布置示例

返回信号的强度与材料特性和地形起伏有关。反射信号越强，地震剖面图的灰度越高。巨石、尖峰、脊和沙波等大型物体是很好的反射体，它们的背面则会产生一个没有反射的声学阴影区，在图上显示为浅色区。阴影区的宽度和物体相对于声源的位置可用于计算物体的高度。

海底物质的反向散射强度也可用于推测物质的类型，高反射率（地震剖面图中的深色区域）可能表示出露于地表的礁灰岩或砾质物，而均匀的低反射率（声图中的浅色区域）可能表示细粒沉积物，如泥质砂土。

将获得的图像镶嵌拼接，得到解释海底特征和物质类型的声学图像。结合海底取样、钻孔取心或浅地层剖面探明所测深度的土层是薄层还是某类沉积物的一部分，有利于更客观地判别海底物质类型。最重要的应用之一是定位珊瑚礁或珊瑚峰。

图 3-9 给出了使用微型气枪得到的典型高分辨率数字测量结果。与传统技术得到的地震剖面图相比，明显看出该图分辨率极高。这得益于一条测线直接经过钻孔点位，钻孔资料为物探数据的解释提供了很大帮助。

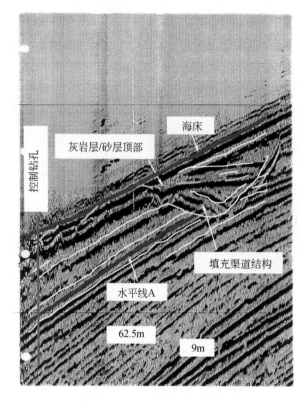

图3-9　连续地震剖面——微型气枪探测记录

一些海底形态特征，如巨型波纹和沙波（图2-12），是该区域常发海流的产物，因此很好地指示了特定环境下的海流条件。观察到的小型麻坑群通常意味着该区域发生了气体溢出导致的海底坍塌。偶尔出现的孤立麻坑可能是某个事件的重大特征，如 Cauquil 等（2003）讨论的直径650 m、深度超过60 m 的麻坑（参见 AUV 获得的图 3-10 和图 3-11），就是由流体沿海底之下特定界面的水平迁移造成的。

1. 局部灾害评估

某些特定地点必须进行局部灾害评估，以确保临时作业和永久性基础设施（如海底设备或固定式平台）的安全。

临时作业包括钻井、临时锚泊和现有设施的维护等。当钻井平台移动到新区域前，了解锚泊相关条件非常重要。锚泊可能受到出露胶结层、珊瑚礁、珊瑚峰、起伏地形、未知沉船残骸（在某些地方甚至是遗弃在海中的碎片）的影响。此外，还需要了解钻井作业期间是否会遭遇浅层气灾害，以便采取必要的预防措施。在现有设施附近进行的自升式平台修井作业需要桩靴贯入的相关信息，此时要先确定在上一次场地勘察后海床条件是否发生变化。

海底设施所占的平面区域相对较小，且通常对海床的不平整程度敏感，因此识别勘测

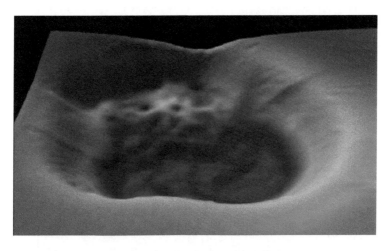

图 3-10　结合侧扫声呐和多波束回声测深仪的麻坑测深（Cauquil et al., 2003）

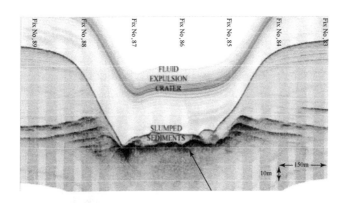

图 3-11　麻坑的三维地震剖面（Cauquil et al., 2003）
FLUID EXPULSION CRATER：流体溢出坑；SLUMPED SEDIMENTS：塌陷沉积物

覆盖范围内的小型岩石露头、障碍物和海床不均匀程度非常重要。管线跨越麻坑或拖曳锚安装形成的拖痕时可能出现问题，同时也必须避让运营期内可能发生活动的断裂带。大型拖曳锚的锚爪超过 10 m，安装时造成大量土体的扰动，形成显著拖痕（图 3-12），使得管道铺设时不得不进行额外的施工工作，从而影响铺设效率。

导管架（基础形式为防沉板）或重力式等固定平台的上部结构在安装时，可调整范围有限，因此严格要求场地不平整程度。海底局部地形的起伏还将进一步加剧平台生命周期中的不均匀沉降，对于这种情况下的混凝土重力式结构，基底出现过载，可能需要向裂缝中注浆以防止结构进一步破坏。海上工程活动可引起地形不平整，如自升式平台工作后遗留的桩坑（图 3-13）。在同一位置处需要反复作业的设施面临的主要地质灾害就是遗留桩坑。

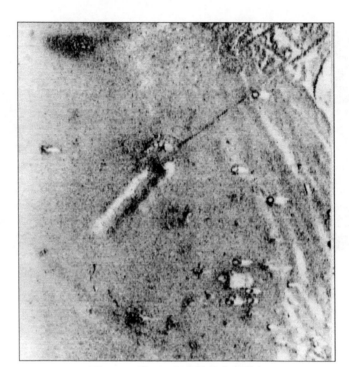

图 3-12　锚埋入海床前的典型拖痕

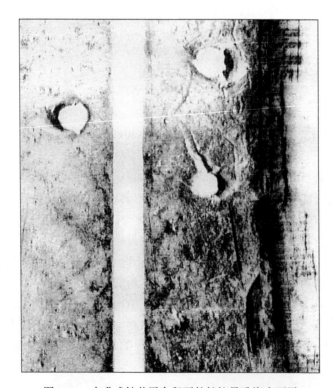

图 3-13　自升式钻井平台留下的桩坑导致海底不平

2. 区域性灾害评价

人类的工程活动正逐渐向深水发展，已逼近甚至超出大陆架边缘。在水深急剧变化的区域，海床尤其容易在地震和洋流等自然环境荷载的作用下发生边坡失稳和泥流。第 10 章将详细介绍地质灾害评估，此处仅展示一个基于地球物理调查得到的区域性灾害评价模型（图 3-14）。

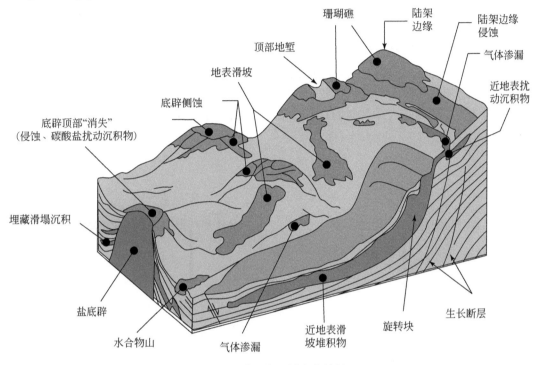

图 3-14　典型的区域灾害特征

利用地球物理方法进行灾害评估时，需要掌握区域内可靠的水深数据及高分辨率的地层剖面信息，这些信息是建立区域地质模型的基础。与此同时还需沿测线进行足够的取样工作，必要时还应通过钻孔取样补充数据。这些样品用于校核物探数据，也可用于建立沉积物年代（例如进行 ^{14}C 测年），以确定这段地质时期内滑坡的发生频率以及滑坡碎屑随洋流的传播程度。

3.3　岩土工程勘察

3.3.1　勘察装备的选择

岩土工程勘察一般在地球物理探测获得准确的物探资料后进行。然而，有时为了降低成本或所需勘察的场地较小，岩土工程勘察也可以独立开展。但缺乏地球物理探测数据将导致设计人员对场区内整体的地质条件缺乏基本认识，使得项目的风险大大增加。岩土工程勘察的主要目的是通过原位试验和随后的室内试验来定量确定土层性质。在大多数情况下，岩土工程勘察还可校核物探资料，从而提高设计人员对场区整体地质条件的认识。现场勘察和随后的室内试验将提供海洋基础和其他海上设施设计所需的工程参数。

　　岩土工程勘察依托特制船只上的特定设备进行。可用的勘察系统有两种类型：（a）孔内式；（b）海床式（图3-15）。孔内式系统在钻孔后，借助连接到钻柱的"孔内设备"进行试验或取样。在石油钻探行业，工程人员也使用各种样式的孔内工具来探测埋深数千米的油气资源，孔内式勘察系统与之类似。但与储层钻探相比，岩土勘察中的钻探以更灵敏的方式进行，孔内试验的类型也有很大不同。岩土工程勘察主要评价松软沉积物，而不是针对岩质储层。钻孔设备的类型取决于钻井工作依托的平台，包括浮式工作平台（钻井船或其他测试船）和固定式平台（如自升式钻井平台）。本章稍后将详细介绍孔内式系统中使用的典型设备。

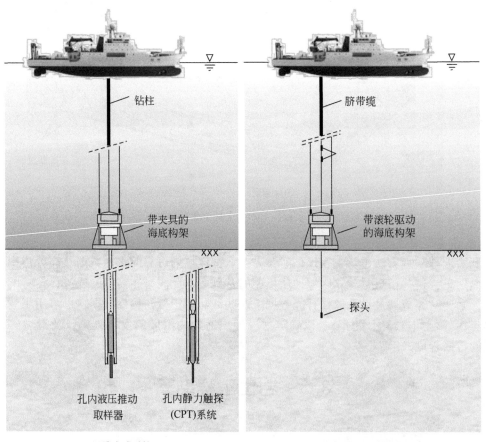

图 3-15　孔内式和海床式系统

相比之下，海床式系统的设备可直接安放于海床表面，因此对下部沉积物直接进行原位测试及取样工作。与孔内式相比，海床式系统的测试深度一般较浅。除非海床式系统可以穿透硬层沉积物并在更大深度继续试验，否则硬层的存在将进一步缩小其测试深度。但海床式系统操作更加灵活且更容易控制，系统通常在船只的一侧被下放到海床表面，并通过脐带缆操控测试系统完成原位试验及取样工作。因此，不需要在水体中对试验仪器进行反复操作（如接杆），其作业效率远大于孔内式系统。

需要注意的是，所有设备都必须承受较大的静水压力。因此，在浅水中（<100 m）和深水中（如 2500 m）使用的设备可能有很大的不同。设备还必须能够完成用户指定的试验和取样任务。此外，探头在软黏土和密砂中的贯入响应完全不同，需要根据沉积物的类型进行选择。

3.3.2　勘察平台

勘察平台的选择，很大程度上取决于现场水深。直到最近十年，勘察工作大都集中在水深不超过 200 m 的大陆架区域，图 3-16 为该水深范围内部分可用勘察平台。由于勘察平台通常是勘察工作中花费最多的部分，所以必须仔细权衡不同平台的经济性。平台越小成本越低，但小平台也限制了操作区域。针对不同水深的选择包括：

（1）搭载潜水员的辅助船或驳船（水深小于 20 m）；

（2）自升式钻井平台（水深 20～120 m）；

（3）搭载远程操作设备的辅助船（适用于任何水深，取决于船只吃水深度），如岩土钻探船；

（4）专业钻井船（水深大于 20 m），如半潜式平台。

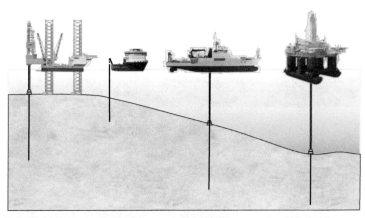

　　　自升式平台　　　辅助船　　　岩土钻探船　　　半潜式平台

图 3-16　可供选择的勘察平台

船舶的典型锚泊水深不超过 200 m，因此深水勘察最好使用具有动力定位（dynamically positioned，DP）功能的船只。专用 DP 船的费用通常很高，半潜式钻井平台也是如此。因此，在偏远地区，或专业船舶使用频率低、没有常驻的海域（如澳大利亚），更适宜使用搭载远程操作设备的施工船或小型 DP 船舶。

1. 浅吃水驳船

吃水浅的登陆艇样式的船舶能够在浅水中工作，可为设备和潜水提供有保障的作业空间。这类勘察船尤其适合探测管线的登陆段。一个小型的 A 形架就能将潜水员操作的钻井设备安放至海床（图 3-17）。船只保持稳定需要多点锚泊系统，通常至少需要三个锚。海流到达岛礁之间的浅水时很湍急，因此有时需要三个以上的锚。然而，锚的几何大小受到布设范围限制。

图 3-17　用于浅水勘察的浅吃水驳船

2. 辅助船

辅助船利用 A 形架或甲板起重机将远程操作设备布设到水体中（图 3-18）。为了使船保持相对稳定，通常需要专门安装多点锚泊系统。这也意味着，没有抛/起锚辅助支持时，这类船只仅可以在水深不超过 125 m 时使用。澳大利亚市场上的绞车一般不够大，无法携带足够的缆绳，因此无法在更大水深中锚泊。

具备真正动力定位能力的辅助船很少。虽然许多船只可以利用"操纵杆"保持在原位，但显然只适用于布设低风险的设备，否则一旦船只突然偏离位置，将造成巨额的设备损失。

辅助船的典型使用费为每天 1 万 ~ 5 万美元。

图 3-18　辅助船

3. 动力定位船

动力定位船（图 3-19）非常适合深水作业、大范围的勘察工作以及管线勘察工作。定位设备的裕度降低了昂贵设备损坏的风险。

施工动力定位船一般都有一个月池，因此除布放远程操作设备外，还可以使用钻井设备。波浪补偿装置并非该类船只的标准配置，因此还需要为船上的钻井设备提供波浪补偿装置。移动式的钻井装置可布设在动力定位船的船舷或船尾。

取决于动力定位船的性能，每天典型使用费为 5 万 ~ 10 万美元。动力定位船不能随时预订到，且前往偏远海区的费用更高，但这种船仍是深水作业最经济的解决方案。

4. 专业钻井船

专业钻井船通常具有自锚或动力定位功能，能够独立作业，因此钻多个探孔时费用相对较低。运动补偿式钻井系统保障钻井质量，能够为岩土勘察提供高精度数据，特别适用

图 3-19　动力定位原位勘察船

于深水区的勘察工作。图 3-20 所示的中型钻井船动力定位性能良好，定制设计的甲板布置与月池位置保证了作业的效率与精度。搭配波浪补偿装置（连接到海床表面）的钻井系统即使在软黏土中作业，也不会对土层造成过大扰动。

图 3-20　专业钻井船

专业钻井船的淡水供应相当有限。这不仅限制了船只保持在站位的时间，而且还限制了钻井液的选择，要求钻井液必须能在海水中工作。

具有动力定位系统的专业钻井船目前在北海、西非和俄罗斯海域作业。对于在其他海域使用这类船，除非在同一地区依次进行若干个勘察，否则需要支付很高的动员费。该类船只一天的典型使用费为 5 万 ~ 50 万美元。

5. 自升式钻井平台

自升式钻井平台可以为勘察提供一个稳定的作业平台（图 3-21），有利于勘察工作的开展，但也有以下不足：

图 3-21　自升式钻井平台

（1）平台再就位成本高，因此在同一个场地钻多个孔时，经济性通常不算好；

（2）主流的自升式平台不能直接开展岩土勘察，因此每次调用需重新布设岩土勘察钻探设备；

（3）自升式平台在油田进行常规作业，一般不会用于勘察工作。由于平台空间限制，当用于岩土勘察服务时，需要临时拆除一些钻井或修井设备；

（4）随着更大自升式钻井平台的建造，工作水深的上限不断被突破，但多数自升式钻井平台的最大工作水深仍在 120 m 左右；

（5）日租费用昂贵，通常是 10 万 ~ 50 万美元，而且需要大量辅助支持（例如直升机、辅助船和大量工作人员）。

由于这些限制，除了在近岸浅水区，自升式平台很少用于岩土工程现场勘察。

6. 半潜式钻井平台

半潜式钻井平台（图3-22）能为深水勘察工作提供稳定的工作平台，但它们的费用非常高，通常每天的花费超过25万美元。这些船被锚泊在海底，下锚或起锚最多需要一天时间才能完成，这类工作也增加了额外成本。

图 3-22　半潜式钻井平台

因为锚链较长，平台就位后（不需起锚）就可以在拟建结构（导管架平台或重力式平台）的基础附近完成多个钻孔。但这种作业方式仍不能一次覆盖浮式生产储油卸油船（floating production storage and offloading，FPSO）所需的勘察区域，因为 FPSO 自身的锚泊半径经常超过 1 km。半潜式平台高昂的日租成本限制了钻孔数量。钻井系统的不足之处与自升式平台情况类似，因此半潜式平台也很少用于岩土勘察。

3.3.3　钻孔和取心系统

1. 人工和远程水下操作系统

浅水区的钻孔取样工作可由潜水员来完成，所需设备也与陆上类似。钻孔作业通常只能在白天（12 个小时）进行，但如果工作区域在海岸线附近且有两组能上岸修整的潜水员，作业时间可适当延长。人工钻孔的显著不足之处是难以保证钻孔质量，因为职业潜水员往往不具备钻孔经验。利用视频监控及语音通信能在一定程度上克服这个问题，但岩土勘察指导人员同时还负责试样的记录及封装，因此不可能一直指导水下作业。此外，由于水下工作时间有限，潜水员持续轮换也使得该问题更加突出。

如果地层条件有利，钻孔深度可达 40 m，但钻孔的深度仍受设备功率的限制。不稳定的钻孔需使用套管支撑孔壁，但其操作比较困难。此外，钻井液的选择还受海水条件的制约。

2005 年以后，开始利用先进水下机器人完成钻孔工作。便携式远程操作钻孔（portable remotely operated drill，PROD）系统可完成对岩土体的采样，也能在最大 2000 m 水深处进行贯入深度 100 m 的原位试验（图 3-23）。三脚架支撑使得 PROD 能在坡度较大的斜坡上作业。初代 PROD 系统采用的钻头直径相对较小，原状样的直径约为 45 mm。2009 年推出的第二代 PROD 系统可采集直径为 75 mm 的原状样。

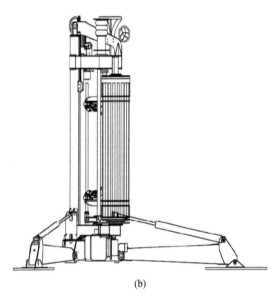

(a)	(b)

图 3-23　远程水下钻孔系统（PROD）

（a）PROD 系统在船尾下放；（b）支腿展开后的 PROD 系统示意图（源自 Benthic Geotec 公司）

现代薄壁 Kerf 取心筒取心直径为 44 mm、长度最长达 2.7 m，PROD 搭载 Kerf 取心筒，可实现旋转钻孔取心。钻进时，试样被压入钻机内的铝制套筒中；提钻时，套筒避免了试样的二次扰动。钻机内还设置有取心夹具，如图 3-24 所示。

2. 自升式钻井平台

自升式钻井平台配备有专门用于油气井钻探的钻井设备，这些设备也可以用于岩土工程勘察。然而，实际工作中最好采用陆上传统的岩土工程钻孔设备，可安装在平台上或悬挂在平台边缘（图 3-25）。

图 3-24 PROD 系统 Kerf 取心筒的端部
左图展示了取心夹具

图 3-25 在自升式钻井平台一侧作业的常规陆上钻孔设备

自升式平台提供了相对稳定的作业环境，因此经验丰富的钻井人员直接使用常规的陆上钻孔技术即可得到高质量成果。在平台上还可以进行取心、取样及原位试验，或者将静力触探连接到钻柱上。如果所有的测试仪器都能使用,那么自升式平台将是海洋岩土勘察的最佳平台形式。但如前所述,移动自升式平台耗费的时间很长,当场区内需要钻孔的位置不止一个时,钻孔成本将急剧上升。自升式平台空间充足,能够储存大量淡水和其他液体,因此可供选择的钻井液种类很多。大部分自升式平台后勤补给充足,可 24 小时作业。

3. 专用钻井船和半潜式平台

大多数海上勘察利用专门钻井船完成,偶尔也使用半潜式平台。勘察装置由四个关键部分组成:

(1) 带夹具的海底导向基座;

(2) 运动补偿装置;

(3) 井底钻具组合 (bottom hole assembly,BHA) 上的刮刀钻头;

(4) 脐带缆或其他电缆工具。

以上装置通常是专业岩土钻探船的标准配置。在半潜式或自升式平台上,大多数部件均可供使用,但需要稍加改造以满足岩土勘察需求。可临时安装到其他具有月池的船舶上的移动系统也可供使用。

4. 海底导向基座和波浪补偿装置

海底导向基座 (图 3-26) 经过压载,可提供约 10 t 的承载力。外侧的裙式支座防止基座在软土中产生过大沉降。在装备齐全的钻井船上,基座通过独立的绞车下放至海床表面,绞车自带的波浪补偿装置保证了缆绳在下降时保持张紧。半潜式平台则利用钻机的张力缆 (补偿式的) 下放基座。

安装在导向基座上的远程操控液压夹具,可以在测试中固定钻柱。夹具将钻柱与导向基座连接起来,以提供反作用力。在深水中,由于液压控制管路上的压力损失,需要利用安装于基座上的水下液压动力装置来启动夹具。

5. 钻头和钻杆

钻柱一般按美国石油协会 (API) 发行的标准制作,外径为 5″(127 mm) (图 3-27),内部接头处平整,以保障钻孔工具可以顺利穿过,典型长度为 9.2 m。井底钻具组合构成了钻柱的底部。钻具组合包含一个敞开刮刀钻头 (图 3-28),并配备多个钻铤提供钻头所需的重量,从而满足运动补偿器的反力要求。井底钻具组合还包括锁定段,用于孔内工具的锁定,以完成取样和原位试验工作。与用于资源勘探的钻井设备不同,岩土勘察中钻孔必须使用运动补偿器,以保证钻头对下部土层的反应足够灵敏,尽量减小对下部土层的扰动。即使操作很小心,也可能对取样或试验深度处上方数百毫米的土体造成扰动。

6. 脐带缆

孔内工具可以简单地用钢缆下放,或者借助液压或电脑带缆下放 (原位测试时的首选) (图 3-29)。使用简单的钢缆时,试验期间获得的数据都必须存储在孔内工具上,工具撤回到船上后才能下载数据。脐带缆系统的优点是可以在试验过程中实时查看数据，并能直接控制试验操作。

图 3-26 准备阶段的海底构架

图 3-27 标准 5″（127 mm）API 钻柱

图 3-28 钻头及钻具组合下端示意图

图 3-29 脐带缆和插入钻杆的孔内工具

在专业钻井船上，钻井单元的顶部驱动装置通常包括一个泥浆转盘，只要打开此转盘就可以插入和下放孔内工具。在半潜式平台上，通常需要断开钻柱才能插入工具（图3-29）。

7. 孔内工具

直接与脐带缆相连的孔内工具部分可以由液压或电力驱动。这一部分通常包含一个电子模块，用于控制设备的运行、获取数据并将其转换为数字信号，再经脐带缆传送到船上的控制单元。孔内工具的底部是可拆卸的，并与所使用的设备类型（静力触探或球形贯入仪、十字板、薄壁取样器和活塞取样器）匹配。这部分通常包含一个液压缸或电机，用于将设备压入土中。十字板试验还需要另外一个电机来驱动（扭转）剪切板。使用钢缆下放孔内工具时，通过对钻井液加压将工具压入。因为钻孔装置底部可拆卸，操作时可将一系列设备或探头排列在甲板上，根据需要轻松切换探头。

电动孔内工具属于新一代设备，但尚未得到广泛应用。这种类型的设备更易于操控，与液压动力单元和庞大的液压脐带缆卷轴相比，只占用很小的空间。它的另一个优点是任何被贯入海床的装置都可以通过电机反向转动回收，而孔内作业所用的传统细长液压缸通常不能反向回退。

8. 岩心取样

可以采用前面介绍的系统进行岩心取样，尽管需要进行一定的改进。软弱岩石（如钙质砂岩，见图3-30）取心时需要采用硬连接系统，以保证高取心率。为了实现真正的硬连接系统，需要以所谓的"背负式"使用另外一套钻具。这种模式包含一根向下延伸至导向基座并被夹紧的单独立管，以及一个安装在立管顶部并与钻井船的升降补偿器相连的工作

图 3-30　海上岩心分类

台，以确保立管始终保持张紧状态（防止屈曲）。将较小的陆上钻孔设备安装在工作台上，钻井工人通过立管下放单独的钻柱。从本质上讲，这意味着钻孔过程是在一个静止的工作台上进行的，因此属于"硬连接"。该系统的操作限制条件取决于钻井船运动补偿器允许的运动幅度。

由于钻柱必须穿过立管，所以钻柱使用直径较小的圆管。钻柱末端的井底钻具组合被设计成可同时容纳由钢缆控制的三重管取样筒和前述的孔内工具。然而，孔内工具必须稍作改进才能在直径较小的钻柱内工作。这通常意味着钻孔内每个 CPT 探头的行程（在两个取心区之间）要减小近一半。

该系统已成功用于澳大利亚西北大陆架的钙质砂岩取心。众所周知，这种地层很难获取高质量岩心。

9. 轮式驱动

轮式驱动设备（图 3-31）最初用于海床式静力触探试验（CPT）。它包括一个足够重的构架以提供将探头贯入至目标深度所需的反力，以及一组液压马达有序地安装在构架顶部。每台电机驱动一组转轮，转轮带动探杆，从而把探杆贯入到海床中。CPT 探头（或更典型的带孔隙水压力传感器的 CPT 探头）与探杆末端相连，并在构架下放到海底前将探

图 3-31 轮式驱动设备

杆串在一起，在这期间探杆保持受拉。下放到海底以后启动电机，将探杆压至目标深度处或在贯入阻力过高时停止加力。可贯入深度取决于锥尖阻力和探杆侧摩阻力，因此常在锥后加入一段直径稍大的探杆，以减少后续探杆的侧摩擦力。试验完成后电机反向运行，驱动探杆上拔，最后与构架一体回收。

轮式驱动的海床式 CPT 在澳大利亚西北大陆架的贯入深度已达到 65 m。轮式驱动设备现在也被用于驱动其他原位探头，如 T 形贯入仪、球形贯入仪和十字板剪切仪（后文详述）。还可改进构架，以容纳与 CPT 结合使用的一个远程取心单元。有时也会在构架上安装活塞取样器，用于获取海底以下 1.5 m 范围内的土样。深远海开发通常更关注海底之下 20 ~ 50 m，因此装有轮式驱动装置的海床式框架或机器人设备最适用于深水区的现场勘察。

3.3.4　原位测试设备

1. 静力触探

静力触探试验（CPT）是目前岩土工程勘察原位测试中最常用的手段之一，通常采用能够测量孔压的静力触探装置。该装置是带有 60° 锥形探头的圆柱形物体，探头与测力计相连（图 3-32），可测量贯入过程中受到的阻力，阻力通常用单位面积的力 q_c 表示。虽然截面积为 1500 mm² （直径 43.8 mm）的探头正越来越广泛地应用于软土试验，但行业标准探头的截面积仍为 1000 mm²（直径 35.7 mm）。探头上方安装有一段套筒，套筒上配备测力计测量侧摩阻力，该阻力用单位面积上的摩擦力 f_s 表示。孔压静力触探仪还配有一个压力传感器，用来测量贯入过程中的孔隙水压力。孔压传感器的过滤环可安装在锥面上（称为 u_1 位置），也可安装在锥肩部（u_2）或者套筒上方（u_3）。现有探头中有的在三个位置都布置过滤环，有的布置在两个较低位置处，也有的只布置在两个较低位置处的一处。

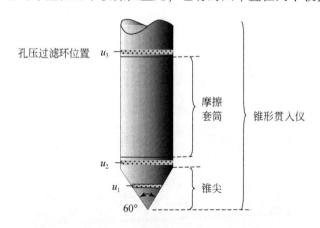

图 3-32　孔压静力触探仪示意图

国际土力学与岩土工程学会（ISSMGE，1999）的国际标准测试流程（International Reference Tiest Procedure，IRTP）以及各种国际标准，例如《NORSOK 标准》（2004）、《ASTM D5778-07》（2007）和《ENISO 22476-1》（2007）都给出了静力触探试验的标准流程。尽管现有设备已经能够将速率改变至少一个数量级，但标准贯入速率仍采用 20 mm/s，即每秒贯入深度约为直径的一半。静力触探设备的详细介绍以及对测试结果的解译可参见 Lunne 等（1997）。

表 3-4 总结了两种最常见的 CPT 探头几何尺寸和设备能力。探头贯入力一般为 10 t 或 15 t，操作时的最大贯入力受到海床反力架重量的限制。有两种不同方法可用于测量锥尖阻力和侧摩阻力，即"压缩式"探头和"减法式"探头。压缩式探头分别测量锥尖阻力和侧摩阻力，这种方式允许侧摩阻力传感器的量程调至实际工程中可能遇见的最大值（约 1 MPa）。减法式探头测量总阻力（锥尖阻力+侧摩阻力）和锥尖阻力，再由总阻力减去锥尖阻力以获得侧摩阻力。从系统角度看，由于必须通过两个大得多的测量值相减来获得相对较小的侧摩阻力，所以减法式探头没有压缩式探头受欢迎。

表 3-4　标准锥形探头的几何尺寸和量程

参数	10 t	15 t
锥尖顶角	60°	60°
直径	35.7 mm	43.8 mm
锥体截面积	1000 mm²	1500 mm²
侧摩套筒长度	134 mm	164 mm
侧摩套筒面积	15000 mm²	22500 mm²
最大贯入力	100 kN	150 kN
最大锥尖阻力 q_c（当 $f_s=0$）	100 MPa（100 kN）	100 MPa（150 kN）
最大侧摩阻力 f_s（当 $q_c=0$）	6.6 MPa（100 kN）	6.6 MPa（150 kN）
探杆直径	36 mm	36 mm

孔压静力触探主要用于土层剖面分析，试验结果可确定贯入地层的土体类型（例如 Robertson，1990）。由于可以沿深度连续获得静力触探数据，所以静力触探试验可反映地层的细微变化，如图 3-33 所示。因此，CPT 常属于获取高质量土样之前的第一阶段勘察任务，为验证地球物理探测结果提供了一种必不可少的重要工具。

1）锥尖阻力测量值修正

由于孔压作用在探头背面的过滤环位置或测力计保护筒底部的密封位置，因而需要修正锥尖阻力测量值 q_c。侧摩阻力测量值 f_s 也需进行类似的修正。1997 年 Lunne 等提出了锥尖阻力测量值与修正值 q_t 的关系：

$$q_t = q_c + (1-\alpha)u_2 \tag{3-1}$$

式中，α 为面积比——不受孔压作用的锥肩横截面积与总横截面积之比，u_2 为孔隙水压力。尽管面积比可以通过探头的几何尺寸计算，但通常由压力罐标定获得，即绘制单元内

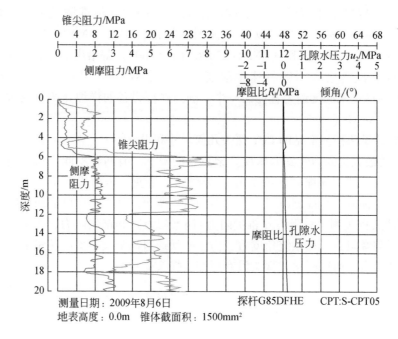

图 3-33　孔压静力触探测试记录数据示例

液体压力与锥尖阻力的比值，该比值等于 α。

为了区分上覆土压力和土体净锥尖阻力 q_{net}（或 q_{cnet}）对总锥尖阻力的贡献，需要对锥尖阻力测量值作进一步调整。即

$$q_{net} = q_t - \sigma_{v0} = q_c + (1-\alpha) u_2 - \sigma_{v0} = q_c - \sigma'_{v0} - \alpha u_0 + (1-\alpha) \Delta u_2 \tag{3-2}$$

式中，σ_{v0} 和 σ'_{v0} 分别是上覆土的总压力和有效压力，u_0 和 Δu_2 分别为环境孔压（通常认为是静水压力）和超静孔压。在高渗透性土层（CPT 贯入时土层基本处于排水条件）或强度相对上覆压力较高的土体中，孔压效应和上覆土压力的校正通常可忽略。然而，在软黏土中，该修正至关重要，α、u_2 以及 σ_{v0} 中任意一个值的不确定性都会导致 q_{net} 估计值出现较大误差。还需注意的是，这些校正是相对于锥尖贯入阻力为零的位置，如海床式 CPT 的海底位置和孔内式 CPT 的孔底位置。对于后一种情况，σ'_{v0} 对锥尖阻力的影响有一定争议，因为假定探头仅从孔底向下运动几倍的孔径，有效上覆压力就会从零迅速增加到从海底处计算得到的值。

2）土层分类

CPT 首先是一种强度试验，但侧摩阻力以及锥尖附近的孔压测量值也为辨别土体类型提供了额外信息。用于土体分类的无量纲参数主要有：

（1）无量纲锥尖阻力：$Q = q_{net} / \sigma'_{v0}$（也可记为 Q_t）；

（2）孔压比：$B_q = \Delta u_2 / q_{net}$；

（3）摩阻比：$F_r = f_s / q_{net}$（也可记为 R_f）。

利用静力触探数据对土分类的示例见图 3-34（Robertson，1990）。与黏土相比，高强

度土体（密砂或胶结沉积物）中的无量纲锥尖阻力较高而摩阻比较低，因此这类图表的基本原理很清晰。但某些情况下，如粉质土，由于超固结比或排水程度的增加都会导致 Q 增大和 B_q 减小，使得一些规律趋势很难区分。导致这一问题的部分原因是用 q_{net} 归一化超孔压以得到孔压比，如果通过另一种形式的孔压比 $\Delta u_2 / \sigma'_{v0}$，也许有助于分清变化趋势。据此修改后的图表如图 3-35 所示（Schneider et al.，2008a）。

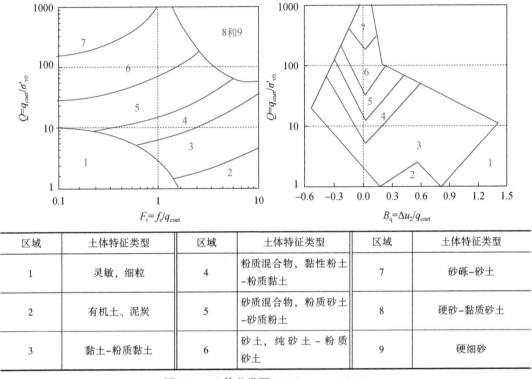

区域	土体特征类型	区域	土体特征类型	区域	土体特征类型
1	灵敏，细粒	4	粉质混合物，黏性粉土－粉质黏土	7	砂砾－砂土
2	有机土、泥炭	5	砂质混合物，粉质砂土－砂质粉土	8	硬砂－黏质砂土
3	黏土－粉质黏土	6	砂土，纯砂土－粉质砂土	9	硬细砂

图 3-34　土体分类图（Robertson，1990）

一般而言，软黏土至中等强度黏土会产生超过有效上覆压力的正孔压，孔压比 B_q 值一般为 0.3～0.7，并随黏土灵敏度的增加而增加；典型摩阻比 F_r 为 2%～5%，并随灵敏度的增加而降低。强度较高的土体如强超固结度黏土、胶结土和致密砂，可能表现出剪胀性，随着固结系数的增大，量测到很小的正超孔压或接近于零的负超孔压。匹配 CPT 归一化参数随深度的变化曲线与样品的直观描述，有助于识别某些特殊土层条件的典型特征，如含气土或含天然气水合物地层（Sultan et al.，2007）。对不熟悉的沉积物，用钻孔取样得到的信息进一步校正图 3-34 和图 3-35 是非常重要的。

3）砂土的静力触探数据解释（自由排水的沉积物）

锥尖阻力受土体性质影响，例如矿物组成、临界摩擦角、应力水平以及相对密度等，不太可能由锥尖阻力高度可靠地推算出任何一个单独的土性参数或指标。目前已有论文发表了几种相关关系，Lunne 等（1997）对此进行了详细讨论。其中对于石英砂，最主要的相关关系是相对密实度 D_r 和状态参数 ψ 与锥尖阻力的关系（Been and Jefferies，1985）。

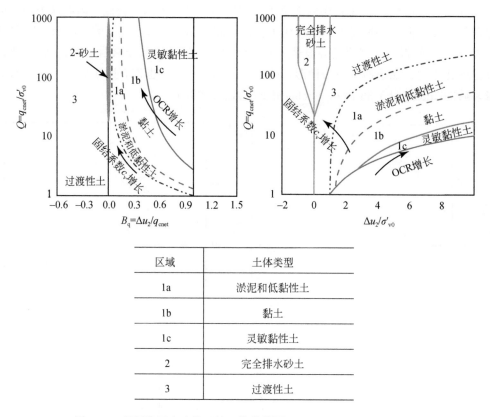

区域	土体类型
1a	淤泥和低黏性土
1b	黏土
1c	灵敏黏性土
2	完全排水砂土
3	过渡性土

图 3-35 用超孔压力比修正的土体分类图（Schneider et al., 2008a）

相对密实度 D_r（用百分数表示）与归一化锥尖阻力 $Q = q_{net}/p'_0$（p'_0是原位平均有效应力）的关系可以表示为（Jamiolkowski et al., 2003）

$$D_r = \frac{1}{C_2}\ln\left(\frac{1}{C_0}\frac{q_c}{p'_0}\left(\frac{p'_0}{p_a}\right)^{1-C_1}\right) \tag{3-3}$$

式中，p_a是大气压，与p'_0单位相同；各个参数取值为 $C_0 = 25$；$C_1 = 0.46$；$C_2 = 2.96$。（式3-3）表达的关系式如图 3-36 所示。

Been 等（1987）提出了一种更严密的关系，旨在通过状态参数量化砂的剪胀或剪缩特性，随后 Shuttle 和 Jefferies（1998）进行了改进。理想情况下，该方法需要对重塑砂样独立进行一系列三轴试验来确定临界状态线的斜率。

这些相关性是依据大量砂（主要是石英砂）中的原位试验和标定罐试验建立的。在压缩性更强（但仍可自由排水）的沉积物（如碳酸盐砂）中要审慎使用这些关系式，除非这类沉积物胶结，否则归一化锥尖阻力往往很低。

静力触探可以看作是模型试验的一种，因此发展了越来越多的直接基于所测锥尖阻力的工程设计方法。对于浅基础设计，单位面积的极限承载力通常取锥尖阻力的 0.1～0.2 倍，其下限对应了松散砂土上基础沉降量达到基础尺寸 5% 时的地基承载力，其上限则对

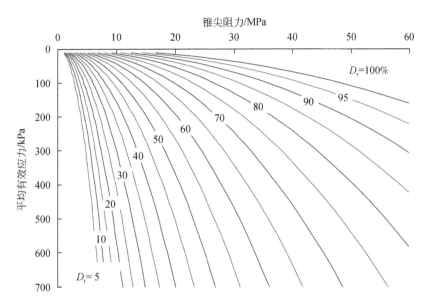

图 3-36　石英砂锥尖阻力、相对密实度和平均有效应力之间的关系（Jamiolkowski et al.，2003）

应了密实砂土上基础沉降量达到基础尺寸 10% 时的地基承载力（Randolph et al.，2004）。

第 5 章介绍了基于锥尖阻力的砂土地基打入桩设计方法。由美国石油协会（API）和国际标准化组织（ISO）发布的设计规范强烈倾向于推荐基于静力触探的设计方法，而不是基于土颗粒大小（粉土、砂土或者碎石）和相对密实度确定桩侧摩阻力和端承力参数的传统方法。

4）黏性土的静力触探数据解译（贯入为不排水条件）

在细粒沉积物中，静力触探仪的贯入处于不排水条件，数据解译主要是通过锥尖阻力系数 N_{kt} 和净锥尖阻力来计算抗剪强度：

$$s_u = \frac{q_t - \sigma_{v0}}{N_{kt}} = \frac{q_{net}}{N_{kt}} \tag{3-4}$$

锥尖阻力系数 N_{kt} 变化范围较大。Lunne 等（1997）提出锥尖阻力系数范围为 7～17，但北海结构性硬黏土的系数更高。工程实践中通常采用室内强度试验标定每个场地的锥尖阻力，但考虑 N_{kt} 的理论依据也有利于数据解译。

锥尖承载力系数 N_{kt} 可以用刚性指数 $I_r = G/s_u$、应力各向异性参数 $\Delta = (\sigma'_{v0} - \sigma'_{h0})/2s_u$ 和锥面摩擦比 $\alpha_c = \tau_f/s_u$ 表示：

$$N_{kt} \approx C_1 + C_2 \ln(I_r) - C_3 \Delta + C_4 \alpha_c \tag{3-5}$$

Teh 和 Houlsby（1991）基于应变路径法、Yu 等（2000）和 Lu 等（2004）使用不同形式的大变形有限元分析得到了式（3-5）中的各常数值，这些常数值总结在表 3-5 中。使用这些常数并取 $\alpha_c = 0.3$（在 Yu 等（2004）的方法中 $\delta/\varphi_{cs} = 0.7$），由式（3-5）得到的锥尖阻力系数如图 3-37 所示。考虑到两种有限元分析方法采用了不同的土体模型，可以认为它们的结果具有良好的一致性。图中的变化趋势表明，对于轻微超固结土，$\Delta > 0$，锥尖承载力系数的范围为 12~16。

表 3-5　锥尖阻力系数 N_{kt} 的参数

参数	Teh 和 Houlsby（1991）	Yu 等（2000）	Lu 等（2004）
C_1	$1.67 + I_r/1500$	0.33	3.4
C_2	$1.67 + I_r/1500$	2	1.6
C_3	1.8	1.83	1.9
C_4	2.2	$2.37^{①}$	1.3

① 摩阻比用界面摩擦角与土体临界状态内摩擦角的比值表示。

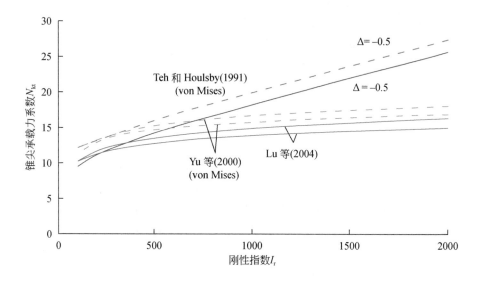

图 3-37　锥尖阻力系数理论值

正如 Lunne 等（1997）提到的，基于经验的 N_{kt} 值变化较大。最近一项全球范围内对弱超固结黏土中锥尖阻力系数的研究（Low et al., 2010）建议 N_{kt} 均值为 13.5，变化范围为 11.5~15.5。这项研究表明，随着小应变刚性指数 $I_r = G_0/s_u$ 的增加，N_{kt} 呈明显的增加趋势。在一些地区，如墨西哥湾，设计中通常默认采用的 N_{kt} 值为 17 左右。目前还不清楚这是否由超常的高刚性指数（可能是由于所取样本的时间效应）造成，或者是反映了原位土体受到轻微扰动后强度的历史经验值。

5）孔压测量及固结特性

静力触探试验中在锥型探头肩部（u_2 位置）测得的孔压值可以为评价土体特性提供更多信息，对因面积不等造成的锥尖阻力修正也很重要（见式（3-1））。此外，还可以借助超孔压 Δu_2 与净锥尖阻力的比值（孔压比 B_q）或者与有效上覆土压力 σ'_{v0} 的比值（图 3-35）来预测土体类型。B_q 或 $\Delta u_2/\sigma'_{v0}$ 突然降低（渗透性突然增加）可用于识别粉土夹层，此现象通常伴随有锥尖阻力的突然升高。

通过贯入停止后的孔压消散过程可以定量计算固结系数。理论解（如 Teh and Houlsby，1991）可用来拟合实测孔压消散曲线，从而估计固结系数。在孔压消散过程中，锥尖附近的土体逐渐固结（含水量降低），但周围更大范围的土体将发生回弹。因此，由试验推导出的固结系数既反映了（主要的）水平渗流路径，也反映了应变路径的回弹特性（Levadoux and Baligh，1986）。这一固结系数常被表述为 c_h，以便与室内单向压缩试验得到的 c_v 区别开来。

图 3-38 是一组轻微固结黏土的实测静力触探孔压消散曲线与理论曲线（取刚性指数为 100）的对比。尽管理论曲线随时间单调衰减，但实测的孔压消散曲线初始呈上升趋势，这可能是由于孔压传感器的过滤环未完全饱和，也可能是由于局部膨胀效应（Burns and Mayne，1998）。为了预估初始最大超孔压 Δu_{max}，使用时间平方根法将孔压消散曲线早期的线性段外推至原点（图 3-38）。理论值 $T_{50}=t_{50}c_h/d^2$ 接近于 1，其中 d 为探头直径。所以当 t_{50} 约为 4000 s 和 $d=35.7$ mm 时，c_h 值约为 10 m^2/a。

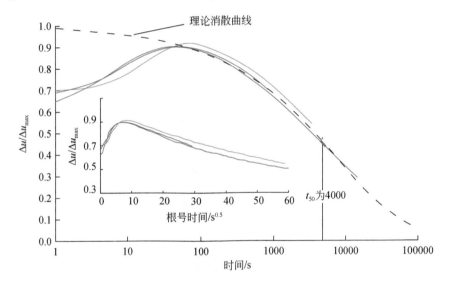

图 3-38　静力触探孔压消散理论曲线

需要注意的是，孔压消散曲线至少需要延伸到 t_{50} 才能获得合理拟合，从而推导出可靠的 c_h 值。测试过程会持续 1～3 h，使得海上孔压消散试验的成本非常高。对粉质沉积物进行孔压消散试验所需的时间要短得多，而且具有特殊意义，因为孔压消散试验有助于确定静力触探本身是否接近不排水条件，并确定所测锥尖阻力是否受到土体部分固结的影响。在不同贯入速率下进行的静力触探试验表明，要使贯入过程中土体接近不排水状态，归一化的贯入速率 $V=vd/c_v$（v 为贯入速率，通常为 20 mm/s）应超过 100（Randolph and Hope，2004）。当现场勘察遇到粉质沉积物时，建议绘制归一化的锥尖阻力与 V 的关系图，以便确认试验期间因部分固结使锥尖阻力增加的土层。

2. T形与球形贯入仪

T形贯入仪（简称T形仪）最早由西澳大学提出（Stewart and Randolph, 1991;
1994），当时是为了提高离心机试验中随深度变化的土体强度的量测精度，在1990年代末
才首次应用于海底（Randolph et al., 1998a）。T形仪的探头是一小段圆棒，与探杆垂直相
连，测力计紧贴圆棒上方（图3-39）。与静力触探相比，T形仪有两个主要优势：第一，
测力计本质上测量的是T形探头上下的压力差（或净压力），所以几乎不需要进行上覆压
力和背景水压修正；第二，T形探头的贯入阻力与土体抗剪强度之间存在严格塑性理论
解，贯入阻力系数的变化范围小于±10%（取决于T形探头表面的粗糙程度），而静力触
探阻力系数的变化范围可以从灵敏黏土中的7到17，变化范围高达±40%。目前已有孔内
式（直径20 mm，长100 mm）和轮式驱动（直径40 mm，长250 mm）两种类型的T形
仪，但孔内式的适用性仍需进一步验证，且已基本被孔压球形贯入仪取代。

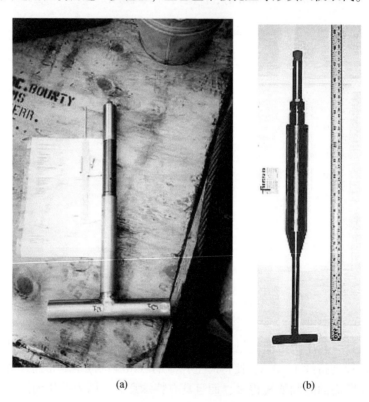

(a)   (b)

图3-39　T形贯入仪

(a) 轮式驱动；(b) 孔内式

孔压球形贯入仪超出探杆直径的部分相对较小，因此更适于孔内式贯入试验。球形探
头直径在60~80 mm范围内，探头的面积约为探杆面积的10倍（图3-40）。孔压传感器
的过滤环可以布置在探头的中部（如图3-40所示）或下半部分。与T形仪相似，球形探

头的阻力系数也可由塑性理论给出，但对 T 形和球形探头都需进行以下修正：①应变速率效应；②探头扰动造成的土体重塑软化。合理的 T 形和球形贯入仪的阻力系数将在后面讨论。

所谓的全流动贯入仪，如 T 形或球形贯入仪，还可以在一个较小的深度范围内（一般小于 0.5 m）反复插拔，以量测土体的重塑强度。一般至少进行 10 次循环插拔，以确保土体达到完全扰动状态。考虑到深水管线和立管都对表层土体造成强烈的扰动，T 形仪和球形仪的这一功能，使其成为标准的原位试验装置，用于表层 1 ~ 2 m 深度范围内土体性质的测量。

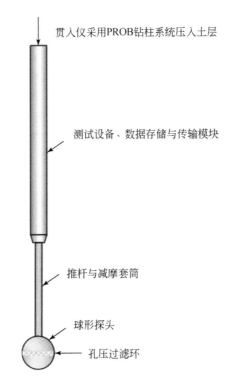

贯入仪采用PROB钻柱系统压入土层

测试设备、数据存储与传输模块

推杆与减摩套筒

球形探头

孔压过滤环

图 3-40　球形贯入仪（Kelleher and Randolph，2005）

虽然全流动贯入仪的标准化操作规范仍处在发展阶段，但以下原则已得到普遍认可：

（1）原位试验中，T 形贯入仪的标准直径为 40 mm，长 250 mm，投影面积是 CPT 探头面积的 10 倍；

（2）T 形贯入仪的尺寸可以不同，但探头长径比不能小于 4，连接探杆和测力计所占面积应不超过 T 形探头投影面积的 15%；

（3）球形探头直径在 50 ~ 120 mm 范围内（当直径为 113 mm 时，其投影面积是 CPT 探头的 10 倍），连接段探杆面积不应超过球形探头投影面积的 15%；

（4）贯入速度的范围应为每秒 0.2 ~ 0.5 倍的探头直径大小，但可在不同速率下进行特定试验，以评估应变速率与固结程度对贯入阻力的影响（House et al.，2001）；

（5）除了需要记录贯入阻力外，也应记录上拔时的抗力。此外，还应进行至少一组的贯入-上拔循环试验，以评估重塑土的贯入阻力以及确定测力计的零漂。

1）全流动贯入仪试验结果解译

为获得所需数据，需要像 CPT 探头一样对测得的贯入阻力进行修正，以得到净贯入阻力。由于全流动贯入仪探头的投影面积远大于探杆投影面积，所以相对修正量也小得多。修正公式如下（Chung and Randolph，2004）：

$$q_{\text{T-bar}} \text{或} q_{\text{ball}} = q_{\text{m}} - [\sigma_{v0} - u_0(1-\alpha)] A_{\text{s}}/A_{\text{p}} \tag{3-6}$$

式中，u_0 为静水压力，α 为面积比（参见式（3-1）），$A_{\text{s}}/A_{\text{p}}$ 为探杆与探头横截面积之比。这一比值通常为 0.1 左右，所以经常可以忽略，但是随着土体强度的降低（如循环试验），其修正将变得更加重要。

土体的不排水抗剪强度可用修正后的（净）贯入阻力 q_{k} 与阻力系数 N_{k} 的比值来估算（下脚标 k 指代 T-bar 或 ball）。基于圆柱体在土中横向运动的塑性解，最初建议 $N_{\text{T-bar}} = 10.5$（Randolph and Houlsby，1984；Martin and Randolph，2006）。在进一步的分析中，考虑了原位测试较高的应变率（其量级与探头的归一化贯入速率 $v/D \approx 0.5$ s^{-1} 相近）以及贯入过程中土体局部回流剪切造成的软化对 $N_{\text{T-bar}}$ 的影响。图 3-41 给出了灵敏度为 5 的土体中的阻力系数，其中 μ 为抗剪强度随应变率对数值增加的比例，ξ_{95} 是土体重塑程度达到 95% 时所需的剪切应变（Zhou and Randolph，2009a）。当 ξ_{95} 为 15 ~ 25（即 1500% ~ 2500%），且 μ 为 0.1 时，$N_{\text{T-bar}}$ 取值范围为 11 ~ 12.5。

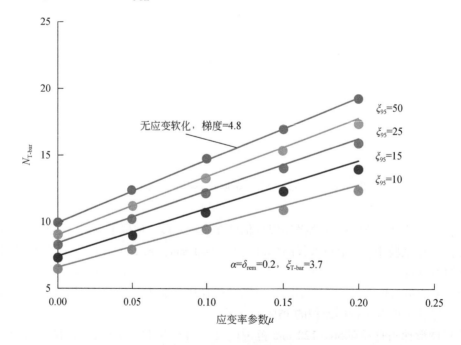

图 3-41 考虑应变率和软化效应的 T 形仪阻力系数（Zhou and Randolph，2009a）

Low 等（2010）搜集了一系列陆上和海上的轻微超固结黏土现场试验，得到的 T 形探头阻力系数多位于 10.5 ~ 13 之间，与理论值范围一致。T 形探头平均阻力系数为 11.9（相对于三轴压缩、三轴拉伸和单剪试验所得土体抗剪强度的平均值），但考虑到海上取样对软土造成的扰动，承载力系数取 11 应该更有代表性。

球形探头的理论阻力系数比 T 形探头高 20% ~ 25% 左右（Randolph et al.，2000；Zhou and Randolph，2009a）。然而，两种探头的原位试验和室内试验都得到了很接近的阻力系数，如图 3-42 所示（Chung and Randolph，2004）。总体来说，球形探头的阻力比 T 形探头高 0 ~ 10%。

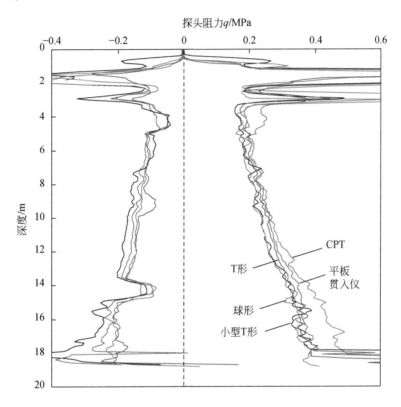

图 3-42　CPT、T 形、小型 T 形（$L/d = 4$）、球形、平板贯入仪的
净贯入阻力和上拔阻力的比较（Chung and Randolph，2004）

由图 3-42 可看出，由于土体被扰动，全流动贯入仪的上拔阻力小于贯入阻力。在中等灵敏度（3 ~ 6）的轻微超固结黏土中，上拔阻力一般为贯入阻力的 60% 左右。循环贯入和上拔试验可直接评估重塑土的抗剪强度。图 3-43（a）为球形探头的循环试验示例。随着循环次数增加，由于土体被扰动，贯入阻力与上拔阻力均减小。一般情况下，测量数据应该以阻力为零的坐标轴为轴左右对称，但试验过程中有时会出现不对称现象，每个循环的贯入阻力都会超过先前试验中的上拔阻力（或反之）。这主要是由于测力计不正确的归零造成的，贯入与上拔机理的不同也可能导致轻微的不对称。

量化阻力的逐渐衰减可借助基于初始贯入阻力的归一化，规定初始循环为第 0.25 次循环（图 3-43（b））。循环次数意味着一个循环过程包含了贯入和上拔两个阶段，前半个循环土体的平均（部分软化）强度相当于 1/4 次循环时的强度（Randolph et al., 2007）。

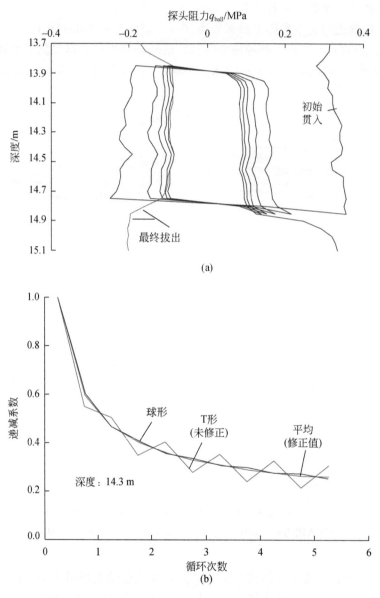

图 3-43　循环 T 形和球形贯入仪试验示例
（a）球形探头循环试验；（b）阻力衰减曲线

一般建议贯入仪的循环试验应至少进行 10 个循环，循环阻力取第 10 次贯入时的阻力。更多循环可能导致土体进一步轻微软化，但 10 次循环是折中考虑试验持续时间和获得完全重塑土贯入阻力所需循环次数的合理选择。需要注意的是，最终的强度折减系数可能大于灵敏度的倒数，这是因为重塑条件下的贯入阻力系数 $N_{k,rem}$ 大于未扰动条件下的系数（Yafrate et al.，2009；Zhou and Randolph，2009b）。

2）孔压测量

T 形和球形探头可安装孔压传感器（Peuchen et al.，2005；Kelleher and Randolph，2005）。特别是带孔压传感器的球形贯入仪，在土层划分和通过孔压消散试验获得固结系数方面有较好的应用前景。Low 等（2007）利用原位试验比较了球形和静力触探（锥形）探头的孔压消散速率。当直径相同时，孔压消散 50% 时锥形探头所需的时间是球形探头的 2.5 倍。然而，球形探头的直径为锥形的 1.5 ~ 2 倍，由于孔压消散时间与直径的平方成正比，所以球形探头的实际孔压消散时间可能与锥形探头相近或者大 50%。

3. 十字板试验

海上使用的十字板有三种不同尺寸，其高宽比均为 2，高度在 80 ~ 130 mm 范围内（Norsok，2004）。十字板的尺寸根据所测土体强度来选择，尺寸越大，越适合软弱沉积物。试验时叶片应插入钻头下至少 0.5 m，并以 0.1°/s 或 0.2°/s 的速度转动。也可将叶片插入更深处进行多个试验，但建议试验的间距不小于 0.5 m。在陆上工程中，将叶片快速旋转 10 圈后再恢复至原试验转速即可测得完全扰动土的抗剪强度。然而，无论是使用孔内式还是使用海床式设备，海上十字板的上限速度常为 1°/s，所以从经济方面考虑，十字板转动角度一般不超过 0.5 ~ 1 圈。这样得到的（部分）重塑土强度要大于完全重塑强度，导致测得的灵敏度偏低。该试验耗时较长，因此成本较高，一般需要 20 分钟左右获得峰值强度和（部分）重塑强度（Peuchen and Mayne，2007）。

十字板试验获得的峰值抗剪强度和重塑强度依靠经典的扭矩和不排水抗剪强度之间的关系推算。对于高为 h、直径为 d 的十字板，其扭矩为

$$T = \frac{\pi d^3}{6}\left(1 + 3\,\frac{h}{d}\right)s_u \tag{3-7}$$

当长径比 h/d 为 2 时，圆柱体破坏面剪切阻力对总扭矩的贡献为 86%（如果考虑剪应力的不同，则此比例将更高（Chandler，1988））。需要指出的是，十字板试验造成土体中的应变率较高。对于典型的土体率相关参数，十字板附近的最大应变率约为旋转速率（单位为 rad/s）的 30 倍，即数值上约等于转速（单位为°/s）的 50%。例如当转速为 0.1°/s ~ 0.2°/s 时，应变率为 0.05 ~ 0.1 s^{-1}，比典型的室内单剪试验的应变率高 3 ~ 4 个数量级。

十字板试验测得的强度，对试验操作的精准度，尤其是插入就位到转动之间的时长以及所用转动速率（Chandler，1988），非常敏感，所以将试验标准化可以保证同一种土试验结果的一致性。土体扰动、部分固结（导致强度恢复）和高应变率引起的强度增加等各种效应能在一定程度上相互抵消，但对具有不同塑性和固结特性的土，试验结果很可能不一致。然而，目前的勘察工作没有采用任何方法修正海上十字板试验获得的强度（Quirós and Young，1988）。

十字板试验主要用于量测近海软弱沉积物的强度，但在实际应用中，与全流动贯入仪

相比，十字板剪切试验几乎没有优势，如表 3-6 所示。尽管 CPT 作为主要的海上原位测试工具在全球范围内广泛应用，并且在今后很长一段时间仍然会保持这种趋势，但其缺点是不适用于初始强度较低的深水沉积物，也不能量测土体扰动后的强度。

表 3-6 软弱沉积物原位强度剖面测试装置比较

项目比较	静力触探（CPT）	全流动（T 形或球形）贯入仪	十字板
原状土体强度	好	极好	中等
扰动强度与灵敏度	不可靠	极好	中等
未扰动土体强度测试速度	20 mm/s+换杆、操作时间	20 mm/s，允许等效循环距离 2~10 m+换杆时间等	每次测量 1~3 分钟+贯入时间+等待时间
重塑强度测量时间	不适用	2~8 分钟	>1h
重塑强度影响区域	不适用	深 0.2~0.5 m	深约 0.1 m
可否测量连续强度剖面	是	是	否
土体分类	好	（可能）好	不适用
固结特性	好	（可能）好	不适用

4. 特殊测试

除上述勘察方式外，还有一系列的特殊测试可供选用。与使用扰动恢复土样的室内试验相比，当前趋势是更依赖现场试验，尤其是针对软弱的深水沉积物。Lunne（2001）总结了一些特殊的原位测试。

（1）地震波孔压静力触探测试：利用海床上的震源和单道地震检波器或（最好）将一对地震检波器放置于 CPT 探杆中，以获得小应变剪切模量 G_0 随深度的变化；

（2）天然气和孔隙水取样（BAT 探头）（Rad and Lunne，1994）以及深水气体探头（Mokkelbost and Strandvik，1999）：可评估土体的局部渗透特性，并且获取 100 ml 孔隙流体样品及溶解在液体中的气体；

（3）在锥形探头后方安装一个圆柱膨胀型旁压仪：旁压试验主要目的是测量卸载–再加载的剪切模量，也可用于估计土体抗剪强度，以验证量测的锥尖阻力；

（4）电阻率（砂土中）与放射性元素密度测试探头：均用于量测土体密度（Tjelta et al.，1985）；

（5）孔隙水压力计：确定周围环境孔隙水压力（Whittle et al.，2001）；

（6）测温探头：测量原位土体的温度与导热性（Zelinski et al.，1986）。

孔隙水压力计与测温探头等设备需要特殊设计，以尽量减小弥散效应，从而使它们在最短的时间内达到平衡。一般通过将测量传感器放置在探头前面的一个小直径延伸段上来实现。

还有一些其他的特殊测试，其目的通常是验证特定基础的设计参数或施工程序，主要包括：

（1）载荷板试验，一般在海底进行；

（2）水力劈裂试验；

（3）钻孔孔壁稳定性试验；

（4）灌浆段测试。

虽然已经为其中一些测试研发了相应的设备，但为特定项目研发新设备的成本非常高。

另一个特殊原位测试的实例是 SMARTPIPE 设备，用于测量海底管线与土体的相互作用特性（Looijens and Jacob，2008）。这是一个复杂的海床式试验设备，对模型管段实施竖向、轴向和横向的力控制或位移控制加载。此设备还可搭配单独的作动系统，进行贯入仪试验。

3.3.5　取样设备

无论是研究地质剖面还是为了获得用于室内试验的高质量样品，都需要海底原位土样。表 3-7 总结了取样器的几种主要类型，范围从获取高度扰动、浅表层土样的抓斗取样器到软弱沉积物中获取 20 ~ 30 m 相对未扰动土样的活塞取样器。

表 3-7　取样器的几种主要类型

取样器类型	取样尺寸	取样质量	评价
抓斗取样器	取样深度 0.5 m 体积 0.1 m³ 取样面积 0.25 m²	高度扰动的原状土	非常浅（0.5 m） 微型十字板或静力触探试验
振动冲击取样器	直径 80 ~ 150 mm 取样长度 6 m	中度扰动的原状土（尤其振动取样）	地球物理调查初步调查
重力活塞取样器	直径 110 ~ 170 mm 取样深度 20 ~ 30 m	无干扰柱状原状土样	良好的活塞触发至关重要
钻孔活塞取样器	直径 45 ~ 85 mm 长度 1 ~ 3 m	无干扰采样管状原状土样	钻孔过程中会降低样品质量

1. 抓斗取样和箱式取样

浅层沉积物取样可借助抓斗或箱式取样器。对于海底管线路由调查，海床上部 0.5 m 土层的性质尤为重要，因此常采用这两种取样方式。抓斗取样仅能提供扰动土样，用于简单的矿物含量与土颗粒级配测试，或用于模型试验。箱式取样几乎不对土样造成扰动，此时测量强度特征值最有效的方法是利用原位微型十字板试验或（更适宜的）微型贯入仪试验，如图 3-44 所示（Low et al.，2008）。

2. 重力取样和振动取样

最简单的重力取样器由一根钢管构成，其典型长度为 6 ~ 8 m、外径为 100 mm，内部

图3-44 箱式取样器下放过程（左）和微型T形贯入仪试验准备（右）

为内径85 mm的取心衬管，底端有一个刃脚和一个土样托，顶部为质量500~1000 kg的配重。取样器从海底之上约10 m处自由下落，贯入海床。在较硬土体或砂中，自由下落的重力取样被电机振动取样替代（振动取心），其直径可能更大。

这两类方式获得的样品质量相对较差，主要目的是对表层几米深的海床进行分层检查和分类测试。

3. 海床式活塞取心

在取样管中加入活塞系统，能有效提升样品质量。理想情况下，当取样管穿过土层时，活塞的绝对位置保持固定。活塞与土层之间的吸力有助于土样进入取样管；取样器撤出土层后，活塞固定在取样器上，这样有助于获得完整的土样。如果使用Kullenberg释放方式，重力取样器也可以配备活塞（Kullenberg，1947）。取样器下降触碰到海床后释放带有配重的采样管，采样管自由下落穿透沉积物。在取样器撞击海底的瞬间，活塞被固定，所以在采样管穿透土层的过程中，活塞不再进一步运动。

Young等（2000）和Borel等（2002）描述了不同形式的远程海底取样器，如Jumbo活塞式取样器和STACOR取样器。STACOR取样器的原理如图3-45所示。活塞与底板相连，所以当底板一接触海底（或沉积物有足够强度承担采样器重量时），活塞就会被固定住。这些装置包含一个钢桶，桶内通常带有直径90~130 mm的PVC内衬。取样器借助自重贯入海床，并取回长达20~30 m长的样品。尽管活塞被固定的精确位置以及最表层土样的取样深度存在不确定性，取心率仍达到90%以上。如果表层沉积物较软，则STACOR的底板与活塞达到静止前，底板可能贯入0.5 m左右。

土样的X光照片表明，取样扰动区域仅限于心样边缘，且土样的归一化强度量测值与传统高质量取样方法的结果相似。对于软弱沉积物，利用自重的重力式取样有明显的速度优势，不需要复杂的钻井船即可获得连续的大直径样品。

最近还出现了一种静力贯入式海床活塞取样器（Lunne et al.，2008）。这种取样器提

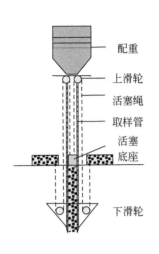

配重

上滑轮

活塞绳

取样管

活塞

底座

下滑轮

图 3-45　STACOR 重力活塞取样器（来自 Borel et al., 2002）

高了贯入时的可控性，但操作更耗时。一个有效的设计特点是内衬由 1 m 长的预切段组成，每段之间安装 O 形环保持密封。

4. 钻孔取样

推进或活塞取样使用带有或不带活塞的厚壁或薄壁样管在钻孔内进行。在常规钻孔中，通过钢丝绳操作采样器，升沉控制系统的质量强烈影响回收样品的质量。样品管内径一般约为 75 mm，薄壁定义为 2 mm 左右。高质量样品由活塞取样器获得，活塞取样器有一个薄刃脚和一个小于 5° 的外部尖锥（Siddique et al., 2000）。取样器壁的明显增厚应设置于三倍或四倍直径之后。钻孔活塞取样器最长可达 3 m，通常带有节长为 1 m 的内衬（图 3-46）。

3.3.6　总结评价和报告编写

如本章开头所述，有必要整合岩土工程现场勘察结果与地球物理探测得到的地质模型。对于重大项目，通常至少开展两次独立的岩土工程勘察，第一次初勘的目的在于验证地质模型并提供土体性质的初步数据，第二次详勘在项目开发方案（如设施位置、基础和锚泊系统类型等）确定之后进行。初勘仅限于几个重要位置的钻孔以及邻近位置的静力触探试验。钻孔获取地质编录信息，静力触探试验则进一步提供地层细节并定量量测土体强度。

将岩土工程勘察的现场阶段总结为一份现场勘察报告，为规划和进行室内试验提供依据。选择不同地层的代表性土样并制定试验方案，以提供与所有备选设施类型相关的设计参数。试验方案还需考虑土样在海床中的实际应力状态，从而确定室内试验的相关应力范围。

岩土工程勘察的现场与室内试验结果最终综合为一份数据解译报告，为计划中的开发

图 3-46 从活塞取样器上取下取样管

项目提供岩土工程设计依据。数据解译报告最好从整合区域性的和局部的地球物理与岩土工程勘察资料开始。

岩土工程勘察结束后，应立即编制一份初步现场报告，内容包括以下方面：

（1）所有原位测试结果；

（2）海上实验室试验结果；

（3）钻孔编录信息；

（4）在海上时已经裸露的任何心样（如岩心）的描述和图片；

所获试样运送到委托方指定的实验室，或在适当的湿度和温度条件下保存。

典型的钻孔编录（图 3-47）应包括以下内容：

（1）钻孔和取样操作的细节，包括取心率；

（2）区分主要地层的图例；

（3）每一地层的简要描述；

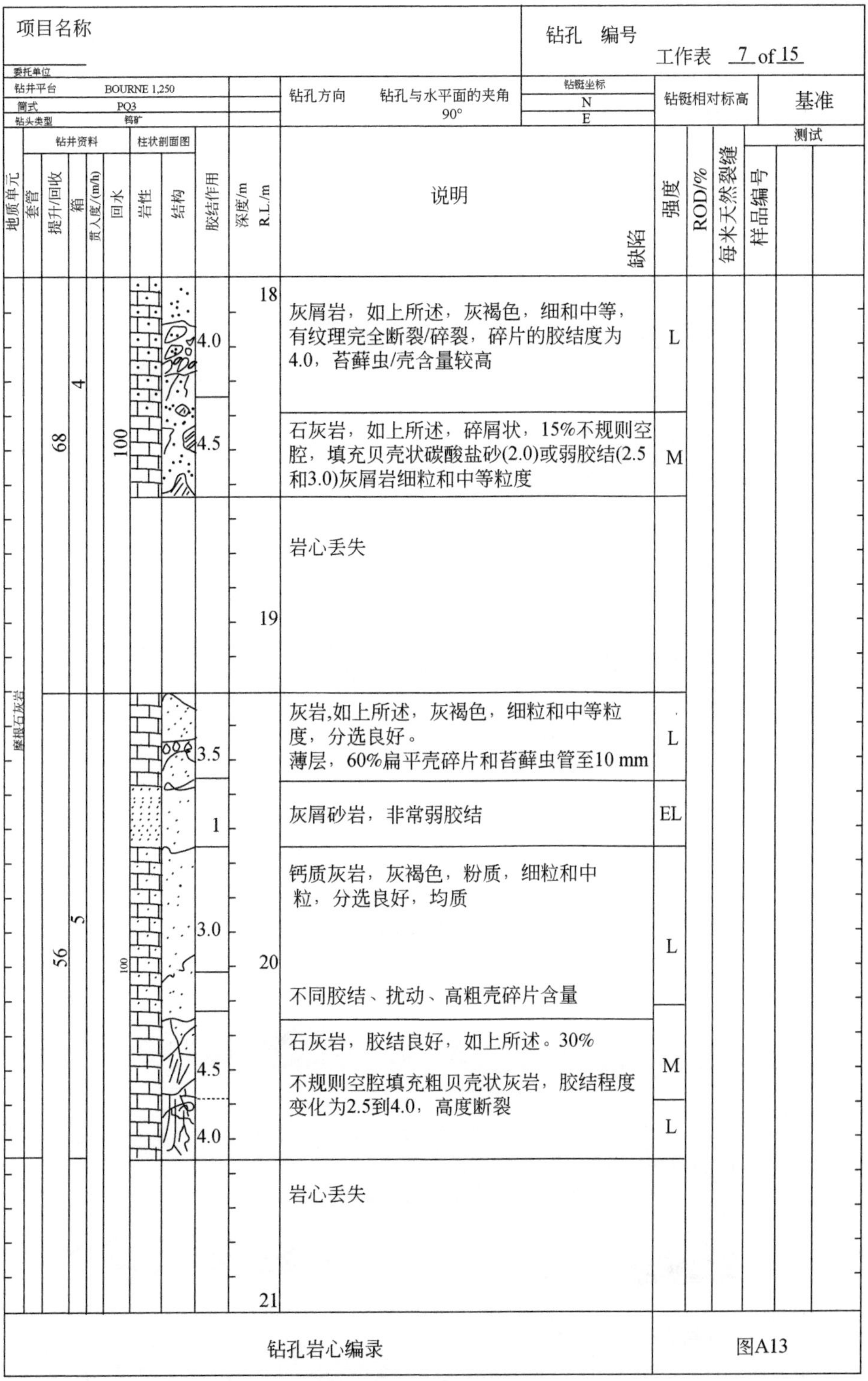

项目名称										钻孔　编号				工作表 _7_ of _15_				
委托单位																		
钻井平台　BOURNE 1,250								钻孔方向	钻孔与水平面的夹角 90°		钻铤坐标 N		钻铤相对标高		基准			
属式　PQ3										E								
钻头类型　钨矿														测试				
地质单元	钻井资料			柱状剖面图			深度/m		说明			强度	ROD/%	每米天然裂缝	样品编号				
	套管	提升/回收	贯入度/(m/h)	箱	回水	岩性	结构	胶结作用		R.L./m			缺陷						
									18		灰屑岩，如上所述，灰褐色，细和中等，有纹理完全断裂/碎裂，碎片的胶结度为4.0，苔藓虫/壳含量较高	L				
		68	4		100			4.0								
								4.5			石灰岩，如上所述，碎屑状，15%不规则空腔，填充贝壳状碳酸盐砂(2.0)或弱胶结(2.5和3.0)灰屑岩细粒和中等粒度	M				
											岩心丢失					
									19							
礁根石灰岩		56	5		100			3.5			灰岩，如上所述，灰褐色，细粒和中等粒度，分选良好。薄层，60%扁平壳碎片和苔藓虫管至10 mm	L				
								1			灰屑砂岩，非常弱胶结	EL				
								3.0		20	钙质灰岩，灰褐色，粉质，细粒和中粒，分选良好，均质	L				
											不同胶结、扰动、高粗壳碎片含量					
								4.5			石灰岩，胶结良好，如上所述。30%不规则空腔填充粗贝壳状灰岩，胶结程度变化为2.5到4.0，高度断裂	M				
								4.0				L				
									21		岩心丢失					
钻孔岩心编录													图A13				

图 3-47　典型钻孔编录

（4）每层土的厚度和（相对）深度，土层交界面深度；

（5）简单试验测的化学成分（如碳酸盐含量）或强度（手持式十字板、静力触探等）。

获得的任何（胶结状）岩心都必须拍照，这些照片需妥善保存，以记录试样刚从钻孔中取出时的状态（图 3-48）。这是勘察过程中一个十分重要的步骤，因为一旦试样暴露在大气中，其外观将迅速发生变化。

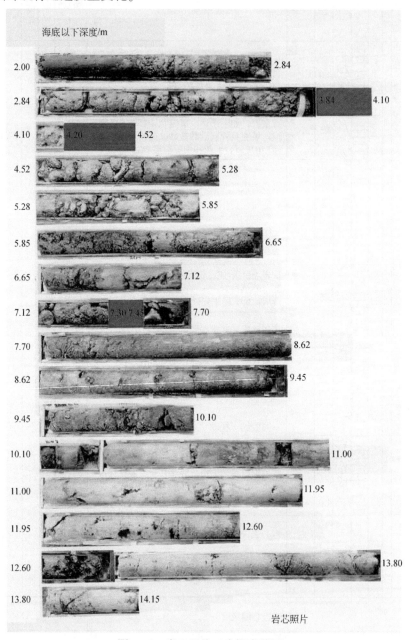

图 3-48　岩心照片（含深度范围）

需要注意的是，对未胶结沉积物的海上现场勘察，除非有一个备用取样孔，否则很少拍照记录用于室内试验的土样。地质编录最初仅限于蜡封之前检查每个样品的末端，从取样管推出试样进行试验时才会做更详细的描述。

3.4　土体分类和结构分析

3.4.1　引言

实验室研究包括两部分：对样品矿物成分、地质成因、结构组成及分类特性的定性评估，定量确定土或岩石特性指标的单元试验。在土和岩石样品被送到实验室并整理海上试验结果后，就需要进行室内单元试验，以获取用于分析的合理数据。一些试验用于研究试样的组成和结构，另一些用于测量力学性质，如固结和剪切试验。室内试验和原位试验的目的在于确定土的力学性质（即应力、应变和时间之间的关系），以用于设计或分析。此外，大块土样可以用来进行物理模型试验，模型试验的重点是研究整个土体结构的行为，而不是土单元的基本性质。

Head（2006）曾全面描述室内土工试验，以下将简要介绍海工项目中最常用的试验。

3.4.2　土的组成及分类

分类试验是所有现场勘察的重要组成部分，用来确定各地层的地质成因、矿物成分、颗粒大小、塑性指数等。任何情况下都应进行的试验包括含水率、干密度、颗粒比重、颗粒级配、Atterberg 液塑限和碳酸盐含量。更特殊的分类试验包括评估颗粒矿物成分的 X 射线衍射和进行详细地质分类的电子显微成像，这些特殊试验常用于碳酸盐沉积物。

海底取样的高成本要求尽量减少浪费。尽管描述土样剖面的理想方法是将推出取样管的岩心劈成两半，但更常用的方法是利用 X 射线透视管中的试样，并详细检查取样管末端和每段用于室内试验的土样。不同类型的成分与分类试验包括

（1）首先使用 X 射线技术透视试样，并评估扰动程度；

（2）X 射线衍射可确定土样中各种成分（矿物）的类型和含量；

（3）古生物学提供了该地区存在的化石、洞穴、藻类以及各种生命形式的信息；

（4）地质年代学（如 ^{14}C 测年）用于确定土样的年代，这在评估沉积速率和侵蚀或物质运移造成的地质年代缺失时特别有用；

（5）结构分析在微观尺度上观察试样的颗粒以及颗粒间的结合方式；

（6）指标测试如碳酸盐含量、颗粒大小、塑限和液限，以初步评估土的力学行为。

3.4.3 X 射线检测

射线扫描（图 3-49）利用穿透性射线获得材料内部结构的阴影图像。射线扫描（X 射线）的优点在于它不具破坏性，且能揭示其他试验方法无法展示的特征。必须牢记，射线扫描的应用有局限性，应与地质和土工试验的其他技术结合使用。

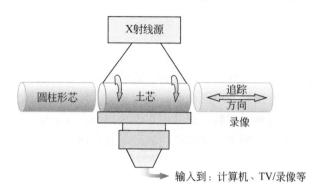

图 3-49 X 射线扫描示意图

从取样管取出土样前对其进行 X 射线扫描已成为标准操作步骤，可以
（1）确认土样中夹杂物（如贝壳）的大小和位置；
（2）确定土样扰动的程度；
（3）确定土样分层或土样的密度变化。
X 射线为选择用于土工实验的最佳心段提供了依据。

图 3-50（a）的示例显示了未拆封心样和此心样不同部分的 X 射线图像。虽然最薄的土体切片展示的细节最为详尽，但未拆封心样的扫描结果依然足以做出满意的解释。最后两张图为同一心样切片（均为 10 mm 厚）的 X 射线图像和相机拍摄的照片。正如所料，X 射线图像比照片显示了更多细节。图 3-50（b）的示例显示了砂和黏土之间的界面。上部砂层内存在明显的分层现象，砂与黏土之间存在清晰界面，在黏土层中可观察到模糊的孔洞。

3.4.4 X 射线衍射：矿物成分

X 射线衍射（XRD）是对地质样品中晶体结构进行定量分析的方法。在 X 射线源照射下，晶体材料产生 X 射线衍射峰，峰值位置由晶胞结构参数描述，峰值强度则取决于原子在晶胞中的位置。峰值宽度由两个参数决定，即有限微晶尺寸和微晶内的微观应力。因此，通过 X 射线衍射模式很容易得到决定不同晶体结构的参数。每种矿物类型都具有一种晶体结构，而每种晶体结构有独特的 X 射线衍射图，因此可以用来快速识别岩石或土样中存在的矿物。

原状土芯　　土体切片　　土体切片　　土体切片　　土体切片
射线图像　　射线图像　　射线图像　　射线图像　　相机照片
(127 mm)　　(108 mm)　　(76 mm)　　(10 mm)　　(10 mm)

(a)

原状土芯　　　　土体切片　　　　土体切片
射线图像　　　　射线图像　　　　相机照片
(127 mm)　　　　(76 mm)　　　　(10 mm)

(b)

图 3-50　X 射线图像实例

(a) 内部样品扰动；(b) 上砂下黏沉积物界面

首先用 McCrone 超微样品研磨机粉碎试样，使其均匀并减小颗粒尺寸。将粉碎后的试样压入铝质托盘中，制备随机取向的厚 2 mm、直径 27 mm 的圆盘状试样。然后将制好的试样放入 XRD 装置进行分析，利用计算机来计算衍射线的位置和强度。在约 32000 种矿物和无机化合物的参考模式中搜索，得到衍射分析结果。图 3-51 给出了一组典型结果，纵坐标为衍射强度，横坐标为衍射角度。

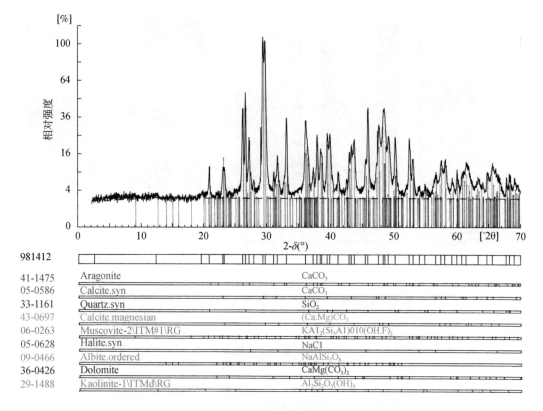

图 3-51　XRD 分析的典型结果

3.4.5　古生物学和地质年代学

图 3-52 显示了一张 10 mm 厚的土样切片图像。在这个实例中，能够从样品的图像上清楚地看到分层和孔洞。尽管 X 射线技术可缩短古生物学分析所需的时间，但追踪化石痕迹和以前的生命形态仍是一个耗时的过程。

地质年代学研究可补充古生物学研究提供的反映沉积环境的信息，以评估沉积速率和剖面上的任何不连续。确定土样年代最常用的方法是 ^{14}C 测年法，在 10000 ~ 40000 年的年代范围内可信度最高。另一种名为"纹泥测年"的技术更适用于较新的沉积物。

3.4.6　结构分析

通过扫描电子显微镜（SEM）聚焦原状样或原状样切片，能够观察到土体结构的细节。原状土样可直接在环境扫描电子显微镜（ESEM）下观察。制备土样切片需将原状土样的薄片黏合到玻璃板上。图 3-53 为澳大利亚西北大陆架钙质沉积物的 ESEM 图像，展示了钙质文石晶体、钙质砂和泥质粉土。

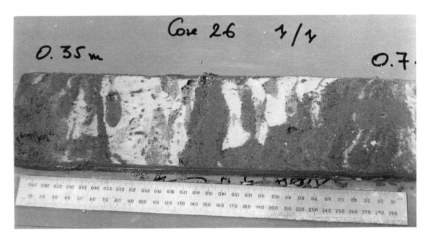

图 3-52　劈裂土样揭示的化石和曾经的生命形态

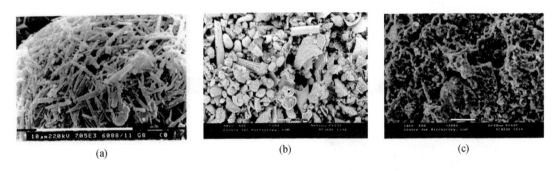

(a)　　　　　　　　　(b)　　　　　　　　　(c)

图 3-53　澳大利亚西北部大陆架碳酸钙沉积物的 ESEM 图像

（a）文石晶体；（b）Goodwyn 气田附近的砂；（c）Gorgon 气田附近的泥质碳酸盐粉土

　　彩色扫描电镜也是研究土的微观结构的极好方法，如图 3-54 所示的胶结钙质砂，由电镜图像可清楚识别出颗粒形状。图 3-54（c）采用蓝色液体充满土样的孔隙，以便清晰识别其形态。

　　土体结构对应力-应变关系的影响如图 3-55 所示。该图比较三种土的 ESEM 成像：用水（图 3-55（a））或合成絮凝剂（图 3-55（b））制备的重塑钙质粉土、从取样管顶出后未受扰动的原状土（图 3-55（c））。对絮凝剂制备的固结土样，后期通过逐渐加热的方式消除絮凝剂的影响，此土样的孔隙结构比水中再次沉积的土样更开放，这反映了原状土的结构性。图 3-55（d）比较了三种土样单剪试验的应力-应变响应。用水制备的重塑样结构更密实，因此发生剪胀，不排水剪切则产生负的超孔压。与原状样或合成絮凝剂重塑土样的塑性响应相比，用水制备的重塑样的剪应力稳定增加（Mao and Fahey，1999）。

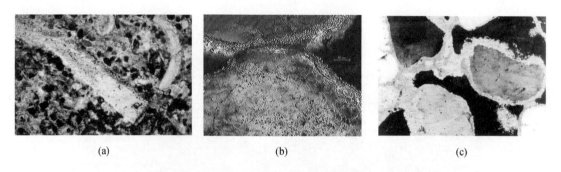

(a)　　　　　　　　　　　　　(b)　　　　　　　　　　　　　(c)

图 3-54　澳大利亚西北大陆架胶结碳酸钙沉积物的显微图像

（a）钙质沉积物切片；（b）围绕两个颗粒积累的胶结物；（c）围绕固体颗粒（黑色）和孔隙（灰色）的条状胶结物

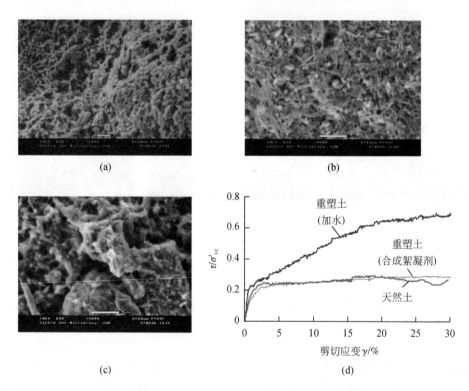

图 3-55　土体结构对碳酸盐粉土应力–应变响应的影响

（a）加水重塑的土样；（b）加合成絮凝剂重塑的土样；（c）天然土样；（d）单剪所得应力–应变曲线

3.4.7　颗粒分级方法

粒径分布提供土样中颗粒的大小、级配和均匀性的信息。目前已有数种以粒径大小为依据的颗粒分级标准，其中 ASTM 标准见表 3-8。获取粒径分布的传统方法如下。

（1）筛分法：将土置于振筛机上，土颗粒通过一系列已知筛孔直径的标准筛，以此测量土的粒径分布。粒径的定义是颗粒可通过的最小方形筛孔的边长。该方法适用于 $d>0.074$ mm 的土颗粒。

（2）比重计法：基于自由下落球体速度的斯托克斯方程；比重计试验中粒径定义为：与颗粒具有同样密度并以相同速度下落的球体的直径。该方法适用于 $d<0.074$ mm 的土颗粒。

试验方法的选用取决于试验土样。如果几乎所有颗粒都不能通过 0.074 mm 的方孔（200 目筛），适合采用筛分法。对于颗粒都比 200 目筛孔细的土样，建议进行比重计试验。对于粉土或粉质黏土等土样，大于和小于 200 目筛孔的颗粒都占相当部分，因此需要先利用筛子筛出较大的颗粒，然后再进行比重计试验。

表 3-8　ASTM 粒级分类

能通过的筛孔大小	粒径/mm	土粒分类
3 英寸[①]	19.0 ~ 75.0	粗砾
3/4 英寸	4.75 ~ 19.0	细砾
4 目	2.00 ~ 4.75	粗砂
10 目	0.425 ~ 2.00	中砂
40 目	0.075 ~ 0.425	细砂
200 目	< 0.075	细粒土（粉土及黏土）

① 1 英寸 ≈ 2.54cm

近十年来，比重计法逐渐被基于激光衍射（例如 Malvern Mastersizer 2000）或单粒子光学测径（例如 Accusizer 780 系统）等光学方法取代。因为对于不规则形状的颗粒没有绝对的粒径定义，所以这些技术的测量结果往往略有不同。它们的优点是需要的土样体积小、测量速度更快、结果更一致（White，2003）。

现场土样几乎总是各种粒径土粒的混合体，正如图 3-56 中的四种钙质土和一种石英砂（Si）所示。颗粒级配曲线一般采用某些特定几何大小进行定量分析，其中最常用的是中值粒径 D_{50}。图 3-56 中的 D_{50} 值从 0.1 mm 到近 0.5 mm 不等。级配曲线上的其他三个点也可用于描述土的相对均匀性和渗透性，即特征粒径 D_{10}、D_{30} 和 D_{60}（小于某粒径的土粒质量分别占总质量的 10%、30% 和 60%）。如渗透系数 k 与 D_{10} 密切相关，因此可使用 Hazen 公式估算：

$$k \approx C_k D_{10}^2 \, \mathrm{m/s} \tag{3-8}$$

式中，C_k 一般取 0.01 ~ 0.015；D_{10} 以 mm 为单位。

两个常见的级配特征值是不均匀系数 C_u 和曲率系数 C_c（见表 3-9 和图 3-56），对于单一粒径的土，这两种系数都是 1（注意，这些符号不应与之前表示剪切强度的 s_u 混淆，也不要与单向压缩中的压缩系数 C_c 混淆）。

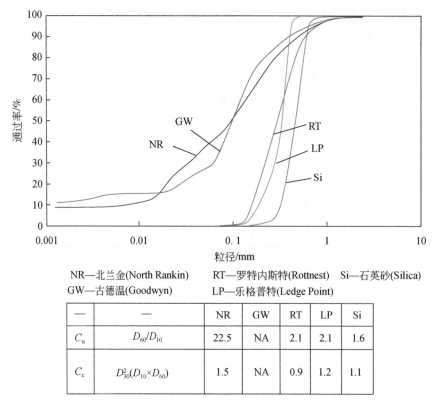

NR—北兰金(North Rankin)　　RT—罗特内斯特(Rottnest)　Si—石英砂(Silica)
GW—古德温(Goodwyn)　　　LP—乐格普特(Ledge Point)

—	—	NR	GW	RT	LP	Si
C_u	D_{60}/D_{10}	22.5	NA	2.1	2.1	1.6
C_c	$D_{30}^2(D_{10} \times D_{60})$	1.5	NA	0.9	1.2	1.1

图 3-56　粒径分布数据示例（西澳大利亚近海和陆上的四种钙质土和一种石英砂）

表 3-9　基于粒径的 ASTM 土体分类

有效粒径	D_{10}	—
不均匀系数	$C_u = D_{60}/D_{10}$	$C_u < 3$ 均匀级配的土，$C_u > 5$ 级配良好的土
曲率系数	$C_c = D_{30}^2/(D_{60} \times D_{10})$	大多数级配良好的土，$0.5 < C_c < 2$

3.4.8　液塑限

深水中取得土样时已溶解气体从孔隙水中逸出的情况并不少见，但大致仍可假定海洋土完全饱和（除了气体活跃溢出的部分海域）。土体性质与孔隙比或比容密切相关，确定这些量值有助于区分具有相似性质的不同土。对于砂土和其他高渗透性的土，可采用最大和最小孔隙比（或最小和最大密度）作为界限值。对于黏土和渗透性低的土，主要界限值用含水率表示。

Atterberg 定义了四种状态（液态、塑态、半固态和固态）的界限，即
（1）液限：液态和塑态之间的界限；

（2）塑限：塑态和半固态之间的界限；

（3）缩限：半固态和固态之间的界限。

缩限主要与非饱和土相关，而标准分类试验更侧重于 Atterberg 的液限和塑限。液塑限值与抗剪强度大小密切相关。

确定液塑限的方法在各类标准中均有规定（Head，2006）。确定液限的传统 Casagrande 碟式仪法正越来越多地被落锥试验所取代（Hansbo，1957；Budhu，1985）。落锥试验是将一个特定锥角和质量的锥体（通常为 30°、80 g 或者 60°、60 g）在刚接触黏土表面的位置处释放，然后将贯入距离为某特定值（一般在 10~20 mm 范围内，不同标准的取值不同）时土样的含水率定义为液限。

除用于确定液限外，落锥试验还能量测强度，常用于获得海洋土的灵敏度。如果重量为 Q 的锥体贯入深度为 h，则土的抗剪强度 s_u 可表示为（Hansbo，1957）

$$s_u = K \frac{Q}{h^2} \tag{3-9}$$

其中，K 为常数，范围大约在 1.33（30° 锥体）和 0.3（60° 锥体）之间。Koumoto 和 Houlsby（2001）分析和讨论了落锥试验，验证了液限含水率对应的土体强度为 2 kPa 左右，并指出落锥试验中的应变率极高，范围为 $1~10 \ s^{-1}$。

塑限的定义是，土样搓滚为直径约 3 mm 的土条且恰好开始出现裂纹时的含水率。这个试验对操作者依赖较高，因此即使是针对同一种土，不同实验室的结果也会有很大不同。已经有人建议采用一种更为客观的方法来代替传统的塑限试验，并将塑限和土体的抗剪强度联系起来。（静态）锥形压痕试验就是一种很好的候选方法（Stone and Phan，1995）。

液塑限试验实际上都是强度试验（逐渐被采纳的上述锥体相关试验更是如此），二者对应强度的比值约为 100（Wroth and Wood，1978）。这两个含水率界限在理论上包括了土的可塑态范围，二者之差定义为塑性指数 I_p：

$$I_p = W_L - W_p \tag{3-10}$$

临界状态土力学提供了一个框架，可以将抗剪强度、剪胀或剪缩响应与含水率及有效应力水平联系起来。将塑性指数理解为给定的抗剪强度比值（约 100）对应的含水率变化，就可用塑性指数来表示土体压缩性（Wroth and Wood，1978）。

根据塑性指数和液限，利用图 3-57 所示的塑性图为土体分类。图中 A 线将土划分为不同塑性程度的黏土（C）和粉土（M）。除少数情况外，黏土内摩擦角随塑性指数的增加呈下降趋势。墨西哥城黏土是一个值得注意的例外，它具有极高的可塑性，但却含有高摩擦性硅藻。此外，许多西非海域的土体也表现出类似的高塑性指数（约 100），并在三轴或单剪试验中测得高内摩擦角（35°~40°）。然而，西非海域黏土比墨西哥城黏土的残余内摩擦角低很多（通常为 10°~20°）。

正如相对密实度把粗粒土密度的最小和最大极值关联起来，液性指数 I_L 是液限和塑限之间的线性内插（和外延），液限和塑限分别对应 1 和 0 两个液性指数极值。海底表层土或海底碎屑流，液性指数很可能大于 1，而北海冰川黏土的典型液性指数通常为负值。

土的力学性质除受含水率、可塑性和有效围压水平的影响外，还受矿物成分、沉积环

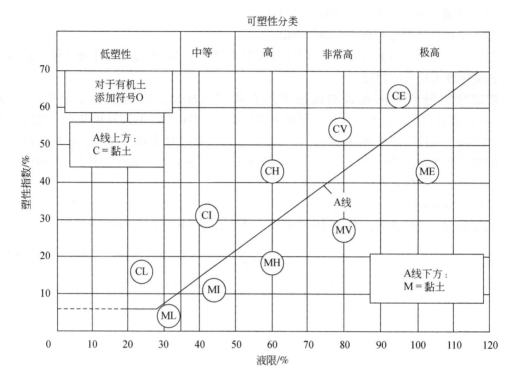

图 3-57　土层分类塑性图

境和老化效应的影响。从设计的角度看，土体性质可通过后续章节所述的不同室内试验来评估。颗粒层面的土壤化学性质与物理性质测试方法详见 Mitchell（1993）和 Santamarina 等（2001）。

3.5　室内单元试验

　　从海底获得的土样，首先在甲板上进行简单的室内试验，以评估含水率、容重和抗剪强度。对于大多数项目，由于大部分试验需要在陆上进行，甲板试验主要使用取样管末端的土样。对于其他项目，如移动式钻井平台（或自升式平台）临时基础的场地评估，在甲板上就将土样推出取样筒，通过简单但相对粗糙的试验来估算不排水剪切强度，如扭剪仪、袖珍贯入仪、微型（手动或电动）十字板和落锥试验。前两个试验的结果很大程度上取决于试验人员，后两个试验虽然更客观，但仍会由人为因素造成估值不同，因此只能近似估计抗剪强度。没有原位贯入试验对照，自升式平台基础（即桩靴基础）的贯入阻力可能完全依赖于上述甲板试验结果，但并不推荐这样的做法。本节主要讨论原位勘察后在陆上实验室进行的常规单元试验，结合这些更复杂的试验与原位试验结果，能为估算土体设计参数奠定基础。

　　原则上，"单元"试验指土样经历均匀的应力或应变变化，从而在不考虑任何特定结构或边界条件的情况下获得土体的力学性能。单元试验能够模拟土样受到特定的单调或循环应力路径，量测土样响应，并根据设计需要分析试验数据。海洋工程结构对土体施加的荷载类型决定了需要进行的试验类型。

最常用的单元试验有：

（1）固结试验——确定土体的单向压缩规律和屈服应力。此外，还可以在屈服前、屈服时、屈服后的不同有效应力水平下确定土样的固结系数；

（2）无侧限抗压强度试验——一种快速试验，用于确定轻微胶结土或足以保持吸力的细粒土的强度。无侧限条件下，可以测得这两类土的代表性强度指标；

（3）直剪和环剪试验——主要用于量化土体与结构材料界面上的剪切特性，不过也频繁用于获得土–土界面剪切时的内摩擦角和剪胀角。更复杂的试验方法允许法向应力随剪切过程中土体的剪胀或剪缩而变化；

（4）三轴试验——应用最广泛的室内试验，施加反映原位状态的有效应力，然后沿规定的总应力路径剪切，剪切过程中允许试样排水或不排水；

（5）单剪试验——直剪试验和三轴试验的混合形式，试图对围压作用下的短粗土样施加均匀的剪切应变。这项试验通常称为"直接单剪试验"，但这里省略了"直接"，以免与直剪试验混淆。

下面将更详细地介绍上述试验类型，尤其是它们在海洋岩土工程设计中的应用。这些试验和其他室内试验的更多描述可参考 Head（2006）。

3.5.1　固结试验

目前使用的固结仪有两种基本类型：一种是广泛应用的标准固结仪（图 3-58），荷载通常由杠杆装置施加；另一种是 Rowe 固结仪（图 3-59），液压作用于试样上方的薄膜，造成垂直荷载。这两种固结仪用于研究低渗透性土体（粉土或黏土）在单向压缩或回弹过程中的应力应变行为。固结过程中，试样放置在两块透水石之间，双向排水。

标准固结仪的试样直径一般为 75 mm，高 20 mm；Rowe 固结仪的试样直径更大，典型为 250 mm，最大可达 1000 mm。这两种试验都将土样放置于钢质护环内，防止侧向变形。用大尺寸试样更容易观察试样的宏观特征。Rowe 固结仪的其他优点包括：可控制并测量孔压、可施加反压（类似于三轴仪）、各种排水控制组合时通过流量试验确定土的渗透性。

固结试验的基本要求：监测土体在一系列荷载或竖向应力增量作用下的时间–沉降响应，以此确定土体的一维应力–应变关系（图 3-60）。这种关系通常用压缩指数 C_c 和回弹（或重新加载）指数 C_s 描述，表示孔隙比与竖向有效应力对数值之间的变化关系。土体刚度也可用一维模量 $E_{1-D} = \Delta\sigma'_v / \Delta\varepsilon_v$ 或压缩系数 $m_v = 1/E_{1-D}$ 表示。图 3-60 展示了试验数据与 Pestana 和 Whittle（1995）理论模型的拟合结果。

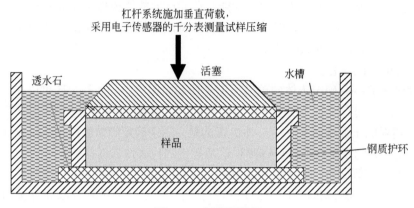

图 3-58　标准固结仪

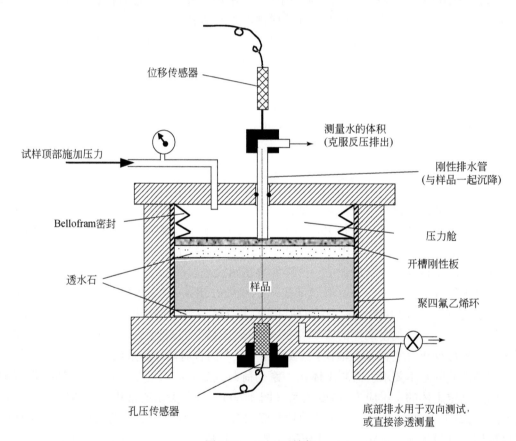

图 3-59　Rowe 固结仪

另一个重要参数是前期固结应力或屈服应力 σ'_{vy}，它经常与土体局部最小刚度和达到"正常固结"的转折点有关。超固结（或屈服应力）比采用 $OCR = \sigma'_{vy}/\sigma'_{v0}$ 表示，σ'_{v0} 为土

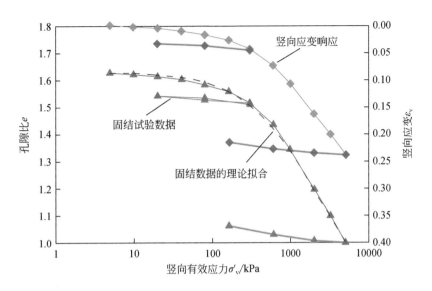

图 3-60 碳酸盐粉土的单向压缩数据

样的原位竖向有效应力。

　　固结的速度取决于固结系数 c_v，黏土的固结系数以 m^2/a（mm^2/s 或 m^2/s）为单位。固结系数的典型值从浅层软黏土的 $1 \sim 10\ m^2/a$，到粉土的大于 $10000\ m^2/a$。一维固结试验的理论解表明，沉降随时间的平方根呈线性变化，其梯度 s 如图 3-61 所示。可以利用时间截距 t_x 推导出固结系数：线性拟合段延长线与该荷载增量的最终沉降 w_{ult} 水平线相交，t_x 为交点横坐标，则：

$$c_v = \frac{3h^2}{4t_x} \tag{3-11}$$

式中，h 为最长排水路径，在双向排水条件下等于土样高度的一半。

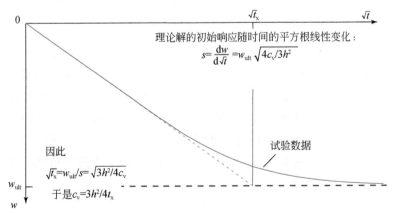

图 3-61 根据时间平方根表示的压缩响应推导固结系数

恒应变率试验发展自传统的单向压缩试验，仅允许土体上表面排水。试样以恒应变速率变形，试验过程中测量试样底部的超静孔压，选用的应变速率应使超孔压维持在当前竖向应力的 10% 左右。恒应变率试验的优点为：可连续测量固结系数，并表示为土样内平均（当前）竖向有效应力的函数。该试验虽然能在改进的标准或 Rowe 固结仪中进行，但最好采用能对试样施加反压的专门设计仪器。

3.5.2　直剪试验

直剪试验，又称剪力盒试验，是研究土体抗剪强度和剪切应力–应变特性最简单、最常用的试验方法之一。将短柱形或矩形土样（通常底面为 60 mm × 60 mm，高 20 mm）放置在分体剪切盒内（图 3-62）。竖向应力由吊架上的砝码提供，剪应力由作用在下半盒的电机驱动装置施加。保持上半盒静止所需的侧向力 F_h 通过测力计或应力环测量。

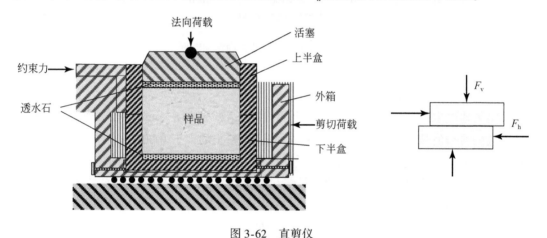

图 3-62　直剪仪

土样相对滑动产生剪切面。但在剪切过程中，很难控制孔隙水在薄剪切带上的排出或吸入。若测量土体的不排水强度，则进行快剪试验。如果要保证排水，剪切过程必须足够慢，确保孔隙水能够完全排出，这意味着黏土的一次慢剪试验可能需要几天时间。

剪切过程中需监测竖向荷载 F_v、水平荷载 F_h 以及相应的竖向位移 δ_v 和水平位移 δ_h。最常见的直剪试验采用恒定竖向荷载：竖向荷载 F_v 作用于试样，并在剪切过程中保持不变，同时监测其他三个参数。试验结果多表示为剪应力 τ 随剪应变 γ 的变化曲线，以及竖向与水平位移比 δ_v/δ_h 随剪应变的变化曲线。后者可反应剪切过程中的剪胀或剪缩特性。

如果试样为干土，或缓慢剪切使超静孔压及时消散，发挥的抗剪强度可由摩尔库仑破坏准则给出，即：

$$\tau = \sigma_v' \tan\varphi' \tag{3-12}$$

式中，σ_v' 为施加的法向应力（F_v 除以土样横截面积 A），$\tau = F_h/A$。因此可确定 φ' 的峰值和残余值。

如果对低渗透性土进行快剪，以避免孔压消散，则可认为该试验"不排水"，此时不排水强度根据下式计算：

$$s_u = \tau_{max} = F_h / A \tag{3-13}$$

直剪仪还可进行以下试验：

（1）恒定体积试验：试样高度在剪切过程中保持不变，即 $\delta_v = 0$；

（2）恒定法向刚度试验：调整垂直荷载（F_v），剪切过程中保持法向刚度不变（$K_n = \Delta\sigma_v / \Delta h$）。

对于轴向受荷桩的设计，恒定法向刚度试验已被证明能够有效评估土体的单调和循环剪切响应，特别是对钻孔灌注桩（在桩位钻进成孔，将钢管下放到孔中并灌注水泥浆使其与孔壁胶结）（Johnston et al.，1987）。剪切带内土体的剪胀或剪缩显著影响法向应力，进而影响摩擦强度。桩周围的孔扩张刚度由 K_n 表示，因而 $K_n = 4G / d_{pile}$，G 为土体剪切模量，d_{pile} 为桩的直径。

直剪仪还可进行界面试验，其试样由两种不同材料形成（分别置入上下半盒中），注意确保剪切面在两种材料的界面处。

直剪仪的一个主要缺点是在试样内部应力和应变分布不均匀，在盒体两端的位置或当应变较大时不均匀性尤为明显。因此，虽然它能获得峰值和残余摩擦角，但无法提供与土体刚度相关的有用信息。

上述不均匀问题可通过环剪试验解决，环剪试验对环状土样施加绕中心轴旋转的剪切力。实践表明，环剪仪适合确定黏土的残余内摩擦角，残余内摩擦角可用于分析滑坡复活与海上打入桩的侧摩阻力（Lupini et al.，1981）。

3.5.3　无侧限抗压强度试验

无侧限抗压强度试验多用于获得黏土的重塑强度及测试软岩、硬或极硬的土体。在无侧限抗压强度试验中，圆柱状试样承受不断增加的轴向载荷，直到破坏。记录轴向加载过程及相应的土体长度变化 Δh，绘制应力–应变曲线，其中，轴向应力 $\sigma_a = F_v / A$，应变 $\varepsilon_a = \Delta h / h_{sample}$。

无侧限抗压强度是试样在无侧向围压条件下受压破坏时的抗压强度。需注意，由于侧向压力为零，破坏时的抗剪强度为无侧限抗压强度的一半。

3.5.4　三轴试验

三轴试验能够实现多种应力或应变控制，适用于所有土体类型，因而是应用最广泛的抗剪强度试验（图 3-63）。

薄橡胶膜内的圆柱形土样（传统三轴样直径 38 mm、长 76 mm，但在海洋工程中，直径一般为 76 mm、长 150 mm 或直径 100 mm、长 200 mm）放置在底座与刚性顶帽之间，橡胶"O 形环"箍在膜上使其密封（图 3-64）。关闭三轴压力舱，向其中注水后将围压升

设备概览

局部应变测量装置

图 3-63　三轴仪及带有局部应变测量装置的试样

高到预定值，从而实现试样的加压过程。通常采用反压使试样充分饱和，此时有效围压等于舱压与反压的差值。舱压和轴向荷载（由加载杆施加）可以改变，以实现不同的加载路径。

首先在等向应力（不需要轴向加载杆施加附加荷载）或非等向应力条件下，使试样达到平衡的有效应力状态。对于各向异性应力条件，为了达到 K_0（$=\sigma_\mathrm{h}'/\sigma_\mathrm{v}'$）小于或大于 1 的条件，需要在固结阶段由加载杆施加压缩或拉伸荷载。

最常见的是传统三轴压缩试验（TC），试验过程中围压保持不变，而加载杆向下移动以增加轴向荷载。持续加载直到轴向应变达到指定极限值（典型值为 30%）。另一种试验为传统三轴拉伸试验（TE），通过减小轴向加载杆上施加的压力并同时增加围压，对试样造成一个轴向"拉伸"荷载。在剪切过程中，排水阀可以打开或关闭，以允许（排水试验）或阻止（不排水试验）试样的体积变化。

如前所述，单调三轴压缩试验和拉伸试验本质上是位移控制。对于海洋工程，还需要进行应力控制模式的循环试验，即在选定的极限范围内施加轴向循环应力，直到试样应变达到最大规定值（典型值为 15% 或 20%）。

在单调和循环试验过程中，监测试样高度变化 Δh、轴向载荷 F_a、围压 σ_c 和孔压 u。将它们除以适当的参量，如名义横截面积（考虑侧向应变）和试样初始高度，则可转换得到轴向和侧向有效应力、超静孔隙水应力和轴向（或剪切）应变。三轴试验数据通常用图汇总，如：偏应力 q（或偏应力比 q/p'）–轴向应变 ε_a（或剪切应变 γ）、体积应变 ε_vol（或孔压变化 Δu）–轴向应变 ε_a（或剪切应变 γ）、孔隙比 e（或比容 v）–剪切应变 γ（或 p 或 p' 对数值）等的关系曲线。其中

（1）偏应力：$q = \sigma_\mathrm{a} - \sigma_\mathrm{c} = F_\mathrm{a}/A$；

（2）平均应力：$p = (\sigma_\mathrm{a} + 2\sigma_\mathrm{c})/3$；

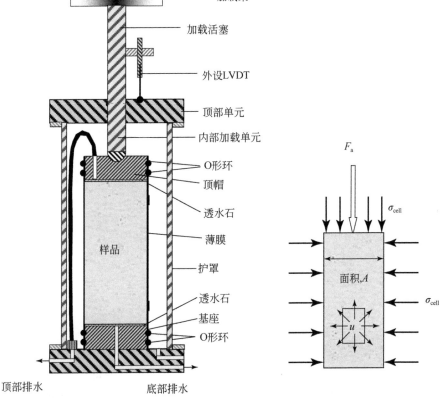

图 3-64　三轴试验仪原理及试样应力状态

（3）总轴向应力：$\sigma_a = \sigma_c + F_a/A$；

（4）轴向应变：$\varepsilon_a = \Delta h/H_0$（$H_0$ 为土样初始高度）；

（5）孔压变化：$\Delta u = u - u_0$（u_0 为初始孔压）；

（6）体应变：$\varepsilon_{vol} = \varepsilon_a + 2\varepsilon_r$；

（7）剪切应变：$r = 0.5\,(3\varepsilon_a - \varepsilon_{vol})$；

（8）孔隙比：$e = \omega_f G_s$（含水率×固体比重）。

三轴试验的"终点"是土体在恒应力比 q/p' 和恒比容（$v = 1 + e$）下继续变形的临界状态。图 3-65 是对某一初始超固结比为 4 的试样进行静三轴压缩试验所得结果的典型表示方式。

如果在三轴试验中关闭排水阀（即不排水试验），试样变形时体积和孔隙比不发生改变。试样的不排水抗剪强度为最大偏应力的一半，$s_u = q_{max}/2$，等于最大应力莫尔圆的半径。最大偏应力和不排水抗剪强度是剪切阶段开始时土体孔隙比的函数，而孔隙比又是前期固结压力和应力历史的函数。除了不排水抗剪强度外，最大和临界内摩擦角 φ_{max} 和 φ_{cs} 也可由不排水试验获得。

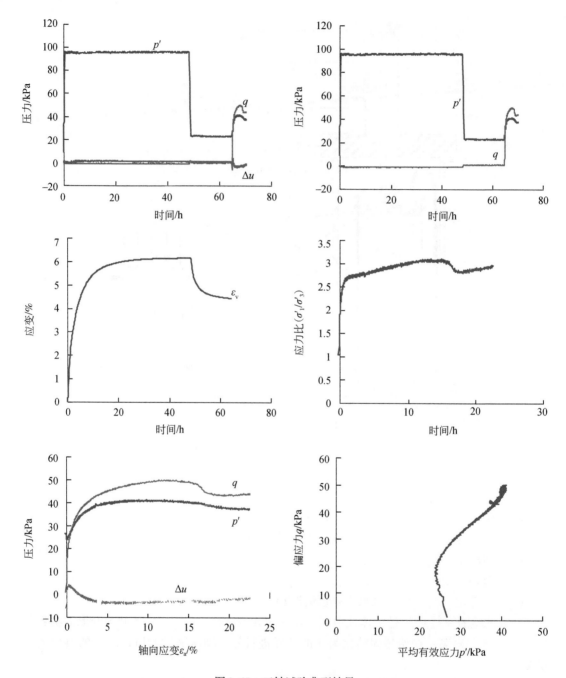

图 3-65 三轴试验典型结果

由于抗剪强度（即最大偏应力）是土样孔隙比的函数，因此在排水试验中，抗剪强度由最大应力比准则确定，从而获得摩擦强度指标 φ_{max}，并可测得临界摩擦角 φ_{cs}。

三轴试验通过直接的外部应力和变形测量，或更精确的内部测量，得到土样的模量。

图 3-63 展示了三轴压力舱内部测量土样局部应变的传感器布设。这种布设方式可消除试样末端局部变形导致的误差，能够用来估算小应变剪切模量 G_0（等于不排水条件下小应变杨氏模量 E_0 的三分之一）。通过测量试样的剪切波速也可估算小应变模量，剪切波速由位于三轴仪顶帽和底部的弯曲元（传输和接收剪切波的压电元件）测得。

3.5.5　单剪试验

单剪仪是直剪仪的扩展产品，通过允许侧边旋转来保证试样内部更加均匀的剪切应变。最初，装置的横截面是正方形的，但现在的设备主要采用圆柱形样品。目前最常用的单剪仪分为两类：一类与三轴仪类似，受围压作用的试样包裹在标准橡皮膜内，并配备测量孔压等参数的连接装置，与三轴不同之处在于样品的底端安装在一个可水平滑动的平台上（图 3-66）；另一类由挪威 Geonor 公司生产，将土样放置在螺旋加筋膜中以提供横向应力并防止土样扭曲，但并不在试样外部施加围压（见图 3-67 中间的示意图）。

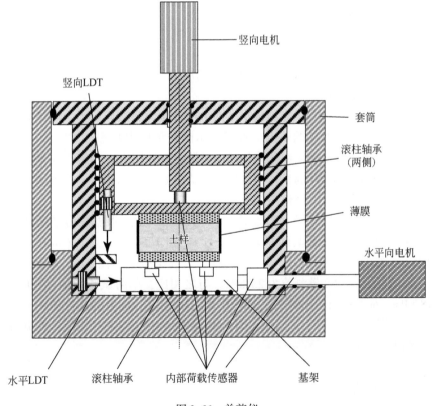

图 3-66　单剪仪

单剪试验通常使用直径 50 mm 或 75 mm、高 20 ~ 30 mm 的圆柱状土样。土样的底座位于一个可以沿线性轴承横向移动的托架上。在图 3-66 所示的装置中，试样与三轴试样固

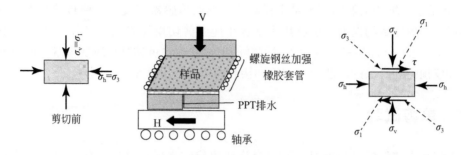

图 3-67　单剪仪及其应力状态示意图

结方式相同，施加围压和反压实现等向固结和非等向固结。图 3-67 所示的 Geonor 型单剪仪则只能（由于加筋膜）施加竖向应力完成一维固结。

竖向荷载 F_v 通过竖向加载杆施加。横向加载杆与基础托架相连，对土样施加水平力 F_h。加载过程中测量竖向位移 δ_v 和水平位移 δ_h。由此可以推导出的主要参数为

（1）剪应力：$\tau = F_h / A$；

（2）竖向应力：$\sigma_v = F_v / A$；

（3）孔压变化量：$\Delta u = u - u_0$（u_0 是初始孔压）；

（4）轴向应变：$\varepsilon_a = \delta_v / H_0$（$H_0$ 是土样初始高度）；

（5）剪应变：$\gamma = \delta_h / H_0$。

Geonor 型单剪仪的缺点是只能测量水平面上的剪应力和法向应力，而竖向面上的应力是无法测量的，这也是直剪仪的缺点。若用莫尔圆表示应力状态，意味着在 τ–σ 空间中只有一个点是已知的，可以有无数个莫尔圆通过该点。原则上，当施加在土样上的围压已知时（如图 3-66 所示的单剪试验形式），所有应力分量都可以确定。侧限橡胶膜不能传递所需的附加剪应力，从而导致试样内部应力不均。

单剪试验结果的另一种解释方法如图 3-68 所示。该方法根据静力平衡推导出与水平方向夹角为 θ 的假定屈服面上的平均正应力 σ'_n 和剪应力 τ_{fail} 值（Joer et al.，2010）。图 3-69 给出了一组典型单剪试验结果。土的性质和固结历史与图 3-65 所示的三轴压缩试验相同，三轴试验抗剪强度量测值为 25 kPa。与之相比，单剪试验的最大剪应力（τ_{fail} 或 τ_{xy}）为 18 kPa。对于轻微超固结黏土，单剪和三轴压缩的抗剪强度之比 s_{uss}/s_{uc} 的典型值为 0.7～0.8。从图 3-65 中的 q/p' 比值和图 3-69 中的 t/s' 和 τ_{fail}/σ'_n 比值，推算得到的内摩擦角一致，约为 30° 左右。

3.5.6　循环试验

在海洋结构设计过程中必须特别注意循环荷载的影响，因此大多数室内试验方案中土体的循环应力–应变试验都占了很大比重。由于获得一组一致的试验数据需要多个埋深相近的试样，在建立循环疲劳响应图时单剪试验往往比三轴试验更受青睐。

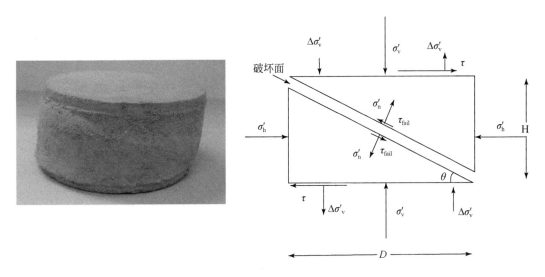

图 3-68　单剪试验的另一种解释方法

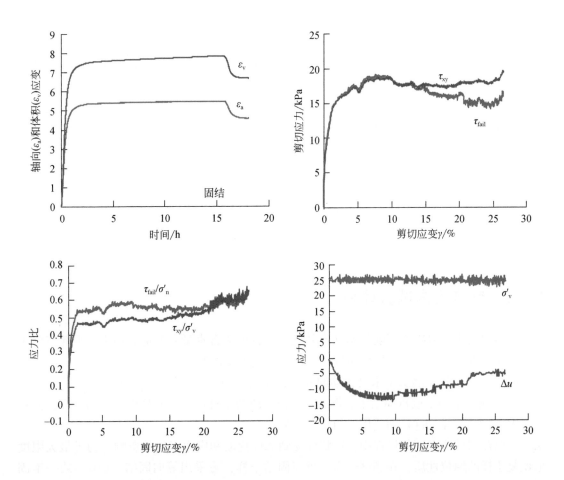

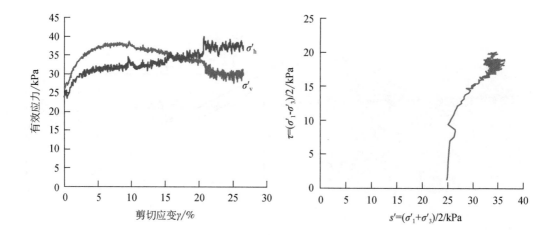

图 3-69　单剪试验典型结果

循环剪切试验在不同的平均剪应力和循环剪应力组合下进行。纯双向循环加载时平均剪应力为零。纯单向循环加载时平均剪应力和循环剪应力幅值相等，此时剪应力范围在 $0 \sim 2$ 倍的循环幅值范围内。试验中得到的数据，如剪应变或超孔压的变化等，绘制成等值线图，提供在给定的循环剪应力水平（用 τ_{cyc}/σ'_{vc} 或 τ_{cyc}/s_u 表示）下达到一定程度破坏时的循环加载次数。

低剪应力水平条件下的高次数循环和在高剪应力水平条件下的低次数循环可能造成土体相同程度的破坏。Miner 法则常被用来评估高剪应力水平（例如设计风暴期所经受的最大剪应力）下的等效循环次数：施加等效循环次数的高剪应力水平，造成的破坏等效于不同加载水平组成的循环序列。必须根据设计要求选择循环应力水平与偏差应力比 τ_{cyc}/τ_{mean}，循环试验方案应当涵盖造成土体破坏的典型循环次数，包括 $10 \sim 20$ 次循环（峰值荷载的典型等效循环次数）、$100 \sim 200$ 次循环、大于 1000 次循环。对于大型工程，如第 4 章所述，需建立更完整的循环响应等值线图，这要求在不同的循环应力水平和偏差应力比条件下完成大量试验。

3.5.7　制定室内试验计划

土体响应主要取决于当前状态（有效应力、密度或含水量）和应力历史，因此室内土工试验需尽可能还原土体的原位条件。有两种不同类型的测试方法

（1）测试心样中名义上未受扰动的样品，尤其是细粒土，如粉土和黏土；

（2）测试重塑土或再固结土，例如，用抓斗取的土样或扰动心样中取得的土样，并将其重塑为测试土样；这特别适用于粗粒土，如砂土。

从原位取样到试样安装的过程中，原状样受到取样扰动和应力释放的影响。为了最大限度地恢复土样的原位性质，在测试前需要重新固结土样，可采用等向固结（CIU）或一维固

结（CAU）来实现。虽然许多商业实验室仅限采用等向固结，但海洋工程的室内试验几乎总是采用非等向固结。

另一种选择是遵循所谓的 SHANSEP（Stress History and Normalized Soil Engineering Properties）方法（Ladd，1991；Ladd and DeGroot，2003）。该方法首先确定土的屈服应力比，在比屈服应力至少高20%的有效应力水平下对土样进行一维固结，然后卸载，从而得到所需的屈服应力比。实测的抗剪强度必须根据室内试验与现场竖向有效应力之比按比例减小。SHANSEP 方法的目的是补偿土样的扰动，但应注意不要将土样加压到导致其内部结构发生破坏的应力水平（Burland，1990）。

室内试验类型取决于施工期间或结构完工后土体将承受的荷载类型。此处以两种情况为例：浅基础（重力式基础-GBS）和桩基础。

1. 例1：GBS 下部的土体条件

由于平台下不同区域土体的剪切模式不同，所以针对重力式结构的勘察需采用几种不同类型的强度试验。如图3-70所示，在某些区域，剪切模式最接近单剪试验（SS）；而在其他区域，三轴压缩试验（TC）或三轴拉伸试验（TE）可能更适合。

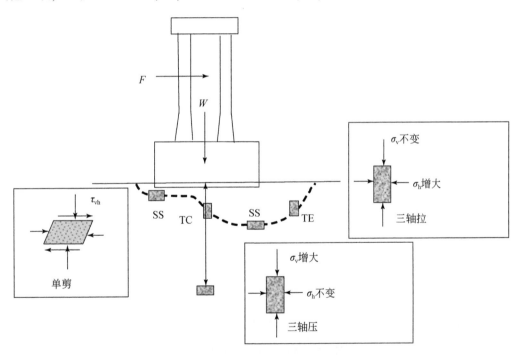

图 3-70　重力式结构基础下的应力状态分布

对于大多数土体，单剪强度 s_{uss} 与三种强度（三轴压缩强度 s_{uc}、三轴拉伸强度 s_{ue} 以及单剪强度 s_{uss}）的平均值非常接近。三轴拉伸强度通常最低，与三轴压缩强度的比值一般为 0.5~0.8。对于 GBS 勘察项目，进行数个三轴、单剪和固结试验。强度试验既需要考虑原有的有效应力条件，也需要考虑 GBS 放置后的应力状态（例如原有应力增加了 100 kPa）。单调加载和循环加载两种试验都需要进行，后者试验数量应足够多，以建立循环等值线图。

GBS 安装后的沉降量和沉降速率由不同深度原状样的固结试验数据评估。对于一个给定的基底（平均）附加压力，首先用弹性理论估算沿结构中心线下不同深度处的竖向应力变化；再根据固结试验结果估计每个深度竖向应力变化导致的应变，最后积分得到整体沉降量。土体屈服应力随深度的变化非常重要，因为屈服应力标志着土体从高刚度（给定应力增量引起应变低）到低刚度的转变。

2. 例 2：桩的轴向承载力

桩基础的剪切模式如图 3-71 所示。轴向受压承载力通过对桩侧极限摩阻力 f_s 和桩端承载力 q_b 按对应的面积积分获得，详细介绍参见第 5 章。

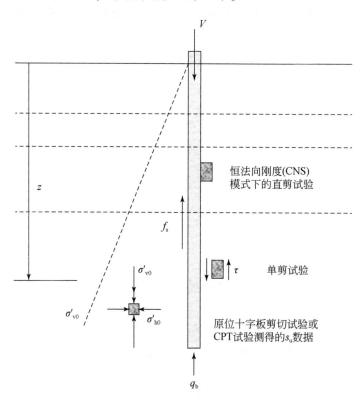

图 3-71　轴向受荷桩的剪切模式

桩–土间的侧摩阻力 f_s 是局部（法向）有效应力和桩–土界面摩擦角的函数。界面摩擦角可以通过直剪试验或单剪试验测得。直剪试验最好在恒法向刚度（CNS）条件下进行。试验方法的选择在一定程度上取决于桩基施工方法。钻孔注浆桩（即现场注浆）一般首选 CNS 试验，而打入桩宜采用单剪试验（评估应力路径和不排水强度）和环剪试验（确定桩–土界面的峰值和残余摩擦角）相结合的方法。

端承力 q_b 同样取决于桩的施工方法，其极限值可以通过土体强度值（如通过原位或室内试验获得的 s_u 值）间接计算获得，或者 q_b 直接关联到静力触探试验的贯入阻力。按一定系数折减锥尖阻力 q_c 或 q_{net} 获得端承力，以考虑桩端阻力发挥所需的位移，详见第5章对不同类型桩基础的介绍。

3.6　物理模型试验

3.6.1　引言

室内土工试验与原位测试的目的是确定土体基本力学性质（即应力、应变和时间的关系），以用于工程设计与分析。相对来说，模型试验关注的是结构的整体表现，而不是土体的基本性质。在许多案例中，确定了场地土的各种工程性质也不能够使设计达到所需的精度和可靠度。此时开展物理模型试验比较合适，特别是有以下情况时：

（1）现有的计算模型不够完善，不能提供良好的预测结果；

（2）边界条件使分析容易出错；

（3）分析需要同时解决多种问题（例如，在分析地震或循环荷载时，必须同时考虑孔压的产生和固结、土体变形机理等）。

桩基承载力预测就是现有土体模型无法提供解答的一个例子。桩基础广泛应用于支撑海洋结构，其承载力（端承和侧摩阻）可以通过物理模型试验确定。杆件剪切试验和标定罐试验通常用来确定灌注桩的承载力。离心机模型试验是岩土工程师的另一种手段，它利用高加速度水平下的缩比尺模型试验结果预测原型响应。

虽然模型试验可用来研究给定加载条件下结构与土之间的相互作用，但必须注意，它们不仅受限于重现实际土体条件时物理模型的简化程度，还可能受到尺寸效应的影响。尽管如此，通过模型试验获得的数据在评估诸如循环荷载的影响时可能非常有用，并为验证特定设计过程提供数据。如果一个设计过程不能与控制良好的模型试验数据匹配，那么其用于原型设计的可靠性也一定会受到质疑。

3.6.2　杆件剪切试验

杆件剪切试验实际是圆柱状土样中灌注桩的模型试验（图3-72）。该试验装置中围压仅施加在侧向，其余部分与三轴装置类似。原状土样可直接用于试验。试验中侧压力通过安装在容器外侧的阀门施加到土样上。试验时容器内充满水，水压直接作用在试样上。试验过程中，关闭阀门以免进水或出水，通过监测侧压力，评估杆剪切过程中土样是否有剪胀或剪缩的趋势。在静荷载或循环荷载试验中，通过测量轴向荷载（即平均侧摩阻力）和轴向位移，为原型注浆桩的设计提供指导。此试验的数据通常与CNS结果一起分析解释。

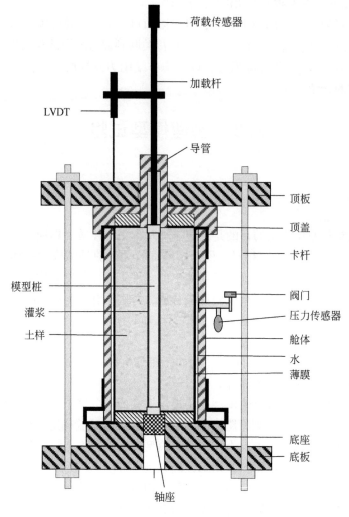

图 3-72　杆件剪切试验装置

3.6.3　标定罐试验

对于 CPT 等原位试验解译土参数的理论与方法，需通过试验进行验证。反过来，解译方法的提出也常常完全或部分基于试验结果。对于黏性土，基本的土体参数（如强度与变形参数）可直接由原状样的室内土工试验获得。对于砂性土，由于取样过程扰动大，不能用原状样的室内试验获取参数。标定罐试验因此成为验证砂土参数解译理论和建立砂土相关工程关系最有效的手段（Jamiolkowski et al.，2003）。标定罐也可用于不同形式基础的模型试验，包括模型桩、负压沉箱等（图 3-73）。

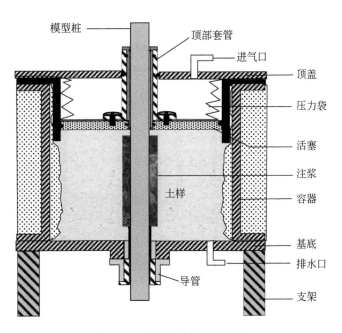

图 3-73　灌注桩的标定罐试验

图 3-73 所示设备直径 400 mm, 高 800 mm, 可对土体独立施加竖向与水平压力, 并可通过适当设计顶盖与活塞装置进行单桩或群桩试验。与杆件剪切仪类似, 该设备由安装在一侧的加压系统对土样施加侧向压力, 试验过程中关闭加压系统阀门。加载过程中, 可测量轴向荷载、轴向位移与试样边界处的侧向压力。

3.6.4　室内模型（1 g）试验

图 3-74 是一个室内模型（1 g）试验实例。该模型将自升式平台简化为三个独立桩靴支撑的平台, 研究荷载作用下自升式平台的整体响应以及传递到每个桩靴的竖向力、水平力及弯矩（Vlahos, 2004）。模型试验中的土样由黏土制备, 预先固结至适当强度以获得合理的平台结构与土体刚度之比。

3.6.5　离心机试验

土体性质与应力水平有关, 即土体的强度、刚度以及变形和破坏机制都与有效应力水平有关。因此, 理想的模型试验下应保证有效应力水平与原型相同, 从而保持强度比 s_u/σ'_{v0}（或完全排水条件下的等效参数）以及结构与土体的刚度比不变。

土工离心机通过提高加速度水平, 使得模型的尺寸最多可比原型尺寸小两个数量级。典型的离心机如图 3-75 所示。将土体模型置于离心机臂末端的旋转台上, 通过旋转加速, 土体将受到 N 倍于重力加速度（g）并垂直于旋转台的径向加速度。如果将 Ng 的加速度

预加载　　　　　　　　　倾覆

图 3-74　自升式平台室内模型试验（Vlahos，2004）

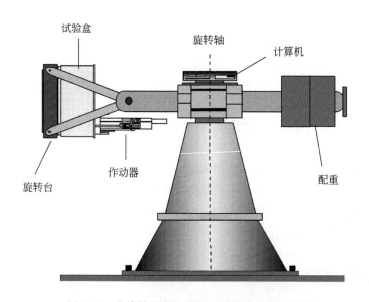

图 3-75　在旋转平台上进行试验的离心机示意图

作用于密度为 ρ 的模型材料，则模型中深 h_m 处的竖向应力 σ_v 为

$$\sigma_\mathrm{vm}=\rho(Ng)h_\mathrm{m}=\rho g(Nh_\mathrm{m})=\rho g h_\mathrm{p}=\sigma_\mathrm{vp} \qquad (3\text{-}14)$$

式中，h_p 是原型的实际深度。因此，加速度水平 N 应选为线性比尺 $h_\mathrm{m}/h_\mathrm{p}$ 的倒数（图 3-76）。

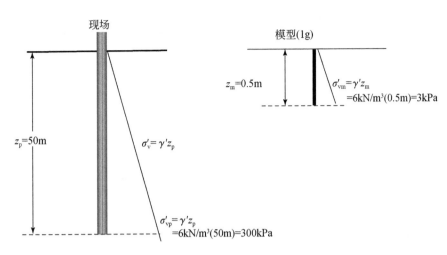

图 3-76　原型与离心机模型之间的 1∶1 应力比例缩放原理

　　土工离心机的尺寸和功率通常以 g·t 为单位，指最大加速度水平与该水平下容许最大离心质量的乘积。比如，西澳大学的离心机（图 3-75）可将 200 kg 的质量加速至 200 g，则其容量为 40 g·t。加利福尼亚大学戴维斯（Davis）分校和法国南特的 Centrale des Ponts et Chaussées 实验室的大型离心机容量可达到 400 g·t。

　　离心机模型试验常见变量的比例因子如表 3-10 所示，其中大多数可以由加速度（N）、应力应变（1）和线性尺寸（$1/N$）推导获得，其他更多变量的比例因子可以参见 Garnier 等（2007）。表 3-11 展示了 200 g 条件下"等效"离心机模型与原型之间的对应关系。

表 3-10　离心机模型的比例因子

参数	比例
加速度	N
应力应变	1
线性尺寸	$1/N$
速度	1
面积	$1/N^2$
质量	$1/N^3$
力	$1/N^2$
能量	$1/N^3$
时间（固结）	$1/N^2$

表 3-11　离心机模型与原型的"等效条件"

等效条件	离心机模型	原型
土层厚度	0.5 m	100 m
桩径	10 mm	2 m
面积	7.85×10^{-5} m^2	3.14 m^2
固结时间	1 h	4.57 年

　　离心机试验中使用的负压沉箱（Tran，2005）和拖锚（O'Neill，2000）模型及其原型如图 3-77 所示。试验过程中，这些缩比尺模型受到 120 g 至 200 g 的加速度作用。图 3-78 展示的则是一个更复杂的完整自升式平台模型（Bienen et al.，2009）。与图 3-74 所示的 1 g 模型试验不同，这些试验针对砂质海床，因此必须在较高的加速度条件下进行，以实现结构与土体刚度比的相似性。

(a)

(b)

图 3-77　离心机模型示例

（a）负压沉箱；（b）拖锚

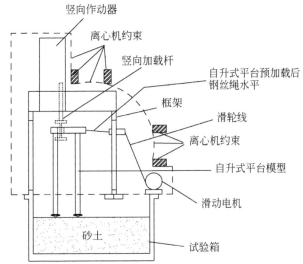

图 3-78　自升式平台的离心机模型示例（Bienen et al.，2009）

第4章　土的力学响应

4.1　压缩和剪切

4.1.1　经典理论概述

土的力学响应大致可分为压缩和剪切两种条件下土的力学行为，可以通过临界状态土力学理论框架进行统一（Roscoe et al.，1958；Schofield and Wroth，1968）。本章首先介绍土体压缩和剪切的经典理论，然后再进一步讲述土的临界状态理论。

1. 压 缩

当土体受压，例如受到基础荷载作用时，土体产生的压缩变形主要由三部分组成：
（1）瞬时弹性压缩；
（2）主压缩变形或"固结"；
（3）次压缩变形或"蠕变"。
岩土工程师的首要任务是确定地层将发生的压缩变形量以及压缩变形的速率。

砂性土渗透性强，通常认为其所有的压缩变形（蠕变除外）都是瞬时发生的。对于黏土，计算通常分为两部分：采用弹性理论来预测瞬时不排水压缩响应，用固结理论来预测随时间变化的主压缩变形。压缩一词通常用于描述由于有效应力的变化而引起的体积变化，不考虑压缩变形发生的时间跨度。超孔隙水压力消散引起的土体随时间推移发生变形的过程则被称为固结。当荷载作用于低渗透性土时，土的响应是不排水的，即不会发生瞬时体积变化。最初，荷载完全由孔隙流体承担，而不是由土骨架承担。随着时间的推移（时间长短取决于材料的渗透性），土体排水，孔隙流体从土骨架中被排出，从而使土体产生压缩变形。在排水条件下，外部荷载全部由土骨架承担。在固结过程中，外部荷载的变化导致土体骨架内发生排水，超孔隙水压力随时间消散，土体孔隙比 e 降低。固结是表征不排水条件向排水条件过渡的过程。

1）弹性理论
弹性理论利用弹性力学问题的控制方程确定由表面集中荷载引起的半无限空间的弹性应力变化（Boussinesq，1885）（图4-1）。半无限空间弹性体表面任意面积上多个集中荷载引起的应力可由单个集中荷载的解叠加得到，以此可以确定任意形式荷载作用下弹性体产生的应力。基于弹性应力的变化以及土体的弹性性质，可以确定半无限空间弹性体内的应变。

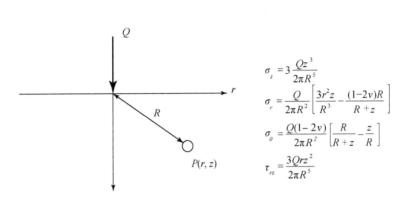

$$\sigma_z = 3\frac{Qz^3}{2\pi R^5}$$

$$\sigma_r = \frac{Q}{2\pi R^2}\left[\frac{3r^2 z}{R^3} - \frac{(1-2v)R}{R+z}\right]$$

$$\sigma_0 = \frac{Q(1-2v)}{2\pi R^2}\left[\frac{R}{R+z} - \frac{z}{R}\right]$$

$$\tau_{rz} = \frac{3Qrz^2}{2\pi R^5}$$

图 4-1　半无限空间弹性体表面竖向集中荷载引起的应力变化（Boussinesq，1885）

各向同性材料的弹性响应由杨氏模量 E 和泊松比 v 描述。杨氏模量定义为偏应力增量（常规三轴试验）与竖向应变增量之比：

$$E = \frac{\Delta q}{\Delta \varepsilon_1} \tag{4-1}$$

各向同性材料的杨氏模量可以通过常规三轴试验得到的偏应力和轴向应变关系曲线的斜率确定。

泊松比定义为横向应变增量与竖向应变增量之比：

$$v = \frac{-\Delta \varepsilon_3}{\Delta \varepsilon_1} \tag{4-2}$$

对于小应变条件下的三轴试验（$\varepsilon_2 = \varepsilon_3$），体积应变可以表示为 $\Delta \varepsilon_v = \Delta \varepsilon_1 + 2\Delta \varepsilon_3$，因此泊松比可表示为

$$v = 0.5\left(1 - \frac{-\Delta \varepsilon_v}{\Delta \varepsilon_1}\right) \tag{4-3}$$

不排水条件和排水条件下的杨氏模量分别标记为 E_u 和 E'。类似地，不排水条件和排水条件下的泊松比分别标记为 v_u 和 v'。不排水条件下，体积应变 $\varepsilon_v = 0$，因此泊松比 $v_u = 0.5$。排水条件的泊松比 v' 典型值在 0.1 到 0.3 范围内。

剪切模量 G 是耦合杨氏模量和泊松比的另一个弹性参数：

$$G = \frac{E}{2(1+v)} = \frac{E_u}{2(1+v_u)} = \frac{E'}{2(1+v')} \tag{4-4}$$

水不能承受剪应力，因此剪切模量不区分排水和不排水条件。在各向同性或各向异性条件下，三轴试验的偏应力和剪切应变关系曲线的斜率为 $2G$。

弹性应力–应变关系也可以用剪切模量 G 和体积模量 K（而不是杨氏模量 E 和泊松比 v）来表示，以便区分剪切和压缩响应。体积模量 K 是由平均应力变化引起的体积应变的量度。如果忽略水自身有限的压缩性，饱和土的不排水体积模量 K_u 是无限大的。排水条件下体积模量 K' 定义为

$$K' = \frac{\Delta p'}{\Delta \varepsilon_{\text{vol}}} \tag{4-5}$$

在各向同性或各向异性条件下，排水条件的体积模量可由三轴试验中平均有效应力和体应变关系曲线的斜率来确定。

由杨氏模量、泊松比、剪切模量和体积模量描述的弹性变形如图 4-2 所示。

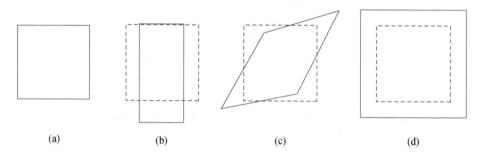

(a)   (b)   (c)   (d)

图 4-2 弹性变形

（a）无变形；（b）描述长度变化的杨氏模量和描述宽度变化的泊松比；（c）描述恒定体积条件下形状变化的剪切模量；（d）描述恒定形状条件下体积变化的体积模量（Muir Wood，1990）

各向同性弹性材料的应力-应变关系可以用包含 G 和 K 的矩阵表示：

$$\begin{bmatrix} \Delta p' \\ \Delta q \end{bmatrix} = \begin{bmatrix} K' & 0 \\ 0 & 2G \end{bmatrix} \begin{bmatrix} \Delta \varepsilon_{\text{vol}} \\ \Delta \gamma \end{bmatrix} \tag{4-6}$$

主对角线外的"0"元素表明，在各向同性条件下，剪切变形和体积变形是相互独立的。各向异性土体的剪切和体积效应相互耦合，弹性应力应变关系可以用修正的剪切模量 G^* 和体积模量 K^* 的矩阵形式表示（Graham and Houlsby，1983）：

$$\begin{bmatrix} \Delta p' \\ \Delta q \end{bmatrix} = \begin{bmatrix} K^* & J \\ -J & G^*/2 \end{bmatrix} \begin{bmatrix} \Delta \varepsilon_{\text{vol}} \\ \Delta \gamma \end{bmatrix} \tag{4-7}$$

式中，

$$K^* = \frac{E^*(1-\nu^* + 4\alpha\nu^* + 2\alpha^2)}{9(1+\nu^*)(1-2\nu^*)} \tag{4-8}$$

$$G^* = \frac{E^*(2-2\nu^* - 4\alpha\nu^* + \alpha^2)}{6(1+\nu^*)(1-2\nu^*)} \tag{4-9}$$

$$J = \frac{E^*(1-\nu^* + \alpha\nu^* - \alpha^2)}{3(1+\nu^*)(1-2\nu^*)} \tag{4-10}$$

其中，E^* 和 ν^* 表示考虑了材料各向异性的杨氏模量和泊松比的修正值。常数 α 是各向异性程度的度量；$\alpha=1$ 表示各向同性，$\alpha>1$ 表示土体水平方向刚度大于竖直方向，$\alpha<1$ 表示土体竖直方向刚度大于水平方向。横观各向同性条件下，两个水平方向上的性质相同，但水平方向和竖直方向的材料性质不同，需要 5 个独立的参数来描述弹性行为（E_v，E_h，G_{vh}，V_{vh}，V_{hh}）。完全各向异性材料则需要 21 个独立参数。

目前，多种问题的弹性解已被推导得出，涉及不同的荷载条件、边界条件以及成层、非均质和各向异性的沉积物。Poulos 和 Davis（1974）提供了关于不同问题弹性解的全面综述。

2）固结理论

传统随时间变化的土体沉降预测方法采用的是一维固结理论（Terzaghi，1923）。该理论假定一维渗流和一维应变，同时假定土体压缩变形完全由孔隙水的排出引起。与固结相关的设计计算参数一般在一维条件下确定。一维条件可在单向压缩试验中实现，通过设置环刀，限制试样在竖向加载过程中的侧向变形。描述固结的数据可以表示为应力–应变关系，也可以表示为超孔隙水压力、有效应力或沉降随时间的变化曲线。时间一般表示为对数尺度下的无量纲时间因子：

$$T = \frac{c_v t}{d^2} \tag{4-11}$$

式中，c_v 为固结系数代表值；t 为总应力发生变化后流逝的时间；d 为排水距离代表值，或其他对固结有重要影响的尺寸值。

不同应力水平条件下土的固结系数不同，因此应选择能代表现场条件的固结系数。同样，对于不同问题的设计，需要根据工程经验判断合适的排水距离。

一维固结系数可以表示为竖向渗透系数 k_v、单向压缩模量 E'_0 和水的重度 γ_w 的函数：

$$c_v = \frac{k_v E'_0}{\gamma_w} \tag{4-12}$$

压缩模量定义为竖向应力增量与竖向应变增量之比：

$$E'_0 = \frac{\Delta \sigma_v}{\Delta \varepsilon_1} = \frac{E(1-\nu')}{(1+\nu')(1-2\nu')} \tag{4-13}$$

可由单向压缩试验数据确定。

单向压缩模量 E'_0 的倒数也经常被采用，即体积压缩系数：

$$m_v = \frac{1}{E'_0} \tag{4-14}$$

压缩指数是另一种刚度参数，用孔隙比 e 的变化表示体积变化，并表示为对数形式应力增量的函数：

$$C_c = \frac{\Delta e}{\Delta \log \sigma_v} \tag{4-15}$$

类似的参数还有回弹指数 C_s，用于定义超固结土卸载时的刚度。

实际工程中单向固结极为少见，固结的发生一般伴随着三维排水和应变。三向固结理论（Biot，1935，1956）考虑了土体的三维排水和应变，同时通过体积连续性条件和有效应力–应变关系，考虑了有效应力和超孔隙水压力之间的耦合变化（与单向固结理论不同：单向固结理论中总应力是恒定的，因此有效应力与孔压的变化总是大小相等、符号相反）。

在三向固结过程中，相比于超孔隙水压力的消散，有效应力的变化（由土体变形导致）更受关注。三向固结的一个重要特点是 Mandel-Cryer 应力传递效应（Mandel，1950；Cryer，1963）。由于靠近表面的土比埋置较深的土排水速率快，接近表面的土由于排水产生的应变将"挤压"位于较深位置还未来得及排水的土体，这种现象导致的总应力上升甚至超过由外部荷载引起的总应力变化。因此，在固结初期，部分土体的超孔隙水压力会在原有基础上增加。随着排水区域向下扩张，位置较深的土体开始排水，总应力降低。有效应力在初期发展缓慢，但随着时间的增加，有效应力变化率逐渐增大。当有效应力的增长速率大于总应力的增长速率时，超孔隙水压力达到最大值并开始消散。图4-3展示的是半无限空间弹性体表面作用有均布条形荷载时，荷载中点下方土体单元超孔隙水压力随时间消散的过程（Schiffman et al., 1969）。计算中，以条形荷载宽度的一半作为排水距离代表值计算时间因子 T。可以看出，土单元越深，Mandel-Cryer 效应越显著，且持续时间越长。

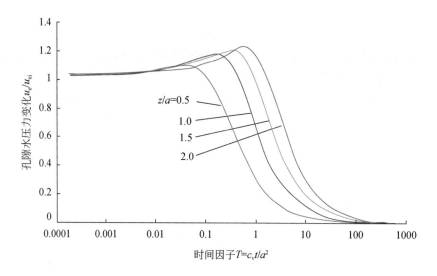

图4-3 Mandel-Cryer 效应：条形荷载作用下不同深度处超孔隙水压力的变化规律
（Schiffman et al., 1969）

不同于单向固结理论中总应力和最大剪应力恒定的假定，在三向固结过程中，土体中的最大剪应力是变化的，因此在固结过程中可能出现局部塑性区和最终失稳。此外，三向固结中的固结速率受到泊松比的影响，这也与单向固结理论不同（图4-4）。一般情况下，对于三向固结问题，固结系数仍以压缩模量为基础采用式（4-12）和式（4-13）进行计算。

不同荷载形式和土体条件下三向固结的解析解已经被推导得出（例如，McNamee and Gibson，1960；Gibson et al.，1970；Booker，1974；Chiarella and Booker，1975；Booker and Small，1986）。基于三向固结理论的解析解和近期发展的数值解预测地基沉降的相关内容将在第6章作更为详尽的讨论。

3）蠕变

通常认为土体的变形总伴随着有效应力的变化，但多种土体会在有效应力恒定的情况下发生持续的变形。孔隙比在恒定有效应力作用下的变化称为蠕变。蠕变沉降是由土颗粒

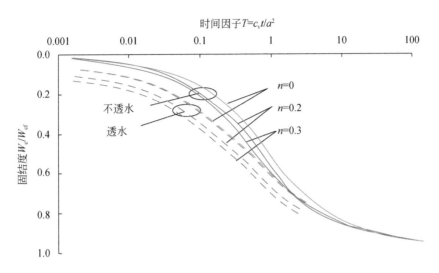

图 4-4　泊松比对半径为 a 的刚性圆筏基础下方土体三向固结响应的影响（Chiarella and Booker，1975，透水筏形基础；Booker and Small，1986，不透水筏形基础）

之间的黏滞阻力引起的，但目前人们对蠕变的机理所知甚少。"蠕变"通常指体应变，但蠕变引起的剪应变可能也同样重要。试验数据表明，蠕变应变与时间的对数成正比，即单位对数时间内发生的蠕变应变相同（Bishop and Lovenbury，1969）。尽管在敏感土、结构性土或接近破坏的土中可能发生蠕变断裂，导致蠕变不可持续，但蠕变通常情况下是一个相对稳定的过程，且在蠕变过程中应变的增速呈实时下降的趋势。正常固结土，特别是高塑性的黏土、有机土和钙质土最容易发生蠕变。对于许多土体，蠕变大体上可以忽略不计，例如大部分砂土、粉土和强超固结黏土。蠕变会影响恒定应变速率条件下的室内土工试验结果，导致对土体刚度的误判。室内试验的应变率越低，发生蠕变应变的可能性越大，导致试验结果刚度偏低。如果在试验过程中应变的速率发生变化，土体响应也会随之变化（图 4-5）。

4）硅质和钙质砂的压缩性

图 4-6 为硅质砂（Fontainbleau 砂）和钙质砂［来自伊洛瓦斯（Iroise）海，比斯开湾（Biscay）湾］的应力–应变关系。两种情况下的初始孔隙比相同（$e_0 = 0.93$），硅质砂呈松散状，而钙质砂呈密实状。因此，硅质砂的压缩性看似大于钙质砂，但事实并非如此。与石英相比，碳酸盐类土的主要成分碳酸钙的硬度低，导致碳酸钙颗粒发生破碎所需的应力水平相对较低，因而钙质土具有较高的压缩性。位于澳大利亚西北大陆架的 North Rankin A 平台的桩基础，在安装过程中观察到轴向摩擦力极低，导致多根桩在近 100 m 的海床深度范围内发生溜桩现象，造成这一现象的一个关键原因就是钙质砂的高压缩性。

2. 剪切响应

土的剪切响应取决于它的孔隙比，以及作用于土体的有效正应力和剪应力。正应力和

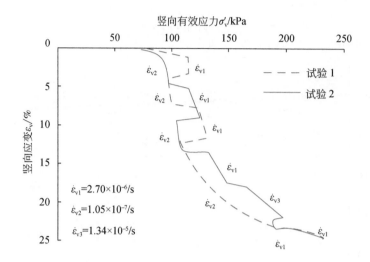

图 4-5　应变速率对恒应变固结仪试验的影响（Leroueil et al., 1985）

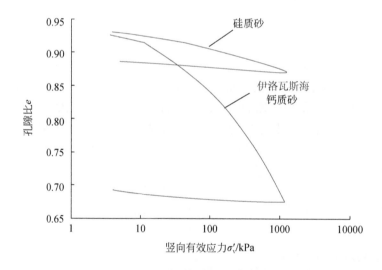

图 4-6　硅质砂与钙质砂压缩性比较

剪应力的具体表达式取决于所考虑问题的具体条件，但量化关键的独立状态变量（如 e、σ' 或 p'、τ 或 q）是所有问题的前提。

1）摩擦强度和有效应力

所有未胶结土（砂土或黏土）的抗剪强度本质上都是摩擦强度。基本参数包括内摩擦系数 μ 或有效内摩擦角 φ。对于摩擦材料，潜在破坏面上的抗剪强度 τ 是法向有效应力 σ' 的函数：

$$\mu = \tan\varphi = \frac{\tau}{\sigma'} \tag{4-16}$$

或按照有效应力破坏准则表示为

$$\tau_f = \sigma' \tan\varphi \tag{4-17}$$

对于饱和土，即由土颗粒和水组成的两相物质，产生摩擦强度的有效正应力是颗粒间的应力。有效应力原理规定，有效应力 σ' 等于总应力 σ 减去孔隙水压力 u（Terzaghi，1943）：

$$\sigma' = \sigma - u \tag{4-18}$$

非饱和土是由水、土颗粒和气体组成的三相物质，其行为由两个应力参数（$\sigma - u_g$）和（$u_g - u_w$）控制，其中 u_w 是孔隙水压力，u_g 是孔隙气体压力。因此，仅用单一的有效应力参数难以描述非饱和土的力学行为。

2）剪胀、剪缩和临界状态

土体在剪切过程中会产生体积变化，发生剪胀（体积增加）或者剪缩（体积减小）。由于土本质上是一种颗粒材料，为了使一部分土体相对于另一部分土体移动，这些颗粒物必须形成一种合适的排列方式，因而在剪切过程中，土体体积会发生变化。若土体发生持续的剪切变形但不产生体应变，此时土体的孔隙比被称为临界孔隙比 e_{cr}。如果颗粒的初始排列比临界状态更紧密，则在稳态剪切发生前，土体在一定程度上会变得更为松散（即剪胀）；相反，如果颗粒的初始排列比临界状态更松散，则在稳态剪切发生前，土体在一定程度上会变得更密实（即剪缩）（图 4-7）。

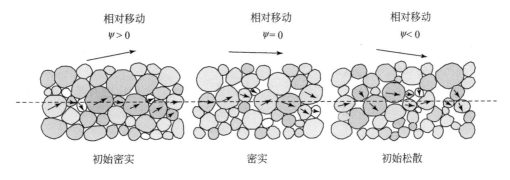

图 4-7　剪切过程中的剪胀和收缩（Bolton，1991）

锯齿模型为剪胀提供了一个简单的类比（图 4-8）。沿滑动界面方向的摩擦阻力代表着临界内摩擦角 φ_{cr}。由于上部块体的锯齿必须向上运动以越过下部块体的锯齿，因此当两个锯齿块体在竖向力 N 作用下进行剪切时，表现出来的剪切阻力 F 大于剪切面为水平面时的摩擦阻力。多出来的这部分阻力的大小取决于锯齿面与水平面的夹角，即剪胀角 ψ（图 4-7）。因此，当剪胀角达到最大时，土的摩擦阻力达到最大值。根据锯齿模型，表观峰值摩擦角 φ_p 与临界状态摩擦角 φ_{cr} 的差值取决于剪胀角 ψ 的大小：

$$\varphi_p = \varphi_{cr} + \psi \tag{4-19}$$

试验数据表明，式（4-19）略微高估了表观峰值摩擦角，在实际应用中通常需要进行修正（Bolton，1986）：

$$\varphi_p = \varphi_{cr} + 0.8\psi \tag{4-20}$$

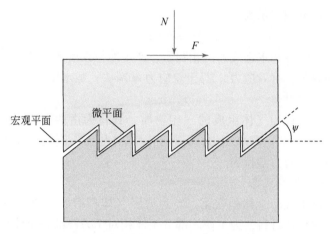

图 4-8　剪胀的锯齿模型（Bolton，1991）

　　图 4-9 为相同有效正应力作用下，两种不同相对密实度砂土的排水直剪试验（剪切盒）的典型结果。在初始密实的砂土试验中，剪应力 τ 在达到峰值前随剪应变 γ 的增大而逐渐增大，随后逐渐减小至稳定值，在持续的剪切作用下达到稳定并保持不变。土体剪切初期会发生一定的剪缩（正 ε_v），随后发生剪胀（负 ε_v）直至临界状态，此后土体体积不再随剪切而变化。初始松散的试样则不具备峰值强度，但在剪切过程中会逐渐剪缩直至临界状态，此后土体体积不再随剪切而变化。初始松散试样最终会达到与初始密实试样相同的临界状态剪应力和临界孔隙比。

　　所有土体在剪切作用下最终都会到达临界孔隙比 e_{cr}。此时，剪应变持续发展而孔隙比（即体积）e、剪应力 τ 和有效正应力 σ' 均不再发生变化，这被称为临界状态。

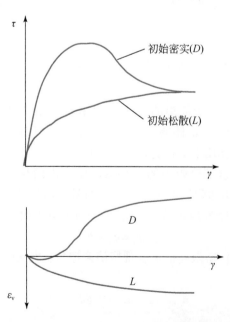

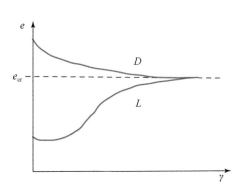

图 4-9　直剪试验中理想化的剪胀和剪缩

ε_{v}–γ 曲线的切线斜率 $\mathrm{d}\varepsilon_{\mathrm{v}}/\mathrm{d}\gamma$ 代表着当前的剪胀率, 剪胀率控制着试验各个阶段的抗剪强度大小, 表达式为

$$\psi = -\arctan\frac{\mathrm{d}\varepsilon_{\mathrm{v}}}{\mathrm{d}\gamma} \tag{4-21}$$

土体的剪胀或剪缩不仅取决于其相对密度, 还取决于围压的大小。相对密度 D_{r} 是衡量土体颗粒紧密程度的一个指标, 通过最大孔隙比 ($e_{\max}$) 和最小孔隙比 ($e_{\min}$) 表示, 即:

$$D_{\mathrm{r}} = \frac{e_{\max} - e}{e_{\max} - e_{\min}} \tag{4-22}$$

相对密度本身不足以决定在恒定有效正应力 σ' 作用下试样受剪时是发生剪胀还是剪缩。对于初始密实的试样, 如果有效正应力足够大, 发生剪胀的趋势将会被抑制, 剪切过程将伴随一些颗粒破碎, 易于破坏面的发展。相反, 对于初始松散的试样, 如果有效正应力足够小, 则会发生剪胀。相对密度指数 I_{R} (Bolton, 1986) 考虑了围压 p' 的作用, 因此可以用来表征土体在剪切作用下是发生剪胀还是剪缩。I_{R} 的表达式为

$$I_{\mathrm{R}} = 5D_{\mathrm{r}} - 1 , p' \leqslant 150 \text{ kPa}$$
$$I_{\mathrm{R}} = D_{\mathrm{r}}\left(5.4 - \ln\frac{p'}{p_{\mathrm{a}}}\right) - 1 , p' > 150 \text{ kPa} \tag{4-23}$$

式中, p_{a} 为大气压强, 其值为 100 kPa。

另一种评估土体剪胀或剪缩趋势的方法是利用状态参数 Ψ (Been and Jefferies, 1985), 该参数代表了土体当前状态与临界状态线 (CSL) 之间的距离 (以孔隙比或比容表示)。

3) 硅质砂与碳酸盐类砂剪切行为的比较

硅质砂和钙质砂的三轴排水压缩试验结果如图 4-10 所示。硅质砂采用的是有大量文献记载的 Leighton Buzzard 砂, 这种砂主要由坚硬的细石英颗粒组成, 碳酸钙含量可以忽略不计。钙质砂来自爱尔兰西海岸的道格斯湾 (Dog's Bay), 棱角度极高, 原位孔隙比 e_0 大约为 2 左右。试验结果用偏应力 q 以及体应变 ε_{v} 与轴向应变 ε_1 的关系曲线表示。虽然应力水平对剪胀率有影响, 但硅质砂在试验采用的所有应力水平下都有剪胀趋势。相比之

下，钙质砂在低应力水平条件下发生剪胀，在高应力水平下发生剪缩。造成两种砂在剪切行为上的差异的原因是：与硅质砂相比，钙质砂具有更多的天然棱角以及更高的压缩性，如图4-6所示。

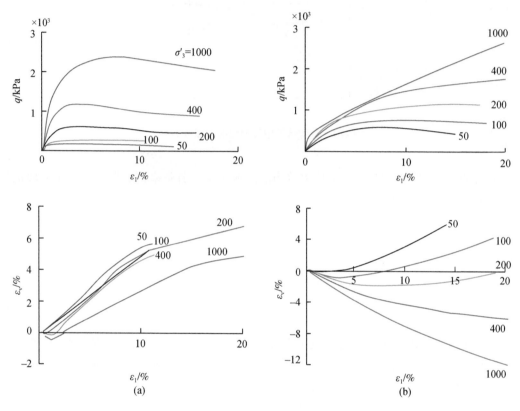

图4-10 三轴排水压缩试验对比（Golightly and Hyde，1988）

（a）硅质砂；（b）钙质砂

4）不排水剪切

如果排水速度足够快，外部荷载的变化将全部由土骨架承担，土体体积会立即发生变化。如果剪切速率足够快以至于施加荷载期间没有显著的排水现象发生，此时可以认为土体不排水。不排水条件通常与细粒土有关，在细粒土中排水时间和固结时间可能很长。若加载速率足够快，不排水条件也可以在颗粒相对较粗的土体中发生，例如在地震或波浪荷载期间。如果土体剪切时不排水，即体积不发生变化，则造成破坏的最大剪应力仅取决于土体的初始孔隙比，并由不排水抗剪强度 s_u 表示：

$$\tau_f = s_u \tag{4-24}$$

式（4-24）定义了在体积不变的情况下，土体不排水剪切的破坏准则。不排水抗剪强度 s_u 并非特征材料常数，而是取决于与土体含水率有关的孔隙比的大小。抗剪强度会在沉积物深度方向发生显著变化。对于正常固结或轻微超固结的黏土沉积物，抗剪强度通常以

$1 \sim 2$ kPa/m的梯度随着深度增加。密实土发生不排水剪切时体积不发生变化，从而产生负的超孔隙水压力，平均有效应力增加。反之，松散的土体发生不排水剪切时，产生正的超孔隙水压力，平均有效应力减小。

4.1.2　临界状态理论框架

临界状态土力学是一个完整的理论框架，可用于描述饱和、各向同性塑性材料屈服过程中的剪切和压缩响应（Roscoe et al., 1958；Schofield and Wroth, 1968）。基于临界状态的一系列土体模型的基础是：发生剪切时，土体响应总是倾向于向最终状态靠拢，在 (q, p', v) 空间中体现为向着代表最终状态的临界状态线（CSL）移动。

临界状态线 CSL 在 (q, p') 空间中的投影是一条直线，其斜率与临界状态摩擦角有关。CSL 在 (v, p') 空间中的投影是曲线，但在 $(v, \ln p')$ 空间中（图4-11）的投影接近一条直线（斜率与正常固结线 NCL 相同）。如果土样位于 (v, p') 平面中 CSL 的"密实"的一侧，则在剪切过程中会发生剪胀；如果土样位于 (v, p') 平面中 CSL 的"松散"的一侧，则在剪切过程中会发生剪缩（图4-12）。临界状态线 CSL 的"干"侧和"湿"侧分别代表着"密实"和"松散"。这是因为初始密实的土样会在剪胀过程中吸水，即初始位于临界状态线的"干"侧；而初始松散的土样会在剪缩过程中排水，即初始位于临界状态线的"湿"侧。土体体积不发生变化的不排水剪切也可以利用临界状态理论框架表示。为保证体积不变，土体在剪切过程中将产生正的或负的超孔隙水压力，有效围压应力 p'（等于总正应力 p 减去孔隙水压力 u）也会发生相应的变化（图4-13）。

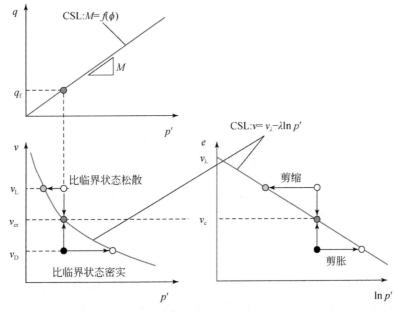

图 4-11　临界状态概念图

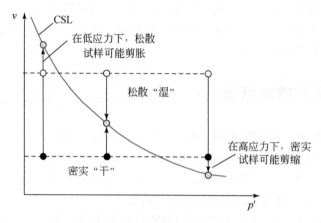

图 4-12　剪胀性对密度和应力水平的依赖性

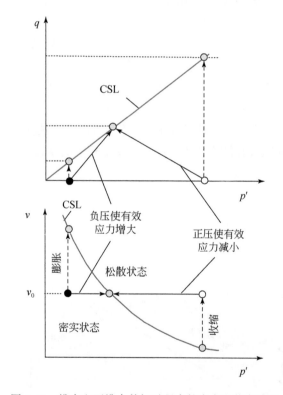

图 4-13　排水和不排水剪切过程中的应力和状态路径

临界状态土力学通常采用第一和第二应力不变量来描述,包括平均正应力 p' 和偏应力 q。在三轴条件下 ($\sigma'_2 = \sigma'_3$),两者均可用主应力 σ_1、σ_2 和 σ_3 表示为

$$p' = \frac{1}{3}(\sigma'_1 + \sigma'_2 + \sigma'_3) = \frac{1}{3}(\sigma'_1 + 2\sigma'_3) \tag{4-25}$$

$$q = \frac{1}{\sqrt{2}}\sqrt{(\sigma'_1 - \sigma'_2)^2 + (\sigma'_1 - \sigma'_3)^2 + (\sigma'_2 - \sigma'_3)^2} = \sigma'_1 - \sigma'_3 \tag{4-26}$$

以下将举例介绍基于临界状态理论框架的土体在 $(q,\ p',\ v)$ 空间中的应力和状态路径，包括不排水三轴压缩试验和两个假想的海上施工过程。

1. 不排水三轴压缩试验

最常见的三轴试验步骤为：土样首先等向固结（$q=0$）到某初始有效应力状态 p'_0（图 4-14 中的 A 点），接着进行不排水压缩，压缩过程中围压保持不变，仅增加轴向应力直至土体发生破坏（B 点）。总应力路径（TSP）是预先确定的（A-B），并且在 $(q,\ p)$ 空间中的斜率为 $3:1$。土体响应，或者更确切地说是孔隙水压力响应，决定了有效应力路径（ESP）与 TSP 之间的偏移距离。如果土样趋于发生剪缩，但由于试验不排水而被阻止，则会产生正的超孔隙水压力 u_e，此时 ESP 位于过 A 点垂线以及 TSP 的左侧（A-B'）（见图 4-14（a））。反之，如果土样趋于发生剪胀，则会产生吸力，此时 ESP 位于过 A 点垂线的右侧（即 p' 增大），甚至是 TSP 的右侧（A-B'）（见图 4-14（b））。有效应力路径一般是曲线，如图 4-14 所示，尽管有时会假定 Δu_e 与 Δq 成比例，从而将其理想化为一条直线。当 ESP 与 CSL 相交时，土体发生破坏。与初始孔隙比和固结应力对应的不排水抗剪强度，由土体破坏时的偏应力确定。在 $(v,\ p')$ 空间中，平均有效应力在恒定体积下随着超孔隙水压力的增大而减小，直到与 CSL 相交。

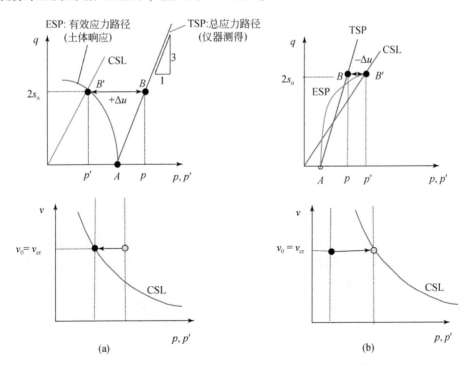

图 4-14　等向固结不排水三轴压缩试验的应力和状态路径

（a）"湿"侧；（b）"干"侧

2. 重力式平台安装后地基的固结不排水强度

如果在海床上放置一个大型的重力式结构（GBS），则作用在土体上的总应力增加，最终造成土体的有效应力和抗剪强度增加，因此在施工后随着时间的推移，结构的稳定性也随之增强。图4-15以非常简单的方式说明了这一过程，图中沉积物初始为正常固结土，其不排水抗剪强度在泥面处为零并随着深度线性增加。需要注意的是，地基强度增加所需的时间可能很长，特别是在超细粒土中（即c_v值低）或在大型结构下（即排水距离长）。固结不排水强度适用于外部峰值荷载施加足够快的情况，例如波浪荷载，此时土体发生不排水响应，但在施加峰值荷载之前，土体已经在平台重力荷载的作用下发生固结并获得了相应的强度。

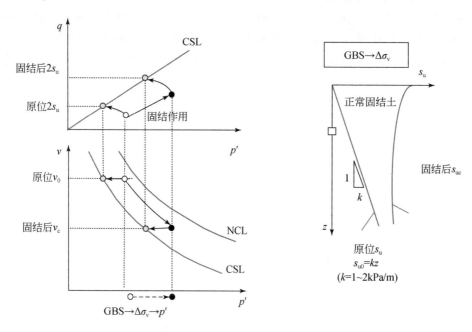

图4-15 重力式基础施工过程中土体的应力和状态路径

图4-15利用临界状态理论框架解释了由于基础荷载的施加引起的原位（强度）条件的变化以及相应的应力和状态路径。图中，深度z处的土单元的原位平均有效应力为p'_0，偏应力为q_0、孔隙比为e_0，初始状态位于(v, p')空间中（等向）正常固结线（NCL）和CSL之间。原位应力状态在(q, p')空间中的位置由原位偏应力q_0和平均有效应力p'确定（p'_0由有效上覆土压力σ'_{v0}和水平有效应力$\sigma'_{h0}=K_0\sigma'_{v0}$确定）。土体发生破坏时的平均有效应力等于$(v, p')$空间中CSL上原位孔隙比$e_0$的对应值。原位不排水抗剪强度$s_{u0}$等于$(q, p')$空间中CSL上与前述平均有效应力对应的偏应力值的一半。基础荷载的施加导致平均有效应力（随着时间的推移）增加至p'_c，孔隙比减小至v_c。固结完成后的不排水抗剪强度s_{uc}是由(v, p')空间中CSL上新的孔隙比v_c对应的更高的平均有效应力及

其在 (q, p') 空间中 CSL 上对应的偏应力得到的。任何阶段的抗剪强度都取决于平均有效应力的变化，由 (v, p') 空间中土体相对于 CSL 的位置以及 CSL 在 (q, p') 平面中的斜率确定。

3. 重力式平台分阶段施工（防止地基发生不排水剪切破坏）

如前面的例子所示，在海床上放置一个结构将造成固结完成后地基的平均有效应力 p' 和强度的增加。然而，荷载的施加也会立即导致偏应力（剪应力）的增加。如果地基中一定区域的剪应力达到了土体的不排水抗剪强度 s_u，形成了特定的地基破坏模式，则可能导致地基发生破坏。为了防止在平台安装过程中地基出现不排水破坏，可以分阶段施加荷载，以允许地基在各荷载增量之间发生固结。图 4-16 所示的情况将总荷载分为两个阶段施加。原位条件由点 1 表示，位于 NCL 线上，坐标为 (p_0', q_0, e_0)。线段（1–2）是施加第一个荷载增量所产生的有效应力路径。第一个荷载增量的大小小于引起土体破坏所需的荷载大小（即未达到 CSL）。线段（2–3）表示土体发生固结。第二个荷载增量（3–4）使土体的应力状态接近破坏，但随后的固结（4–5）又使得抗剪强度进一步增加，因此在最终总荷载作用下仍然保有合理的安全系数。在此阶段若进一步对土体进行不排水剪切，将导致土体在点 6 发生破坏。

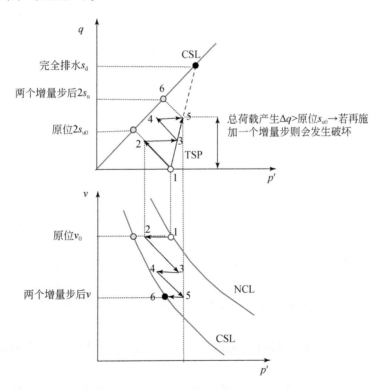

图 4-16　分段加载过程中土体的应力和状态路径

4.2 循 环 荷 载

4.2.1 循环荷载作用下的土体响应

海洋岩土工程的一个显著特征是海洋结构需要承受剧烈的波浪和风暴荷载。因此，海洋结构物周围土体的循环特性对海洋岩土工程至关重要，循环或重复应力作用下的土体响应特征有很大不同，因此在涉及周期性荷载条件的设计中必须予以考虑。循环荷载使得海床产生超孔隙水压力，有效应力降低，并且在持续加载作用下，其平均剪应变和循环剪应变发生变化，最终导致海底沉积物剪切强度或刚度降低。到目前为止，还没有一种全面的本构模型能够反映在循环荷载作用下土体响应的所有关键特征。对于实际工程应用，有必要依靠室内试验确定的土体参数，利用简单的方法来评估土体的循环特性。

土体在循环荷载与单调荷载作用下的响应有很大的不同，但砂土和黏土在循环荷载作用下的响应在许多方面具有相似性。因此，或许能以一种统一且合理的方式对土体循环响应问题进行研究。尽管如此，在研究砂土和黏土时，仍然有必要对其不同特征加以考虑。砂土在循环荷载作用下的响应通常包括是否发生液化、产生超孔隙水压力的大小、循环应变和由此产生的位移以及土体的永久（残余）应变；而黏土在循环荷载作用下的响应通常包括不排水抗剪强度的弱化程度、超孔隙水压力的产生及消散过程、循环刚度特性以及永久应变的累积。无论是在实验室还是现场，任何土体对循环荷载的响应均取决于循环荷载的加载方式、振幅和频率。

4.2.2 循环加载模式

波浪、风和风暴具有不规则的幅值和频率，然而在土的循环特性研究中，多采用恒定的加载幅值与频率，如图 4-17 所示。循环应力 τ_{cy} 和平均应力 τ_a 分别定义为循环应力幅值和循环荷载所施加应力的平均值。根据平均剪应力 τ_a 的大小可定义循环荷载的四种一般类型。

（1）"双向"循环加载：指应力–循环次数变化曲线与零应力轴相交，即应力值由负向正反复循环（图 4-18（a）和（b））；

（2）"单向"循环加载：指应力循环的范围不与零应力轴相交（图 4-18（c）和（d））；

（3）"对称"循环加载：双向加载的一种特殊情况，即平均应力为零的情况，也称为零平均应力循环加载（图 4-18（a））；

（4）"非对称"循环加载：指应力曲线在非零平均应力水平线上下循环，也被称为非零平均应力循环加载（图 4-18（b）、（c）和（d））。

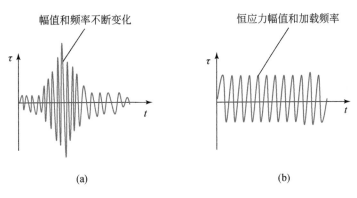

图 4-17　循环荷载幅值和频率

（a）典型风暴加载序列；（b）实验室循环加载试验

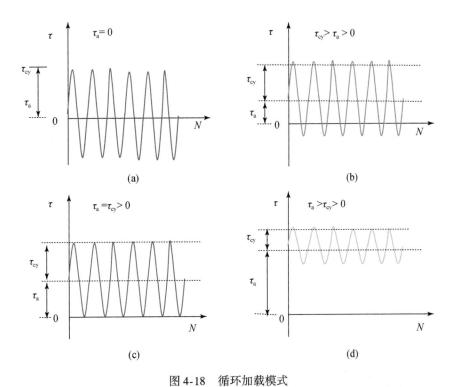

图 4-18　循环加载模式

（a）双向对称加载 $\tau_a=0$；（b）双向非对称加载 $\tau_a>0$；（c）单向加载 $\tau_a=\tau_{cy}$；（d）单向加载 $\tau_a>\tau_{cy}$

4.2.3　循环加载试验

虽然循环加载试验中通常将试验方案简化，即采用恒定的幅值和频率，但选用的循环剪应力与平均剪应力比 τ_{cy}/τ_a 和频率应在大体上能够反映设计工况的实际条件。通常情况下，结合循环和单调试验中与土体强度有关的数据，可以插值得到适用于不同变化规律的循环荷载条件下的循环强度。循环加载试验通常在 0.05~0.1 Hz 的频率下进行，该频率是波浪载荷的典型频率。循环试验类型通常为三轴或单剪（SS），因为单剪试验试样所需材料比三轴试验少得多，因此可以针对较小深度范围内的土体，制备几乎均质的土样进行试验，这使得单剪试验逐渐成为更为常用的循环试验类型。

4.2.4　循环加载试验数据解析

分析土体单调和循环加载试验过程，有助于理解土体在循环荷载作用下的响应机理。

1. 海底砂土的不排水静单剪试验

图 4-19 为来自海床的饱和钙质砂，在竖向固结应力 $\sigma'_{vc} = 75$ kPa 和水平固结应力 $\sigma'_{hc} = 30$ kPa 作用下，各向异性固结不排水（CAU）单调单剪试验的结果。试验的剪切阶段，保持总竖向应力 σ_v 不变，对试样施加剪应力直到试验结束。在这种情况下，试样没有达到破坏，当剪应力达到 150 kPa 时试验停止。在剪切过程中，起初土体收缩、超静孔隙水压力 u_e 增大，导致有效竖向应力 σ'_v 降低。超静孔隙水压力在达到最大值后开始减小，意味着土体有剪胀趋势，有效应力开始增大。区分土体剪胀和剪缩的过渡点称为相位转换点（PT）。在相位转换之后，应力路径以近似恒定的应力比 τ/σ'_v 发展，这个应力路径有时被称为临界状态线（CSL），因为其应力比与 CSL 相似，但这实际上不是 CSL 线——只是 CSL 线在 (τ, σ') 空间中的投影。如果试验继续进行，直到超孔隙压力和剪应力不再发生变化，即在 (σ'_v, τ) 和 (γ, τ) 平面上形成一个稳定值，这就意味着土体达到了临界状态。临界状态是指在应力和体积不发生变化的情况下，剪切变形持续发展。土体在初始剪切阶段刚度相对较大（剪切模量 $G = \mathrm{d}\tau/\mathrm{d}\gamma$），紧接着刚度显著降低，并在相位转换之后逐渐形成一个稳定值。

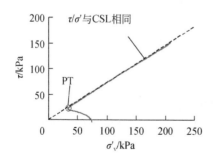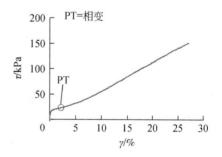

图 4-19　海底砂土各向异性固结不排水（CAU）单调单剪试验结果

$\sigma'_{vc} = 75$ kPa，$\sigma'_{hc} = 30$ kPa（Mao and Fahey，2003）

2. 海底砂土的不排水循环单剪试验

图 4-20 为饱和砂土的 CAU 循环单剪试验结果，试验采用的砂土类型以及竖向和水平固结应力与前述单调加载试验相同。试验中采用双向对称循环加载，循环剪应力幅值为 $\tau_{cy}=15$ kPa，该值远低于在单调试验中引起土样破坏的剪应力。与单调加载试验相同，循环加载试验中总竖向应力保持不变，同时记录循环加载引起的孔隙水压力 u_e 和有效竖向应力 σ'_v 的变化。从初始竖向有效应力状态（$\sigma'_v=75$ kPa）开始分析 $\tau\text{-}\sigma'_v$ 关系曲线，可以看出循环试验的第一部分与单调试验的第一阶段相似，即当试样剪缩时产生正的超静孔隙水压力从而导致竖向有效应力降低。随着剪切的继续，剪应力达到 15 kPa，然后降低至 −15 kPa，并在此振幅下继续循环剪切。与单调试验中超静孔隙水压力先增大后减小不同，循环试验中的超静孔隙水压力随着加载频次的增加而不断累积。最终，循环周期中点处的超孔隙水压力等于所施加的总竖向应力，导致竖向有效应力 σ'_v 变为 0。有效应力首次降为 0 的时刻称为"初始液化"。但应当注意的是，初始液化后，试样在剪切时有剪胀的趋势（超孔隙水压力减小），因此形成了蝶形的应力路径和（γ，τ）空间中的 S 形循环曲线。

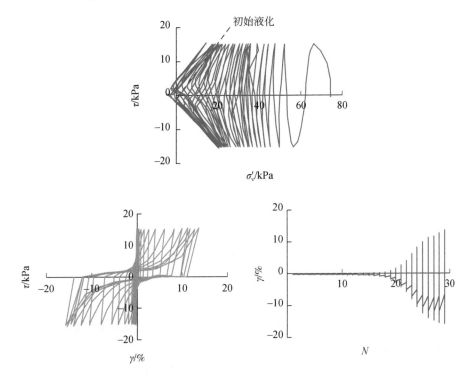

图 4-20　海底砂土各向异性固结不排水（CAU）循环单剪试验结果
$\sigma'_{vc}=75$ kPa，$\sigma'_{hc}=30$ kPa，$\tau_{cy}=15$ kPa（Mao，2000）

循环荷载作用下引起的土体破坏并不一定与初始液化相对应，而通常是以预先假定的剪应变大小来定义的，该剪应变值通常小于液化发生时的剪应变。例如，极限总剪应变

（即永久剪应变 + 循环剪应变）达到 15% 时通常认为土体破坏，尽管正常使用极限状态的设计可能需要采用更小的剪应变值。剪应力 τ 与剪应变 γ 的关系图表明，剪应变最初以非常缓慢的速度累积，在原点附近表现为陡峭的滞回圈。在第 20 个周期左右（如 $\tau\text{-}\sigma'_v$ 图所示），初始液化发生，此时土体剪应变迅速增大，刚度迅速减小。

3. 循环剪应力 τ_{cy} 的影响

图 4-21 所示为与前述相同的海底砂土在两种不同的循环剪应力比（$\tau_{cy}/\sigma'_v = 0.23$ 和 0.33）条件下，进行的各向同性固结不排水（CIU）循环单剪的试验结果。两组试验土体的整体响应是相似的。与前述的 CAU SS 试验相同，试验初期超静孔隙水压力迅速增加，接着增加速率减缓，最终达到施加的竖向总应力值引起土体液化。土体的剪应变首先以非常缓慢的速率增加直至初始液化的发生，此时土体失去了抗剪强度，剪应变迅速增加。两组试验的显著差别在于其引起破坏所需的循环次数 N_f。对于 $\tau_{cy}/\sigma'_v = 0.23$ 时，N_f 约等于 100，而当 $\tau_{cy}/\sigma'_v = 0.33$ 时，N_f 约等于 7。

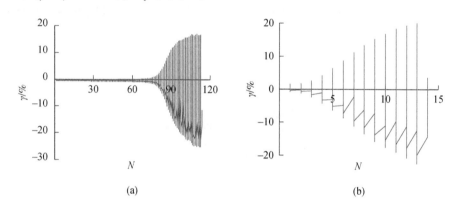

图 4-21　海底砂土各向同性固结不排水（CIU）循环单剪试验结果对比（Mao，2000）

（a）$\tau_{cy}/\sigma'_{vc} = 0.23$；（b）$\tau_{cy}/\sigma'_{vc} = 0.33$

4.2.5　循环等值线图

循环等值线图用于定义在循环 N 次之后产生剪应变 γ 所对应的循环剪应力 τ_{cy} 的大小。一般利用固结应力或单调荷载作用下的抗剪强度对循环剪应力进行归一化处理，即 τ_{cy}/σ'_{vc} 或 τ_{cy}/s_{uss}。循环加载试验（三轴或单剪）的结果可以用于构建以应变和孔压等值线表征的循环等值线图，并用于设计。

1. 应变等值线图

图 4-22 是由 1 组不排水单调单剪试验和 4 组不排水对称循环单剪试验结果构建的应变等值线图，其中循环剪应力 τ_{cy} 分别取单调不排水抗剪强度（s_{uss}）的 80%、60%、40% 和

28%。每个循环试验中，达到 0.2%、0.5%、1%、2%、5% 和 15% 剪应变的循环次数可从剪切应变发展曲线图（N-γ）读出。然后在（N-τ_{cy}/s_{uss}）空间中找到对应的点，并将每个剪应变相同的点连接起来，便可以得到剪应变的等值线图。通过该图，可以确定任意 τ_{cy}/s_{uss} 情况下达到某一剪应变值所需的循环次数。以图 4-22 为例，若定义试样达到 15% 的剪应变时破坏，则对于循环剪应力为 $0.5s_{uss}$ 的试样，需要约 200 次循环。

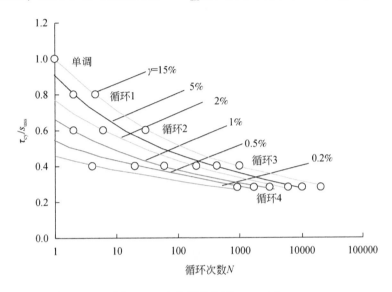

图 4-22　应变等值线图（$\tau_a = 0$）

正常情况下单凭直觉便可以判断土体的强度将随着循环荷载的作用而降低。然而，由于大多数土体的抗剪强度具有应变速率相关性，因此循环次数较少时土体的循环强度 τ_{cy}/s_{uss} 可能会大于单调荷载作用下的强度。在剪切速率较低的单调加载试验（典型值为每小时 1%~5%）得到的强度可能会低于加载速率较快的循环荷载试验（循环周期 10~20s）得到的强度。因此，循环加载过程中土体破坏所需的时间要比单调加载试验小约三个数量级。对于黏土，应变速率增加一个数量级，抗剪强度约增加 10%，因此循环试验中黏土的抗剪强度可能会比静态剪切高 30%。

2. 孔压等值线图

为评价结构服役期间土体液化的可能性，可采用超孔压作为指标。循环荷载作用下产生的超孔压的大小可表示为循环次数的函数。构建孔压等值线图的方法与前面介绍的应变等值线图相同。通过一系列的循环荷载试验，可以确定产生一定孔压比（通常采用竖向固结应力对孔压进行归一化处理，即 u_c/σ'_{vc}）所需要的循环次数 N，将这些数据点连接便可得到不同孔压比的等值线（图 4-23）。

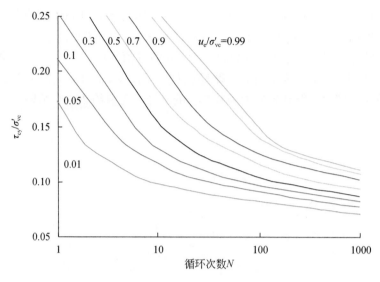

图 4-23 孔压等值线图（$\tau_a = 0$）

4.2.6 剪应变或超孔压累积计算步骤

风暴期间，波浪高度的变化会引起应力的变化，往往开始时较小，然后逐渐增加到最大，接着再减小。因此，与室内试验不同，风暴造成的循环荷载的大小并不是保持不变的，而是随着风暴的消长减小或增大。相比于直接模拟整个荷载序列，海洋工程设计中经常将整个荷载序列等效为一定循环次数的峰值荷载，以此评价整个荷载序列造成的累积破坏，剪应变或超孔压等值线图是确定等效循环次数的基础。

表 4-1 罗列了一组由不同波高（表示为最大波高比 h/h_{max}）组成的模拟风暴，同时还包括了不同波高对应的循环剪应力比（τ_{cy}/σ'_{vc}）（Andersen et al.，1992）。基于表 4-1 定义的风暴，图 4-24 展示了确定超孔隙水压力累积过程及定义"等效"循环次数的步骤。

表 4-1 模拟风暴（Andersen et al.，1992）

次数	h/h_{max} /%	τ_{cy}/σ'_{vc}
1	100	0.200
2	95	0.190
4	86	0.172
15	70	0.140
30	61	0.122
50	49	0.098
400	40	0.080
700	33	0.066

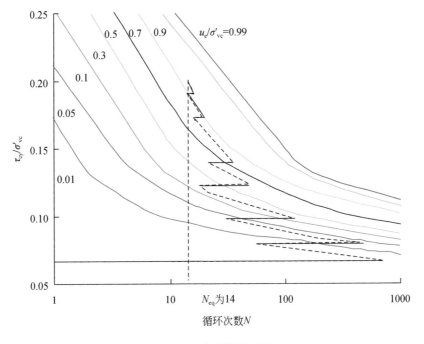

图 4-24　孔压累积过程

从最小（或频率最高）的荷载水平开始，通过绘制相应 $\tau_{\text{cyc}}/\sigma'_{\text{vc}}$ 值和循环次数在等值线图中的数据点，估算该循环应力作用下的超孔压比。接着将数据点沿着该超孔压比对应的等值曲线（平行于最靠近的实际等值曲线）移动，以达到风暴荷载序列中下一个更高的循环剪应力水平所对应的位置；该位置表示在当前循环剪应力水平下的等效循环次数，其造成的破坏等同于在较低应力水平条件下经过更多次循环所造成的破坏。重复以上步骤，但每一阶段的终点均在当前等效循环次数（由前续阶段推导得出）的基础上添加新的循环剪应力水平对应的循环次数。达到最大设计荷载水平时，结束上述步骤。这个过程的终点代表了该设计荷载水平在特定风暴序列条件下的等效循环次数。等效循环次数一般在 10～20 之间。对于图 4-24 中的示例，等效循环次数 N_{eq} 约为 14，即最大波高（表 4-1）循环作用约 14 次造成的超孔压比与整个波群作用下产生的超孔压比相同。

4.2.7　循环应力–应变曲线

由应变等值线图（图 4-22）可确定 N 个周期内达到剪切应变 γ 所需要的应力比 $\tau_{\text{cy}}/s_{\text{uss},c,e}$（或 $\tau_{\text{cy}}/\sigma'_{\text{vc}}$），由此可建立循环应力–应变曲线图（图 4-25）。循环剪切模量 G_{cy} 可由应力–应变曲线的切线斜率 $\mathrm{d}\tau_{\text{cy}}/\mathrm{d}\gamma_{\text{cy}}$ 确定。

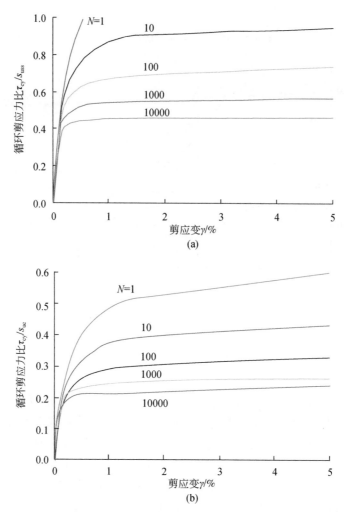

图 4-25　不同循环次数情况下的循环应力–应变曲线图（Andersen，2004）

（a）单剪试验；（b）正常固结 Drammen 黏土的三轴压缩试验

4.2.8　非对称循环加载

前述章节中描述的应变等值线和孔压等值线图是基于对称循环加载试验构建的，即平均应力 τ_a 为 0 的双向循环加载。实际工程中，结构物下方的土体应力条件在静荷载和循环荷载共同作用下更为复杂，应考虑平均剪应力对土体循环加载响应的影响。图 4-26 描述了在非对称平均剪应力和循环剪应力共同作用下，土体单元的应变和孔压随时间的变化过程。当平均剪应力增大 $\Delta\tau_a$，土体的平均剪应变增大 $\Delta\gamma_a$，平均孔压升高 Δu_a。循环剪应力 τ_{cy} 会引起随循环次数逐渐增大的循环剪应变 γ_{cy} 和平均剪应变 γ_a 以及循环孔压 u_{cy} 和平均孔压 u_a。

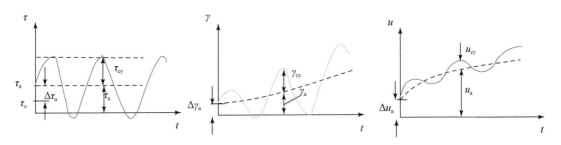

图 4-26　非对称循环加载过程中剪应变和孔隙水压力的变化规律（Andersen, 2009）

图 4-27 是某一种钙质淤泥 4 组循环单剪试验的数据。试样在 $\sigma'_{vc}=150$ kPa, $\sigma'_{hc}=60$ kPa 条件下固结，并在不同平均应力条件下进行剪切试验：① $\tau_a=0$；② $\tau_a<\tau_{cy}$；③ $\tau_a=\tau_{cy}$；④ $\tau_a>\tau_{cy}$（即图 4-18 所示的应力条件）。4 组试验的共同特征为初始阶段孔压迅速发展，随后趋于稳定，但其应力–应变曲线和剪应变的变化过程存在显著差异。对于对称循环加载试验（试验 1），剪应变也是对称发展的（即平均剪应变 γ_a 接近 0），因此只有当循环抗剪强度降低时，才会出现稳定性问题。随着平均剪应力 τ_a 的增大，平均（或塑性）剪应变 γ_a 增大，循环剪应变 γ_{cy} 减小。试验 2 中，采用较小 τ_a，虽然循环剪应变 γ_{cy} 有所减小，但是平均剪应变在循环过程中逐渐累积。试验 3 中，在较高的平均剪应变下进行循环加载，循环剪应变 γ_{cy} 持续减小，但产生了更大的平均剪应变。相比于循环荷载下抗剪强度的降低，在此条件下，累积应变可能成为主导土体稳定性问题的主要因素。试验 4 中，$\tau_a>\tau_{cy}$，总剪应变几乎完全由平均剪应变 γ_a 构成，引起的循环剪应变 γ_{cy} 几乎可以忽略不计。不同加载方式下土体响应的变化如图 4-27 所示，可见在室内试验中选择合适的循环

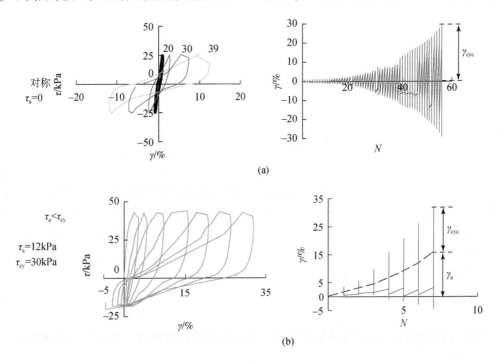

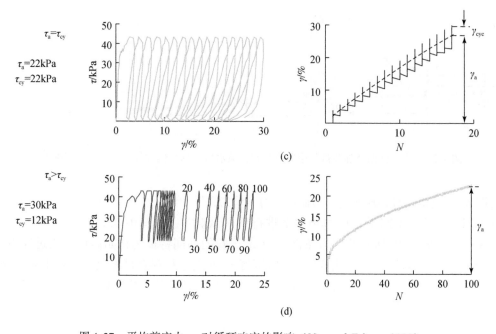

图 4-27　平均剪应力 τ_{av} 对循环响应的影响（Mao and Fahey，2003）

（a）试验1：$\tau_a = 0$；（b）试验2：$\tau_a < \tau_{cy}$；（c）试验3：$\tau_a = \tau_{cy}$；（d）试验4：$\tau_a > \tau_{cy}$

应力条件对于确定设计参数十分重要。

4.2.9　循环加载条件下的土体破坏

本节主要利用挪威岩土工程研究所（NGI）的 Drammen 黏土数据库中的数据，说明非对称循环试验数据的不同表示方法。循环剪应变 γ_{cy} 过大，平均剪应变 γ_a 过大或两者的组合过大都会造成循环加载作用下的土体破坏，这主要取决于循环剪应力 τ_{cy} 和平均剪应力 τ_a 的组合模式。三轴或单剪试验中，不同平均剪应力和循环剪应力组合条件下土体破坏所需循环次数，以及由平均剪应变或循环剪应变定义的土体破坏模式，如图 4-28（a）所示。图中一个点代表一次试验，点旁边的数字表示破坏所需的循环次数以及破坏时的平均剪应变和循环剪应变。在这个例子中，当循环剪应变 γ_{cy} 或平均剪应变 γ_a 达到 15% 时，定义土体发生破坏。不同的 τ_a 和 τ_{cy} 组合形式造成土体破坏所需的循环次数不同，对试验结果进行插值和外推可以构建如图 4-28（b）的曲线。由破坏时的平均剪应变和循环剪应变定义的土体破坏模式通过曲线上的符号标明。图 4-28（c）所示为通过固结应力 σ'_{vc} 对横坐标 τ_a 和纵坐标 τ_{cy} 进行归一化处理后，土体破坏所需循环次数的等值线图。虽然图 4-28 采用的是单剪试验数据，但是该方法同样适用于三轴试验数据。

循环抗剪强度

循环抗剪强度定义为在循环加载下土体能够承受的峰值应力，其值为土体破坏时平均

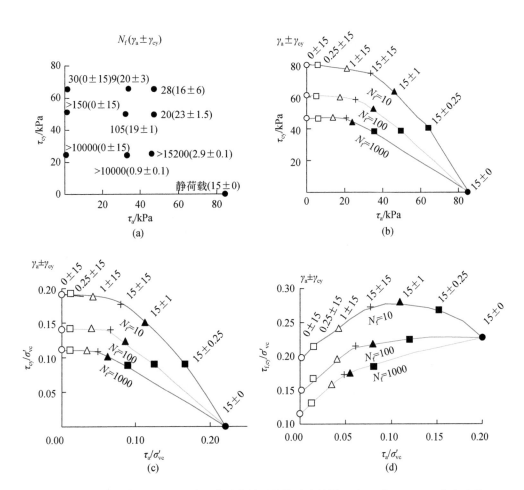

图 4-28　正常固结 Drammen 黏土非对称循环单剪试验结果（由 γ_a 或 γ_{cy} = 15% 定义土体破坏时的循环次数）（Andersen，2004，2009）

（a）试验数据；（b）基于试验数据得到的内插曲线；（c）利用固结应力进行归一化的试验结果；（d）循环抗剪强度

剪应力和循环剪应力的和：

$$\tau_{f,cy} = (\tau_a + \tau_{cy})_f \tag{4-27}$$

循环抗剪强度并不是一个材料常数，而是取决于平均剪应力和循环剪应力的组合形式、循环加载历史（循环次数）以及应力路径（单剪或三轴）。循环抗剪强度可以根据图 4-28（c）所示的归一化"平均剪应力-循环剪应力"关系图，通过将选定组合条件下的平均剪应力和循环剪应力相加计算得到。根据循环抗剪强度对剪应力的关系重绘的图像如图 4-28（d）所示。图 4-28（d）的结果表明循环抗剪强度和破坏模式取决于平均剪应力 τ_a 的大小和循环次数 N。循环抗剪强度和破坏模式与试验类型有关，例如单剪或三轴。对于三轴试验，拉伸和压缩的循环抗剪强度不同。循环三轴压缩试验中，土体破坏时的平均剪应变 $\gamma_a > 0$；而循环拉伸试验中，土体破坏时 $\gamma_a < 0$。Andersen（2004，2009）绘制了不同类型室内试验得到的上述形式的图表。

4.2.10 循环加载下的土体变形

循环加载导致土体产生塑性剪应变以及孔隙水压力的累积消散，从而造成了土体变形。因此，确定循环荷载作用下应力-应变和应力-孔压关系是计算循环加载产生的土体位移的前提。

1. 应力-应变关系

如前文所述，循环剪应变 γ_{cy} 和平均剪应变 γ_a 取决于循环剪应力 τ_{cy} 和平均剪应力 τ_a 的组合形式。图4-29（a）表示为单剪试验中循环10次后的平均剪应变和循环剪应变，及其与平均剪应力和循环剪应力的关系。图中一个点表示一组试验，每个点旁边的数字表示10次循环后平均剪应变和循环剪应变的测量值（$\gamma_a \pm \gamma_{cy}$）。将这些数据进行合理的插值和外推从而得到平均剪应变和循环剪应变的等值线图（图4-29（b））。图中实线表示循环剪应变 γ_{cy}，虚线表示平均剪应变 γ_a。利用单调单剪试验得到的抗剪强度 s_{uss} 对 N 次循环后的剪应力进行归一化，可以将图4-29（b）所示的应力-应变关系转化为一般形式，即图4-29（c）。此外，还可以选择竖向有效固结应力 σ'_{vc} 对剪应力进行归一化。

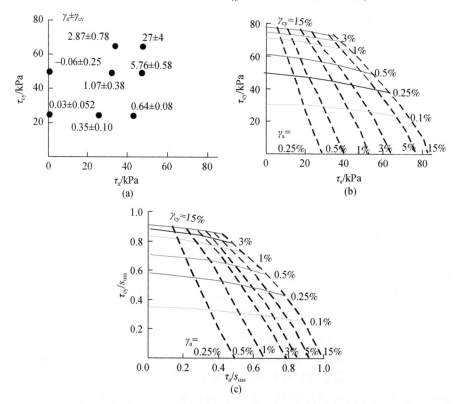

图4-29 单剪试验中正常固结 Drammen 黏土循环10次后的应力-应变响应（Andersen，2004）
（a）试验数据；（b）基于试验数据得到的插值曲线；（c）利用静单剪强度进行归一化的试验结果

如果给定平均剪应力 τ_a，则可以绘制循环剪应变 γ_{cy} 随循环次数变化的应变等值线图，例如图 4-22 所示的对称循环加载下的应变等值线图。同样地，如图 4-25 所示，若给定平均剪应力 τ_a，则可以根据应变等值线图绘制循环应力–应变曲线。将循环应力–应变曲线上的应力–应变关系作为土体的本构模型，则可以通过数值分析预测循环荷载作用下的土体位移。如果不需要精确预测，则可以采用恒定的土体模量（最优估计值），基于理论解对土体变形进行初步评估。

2. 应力–孔压关系

不排水条件下循环加载产生的永久孔压的大小取决于平均剪应力和循环剪应力的组合形式、循环次数以及试验类型，这些因素的影响规律与它们对应力–应变响应的影响规律类似。因此，采用与上述剪应变等值线图（图 4-29（c））相同的作图方式表示应力–孔压响应是非常有用的。图 4-30 展示了循环单剪试验中，经静抗剪强度归一化后的永久超孔压 u_p 与 10 次循环后的平均剪应力和循环剪应力的关系曲线。与前述构建剪应变曲线的方法相同，孔压曲线也是采用多组独立试验的数据绘制而成的。给定平均剪应力 τ_a 则可以绘制孔压比 u_p/σ'_{vc} 随循环次数变化的孔压等值线图，例如图 4-23 所示的对称循环加载条件下的孔压等值线图。

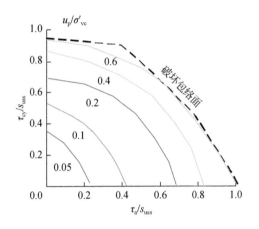

图 4-30　单剪试验中正常固结 Drammen 黏土循环 10 次后的归一化永久孔压比（Andersen，2004）

由于黏土试样中应力分布并不均匀，且达到孔压平衡所需的时间过长，因此循环试验中高精度测量黏土试样的孔压是较为困难的。除此之外，还需要考虑孔压测量系统对试样刚度的影响。尽管如此，只要细心保障高质量的测量，就可以获得相对准确的永久孔压值。

4.2.11　循环加载试验数据库

对于某一类土，绘制其完整的循环响应图需要建立一个包含大量室内试验的试验方案。尽管如此，几乎没有海上项目能够进行足够数量的试验。这是因为试验方案必须考虑纵向上不同深度（不同地层）和横向上可能跨越数平方千米的区域。在过去三十年里，海洋工程相关行业已经搜集整理了大量的数据。现在，通过开展有限数量的试验，并将这些试验结果与标准数据库对比，就能够为调整土体循环破坏等值线图提供依据，从而有利于最小化新项目测试方案的工作量。挪威岩土工程研究所（NGI）以 Drammen 黏土数据库（Andersen et al.，1980，2009）为基础，已建成了世界上最大的单剪和三轴试验的黏土循环响应数据库，并随后增加了各种其他的海洋黏土（Andersen，2004）。将几种海洋黏土的循环单剪试验结果整理归纳如图 4-31 所示，图中给出了经过 10 次循环即可造成土体破坏的（$\gamma = 15\%$）循环剪应力 τ_{cy} 和平均剪应力 τ_a 组合，并利用静单剪强度 s_{uss} 进行归一化处理。其中，高塑性黏土表现出了更强的应变速率相关性，因此表现出更高的循环抗剪强度，低塑性黏土的性质则与之相反。在单剪条件下，所有黏土的循环抗剪强度包络线具有明显的一致性，唯一的例外是 Storebaelt 黏土这一极端例子，其塑性指数仅为 7% ~ 12%。

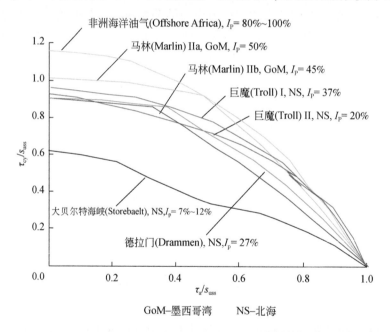

图 4-31 经过 $N_f = 10$ 次循环后破坏的海洋黏土（OCR = 1）循环单剪试验数据（Andersen，2004）

第5章 桩 基 础

5.1 概 述

5.1.1 前言

本章涉及桩基础内容。首先介绍桩基础并且阐述不同桩型的施工方法。在考虑安装过程中土体特性的基础上，提出了预测轴向承载力的设计方法。随后将分析扩展到全轴向荷载–沉降响应。最后，对水平荷载作用下的桩基础进行分析。

桩基础的设计方法平衡了设计与需求间的矛盾：(a) 考虑到桩基础在安装和加载过程中发生的复杂过程；(b) 利用岩土工程原位勘察获得的有限信息进行设计。

尽管近期的研究提高了人们对桩体性质的理解，但大多数评估桩的轴向承载力或水平承载力的方法仍是根据经验进行的。在本书中，利用由桩安装和加载引起的应力变化的最新数据，解释和评估用于估算桩的强度与刚度的经验方法。这类应力变化过于复杂，无法在常规设计中精确建模。然而，如果不了解根本的控制机理，就不能依赖经验方法。

5.1.2 桩基础的海上应用

在软土覆盖表层和高水平荷载存在的情况下（这会导致表层地基滑动），深桩基础比浅基础更适用。对于某一特定场地，可施工的桩基础类型取决于岩土工程条件。海上桩基础的直径从井口隔水套管的 0.76 m 到大型单桩基础的 4 m 以上不等，其中典型的直径与壁厚之比为 25 ~ 100。

打入钢管桩是支撑海上钢结构平台的传统方法。通常，小型导管架结构在平台的每个角都有一根桩，与导管架的主要结构构件对齐。中型导管架可能包括"裙桩"——位于矩形导管架结构的长边上，主体平台可能在每个角处包含一组桩。例如，在澳大利亚附近的西北大陆架上，North Rankin A（以下简称 NRA）平台的四个角各设 8 根桩（图5-1），而附近的 Goodwyn A 平台的每个角各设置 5 桩。

如果能减少支撑导管架的桩的个数，就能显著节省成本。较低的制造和安装成本（加上相应的项目节省的时间成本）使得优化设计更有价值。

然而，由于难以提供额外的地基承载力，任何对桩基承载力的过高估计的代价都是昂贵的。在 1982 年 Woodside 的 NRA 平台建设中，人们发现打入预制桩的轴向承载力大大低

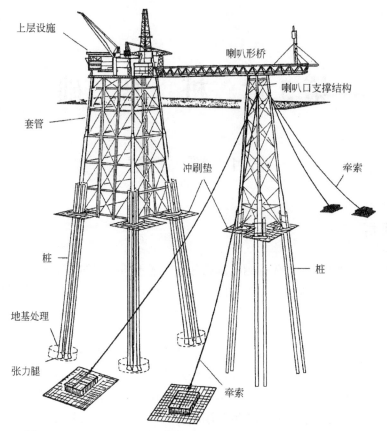

图 5-1　North Rankin A 桩基础布设图（Woodside Petroleum, 1988）

于运用传统设计方法的估算值。先前世界范围的设计经验主要适用于硅质砂和澳大利亚近海发现的不稳定钙质砂。

　　NRA 平台最初没有通过长回程风暴的认证，当飓风接近时，Woodside 就会弃用该平台。经过耗资 3.4 亿澳元（按 1988 年价格计算）的修复工作后，该平台于 1988 年 2 月获得全面认证（Jewell and Khorshid, 1988）。

　　为了应对钙质砂承载力低的情况，采用了钻孔灌注桩的替代方案——钻孔后将钢管桩灌入孔内。这是一个耗时的（因此成本高昂的）过程。另一种方法是先打桩，然后沿井筒面压力灌浆（灌浆打入桩），这种方法经济性较好，但由于灌浆覆盖不容易监测，该方法存在质量控制问题。

　　桩也可用作锚定浮式结构，如系泊张力腿平台。在这种情况下，桩承受竖直向上的上拔荷载。1982 年，人们在北海的 Hutton 油田安装了第一个张力腿平台，该平台由打入的预制桩支撑（Tetlow and Leece, 1982）（图 5-2）。在 TLP 结构每个角下对应的海床位置都埋置了基础底座。基础底座使固定在平台上的 4 根预应力筋与 8 根深 58 m 的桩连接在一起。TLP 的现代设计使用更简单的海底布放方式，每根预应力筋直接连接一根桩（Digre et al., 1999）。

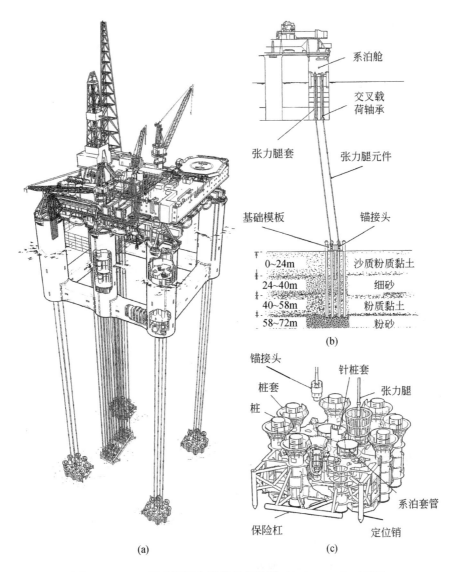

系泊舱

交叉载荷轴承

张力腿套

张力腿元件

基础模板

锚接头

0~24m		沙质粉质黏土
24~40m		细砂
40~58m		粉质黏土
58~72m		粉砂

(b)

锚接头

针桩套

桩套

张力腿

桩

系泊套管

保险杠

定位销

(a)　　　　　　　　　(c)

图 5-2　Hutton 张力腿平台桩基础布设图（Tetlow et al., 1983）

　　此外，桩使用悬链线或紧绷式锚索来锚定浮式生产船；在这种情况下，桩处于准水平或成角度的荷载作用下。在浅水区，在风平浪静的情况下，会有一段锚链在海床上，海床的摩擦阻力抵抗着锚泊荷载；在风暴荷载作用下，锚链对锚桩施加单向水平循环荷载。锚链可连接到土体表面的锚桩上，也可通过嵌入式锚眼连接从而提高布放效率。在深水中，通常采用紧绷式锚泊方法，锚线与水平呈 35° 或更陡。图 5-3 展示了典型锚桩系泊装置。

　　桩在海上的另一个应用是支撑风电机组。在这种情况下，设计荷载以倾覆弯矩为主，因此桩身短而粗，并且有大桩径以提供足够的横向刚度。北海已经安装了直径达 4 m 的钢管单桩"monopiles"来支撑风电机组。

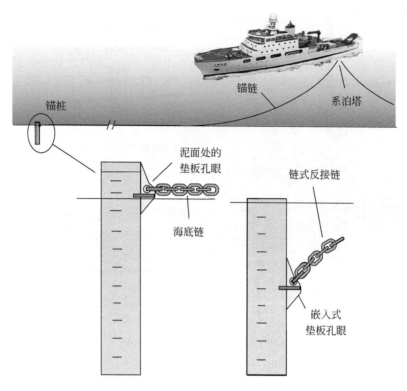

图 5-3 锚泊系统横向加载锚桩

5.1.3 桩基础设计原理

桩基础的设计必须考虑到与系统安装和性能相关的一切方面。图 5-4 总结了桩基础可能需要考虑的主要方面以及其基本分析工具。

对于任何给定的项目，岩土工程设计过程将包括：①评估场地特征和设计条件；②罗列设计基础的每个方面，并将其适当地分组。例如：

（1）安装（打桩可行性、钻孔稳定性、注浆）；

（2）轴向循环载荷下的轴向承载力和性能；

（3）水平循环荷载作用下的水平承载力和性能；

（4）群桩效应（导致整体基础刚度变化）；

（5）其他因素（地震响应、局部海床稳定性和冲刷作用）。

桩基础的设计应保证桩能可靠地安装或打入到目标贯入位置，使基础具有足够的刚度和强度来抵抗设计荷载。基础应尽量减少桩的数量和长度，以节省成本（因此所需的物料较少，施工时间较短）。

在某些方面，桩的设计类似于浅基础设计。和浅基础相同，桩基础强度通常与黏土的不排水强度和砂土的内摩擦角或锥尖阻力有关，尽管基于锥尖阻力的任何土体中的桩基设

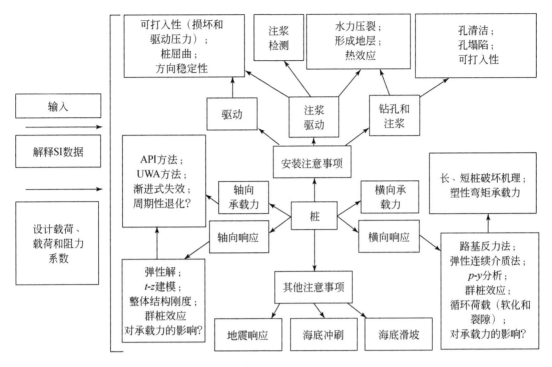

图 5-4 桩基础设计

计方法呈增长趋势。此外，桩基础刚度由有效土体刚度计算弹性解得到。然而，桩基础与浅基础的区别在于：

（1）对于桩而言，土体强度与地基承载力之间的联系分析更多依靠经验。这在一定程度上是由于桩的破坏机理，尤其是在基座处，无法通过解析解获得。此外，还由于安装过程中，土的特性和应力状态经常发生改变。

（2）考虑到土体的非线性响应和分层，桩的强度和刚度分析很少能以闭合形式进行，由于分层土土性的变化，往往需要进行数值求解。

与浅基础相比，由于桩基础与复合荷载之间的相互作用并不显著，桩基础相对简单：水平荷载对竖向承载力没有显著的影响，反之亦然。这是因为桩的上部分承受水平荷载，桩的下部分承受竖向荷载，并且桩的下部分的应力和土体强度一般较高。

5.1.4 荷载、阻力和几何特征的符号表示

图 5-5 总结了用于描述桩的荷载、阻力组成以及桩的相关符号：

（1）外加荷载：对于浅基础，作用于桩顶的荷载分为竖向 V 分量和水平 H 分量。如果桩顶有固定荷载，或者水平荷载施加在桩身而不是在土体表面，也可能存在力矩荷载 M。最大荷载（极限承载力，破坏）用下标"ult"表示。

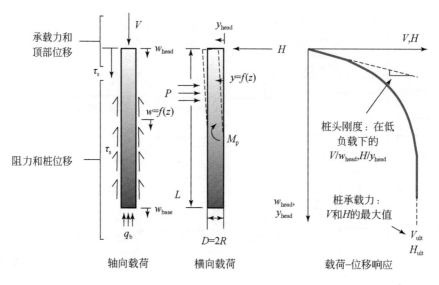

图 5-5　桩体响应命名

（2）位移和旋转：竖向位移用 w 表示，由于桩身受压而随桩长变化。水平位移记为 y，由于桩身弯曲，水平位移也随桩长变化。桩顶转动记为 θ。

（3）轴向阻力：轴向承载力包括桩侧摩阻力和端阻力。单位侧摩阻力（剪应力）记为 τ_s，单位端阻力（应力）记为 q_b。

（4）侧向阻力：桩的侧向承载力包括水平作用于桩身轴向的法向应力和切向应力。这些应力在桩周以一种复杂的方式变化，在设计中合成为对桩单位长度的力，可作为一个沿桩长度变化的分布荷载。最终值用 P_{ult} 表示。注意，P 不是应力（因此用大写字母表示）。

（5）桩的抗弯强度或塑性弯矩承载力记为 M_p：如果（a）超过土的极限水平反力（"岩土工程意义上的破坏"），且桩体为（理论上的）刚体破坏，或（b）桩体弯曲破坏（结构破坏），则桩会发生侧向破坏。

5.2　桩的类型

5.2.1　桩型的设计考虑

本节描述了两种类型的海上桩基础：传统的打入钢管桩和灌注桩（虽然也提出了灌注打入桩的混合形式，但通常采用钻孔灌浆）。打入桩在世界范围内更为普遍，因此本章对其详细介绍。灌注桩在胶结沉积物和岩石条件下很受青睐，因此在澳大利亚近海和中东地区的一些环境下被采用。本章简要介绍这两类桩的设计方法。

5.2.2 打入钢管桩

开口钢管桩是目前最常见的海上平台基础，是挤土桩的一种：安装桩利用的是挤土而不是移动土。虽然以前蒸汽锤和柴油锤很常见，但它们只能在水面上工作，现在安装钢管桩使用的是可以在水下工作的液压锤。桩的长度通常可达 100 m，如有必要，可在安装过程中进行拼接。

为了支撑导管架结构，桩通过与导管架相连的桩套进行贯入。在浅水区，桩可以用安装在桩端（所谓的"从动件"）的水上锤打入。在深水中，接桩是不切实际的，只能使用水下液压锤。现代水下打桩锤的设计是通过导管架上的导桩架跟随桩头向下移动。在打入所需的深度后，桩被焊接或灌注至导管架支腿底部的桩套上。对于锚桩，在打桩过程中由海床上的临时框架提供支撑。

传统的桩是开口式的，土流入桩内形成"土塞"。想要在坚硬的土中降低打桩阻力，桩头附近通常采用加厚的壁（称为"靴"）来加固桩头。如果需要刚度更大的基础响应，则需使用焊接钢板或（对于较大的桩）锥形桩尖形成闭口桩，但这会增加打桩的阻力。该方法已用于巴西海岸可压缩钙质沉积物的场地，以便在适当位移下提供较高的端承力，同时具有附加效益，可以提高侧摩阻力（De Mello et al., 1989；De Mello and Galgoul，1992）。

这类桩的设计考虑因素与可打入性（特别是穿过胶结沉积物或致密砂层）（见第 5.4 节）、达到最大承载力所需的固结（或"预设"）时间有关。可打入性包括拒锤和桩端损坏。拒锤是由于阻力超过了锤击力而不能达到要求的穿透深度。如果桩端在打桩前或打桩过程中受到损坏，则桩端可能在打桩过程中发生屈曲和塌陷（Barbour and Erbrich，1995）。桩身形状的破坏可能降低承载力，也可能导致过早发生拒锤。Alm 等（2004）表示当后一种情况发生时，需要进行大量的补救工作。

打入桩的局限性包括存在胶结盖层时，可能会阻碍打入过程并破坏桩端。在可压缩和胶结的土中，如钙质砂中，打入桩的侧摩阻力可能很小。

5.2.3 钻孔灌注桩

钻孔灌注桩通常是将钢管桩插入大直径钻孔，并在钻孔中灌注水泥浆。除了使用钢管桩取代钢筋笼以外，这些桩与陆地钻孔桩类似。

在岩石（钢管桩无法打入）或钙质沉积物中（打入钢管桩只能提供较低的轴向承载力），钻孔灌注桩被用作钢管桩的替代品。因为钻孔灌注桩的施工周期较长，且在某些情况下需要使用初级钢管桩贯穿软弱上覆沉积物，所以其安装成本较高。

钻孔灌注桩的安装顺序如下（图5-6）：

（1）一个由标准钢桩构成的"初级"（浅层支护）桩，贯穿任何在钻孔过程中可能无法保持敞开的浅层软弱沉积物；

（2）采用旋转钻机从"初级"桩深度挖掘至所需桩端深度；

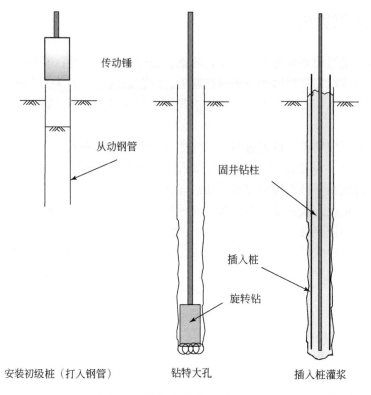

图 5-6　钻孔灌注桩的安装步骤

（3）将一根钢制"插入型"桩放入开挖好的孔洞中，通过位于钻孔底部的水泥管向钻孔与桩之间的空隙注入水泥浆。

由于施工过程中阶段较多，且施工周期较长，钻孔灌注桩的造价较高。如遇到施工问题，工期可能延误。必须考虑到钻孔灌注桩的设计细节：

（1）钻孔稳定性：如果钻孔可能发生坍塌，可采用钻孔泥浆提供支撑。然而，即使在注浆前用海水冲洗钻孔，这也会降低钻孔的摩擦系数。

（2）是否需要"初级"桩（以及桩的可打入性）。

（3）注浆作业。

（4）注浆水头（或注浆压力）：高压注浆或使用膨胀性砂浆可产生更高的水平应力，从而产生更大的桩侧摩阻；高注浆压力有助于确保插入桩周围的环形空隙被完全填满，并可以增加桩侧摩阻，但注浆压力过高会导致地层水力压裂。

（5）孔底清洁：如果软的钻屑落到钻孔底部，则桩端承载力发生折减。

灌浆打入桩（灌注打入桩）是钢管桩和灌注桩的结合体，目前已被提议用于钙质土（Rickman and Barthelemy，1988）。这项技术是沿着钢管桩的桩–土界面注入水泥浆。这样做的目的是将钢管桩的简单安装工艺与灌注桩的高桩身承载力相结合。这种方法类似于陆地上的后灌浆技术，但尚未应用于主要的海上项目。

在安装前，通过桩身注浆孔，将浆液在压力作用下灌入注浆管道。与钻孔灌注桩相比，由于其施工时间短，同时避免了塌孔问题，该技术具有明显的成本优势。

尽管该技术已经通过实验室和陆上中等模型试验（直径 0.9 m）进行了广泛研究，但尚未在海上使用过（Fahey et al., 1992；Gunasena et al., 1995；Randolph et al., 1996）。开发一种无损检测沿桩身浆液是否存在的方法，是该技术在现场使用的关键。

5.3 轴向承载力介绍

5.3.1 轴向承载力组成

桩的轴向强度或承载力 V_{ult} 是指会导致桩端破坏的荷载。从竖向受力平衡来看，它等于总极限侧摩阻力 Q_{sf} 加极限桩端阻力 Q_{bf} 减去桩的浮重 W'_{pile}（同样需要土体阻力来支持），由此得出：

$$V_{ulf} = Q_{sf} + Q_{bf} - W'_{pile} \tag{5-1}$$

在未胶结土体中，极限单位侧摩阻力 τ_{sf} 是破坏时作用在桩身上的水平有效应力 σ'_{hf} 和动摩擦系数（$\tan\delta$，其中 δ 是桩土摩擦角）的乘积，是库仑摩擦。将单位侧摩阻力在桩的表面进行积分，得到总的极限侧摩阻力。在计算中，将地层分为若干层。对每层的 τ_{sf} 随深度的变化进行评估。然后，通过求出每层的轴阻力之和来计算极限轴阻力：

$$Q_{sf} = \pi D \int_0^L \tau_{sf} dz = \pi D \int_0^L \sigma'_{hf} \tan\delta dz \tag{5-2}$$

在黏土中，通常使用与原位不排水强度有关的方法来评估侧摩阻力。τ_{sf} 和 s_u 之间没有直接的理论联系，这两个参数的比值受桩-土界面粗糙度（摩擦角）以及由桩安装过程中装载、重塑和固结过程引起的应力和土体强度变化的影响。由于这些效应不容易被量化，因此推导出一般形式表达简单相关性：

$$\tau_{sf} = \alpha s_u \tag{5-3}$$

必须认识到，为保证在设计中采用该经验参数的适当值，摩擦系数随软化和固结的基本机制而变化。它也随用于定义 s_u 的不排水强度的特定测试方法而变化。

在胶结土中，极限侧摩阻力可根据完整强度的某一比例（考虑到桩施工期间的干扰），通过锥体穿透阻力的相关性，或通过复制桩-土界面发生剪切时土体膨胀或收缩趋势的恒定法向刚度（CNS）直剪试验来估计（见第 3 章）。

极限桩端阻力 Q_{bf} 是桩端产生的最大应力 q_{bf} 乘以基底面积 A_b，得出：

$$Q_{bf} = \frac{\pi D^2}{4} q_{bf} \tag{5-4}$$

极限桩端阻力只能在桩沉降量很大后产生，对于可压缩钙质砂中的钻孔灌注桩，可能超过一个直径。这个沉降值可能不符合实际，因为在此之前，结构可能会遭受灾难性的破坏。因此，"极限"桩端阻力通常由容许沉降所产生的阻力来定义，例如桩直径的 10%（$D/10$）。

对于开口桩，通常通过作用在桩壁和土塞上的两个分量来估计桩端阻力。在允许的沉降范围内，桩壁上的阻力通常高于土塞上的阻力。这是因为当产生轴向荷载时，桩内的土体会压缩，导致土塞响应更符合要求。

式（5-2）~式（5-4）中 q_{bf} 和 τ_{sf}（或 σ'_{hf}）参数的估计具有挑战性。桩的安装和装载是一个引起桩周土从原位状态到破坏状态的复杂应力变化过程。如果一个设计方法在设计过程中依据其潜在机理（而不是完全依靠经验），那么设计出来的桩将更加稳固。

有必要仅根据原位调查中确定的桩安装前的现场条件，如现场应力和现场强度（s_u，φ，δ）或现场试验结果（如 CPT，q_c，f_s 等），估算安装和荷载效应的净结果。另外，还可以使用涉及简单室内试验（如塑性指数 I_p）的附加相关性，高级实验室试验可以提供有关循环表现的附加信息。

侧摩阻力受加载速率和加载循环的影响。因此，由环境条件（风、浪）引起的预期荷载循环次数和最大单次施加荷载是设计的必要信息。

5.3.2　管桩土塞

管桩的另一个考虑因素是土塞形成的可能性。可采用其他破坏机制：

（1）非土塞贯入：桩内土体保持静止"取心"；

（2）土塞贯入：土体随桩向下移动；

（3）部分土塞：土体向下移动，但比桩慢。

土塞程度由增量填充率（IFR）定义，如图 5-7 所示：

$$IFR = \frac{\delta h_p}{\delta L} \tag{5-5}$$

对于土塞贯入，IFR 为零；对于非土塞贯入（核心），IFR 等于 1。

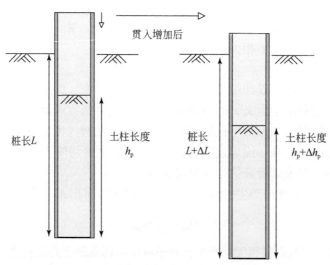

图 5-7　用于定义增量填充率的术语

计算开口管桩承载力时，应进行两种计算：一种考虑非土塞破坏，另一种考虑土塞破坏。图 5-8 显示了每个破坏机制必须克服的阻力的不同组成部分。阻力最小的机制将控制桩的承载力。

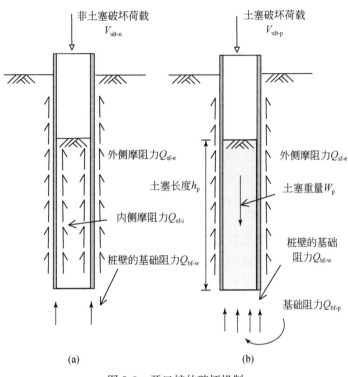

图 5-8 开口桩的破坏机制

（a）非土塞（$IFR=1$）；（b）土塞（$IFR=0$）

土塞效应很少在打桩时发生。桩通常以非土塞的形式打入，同时桩内的土体高度大致与地面高度一致。这是因为土体的惯性在打桩过程中产生了额外的阻力分量，因此非土塞贯入的阻力通常较低。然而，在静荷载作用下，桩通常会以土塞形式发生破坏。

当打桩过程中发生土塞时，通常是桩端会由强土层向弱土层贯入。此时，内侧摩阻力将很高（因为土柱为强土层），但基底阻力将很低（由于底部为弱土层）。当 $V_{ult-p} < V_{ult-u}$ 时，将发生土塞。图 5-8 中显示，土塞将在以下条件下发生（忽略惯性效应）：

$$Q_{sf-i} > Q_{bf-p} - W_p \qquad (5-6)$$

5.4 桩的可打入性和动态监测

打入桩的详细设计必须包括可打性研究，以评估将桩安装到设计深度所需的锤击能量，并指示是否可能打入失败。可打性研究可指导击锤的选择，并预测安装桩所需的预期锤击数。锤击能量可能超过 3000 kJ（例如，每 1 m 行程 300 吨）。

可打性研究还必须确保桩壁在桩和锤重量产生的组合静荷载（考虑到桩的任何弯曲）和打桩产生的动荷载作用下不会产生超应力。打桩过程也会引起疲劳，这对桩的疲劳承载力有很大的影响。可打入性评估表明了桩在安装过程中可承受锤击次数以及由此产生的应力循环。

可打入性分析包括两个阶段。首先，需要评估桩贯入一小段时的土体贯入阻力（SRD），直到目标桩体被埋置。其次，利用 SRD 的配置文件，采用数值方法对动态打入过程进行模拟。在可打入性评估中，同样的方法也可以用于评估桩静态承载力（见第 5.5节和第 5.6 节）。这些方法有时会被修改，以区别贯入与随后的静态加载的不同，虽然贯入阶段因为率效应加强了贯入阻力，但因软件中没有对应设置导致贯入阻力被忽略。

可采用软件对桩的动态打入过程进行模拟，将桩体离散为一个弹簧系统，并将土阻力作为弹簧滑块和黏滞阻尼器。使用最广泛的软件是 GRLWEAP（PDI2005）。

还应评估桩在自身重力（加上锤和所有随动件的重力）作用下的自贯入。在打桩之前，埋置可能不足以使桩实现自支撑，在此情况下，需要在海床上安装支撑架。在评估潜在的打桩困难时（如打入失败、自贯入不足和桩尖损坏），有必要使用土体强度的上限估计值。尽管由于桩内土体的惯性，打桩过程中通常以非土塞的方式贯入，但仍需谨慎考虑土塞和非土塞贯入的最坏情况。

大多数商用的可打入性分析软件并没有对开口桩的土塞进行明确建模，因此必须通过调整桩身摩擦剖面来估计土塞的影响。在砂和砾石中，桩尖附近会产生很高的内摩擦，这会导致很高的打桩阻力，甚至过早的打桩失败。

标准做法是监测桩安装过程中的锤击数，以验证打桩阻力与假定的 SRD 是否一致，从而验证设计中的静承载力可靠性。也常常进行应力波监测，以更详细地指明贯入过程中的动态土体阻力。应力波监测包括测量锤击过程中海床上方一个或多个点的应变和加速度。锤击作业会向桩体发送压缩波，当压缩波遇到土壤阻力时会发生反射。数值程序可对记录到的波进行反向分析，以评估阻力的分布。

拒锤的实际定义是贯入率低于 0.25m/250 次锤击。如果遇到拒锤或接近拒锤的情况，以这种缓慢的速度继续打桩可能会造成打桩锤的损坏，并且由于船舶的成本，安装桩体的总时间可能因费用高昂而不可行。

如果必须将桩分段焊接在一起，打桩过程中将不可避免地出现停顿，而且恶劣的天气或设备问题也可能导致延误。应考虑在这些时间段内部分安装的桩 SRD 增加的可能性。

5.5 黏土中钢管桩的承载力

5.5.1 黏土中钢管桩的安装和加载阶段

黏土中钢管桩的侧摩阻力取决于现场条件和安装过程中发生的复杂变化、超孔压消散以及随后的荷载。为了了解产生的侧摩阻力，黏土中钢管桩的生命周期可分为几个阶段（图 5-9）。每个阶段都将单独检查。在考虑这些阶段时，需要注意黏土的原位超固结比（OCR），因为这对最终承载力有影响。低 OCR 的软黏土在剪切时往往剪缩，而高 OCR 的硬黏土则倾向于剪胀。

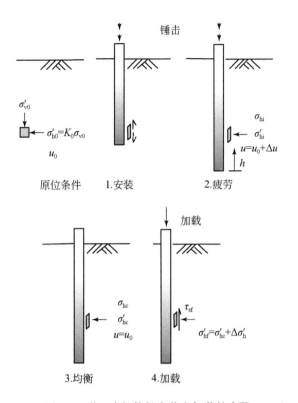

图 5-9　黏土中钢管桩安装和加载的步骤

图 5-9 中引入了以下符号，以区分不同阶段。

（1）下标 0：原位条件；

（2）下标 i：刚安装后；

（3）下标 c：平衡后——即当桩周围的任何多余孔隙压力都消散时（字母"c"源于固结，术语"平衡"用于强调土体不同区域在孔压消散过程中会发生固结或膨胀）；

（4）下标 f：失效，如前文所述。

原位静水孔压表示为 u_0，超孔隙压力（相对于静水孔压）表示为 Δu。距离 h 表示桩尖上方一个点的位置。

5.5.2　黏土中打入桩安装过程的应力变化

当桩打入黏土时，靠近桩的土体会在桩端穿过时受到高剪切应变。由于变形程度高，在轴的附近可能形成一个残余剪切面。这个过程通常被认为是不排水的（无体积变化）。在高渗透性的粉质黏土中，可能会发生排水，特别是在打入过程被中断的情况下。

为了容纳桩体，土体被挤开，总应力增加（$\sigma_{hi} > \sigma_{h0}$）。增幅取决于土体的不排水强度，通常为 4~6 s_u。

孔压也有变化。这主要由两种机制引起：一是总应力的增加，二是不排水剪切。由于该过程不排水，平均总应力增加不能通过平均有效应力变化来调节，因此极易产生超孔压。剪切过程也导致一小部分超孔压的产生。在软黏土中，由于软黏土具有剪缩性（排水趋势），因此易产生超孔压。而在硬黏土中，由于硬黏土具有剪胀性（吸水趋势），因此易产生负的超孔压。这两种效应的最终结果是，在安装期间和安装后不久，低水平有效应力（一般$<\sigma'_{h0}$）作用于软黏土中的桩，而较高值（一般$>\sigma'_{h0}$）作用于硬黏土中的桩。

安装过程中由于锤击而引起的桩身附近土体的循环剪切也影响着安装后的应力状态。循环剪切加速土体压缩，并降低了有效应力水平，第4章对土单元进行了讨论。

结果表明，安装后水平有效应力在桩端附近较低（h 值增大），这是因为它们在打桩过程中经历了更多的循环荷载。距离 h 对侧摩阻力的这种影响被称为"摩擦疲劳"（Heerema，1980）。

Lehane and Jardine（1994）在苏格兰（英国）Bothkennar 的软黏土中安装了一个小型模型桩，其原位数据很好地说明了上述机理。该地区黏土的不排水强度 s_u 为 15~25 kPa（随深度增加而增加），OCR 为 1~1.5，s_u/σ'_{v0} 为 0.3~0.5，这是典型的海洋软黏土。

图 5-10（a）显示了现场的原位水平应力和旁压仪极限压力随深度的分布图，以及在桩基和桩端上方两个高度处记录的总应力（$h/D=4，7$）。在安装过程中，σ_{hi} 超过 σ_{h0}，虽然只有约 100 kPa。由于摩擦疲劳，这些值随着 h 的增加而减小。虽然高的正超孔压非常明显（图 5-10（b）），但也随 h 减小。由此得到安装后的值 σ'_{hi} 低于 σ'_{h0}。

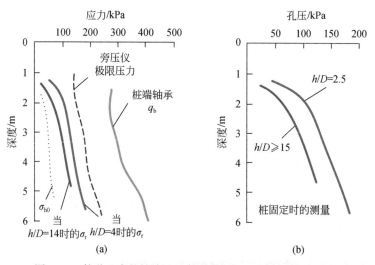

图 5-10　软黏土中的桩施工（据 Lehane and Jardine，1994a）

5.5.3　在黏土安装打入桩后的应力变化–平衡

安装后，桩周围存在超孔压场。在软黏土中，这些压力完全是正的。在非常硬的黏土中，在安装过程中，靠近桩轴的膨胀剪切最强，可能存在负孔压。然而，在剪切较少的远处，孔压为正值，以符合总应力的增加。

安装后，会存在一个平衡过程，在此过程中，超孔压消散。这个过程被称为"静置"，会导致作用于桩上的有效应力发生变化，从而导致有效侧摩阻力变化。在粉质黏土中，这些变化在打桩结束后的几分钟内（或在打桩暂停后）可能很明显。在渗透性较差的黏土中，达到平衡可能需要数月时间。

当正孔压消散时，水沿径向流出（沿着超孔压降低的方向），并且靠近桩身的土体随着含水率的降低而发生固结。同时，桩身的总应力减小（因为土在收缩远离桩身）。

在软黏土（初始 Δu 较高）中，σ'_h 显著增加。在硬黏土中，Δu 和 Δh 的变化通常是相当的，导致平衡过程中 σ'_h 的增加相对较小。在剪胀性强的土中，如严重超固结黏土和粉土，打桩后，有时会发现 σ'_h 降低。

孔压平衡过程包括总应力和孔压的变化。在一维固结试验中，施加的总应力保持不变，因此在孔压消散过程中，任何 Δu 的减少均由有效应力的等量增加和土样压缩来平衡。而在桩的平衡过程中，桩的尺寸是恒定的。土体由于孔隙水向外排出而收缩时，桩不会发生膨胀以保持对周围土体总应力不变。因此，对于典型的土体响应，在平衡过程中桩上的总应力呈下降趋势，同时超孔压也呈下降趋势。但是，侧摩阻力的变化仅取决于水平有效应力。

Bothkennar 进行的相同仪器桩试验为平衡过程提供了一个有力的证明。图 5-11 中以归一化方法展示了安装结束后孔压和总有效水平（径向）应力的变化。经过四天的时间，超孔压的消散过程有效地完成（图 5-11（a））。在同一时期，总应力下降（图 5-11（b）），但水平有效应力增加了 3 倍（图 5-11（c））。在平衡结束时，桩身有效应力大约是原位不排水强度的 2~3 倍。

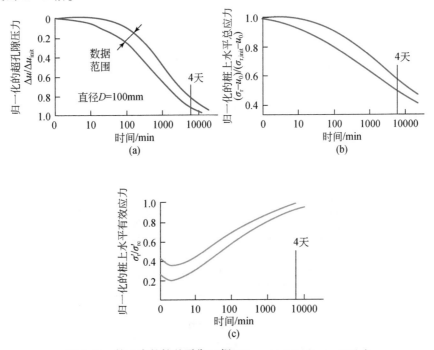

图 5-11　软土中的桩基平衡（据 Lehane and Jardine，1994a）

5.5.4 平衡和"静置"的持续时间

平衡发生的时间取决于必须发生消散的土体体积。因此，消散时间随桩径 D（平方）的增大而增长，也随着水平固结系数 c_h 的降低而缩短（由于 $L \gg D$，假定流动仅在径向方向）。

考虑到等效面积的实体桩会产生等效初始超孔压场，对于壁厚为 t 和直径为 D 的管桩，一般以不封闭的方式贯入到黏土中。管桩区域的横截面面积近似为 $\pi D t$，因此等效实体桩的直径减小为 $D_{eq} = 2\sqrt{Dt}$。

与桩周围孔压平衡相关的无量纲时间是 $T_{eq} = c_h t / D_{eq}^2$（其中 t 为自开始消散以来的时间）。在平衡过程中存在着超孔压消散的简单模型。线性–弹性理想塑性孔扩张理论可以产生初始的超孔压场，而固结理论可以用于模拟消散过程。所得到的消散曲线如图 5-12 所示，可用于量化无量纲时间 T_{eq} 下当前超孔压与安装后超孔压之比，即 $\Delta u / \Delta u_{max}$。图 5-12 是典型的刚度系数 $G/s_u = 100$。刚度越大，初始超孔压区域越大，消散越慢。

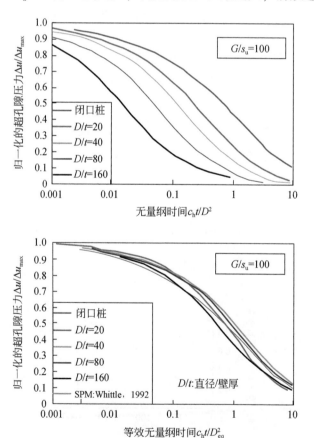

图 5-12　封闭和开口桩的平衡时间（Randolph，2003a）

在实际设计中，由于不能很好地理解总应力的变化过程，因此很难预测平衡过程中有效应力的变化。这极大地阻碍了对桩基安装后应力进行精确计算并对黏土桩身承载力评估。不过，平衡需要的时间是一个更直接的评估量，在设计中也往往是非常重要的考虑因素。在软黏土中，应评估首次加载桩时的 T_{eq} 值，以确保超孔压的充分消散。在软黏土中，桩的安装和工作荷载的作用之间的任何延迟都会增加有效侧摩阻力。

从图 5-12 可以看出 90% 的孔压消散（即 $\Delta u/\Delta u_{max} = 0.1$）的无量纲固结时间表示为 T_{90}，对于所有类型的桩有：

$$T_{90} = \frac{c_h t_{90}}{D_{eq}^2} \approx 10 \tag{5-7}$$

这些曲线可用于估算不同类型桩的相对消散时间。考虑两个相同直径的桩：一个是封闭式的，一个是开放式的（$D/t = 40$），由于 T_{eq} 的曲线彼此紧密叠加，可以得出 $D/D_{eq} = 3.2$，因此 $T_{90,closed}/T_{90,open}$ 约为 10。即空心开口桩（$D/t = 40$）的平衡周期约为同一土体中相同直径的封闭式桩的十分之一。这一分析也适用于负压沉箱，以评估负压安装过程中是否能出现明显的"静置"过程，以及有效的长期承载力发挥时间。

Dutt 和 Ehlers（2009）报告了大直径海上桩的原位观测，Jeanjean（2006）描述了负压桩的等效特性。以上研究表明，在短期内承载力显著增加，但由于不包括长期数据，不能验证"静置"过程的最终完成。

5.5.5　黏土中打入桩在加载过程中的应力变化

平衡后是对桩的加载过程。加载过程中，在桩的轴向上产生剪切应力。库仑定律适用于非胶结土界面，因此局部单位侧摩阻力与水平有效应力相关关系为

$$\tau_{sf} = \sigma'_{hf} \tan\delta \tag{5-8}$$

固结结束时，径向应力将高于轴向应力和周向应力，因此加载时局部单位侧摩阻力有可能减小。现场数据表明，降幅一般为 20%，因此 $\sigma'_{hf} \approx 0.8\sigma'_{hc}$。图 5-13 显示了 Lehane 和 Jardine（1994a）的模型试验的进一步分析数据。

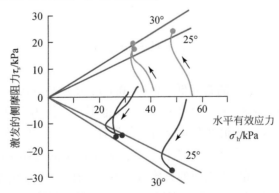

图 5-13　软土加载过程中桩上应力路径（据 Lehane and Jardine，1994a）

5.5.6　黏土界面摩擦角

在黏土中，通常考虑两种不同的界面摩擦角值：峰值 δ_{peak} 和连续剪切后达到的残余值 δ_{res}。在单调剪切中，δ_{peak} 通常在界面位移几毫米（通常是桩直径的 0.5% ~ 1%）范围内达到，然后界面位移超过 10 ~ 50 mm 减少到 δ_{res}。试验表明，δ_{res} 可以小于 δ_{peak} 的一半，因此，在这些类型的黏土中，侧摩阻力响应可以表现出非常微弱的峰值后响应。

假定残余侧摩阻力沿桩身的全部长度起作用，会过于保守，因此通常量化由于桩身的弹性压缩而发生的渐进破坏程度。当桩端部分剪应力超过峰值阻力时，桩基界面摩擦角尚未达到峰值。因此，桩的极限承载力不受峰值界面摩擦角的控制，因为 δ_{peak} 不能沿桩长同时移动。第 5.8.9 节对逐渐破坏进行分析。

每个新场地的界面摩擦角应根据室内试验确定。该值受①黏土矿物（例如岩粉：δ_{res} 约为 33°、蒙脱石：δ_{res} 约为 7°）；②正常有效应力水平（δ 随应力水平增加而减小）；③前期荷载（如果黏土之前被剪切过，峰值强度可能会降低或不明显）；④加载速率和⑤界面特性（粗糙界面将破坏面推入周围的土体，而光滑或涂漆界面减少了摩擦）的影响。

5.5.7　黏土中打桩的 API 方法

本节描述了黏土中桩的轴向承载力的计算方法，该方法在 API 推荐规范（RP2A）的最新版（第 21 版）中针对固定结构进行了阐述。

1. 极限侧摩阻力的估算

上一节中描述的应力变化导致破坏时的 σ'_{hf} 太复杂，无法在常规设计中明确建模。相反，将 τ_{sf} 与 s_u 或 σ'_{v0} 联系起来更容易。这两种方法分别称为“alpha”（总应力法）和“beta”（有效应力）法：

$$\tau_{sf} = \alpha s_u \tag{5-9}$$

或

$$\tau_{sf} = \beta \sigma'_{v0} = K \sigma'_{v0} \tan\delta \tag{5-10}$$

定义 K 使 $\sigma'_{hf} = K \sigma'_{v0}$。

在高 OCR 的硬黏土中，α 通常较低（0.4 ~ 0.6），β 较高（0.8 ~ 1.2）。在低 OCR 的软黏土中，α 通常较高（0.8 ~ 1），β 在 0.2 ~ 0.3 范围内。作为设计方法，这两种方法相关性并不好。有效应力 β 方法根据有效应力进行设计，更为常见。但是，β 参数将两个不同时作用于同一点的应力联系起来（σ'_{v0} 在安装前未受扰动的土体中起作用，而 τ_{sf} 在破坏时作用于桩上），因此，τ_{sf} 和 σ'_{v0} 之间的直接联系不一定比 τ_{sf} 和 s_u 更好。

由于上述应力变化会受到 s_u 和 σ'_{v0} 的影响，因此引入强度比 s_u/σ'_{v0}，将 α 与 β 联系起来：

$$\beta = \alpha \left(\frac{s_u}{\sigma'_{v0}} \right) \tag{5-11}$$

API 法广泛用于海洋桩设计，是 "alpha" 方法，其中 α 与强度比 s_u/σ'_{v0} 相关。该方法是利用桩身试验数据库进行校准（Randolph and Murphy，1985）。关系表达式为

$$s_u < \sigma'_{v0} : \alpha = \frac{1}{2} \left(\frac{s_u}{\sigma'_{v0}} \right)^{-\frac{1}{2}} \Rightarrow \tau_{sf} = \frac{1}{2} \sqrt{s_u \sigma'_{v0}} \tag{5-12}$$

$$s_u > \sigma'_{v0} : \alpha = \frac{1}{2} \left(\frac{s_u}{\sigma'_{v0}} \right)^{-\frac{1}{4}} \Rightarrow \tau_{sf} = \frac{1}{2} s_u^{0.75} \sigma'^{0.25}_{v0} \tag{5-13}$$

假定开口桩内外侧摩阻力相等。

最终的设计图表，及原始的荷载试验数据如图 5-14 所示。该图以简单的方式记录了作用在桩上的水平应力的变化。在软黏土中，（低 s_u/σ'_{v0}）在安装过程中产生高超孔压在平衡过程中转换为高水平应力（即高 σ'_{hc}）。因此，τ_{sf}（$= \sigma'_{hc} \tan\delta$）激发了较高程度 s_u，即图 5-14 左侧的高 α 值。

在硬黏土中，由于剪胀，安装过程中的超孔压降低。因此，产生的 σ'_{hc} 激发了较低程度的 s_u，即图 5-14 的右侧低 α 值。

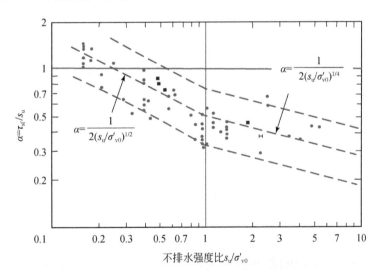

图 5-14 API（2000）黏土中极限单元侧摩阻力的 α–相关性（Randolph and Murphy，1985）

从装有精密仪器的桩试验得到的最新数据拓展了原始 API 数据库。虽然在敏感的低塑性黏土中得到了低 α 值，但结果通常支撑了初始相关性，这反映了与安装相关的重塑过程中发生了更大的有效应力的下降（Karlsrud et al.，1993）。

如果安装非常缓慢或中断，则软黏土中也会得出极低的 α 值。在这些情况下，部分平衡过程与安装并行。在安装阶段，孔压消散和有效应力开始转化。在附加贯入过程中，土体再次被剪切。这种剪切通过再生超孔压来中断有效应力的积累。通过这种方式延缓有效应力的发展，最终的 α 值更低。这种现象在一些快速排水的粉质黏土中可以看到，其安装

时间与平衡期相当。

2. 极限端阻力的估算

端阻力只占黏土中桩总承载力的小部分，因此不如对侧摩阻力的复杂分析有价值。极限端阻力的估算比侧摩阻力更为直接。传统的承载力方程简化为一项（因为 $L \gg D$）：

$$q_{bf} = N_c s_u \tag{5-14}$$

通常取 Skempton（1951）经验深承载力系数 $N_c = 9$，接近从孔扩张解得到的理论值（例如 Vesic，1977）。当在桩基上施加荷载时，地基土固结，强度增大。因此，使用 s_u 的原位值是保守的。

5.5.8 黏土中 API 设计方法的局限性

API 设计规范的应用相对简单，但该方法没有考虑摩擦疲劳的影响，利用 $\alpha - s_u / \sigma'_{v0}$ 的相关性可初步考虑 OCR 的影响。虽然这种方法简单，得到的预测结果却十分可靠，因此该方法被广泛使用。该方法并没有完全包括第 5.5.1 节至第 5.5.6 节所述的机制，因此在某些情况下，在应用该方法时应特别谨慎：

- 长桩：用于校准的数据库通常由短桩组成。对于长桩，摩擦疲劳和渐进破坏比较重要，无法忽略；
- 高灵敏度的低塑性软黏土：剪切时的强度下降和有效应力损失会导致 α 值非常低；
- 渗透粉质黏土中的间断安装：软黏土通过平衡再剪切导致 α 值降低；
- 低摩擦角黏土：相关性关系没有明确包括界面摩擦角。含有矿物成分的黏土，会形成残余剪切面，可能表现出较低的侧摩阻力。

为了更好地解决这些问题，工程师们提出了更复杂的计算程序。其中一些程序旨在克服前面描述的第一个限制，包括 τ_{sf} 对桩长度（Kolk and Van de Velde，1996）或 h/D（Lehane and Jardine，1994 b；Jardine et al.，2005）的依赖性引起的摩擦疲劳。程序内还可以引入土体的灵敏度，通过 S_t 可减少 α 或 β 参数并解决第二个限制的因素。Jardine 等（2005）在方程 5.15 中给出了 K 的计算式，其中包括以下一些考虑：

$$K = [1.7 + 0.011R - 0.6 \log(S_t)] R^{0.42} (h/D_{eq}) - 0.2, \quad h/D_{eq} \geqslant 4 \tag{5-15}$$

式中，R 为屈服应力比（或表观超固结比）。还有一种类似形式的相关性，可直接用锥尖阻力评估黏土中的侧摩阻力（Lehane et al.，2000）。

5.6 打入桩在砂土中的承载力

5.6.1 打入桩在砂土中的安装和加载阶段

对黏土而言，打入桩在砂土中的侧摩阻力受现场条件、安装及后续加载过程中发生的复杂变化的影响。为了研究侧摩阻力的大小，将打入桩在砂土中的安装和加载过程分为若干阶段（图5-15）。一般而言，砂土与黏土不同，砂土是完全自由排水的，因此不存在平衡阶段。桩打入过程中产生的任何超静孔隙水压力都会在安装结束前消散。这就简化了砂土中桩的分析，并且无须在安装后等待一段时间再进行加载。

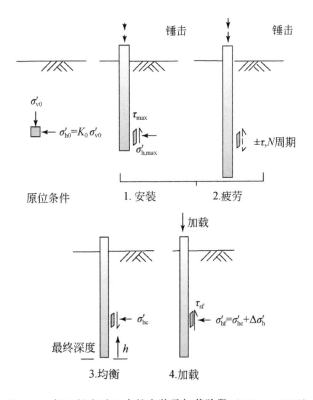

图 5-15　打入桩在砂土中的安装及加载阶段（White，2005）

对于黏土来说，由于侧摩阻力由库仑定律决定，τ_{sf} 可以根据破坏时的水平有效应力 σ'_{hf} 和桩–土界面摩擦角 δ 估算。水平有效应力的初始值为 $K_0\sigma'_{v0}$，并在安装、摩擦疲劳和最终加载阶段不断变化，直到破坏时达到 σ'_{hf}。后续章节将重点介绍这些阶段以及桩在砂土中的两种设计方法：API 方法和 UWA 方法。

5.6.2　砂土中打入桩安装过程的应力变化

在安装过程中，随着桩端向给定的砂土单元推进，应力水平显著上升，使砂土沿径向远离桩端。当砂土通过桩端时，其应力水平与锥尖阻力 q_c 相当，在硅质砂中通常为 5～100 MPa（忽略打入过程中产生的动态应力），或高于地应力两个数量级。

在未胶结的钙质砂中，q_c 可低至 1～5 MPa，如果钙质砂已胶结成钙质岩，则 q_c 可超过锥尖的承载能力。

当砂土经过桩端到达桩身时（当桩端刺穿砂土层时），应力下降。垂直贯入荷载不再作用于砂土，砂土发生侧向位移以便桩的贯入。通过桩端后的应力水平降低值可以与侧摩阻力 f_s 的测量值进行比较，尽管取决于存在侧壁状态和锥尖安装尺寸差异，f_s 的测量值可能有时是不可靠的。大多数砂土的 f_s 是 q_c 的 $0.5\% \sim 2.5\%$。因此，应力水平下降了两个数量级。硅质砂中 f_s 通常为 $100 \sim 1000$ kPa，但在钙质砂中，f_s 要低一个数量级，这反映了钙质砂中 q_c 较低。

对黏土而言，摩擦疲劳过程会导致单位侧摩阻力沿桩身向上而减小。在安装过程中，随着锤击次数的增多，桩两侧的砂土来回剪切。砂土的高渗透性足以引起体积变化，因此这种循环剪切会导致砂土剪缩。桩身附近土体的收缩使周围土柱疏松，这就使得作用于桩身的水平应力减小，这一过程称为摩擦疲劳，如图 5-16 所示。当 h 增大时，σ'_h 减小，因此有效侧摩阻力减小。

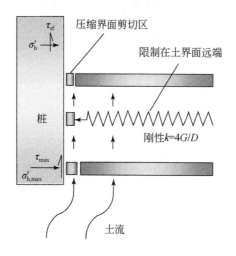

图 5-16　摩擦疲劳机理示意图（White and Bolton，2004）

本文给出了两个实例：一个来自实验室模拟，另一个来自精密仪器试桩试验。界面剪切箱试验可以看作是桩身的一个短单元。采用一个模拟恒定弹簧刚度的反馈系统来控制法向应力，传递由远场土体提供的约束（Boulon and Foray，1986；DeJong et al.，2003）。在循环试验中，当界面前后移动时，砂样就会收缩，这会导致法向应力的卸载，从而使得界面上的剪应力减小。远场土体提供的约束相当于刚度为 $k = 4\,G/D$ 的弹簧提供的约束。在图 5-17 所示的算例中，弹簧刚度为 250 kPa/mm，这对应于土体刚度 $G = 100$ kPa，桩直径为 1.5 m 时的情况。剪切箱设置透明侧壁，用于观察薄剪切带。该区域厚度小于 10 倍颗粒直径，收缩约 250 μm（约为颗粒直径的三分之一）。这种轻微的收缩足以使围压减半，从而使有效抗剪强度减半。这个简单的例子强调了桩的法向应力对相邻土体体积变化的敏感性（这可能是由于桩在安装过程中或使用时受到的循环荷载引起的）。这种敏感性是由远场土体的刚性约束造成的。

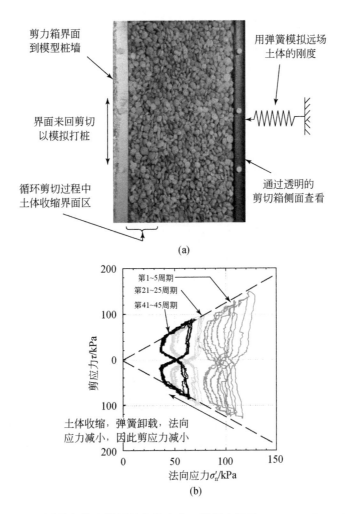

图 5-17 透明剪切箱中模拟的摩擦疲劳（数据来源于 DeJong et al., 2003）

图 5-18 所示的精密仪器试桩试验数据也说明了摩擦疲劳效应。这些数据来自在法国 Labenne 进行的模型试验，使用的是第 5.5.2 节中描述的仪器试桩（Lehane et al., 1993），

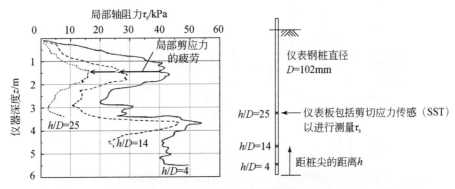

图 5-18 精密仪器试桩安装过程中的摩擦疲劳（Lehane et al., 1993）

利用距离桩端不同高度的三个传感器测量作用于桩表面的剪应力。当每个仪器到达预定的土层时，剪切应力（此时可称水平应力）与先前仪器处于该位置时相比减小。各局部侧摩阻力剖面与锥尖阻力 q_c 剖面趋势一致，表明 q_c 与侧摩阻力具有较好的相关性。

5.6.3　开口桩在贯入过程中的行为

如前文讨论，由于惯性作用，开口桩在黏土贯入过程中很少产生土塞。这种惯性作用增加了土塞贯入的阻力，桩以部分土塞或未发生土塞（"取心"）的方式贯入。在安装过程中，产生完全土塞是很少见的。

安装过程中的土塞程度会影响随后产生的侧摩阻力，因为它会影响由桩的贯入而移开的土体体积，从而影响周围土体的应力大小。

闭口桩的贯入过程类似 CPT，会产生一个圆柱形空腔，利用压力 q_c 使土体产生所需的径向位移（图 5-19 （a））。薄壁开口桩产生较小的径向位移，从而产生较低的压力（图 5-19 （b））。一般桩的贯入形式在这两者之间，即产生部分土塞（图 5-19 （c））。

为量化这种影响，根据有效面积比 $A_{r,eff}$，即置换的土体体积（总桩体积减去任何进入土塞的土体）与总桩体积的比值，对土塞程度进行了定量计算：

$$A_{r,eff} = 1 - IFR \frac{D_i^2}{D_0^2} \tag{5-16}$$

其中，D_0 为桩外径；D_i 为桩内径；IFR 为增量填充比 $\Delta h_p / \Delta L$（图 5-7、图 5-19）。

典型的近海桩的壁厚比 D/t 约为 40，当无土塞形成时，$A_{r,eff}$ 约为 0.1。大直径薄壁沉箱越来越多地被应用于近海领域，与总土体相比，其置换的土体体积最小（$A_{r,eff} \approx 0.01$）导致周围土体的应力没有显著提高。然而，当完全土塞贯入时，开口桩和闭口桩在贯入时产生的土体位移相同（$A_{r,eff} = 1$）。

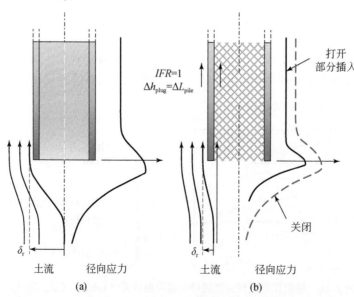

（a）　　　　　　　　（b）

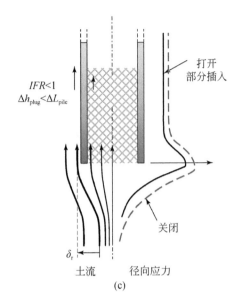

图 5-19 土塞：土体流动与径向应力示意图（White et al.，2005）

（a）闭口桩（$A_r=1$）；（b）无土塞开口桩（$IFR=1$，$A_r≈0.1$）；（c）部分土塞开口桩（$IFR<1$，$0.1<A_r<1$）

如第 5.6.9 节所述，面积比 $A_{r,eff}$ 可作为桩的承载力的评价指标之一，以此考虑桩端条件的影响。

5.6.4 砂土中打入桩加载过程中的应力变化

对黏土而言，打入桩在加载过程中，σ_h' 发生微小变化。在砂土中，σ_h' 有所增加，是因为：①桩有泊松比，在压力荷载下，会对周围土体产生向外扩张；②靠近桩-土界面的土体剪胀。De Nicola 和 Randolph（1993）研究了泊松比的影响，Lehane 等（1993）研究了土体剪胀的影响。周围土体施加的约束刚度为 $4G/D$。与桩径相比，桩身附近剪切带的膨胀受粒径大小的影响更大，因此，对于直径较大的桩，桩的直径增大并不会产生较大的应力增量。对于近海使用的桩基尺寸，剪胀效应通常不显著，但在解释小型桩基试验以支持设计时，必须考虑剪胀效应。

5.6.5 砂土中打入桩形成土塞过程中的应力变化

在静力加载到破坏期间，内部侧摩阻力通常高于土柱底部可调动的基础阻力，因此产生土塞（见式（5-6））。

在砂土中，内部侧摩阻力沿土塞方向的变化与桩身外部侧摩阻力的变化不同。基于土柱水平切片垂直平衡的简单分析表明，当土柱长度为桩直径的多倍时，具有很高的内部侧摩阻力。这种效应被称为"土拱"。图 5-20 显示了管桩土塞中土体单元的平衡。水平切片

垂直方向的平衡可表示为

$$\mathrm{d}\sigma_v'/\mathrm{d}_z = \gamma' + \frac{4}{D}\beta\sigma_v' \qquad (5\text{-}17)$$

其中，参数 β 将 τ_{sf} 与土塞局部垂直有效应力 σ_v' 联系起来，而不是该深度的原位值 σ_{v0}'。

靠近桩壁的莫尔应力圆代表 β 的下界（因此，当土塞破坏时，这个莫尔应力圆提供了 τ_{sf} 的保守估计值）（图5-20（b））。在加载过程中，土柱被向上推入桩内，土体在 $\sigma_v' > \sigma_h'$ 的作用下处于破坏状态，即处于活动状态。但是，$\sigma_v' > \sigma_h'$ 不像主动土压力系数 K_a 那么低，因为在桩壁上存在剪力，所以垂直应力和水平应力不是主要的。

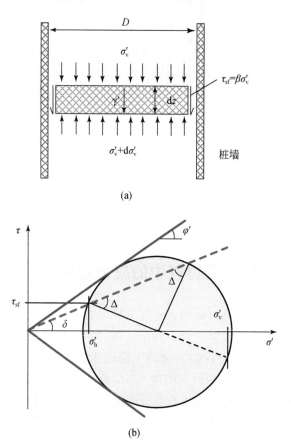

图5-20　管桩中土柱分析

（a）土柱水平滑动平衡；（b）桩壁附近的应力莫尔圆

由图5-20（b）中的莫尔圆可以看出：

$$\beta = \frac{\tau_{sf}}{\sigma_v'} = \frac{\sin\varphi\sin(\Delta-\delta)}{1+\sin\varphi\cos(\Delta-\delta)} \qquad (5\text{-}18)$$

式中，

$$\sin\Delta = \frac{\sin\delta}{\sin\varphi} \qquad (5\text{-}19)$$

使用保守的最小值 $\delta=23°$ 来计算粗砂与钢的摩擦，典型的 φ_{cv} 值为33°，则 $\beta=0.14$。

方程 5.17 的积分导出了高度为 h_p 的土柱底部垂直应力的表达式（即最大桩内侧摩阻力加上土塞的重量）：

$$q_{bf\text{-}plug} = \gamma' h_p \left(\frac{e^\lambda - 1}{\lambda} \right) \qquad (5\text{-}20)$$

式中，

$$\lambda = 4\beta \frac{h_p}{D} \qquad (5\text{-}21)$$

由于指数项的存在，土塞底部的应力 $q_{bf\text{-}plug}$ 对 h_p/D 和 β 非常敏感。随着土塞延长，$q_{bf\text{-}plug}$ 急剧增加。例如，在直径为 1 m 的桩中，使用 $\beta=0.14$ 的保守值，在仅 10 m（10 D）长的土塞上移动，方程 5.21 给出 $\lambda=5.6$。因此，在单位容重 $\gamma'=10$ kN/m³ 的饱和砂土中，内部侧摩阻力足以激发 $q_{bf\text{-}plug}=4.8$ MPa。

如果土柱的内部侧摩阻力（和自重）能够克服土塞底部的桩端阻力，就会产生土塞。方程 5.20 给出了 $q_{bf\text{-}plug}$，它是由桩内侧摩阻力和自重共同作用于桩基础上的垂向应力。如果这一数值超过了土塞的极限基底承载力——接近大位移下的贯入阻力 q_c，则在静载荷作用下会产生土塞。前述实例表明，相对较短的土塞可以克服一般情况下的贯入阻力。因此，即使是由砂组成的短土柱也能形成土塞。然而，重要的是要认识到，为了调动所产生的高应力，可能需要对桩进行较大深度的沉降，以便在桩基下方和土塞内的土体适应所产生的压力（Lehane and Randolph，2002）。

5.6.6　砂土内摩擦角

桩-土界面摩擦角主要取决于界面粗糙度 R_a，其与砂土粒径大小有关，并受颗粒矿物成分与形状的影响。如果砂土颗粒相对界面较大，该界面被称为"光滑"界面，剪切阻力由界面表面上的颗粒滑动控制。如果砂土颗粒足够小（$d_{50} \leq 10R_a$），使其能与桩侧面上的微凸体接触，则界面称为"粗糙"界面，其摩擦阻力与土颗粒间的摩擦阻力相同。在极端"平滑"和极端"粗糙"之间有一个过渡范围（Uesugi and Kishida，1986a，b；Subba Rao et al.，1998）。

对于相对粗糙度 $R_a=10$ μm 的钢管桩，完全"粗糙"的条件适用于细砂，界面摩擦角一般在 28°~32° 范围内。对于粗砂来说，其相对粗糙度降低，则界面摩擦角一般在 20°~24° 范围内。因此，在实践中，应进行特定场地的界面剪切试验以识别位于这两种典型趋势之外的土体。

5.6.7　设计方法 1：API（美国石油协会）法

最新版（第21版）的固定结构 API 推荐规范（RP2A）提供了两种评估砂土桩承载力的计算方法。其中一种为"Main Text"方法，该方法在过去三十年中发展缓慢，其主要用

"β 法"来求桩的轴向承载力；而 RP2A 也提出了一套基于 CPT 数据的方法。本节主要介绍 Main Text 法，CPT 法将在第 5.6.8 节进行详细介绍。

1. 预估极限侧摩阻力

预测砂土中极限侧摩阻力的 API（2000）Main Text 法被称为"β 法"。其极限侧摩阻力的基本方程为

$$\tau_{\mathrm{sf}} = \beta \sigma'_{\mathrm{v0}} \leqslant \tau_{\mathrm{s,lim}} \tag{5-22}$$

式中，β 值以及桩的极限侧摩阻力 $\tau_{\mathrm{s,lim}}$ 与土的类型和密度有关，如表 5-1 所示。β 的参考值适用于开口桩，而对于闭口桩要提高 25%，这一调整是为了反映较大的土体体积位移所造成的额外压力。极限值通常位于 20～30 m 深度处，因此适用于大多数典型的海上桩长。

表 5-1 砂土桩中的 API 系数参考

土壤相对密度	土壤类型	轴摩擦系数 β	轴摩擦极限 $\tau_{\mathrm{s,lim}}/\mathrm{kPa}$	端轴承系数 N_q	端轴承极限 $q_{\mathrm{b,lim}}/\mathrm{MPa}$
中密度	粉砂	0.29	67	12	3
中密度	砂	—	—	—	—
高密度	粉砂	0.37	81	20	5
高密度	砂	0.46	96	40	10
非常高	粉砂	—	—	—	—
非常高	砂	0.56	115	50	12

API Main Text 法规定，在评估桩在静力加载过程中是否会产生土塞时，应假设内外侧摩阻力相等。考虑到第 5.6.5 节中所描述的行为，该假设是非常保守的。

API Main Text 法主要根据一个荷载试验数据库进行校准，该数据库中数据大多来源于非精密仪器试桩。该数据库表明，若轴向承载力未达到极限值，桩的平均单位侧摩阻力并不会随深度成比例增加，如式（5-22）所示。在没有测量侧摩阻力分布的情况下，采用假设的极限单位侧摩阻力来计算总承载力也是合理的。

极限值 $\tau_{\mathrm{s,lim}}$ 的规定与较新的现场观测结果不一致，很多报道表明桩基附近 $\tau_{\mathrm{sf}} \gg \tau_{\mathrm{s,lim}}$。然而，20 世纪 90 年代的场地试验表明，在安装过程中摩擦疲劳降低了桩上部的侧摩阻力，随着桩端进一步向深部贯入，导致平均单位侧摩阻力随桩长并不成比例增加。

尽管极限侧摩阻力这一概念是错误的（Kulhawy，1984；Randolph，1993；Fellenius and Altaee，1995），但是该方法可以提供一个随着深度并不成比例而缓慢增加的极限侧摩阻力值，从而提高 API 法的精度。

由于这一限制，加上在推导过程中使用荷载试验数据库之外的数据进行推导时可能并不准确（Schneider et al.，2008b），评估桩轴向承载力的 API Main Text 法不如基于 CPT 的方法更加可靠。

2. 预估极限端阻力

为了预估端阻力，API（2000）方法利用承载力理论从 σ'_{v0} 出发，利用极限值估计 q_{bf}

值。承载力方程适用于浅基础（由于 $D \ll L$，忽略 N_γ 项）：

$$q_{bf} = N_q \sigma'_{v0} \leqslant q_{b,lim} \tag{5-23}$$

在浅基础设计中，N_q 由 φ 用塑性理论计算。而对于桩基础，API 法根据土体条件确定 N_q 值，并取极限值 $q_{bf} = q_{b,lim}$（见表 5-1）。原位数据表明，N_q 随应力水平的增加而减小，因此采用极限值可以保证结果较为保守。

3. 总结：砂土中的 API 法

API（2000）法易于应用，但其控制机制未知。由于该方法是根据（主要是非仪器化的）桩荷载试验数据库进行校准的，因此对这些较老的数据有合理的拟合。然而，在某些情况下，例如当将原始数据库外推到通常在海上使用的大直径长桩时，该方法并不可靠。另一方面，该方法的简单性使得仅使用非常基本的地层信息就能对桩的承载力进行初步评估。

5.6.8　基于 CPT 法评估砂土中桩的承载力

由于第 5.6.1 节至第 5.6.5 节所述的应力历史较为复杂，因此，原位水平应力 $K_0 \sigma'_{v0}$ 与破坏时的水平应力 σ'_{hf} 之间不存在简单的联系。砂土中桩的设计越来越多地基于 CPT 数据。基于锥尖阻力 q_c 预测桩轴向承载力的方法已经应用了多年（Bustamante and Gianeselli，1982；Jardine and Chow，1996；De Cock et al.，2003）。由于传统的方法，例如 API Main Text 法理论基础薄弱且桩荷载测试数据相比 CPT 数据拟合关系较差，因此 CPT 方法越来越多地应用于砂土中打入桩的设计中。锥尖阻力与端部承载力具有直接的逻辑关系，尽管考虑到海上常用的实心（或闭口式）桩与开口式管桩之间的差异时需要谨慎。根据锥尖阻力预估桩的侧摩阻力需要对摩擦疲劳进行调整。

自 2007 年以来，API RP 2A 规范的评注中已经包含了四种根据锥尖阻力 q_c 预估砂土中桩的承载力的 CPT 法。这些方法都是近十年来逐渐发展起来的，并且他们采用的公式有许多相似之处。在本书中，我们主要介绍 UWA-05 法。原因有三：首先，在这四种方法中，UWA-05 法的控制机制最为清晰（见第 5.6.1 节至第 5.6.6 节）；其次，当与最新的桩荷载测试数据库进行对比时，UWA-05 法精度较其他更高；最后，该方法是由我们的同事——西澳大学的 Barry Lehane 教授以及他的研究生 James Schneider 博士和 Xiangtao Xu 博士提出的（Lehane et al.，2005a，b；Schneider et al.，2008b；Xu et al.，2008）。

第 5.6.10 节讨论了采用这四种方法进行预测的可靠性。

5.6.9　设计方法 2：UWA-05 法

UWA-05 法是 2005 年发展起来的一种计算海上砂土中桩承载力的方法。

1. 预估极限侧摩阻力

桩侧摩阻力的设计表达式可以与桩周围土的应力历史相联系，并且各组分可以与过程中起作用的不同机制相关联。

（1）桩端附近的应力降低（最初为闭口桩），从 q_c 推导桩上水平应力：

$$\sigma'_{h,tip,colsed} = aq_c \tag{5-24}$$

（2）端部开口效应，导致发生位移的土体体积减小，应力水平降低：

$$\frac{\sigma'_{h,tip,open}}{\sigma'_{h,tip,closed}} = A'_{r,eff} \tag{5-25}$$

土体位移用有效面积比来表示（见第5.6.3节），通过孔穴扩张理论可以得到 $b \approx 0.3$ （White et al.，2005）。

（3）桩身摩擦疲劳：

$$\frac{\sigma'_h}{\sigma'_{h,tip}} = \left(\max\left[\frac{h}{D}, 2 \right] \right)^c \tag{5-26}$$

式中，h 为从桩端向上的距离。

（4）荷载作用下桩身水平应力小幅增加，主要是由于界面处所受约束的剪胀（因为 $\Delta\sigma'_{hd}$ 在海洋桩基础设计中通常忽略不计，所以 UWA-05 法中"海上"版本不包括 $\Delta\sigma'_{hd}$）：

$$\sigma'_{hf} = \sigma'_h + \Delta\sigma'_{hd} \tag{5-27}$$

（5）桩-土界面的库仑摩擦，调动稳态（等体积）界面摩擦角：

$$\tau_{hf} = \sigma'_{hf} \tan\delta_{cv} \tag{5-28}$$

这些单独的表达式组成了 UWA-05 海上桩基础设计方法的完整方程，该方法具有三个指标，$a \sim c$，根据桩荷载测试数据库进行校准：

$$T_{sf} = aq_c A^b_{r,eff} \left(\max\left[\frac{h}{D}, 2 \right] \right)^c \tan\delta_{cv} \tag{5-29}$$

式（5-29）规定了 $h/D = 2$ 的下限，因此有方括号项。假设侧摩阻力在靠近桩端的2个直径距离的范围内是恒定的。对于海上桩基础来说，通常采用无土塞的模式进行安装，因此保守假设 $IFR = 1$，则：

$$A_{r,eff} = 1 - \frac{D_i^2}{D_0^2} \tag{5-30}$$

将式（5-29）与数据量大于75的桩荷载试验数据库进行对比，结果表明表5-2中的参数给出了压力荷载下最精确的设计方法。

表5-2　UWA-05 表达式的输入参数（表示轴阻力）

系数	理想条件	值
a	q_c 桩尖附近的应力下降	0.03
b	结束条件：位移度	0.3
c	摩擦疲劳	-0.5

对于拉力荷载，侧摩阻力建议取压力荷载时的75%，这与 De Nicola and Randolph （1993）提出的表达式基本一致。界面摩擦角 δ_{cv} 应由使用具有代表性的粗糙度和等体积值的界面剪切试验确定。

2. 预测极限端阻力

在 UWA-05 法中，定义沉降量为 $D/10$ 时所对应的阻力为极限单位端阻力 q_{bf}，以管桩（包括土塞）总面积计算为（Xu et al.，2008）：

$$q_{bf} = (0.15 + 0.45A_{r,eff})q_{c,avg} \tag{5-31}$$

式中，$q_{c,avg}$ 是采用垂直平均的"荷兰法"得到的值（Schmertmann，1978；Xu et al.，2008），该方法考虑了 q_c 在桩端上方 $8D_{eff}$ 和下方 $4D_{eff}$ 范围内的变化，其中 $D_{eff} = D\sqrt{A_{r,eff}}$。

该表达式给出的端阻力值显著低于 $q_b = q_c$ 的"连续"解，这是在稳定贯入过程中所期望的。$q_b/q_c < 1$ 的情况可归因于局部位移，因为极限承载力是根据 $D/10$ 的沉降准则来定义的。当沉降量为 $D/10$ 时，桩体只能发挥其极限（或"骤降"）端承力的一小部分。对于闭口式打入桩，这一比例通常为 60%~70%。由于土塞和桩尖下方土体的压缩，以及安装过程中产生的残余应力较小，开口桩的响应更加符合要求。因此，较低的 q_b/q_c 值适用于设计。对于一个典型的海上桩基础，其 $A_{r,eff} = 0.1$，$q_{bf}/q_c = 0.2$。对于厚壁桩或在安装过程中出现土塞（甚至部分）的桩，端阻力大部分来自于桩壁。对于闭口桩，$A_{r,eff} = 1$，所以当沉降量为 $D/10$ 时，$q_{bf} = 0.6q_c$。

随着不断地贯入，q_b 会稳步增加，最终达到锥尖阻力 q_c，因此，不考虑沉降因素，$q_b/q_c < 1$ 的设计方法是较为保守的（Randolph，2003a；White and Bolton，2005）。

桩通常只安装在一个较强持力层的较浅埋深处。要想发挥地层的"全部"强度，需要将桩安装在较大埋深处（直径的数倍）。因为桩径远大于静力贯入仪的直径，要想发挥地层的全部强度就要将桩贯入硬持力层的较深处。在充分贯入之前，q_{bf} 值将小于局部 q_c 值，因为前一地层仍会对桩端产生影响。

当接近软土层时，也会发生类似的情况：由于桩体比锥体更早"感觉"到，所以在设计 q_c 的任何权重中都应考虑桩端以下 q_c 值较低的情况。

在具有显著垂直方向不均匀的地方，在预估端承力时非常有必要将 q_c 曲线转化为 $q_{c,avg}$ 曲线（式（5-31））。

这种低 $q_{b,f}/q_c$ 机制被称为部分嵌入。Meyerhof（1983）建议要调动发挥土层全部强度潜能，需要在较硬的土层中贯入 10 倍直径深度。因此，可以用一个简单的表达式推导出相应的浅埋时从较软的砂层（锥尖阻力为 $q_{c,soft}$）到较硬的砂层（锥尖阻力为 $q_{c,hard}$）的平均锥尖阻力 $q_{c,avg}$：

$$q_{c,avg} = q_{c,soft} + (q_{c,hard} - q_{c,soft})\frac{z_b}{10D}, \quad \frac{z_b}{D} < 10 \tag{5-32}$$

式中，z_b/D 是桩基贯入硬土层的深度与直径比。

Xu 和 Lehane（2008）描述了一种更详细的方法来得到平均锥尖阻力曲线，以考虑附近的薄弱层，无论是在桩端之上还是之下。结果表明，由于层间强度差异较大，过渡区深度较大。对于由软过渡到硬地层的状况，Meyerhof 的 $10D$ 过渡区较为保守，但如果两层的贯入阻力相差 2 倍或更小，那么仅 $4D$ 的过渡区就足够了。

5.6.10 基于 CPT 的砂土中桩的承载力计算方法比较

UWA-05 法只是最近被纳入 API RP 2A《固定钢结构设计指南》修订版中的四种基于 CPT 的方法之一。在 Fugro-05、ICP-05 和 UWA-05 三种方法中，侧摩阻力 τ_{sf} 的表达式形式相同，表示为

$$\tau_s = a\bar{q}_c \left(\frac{\sigma'_{v0}}{p_a}\right)^p A_r^b \left[\max\left(\frac{L-z}{D}, v\right)\right]^{-c} (\tan\delta_{cv})^d \left[\min\left(\frac{L-z}{D}\frac{1}{v}, 1\right)\right]^e \tag{5-33}$$

式中，σ'_{v0} 是竖向有效应力，通过大气压 p_a（100 kPa）进行归一化；δ_{cv} 是稳定状态下桩-土界面的摩擦角；$L-z$ 是从桩端计算的距离 h。三种方法所需要的参数 $a \sim e$，u 和 v 列于表 5.3 中（Jardine et al., 2005；Schneider et al., 2008b；Kolk et al., 2005）。最后一种方法 NGI-05 间接使用 q_c，首先将其转换为有效相对密度，然后转换为单位侧摩阻力。不同的方法也包括用 q_c 来评估端阻力的不同方式。

将这三种方法与传统方法（即 API Main Text 法）在砂土打入桩承载力方面进行比较，结果表明，与目前已知桩荷载测试数据库结果对比，这三种方法的精度显著提升，预测量与实测量之比的变异系数大大降低（Schneider et al., 2008b）。

参与开发表 5-3 所列方法的研究小组进行了各种数据库研究。由于推荐的公式具有经验性，因此数据库测试是轴向承载力设计方法校正中必不可少的一个环节。表 5-3 所列的方法与现场载荷试验测量结果相比，结果大致相同，这是可以预料的，因为所有方法都是根据类似的数据库进行校正的。目前，即由于采用了最新数据库，新开发的方法与目前的数据库吻合最好。通常情况下，数据库研究显示预测值与实测值的平均比值为 1 ± 0.1，标准差约在 $0.2 \sim 0.3$ 范围内。

表 5-3 式（5-33）中用于轴摩擦估算的参数值

方法	参量							
	—	a	b	c	d	e	u	v
Fugro-05	压缩	0.043	0.45	0.90	0	1	0.05	—
	张力	0.025	0.42	0.85	0	0	0.15	—
Simplified ICP-05	压缩	0.023	0.2	0.4	1	0	0.1	—
	张力	0.016	0.2	0.4	1	0	0.1	—
Offshore UWA-05	压缩	0.030	0.3	0.5	1	0	0	2
	张力	0.022	0.3	0.5	1	0	0	2

然而，这些统计数据不应作为评价这些方法在设计海上桩基础时的安全性和可靠性的依据。常常有人误以为这些统计数据可以用来判断由特定的设计方法与给定的安全因素结合而产生的可靠性。海上桩一般比现有数据库中几乎所有桩都大，承受的荷载也大得多。

因此，这些方法的使用涉及超出每种方法校准所依据的桩几何尺寸和荷载范围。

这些方法在估计侧摩阻力和端阻力时都采用相同的表达形式，但是在机理上存在一些差异，并且经验拟合参数不同，如表 5-3 所示。因此，这些方法对现场尺度桩的承载力预测存在显著差异——最大偏差可达 50%，其分布取决于锥尖阻力曲线的平均值和形状以及桩的几何尺寸（Lehane et al., 2005b）。设计人员可能会面临设计荷载超过根据其中一种新设计方法计算的承载力，但根据另一种设计方法，该荷载却在可承受范围内的情况，即使该承载力已经根据数据库统计数据得到的安全系数被降低。

这种矛盾给设计师带来了困难，因此在应用这些新设计方法时需要谨慎。API 评论指出："所有这些新方法都需要丰富的经验，才可以推荐任何一种方法用于常规设计"。一种保守的方法也许过于保守，所以需要采用每种方法预测的承载力的最小值。

可以通过统计分析来预测由于将数据库外推增加的不确定性（Zhang et al., 2004；Schneider, 2007）。该类型的分析结果表明，当将目前的数据库外推到海上大直径桩基础时，目前正在使用的安全系数并不适用。但是，经验表明，当前方法的可靠性仍然可以接受，这很可能是因为额外的因素提供了额外的承载力，例如时间效应（经常可以观察到桩承载力随时间增加而明显增大的现象）和结构性冗余已经开始发挥作用。

岩土界对表 5-3 中经验参数的"正确"值仍没有达成共识，也不太可能达成共识。相反，我们应该认识到，海上桩基础的侧摩阻力受土体响应的影响，而这些影响不能仅由 CPT 数据和所采用的打入步骤来确定。这些影响使我们得出这样的观点：砂土中桩轴向承载力的预测总是存在较大的不确定性，这一不确定性比岩土工程大多数其他领域的发现都要大。

5.6.11 钙质砂中的侧摩阻力

在对澳大利亚近海 North Rankin 天然气平台的桩基础进行了必要的升级工程之后，人们越来越普遍地认识到，钙质砂中打入桩的侧摩阻力非常小（Jewell and Khorshid, 1988）。前述传统的砂土设计方法可能存在显著的不保守性。

图 5-21 对比了 North Rankin 的 A 点和全球其他钙质砂的荷载测试数据的平均 τ_{sf} 值。即使在桩长大于 100 m 的情况下，平均 τ_{sf} 值也只在 10 kPa 左右。这几乎比硅质砂的预计值低两个数量级。

钙质砂中的 q_c 值普遍比硅质砂低一个数量级。但是，仅 q_c 值不同并不能解释 τ_{sf} 较低这一现象。第 5.5.1 节至第 5.5.5 节所述的机制阐明了其基本行为。因为钙质砂中的 q_c 值普遍比硅质砂低一个数量级，且 f_s/q_c 具有可比性，因此，应力损失的额外数量级与摩擦疲劳有关。

这与剪切时钙质砂的剪缩行为相一致。桩-土界面的循环荷载导致钙质砂比硅质砂收缩更大，因此 σ_h' 损失更大。捕捉这种行为的一种方法是采用较高的摩擦疲劳指数 "c" 值（如式（5-29）所示），再加上一个不能衰减的 τ_{sf} 最小值（Schneider et al., 2007）。

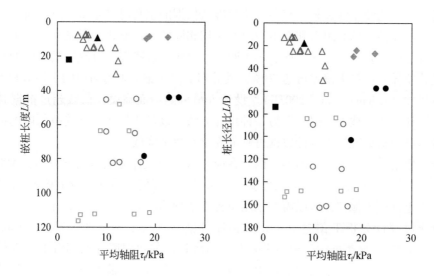

图 5-21   碳酸盐砂土中桩的平均单位侧摩阻力（Schneider et al.，2007）

5.7   灌注桩轴向承载力

5.7.1   极限侧摩阻力的估算

在存在钙质土和需要将桩基嵌入岩体中的情况下，有时会使用灌注桩。在这些工况下，可参考的规范非常有限。这些条件下的设计方法一般依赖于当地经验，并且应根据所使用的施工技术进行调整（见第 5.2.3 节）。

在未胶结的沉积物中，灌注桩的侧摩阻力取决于灌浆压力。灌浆压力控制着作用于地层的侧向应力，因此，灌浆压力可以决定侧摩阻力大小。在胶结沉积物和岩石中，桩-土界面的强度决定了侧摩阻力的大小。在这两种情况下，初始加载阶段的剪胀会显著提高峰值侧摩阻力。与打入桩不同，灌注桩与土的接触面未经剪切，因此更易剪胀。

一种较为保守的方法是忽略剪胀效应，采用与注浆压力相等的水平应力，如果灌浆速度够快，在水泥浆硬化之前可以填满全孔，那么可以假设水平应力与静灌浆压力相等。如果水泥浆硬化后收缩，最终的水平应力将低于灌浆压力，而硬化后剪胀有助于增加水平应力。

将水平应力等效为灌浆压力的方法忽略了剪胀的有利作用，这导致侧摩阻力出现显著的应变软化。在澳大利亚近海发现的胶结钙质沉积物中，Abbs（1992）建议峰值侧摩阻力采用锥尖阻力 q_c 的 2%。这为现有的现场测试提供了一个保险的下限，但是在低锥尖阻力的轻度胶结地层中可能过于保守。Joer 和 Randolph（1994）提出了另一种方法，峰值侧摩阻力表示为

$$\frac{\tau_{sf}}{q_c} = 0.02 + 0.2e^{-\frac{0.04q_c}{p_a}} \tag{5-34}$$

由模型试验得出的关系式与相似土体类型中钻孔灌注桩的现场数据吻合较好。灌注桩的平均承载力略高。随着 q_c 降低，τ_{sf}/q_c 增加，这与注浆过程中软土的固结压缩有关，图 5-22 中相对分散的数据给出了这种趋势。这是因为单独的 q_c 不能代表所有的控制参数，包括土-灌浆界面的剪胀性和周围土体的约束刚度。在设计中，通常在 CNS 条件下（模拟周围应力约束环境）进行灌浆-土剪切盒试验以评估峰值侧摩阻力。由于灌注桩侧摩响应的脆性，还需要进行荷载传递分析来评估桩身的渐进破坏程度。灌注桩的极限侧摩阻力一般远低于沿桩的峰值侧摩阻力的总和。

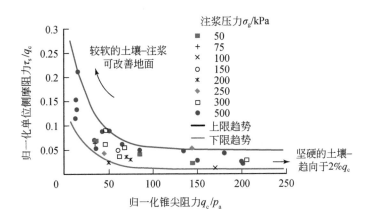

图 5-22　注浆打桩：侧摩阻力与锥尖阻力的比较（Joer et al., 1998）

5.7.2　极限端阻力的估算

　　考虑到钻井过程中的土体软化或碎石落入孔内导致桩端无法产生承载力，因此灌注桩的端阻力常被忽略。

　　另外，如果沉降量在允许范围内，则可以通过锥尖阻力 q_c 来估算桩端阻力，在设计中通常假设 $q_{bf}/q_c = 0.15 \sim 0.2$，土体较密实（即 q_c 较高）时为下限。

5.8　轴　向　响　应

5.8.1　设计的相关性

　　基础设计通常分为极限状态（ULS）和正常使用极限状态（SLS）评估，其中 ULS 跟基础强度有关，SLS 与工作载荷下的沉降有关（即刚度）。在陆上设计中，基础上部通常是脆性混凝土或带窗的砌体结构，因此通常由 SLS 控制设计。

　　在海上设计中，工程师们并不太关注沉降问题。由于海洋平台结构与海平面间有较大空隙，因此海上结构在安装过程中能够承受相当大的均匀沉降。又因为钢制导管架结构是可延展的，因此有限的差异沉降也是被允许的。

然而，在下列设计时，必须考虑海上桩基础的荷载-沉降响应。

（1）渐进破坏：降低"理想"承载力。桩的压缩会引起桩土之间位移随桩长的变化。如果侧摩阻力响应是应变软化（即从峰值下降到残余值），则渐进破坏会降低桩"理想"的承载力；

（2）循环荷载：降低"理想"承载力。循环荷载加剧了侧摩阻力的响应的应变软化。在循环荷载作用下，桩头的显著位移会导致侧摩阻力急剧减小，基础强度（和刚度）降低；

（3）动态响应。基础刚度影响结构的固有频率，从而影响结构在循环荷载作用下对共振和动力放大的敏感性；

（4）基础构件的相对刚度。一些导管架结构如大型防沉板，可以用来承受较大的服役荷载，并在安装桩之前保证暂时的稳定性。桩的相对刚度和防沉板的响应将影响两个基础构件之间的荷载分布。

在改造加固结构时，增加的构件必须有足够的刚度，从而分担原有基础承担的荷载。改造加固的例子可参考第一代 Bass 海峡平台上的外部支撑加固系统。

安装在巴斯（Bass）海峡平台上的外部支撑方案如图 5-23 所示。这些支柱可提供额外的支撑力，以提高原有桩基础的承载力。支柱的刚度可在基础达到最大承载力之前提供额外的强度。如果支柱过于柔软，设计则无效。

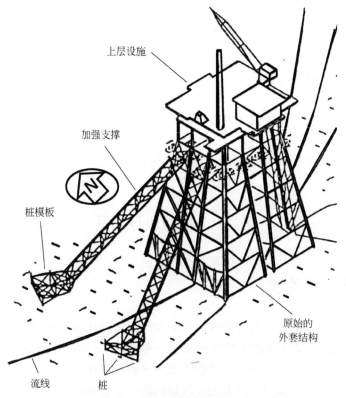

图 5-23 巴斯海峡平台支柱加固方案（Wiltsie et al., 1988）

基于上述考虑，通常在设计过程中，有必要对桩基础进行轴向和横向上的荷载–位移模型分析。通过分析不仅能反映桩基础的刚度，还可以反映桩基础的真实极限承载力，当桩的侧摩阻力体现出脆性材料行为时，桩的实际极限承载力会受到渐进破坏和循环荷载的影响。

5.8.2　荷载传递分析

桩的荷载–沉降特性通常采用荷载传递分析方法进行评估。该技术利用分布在整个桩身和桩底的一系列"弹簧（springs）"来模拟桩土相互作用。但该模拟过程没有对从桩附近到远处的土体单元进行准确的建模分析，而是将土体响应整合到桩的位移和阻力之间的简单关系中。

在任何位置，一对弹簧代表轴向和横向响应。这种弹簧最简单的形式是弹性的，或完全弹塑性的（即有局部剪应力或侧向压力的极限最大值）。但是，工程师们一般习惯使用非线性的"弹簧"，随着荷载水平的增加，割线刚度逐渐减小，并且在荷载传递峰值后可能出现应变软化。

荷载传递方法的优点之一是，完整的导管架和桩基础可以在一个标准的结构分析中进行统一分析，用非线性的荷载传递弹簧代替土体。该方法的一个局限性是无法对相邻桩之间的相互作用（通过连续土体）直接建模，以及在选择荷载传递参数方面倾向于根据以往经验，这与连续土体的实际特性不相符。

建模形式如图 5-24 所示。该模型使用简单的非线性荷载传递（无应变软化）。该模型分析了轴向和横向弹性刚度与土的剪切模量 G 之间的关系。这些值来自第 5.8.4 节和第 5.8.5 节中求得的弹性解。

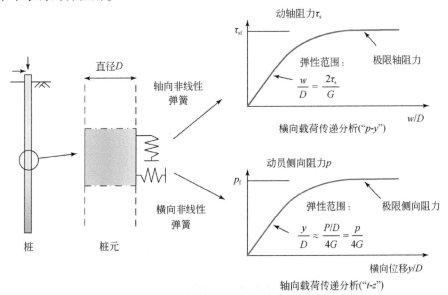

图 5-24　单桩单元的荷载传递分析

桩身竖向沉降 w 与激发的剪应力 τ_s 之间的关系称为 "t-z" 曲线。桩身沉降的符号因来源而异，本书中使用 w，通用术语 "t-z" 曲线中使用的符号与实际沉降符号无关。桩身侧移量 y 与水平单位长度土阻力 p 之间的关系称为 "p-y" 曲线。

获得 "t-z" 和 "p-y" 曲线分析的输入参数有多种方法。最终的轴向承载力可以利用第 5.4 节至第 5.7 节中介绍的方法推导出来。响应的初始刚度可以通过测量土的刚度来评估，并结合相应的变形模式的弹性解来确定（如第 5.8.4 节）。非线性和循环情况下可以从高级土工试验中得到，特别是模拟短桩–土界面的试验，如 CNS 试验。通过荷载试验结果也可以反算出非线性和循环条件下的 "t-z" 和 "p-y" 曲线。

5.8.3 数值解法

采用非线性 "t-z" 或 "p-z" 曲线时，荷载–沉降响应不能采用闭合形式计算，必须使用软件，采用有限差分法或动态松弛法对变形进行增量计算。

这种桩的响应模型通常通过编程实现，编程可实现轴向或横向荷载的梁柱方程。结构工程常采用控制微分方程，在工业上也有各种各样的程序可实现。

短桩单元轴向响应的控制方程如图 5-25（a）所示，该方程是由桩的竖向平衡与弹性压缩相结合获得的。短桩单元横向响应的控制方程如图 5-25（b）所示，该方程是由桩的水平平衡和弯矩平衡以及弹性弯曲相结合获得的。

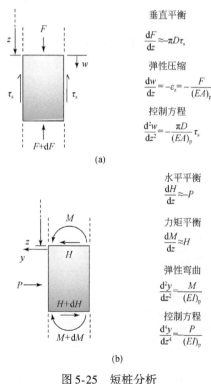

图 5-25　短桩分析
（a）轴向响应；（b）横向响应

对于等效的实心圆桩，必须计算桩的轴向刚度 $(EA)_p$，因此要保持周长（侧摩阻力作用与周长相关）和竖向压缩系数 F/ε_z 不变。对于一定壁厚的钢管桩 t：

$$(EA)_p = E_p \left(\frac{\pi D^2}{4}\right) = E_{steel} A_{steel} \approx E_{steel}(\pi D t) \tag{5-35}$$

常用的荷载传递分析软件是 UWA 开发的用于"t-z"曲线分析的 RATZ（Randolph，2003b）和用于"p-y"曲线分析的 PYGMY（Stewart，2000）。

5.8.4　刚性桩的弹性解

桩周变形机理包括桩周剪切和桩底压缩。由桩体和周围土体组成的水平圆片的变形弹性解可以求出桩体 τ_s-w 响应的初始斜率。对于具有线性 t-z 响应的刚性桩，可以推导出土体刚度与桩顶刚度的简单关系式。

1. 桩身响应

可以假设桩单元的侧摩阻力由同心圆环上的剪应力提供（图 5-26）。从平衡状态看，剪应力随距桩身距离的增大而减小。

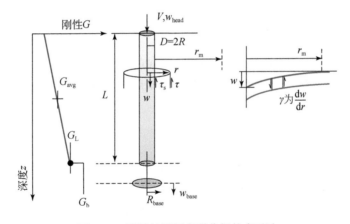

图 5-26　刚性桩周围变形分析的表示法

在半径 r 处：

$$\tau = \tau_s \frac{R}{r} \tag{5-36}$$

变形可近似为垂直面上的剪切应变 γ：

$$\gamma \approx \frac{dw}{dr} \tag{5-37}$$

为了保证平衡和协调（变形），假设弹性响应：

$$\frac{\tau}{\gamma} = G \tag{5-38}$$

为了积分上述方程，需要进一步的假设。由于剪应力和应变在无穷远之前不会衰减到零，因此必须选择变形区域的边界，以便得到有限的刚度 τ_s/w。因此引入半径 r_m，超过这个半径，就假定应变为零（Randolph and Wroth，1978）。得到的积分（结合式（5-36）至式（5-38））为

$$W = \int_{r=R}^{r=r_m} \frac{\tau_s R}{Gr}\mathrm{d}r = \frac{\tau_s R}{G}\ln\left(\frac{r_m}{R}\right) = \frac{\tau_s R}{G}\zeta \tag{5-39}$$

该半径 r_m 除以桩半径的对数定义了一个无量纲的影响区域 ζ。通过有限元分析表明，极限半径与桩长相等。无量纲影响区域一般在 $\zeta = 3 \sim 5$ 范围内（Baguelin and Frank，1979），通常假设 $\zeta = 4$，这使得 $t\text{-}z$ 响应的初始斜率 $\tau_s/w = G/4R = G/2D$。

与数值分析相比，ζ 更精确的关系为

$$\zeta = \ln\left\{\left[0.5 + (5\rho(1-v) - 0.5)\zeta\right]\frac{L}{D}\right\} \text{ 或 } \zeta = \ln\left\{5\rho(1-v)\frac{L}{D}\right\}, \quad \zeta = 1 \tag{5-40}$$

式中，ζ 为端承模量比（图5-26）。

由上面方程可得出

(1) 激发的剪应力随 $1/r$ 衰减；只有非常接近桩侧的土体才能承受较大的荷载。

(2) 沉降随 $\ln(1/r)$ 衰减；显著沉降会从桩侧延伸一定距离，所以沉降槽较大。

对于刚性桩，沿整个桩身长度将产生相等的沉降 w，因此整个桩的侧摩阻力的弹簧刚度为

$$\frac{Q_s}{w} = \frac{2\pi LG_{avg}}{\zeta} \tag{5-41}$$

由于这是一种弹性分析，所以可以使用沿桩长方向的平均土体刚度 G_{avg}，从而考虑非均质土体的存在。非均匀土体的表示法，包括较高的基底刚度（如果桩倾斜进入持力层），如图5-26所示。

2. 桩底响应

将桩基础视为作用于弹性半空间上的刚性体，可以计算桩基础响应的初始刚度。经典解（如前所述的圆形浅基础）为

$$w_{base} = \frac{Q_b}{R_{base}G_{base}}\frac{(1-v)}{4} \tag{5-42}$$

引入不同的基础半径和刚度参数，以调整硬地层中扩大的（扩孔）基础和倾斜的桩。

3. 桩头响应

结合桩身和桩底的弹性解，可以求出刚性桩桩头的响应。该系统可以将其理想化为平行于轴和基底的弹簧（图5-27），因此，桩头的刚度 V/w_{head} 是两个刚度之和：

$$\frac{V}{w_{head}} = \frac{Q_b}{w_{head}} + \frac{Q_s}{w} \tag{5-43}$$

因此，刚性桩的刚度可表示为

$$\frac{V}{w_{head}} = \frac{4R_{base}G_{base}}{1-v} + \frac{2\pi LG_{avg}}{\zeta}$$

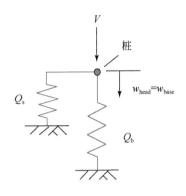

图 5-27　刚性桩系统

$$\frac{V}{w_{\text{head}}DG_{\text{L}}} = \frac{2}{1-\nu}\frac{G_{\text{base}}}{G_{\text{L}}}\frac{D_{\text{base}}}{D} + \frac{2\pi}{\zeta}\frac{G_{\text{avg}}}{G_{\text{L}}}\frac{L}{D}$$

$$\frac{V}{w_{\text{head}}DG_{\text{L}}} = \frac{2}{1-\nu}\frac{\eta}{\zeta} + \frac{2\pi}{\zeta}\rho\frac{L}{D} \tag{5-44}$$

使用无量纲变量简化这些表达式：

$$\eta = R_{\text{base}}/R = D_{\text{base}}/D \qquad\qquad 基底扩大比例；$$
$$\rho = G_{\text{avg}}/G \qquad\qquad 刚度梯度比；$$
$$\xi = G_{\text{L}}/G_{\text{base}} \qquad\qquad 基地刚度比；$$
$$L/D \qquad\qquad 长径比。$$

在式（5-44）中输入不同参数的组合，获得曲线如图 5-28 所示。

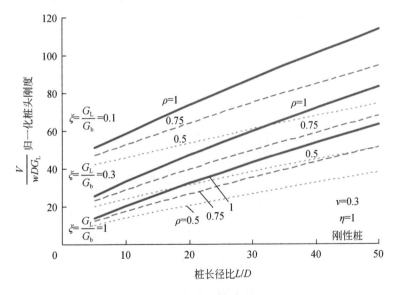

图 5-28　刚性的桩头刚度（式（5-44），Fleming et al.，2009）

5.8.5　柔性桩响应的弹性理论

第 5.8.4 节是针对刚性桩进行介绍。但是，如果桩是柔性的，那么采用刚性解会使桩头刚度的计算结果较实际偏大。随着桩长增加，在桩身的下部和底部的位移成为头部沉降的小部分。因此，桩长增加并不会使桩头刚度成比例增加。

对柔性桩的分析如图 5-29 所示。式（5-44）并不适用柔性桩，适用柔性桩的计算方法可将式（5-39）与桩的轴向特性控制方程（图 5-25）相结合得出：

$$\frac{\mathrm{d}^2 w}{\mathrm{d}z^2} = \frac{2\pi G}{\zeta (EA)_\mathrm{p}} w = \mu^2 w \tag{5-45}$$

式中，μ 为衡量桩柔性程度的参数（量纲为 $[L]^{-1}$），与桩土刚度比 $\lambda = E_\mathrm{p}/G_\mathrm{L}$ 有关：

$$\mu = \frac{\sqrt{\dfrac{8}{\zeta \lambda}}}{D} \tag{5-46}$$

将桩底边界条件代入，求解式（5-46），得到无量纲桩头刚度的表达式：

$$\frac{V}{w_\mathrm{head} D G_\mathrm{L}} = \frac{\dfrac{2\eta}{(1-\nu)\zeta} + \rho \dfrac{2\pi}{\zeta} \dfrac{\tanh\mu L}{\mu L} \dfrac{L}{D}}{1 + \dfrac{1}{\pi\lambda} \dfrac{8\eta}{(1-\nu)\zeta} \dfrac{\tanh\mu L}{\mu L} \dfrac{L}{D}} \tag{5-47}$$

该表达式的分子由桩底刚度（第一项）和桩身刚度（第二项）组成。分母的第二项通常比较小（除非是柔性程度很大的桩）。桩的柔性程度对桩头刚度的影响由 $(\tanh \mu L)/\mu L$ 控制，如图 5-30 所示。图 5-31 对式（5-47）中的一系列无量纲输入参数进行了评估（对于无扩孔的情况，$\eta = 1$，桩底刚度 $\zeta = 1$）。

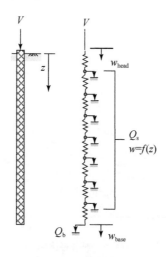

图 5-29　柔性桩系统

从图 5-30 和图 5-31 可以确定两个极限区域。

1. 极限区域 1: 有效刚性

对于较短的刚性桩, λ 趋向无穷, 所以 μL 趋向 0, 即 $(\tanh \mu L)/\mu L$ 趋向 1, 此时式 (5-47) 为刚性解 (与式 (5-44) 相同)。所以, 当

$$\frac{L}{D} < \frac{\sqrt{\lambda}}{4} \tag{5-48}$$

此时求的为桩的有效刚度 (图 5-31 中不同 λ 曲线收敛的区域)。这种情况下, 桩在加载过程中的柔性可以忽略不计, 桩头刚度独立于桩本身的刚度 E_p。

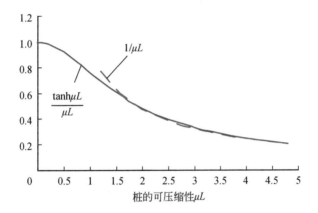

图 5-30 桩刚度解中可压缩项的形式

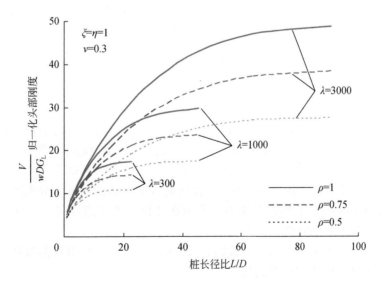

图 5-31 柔性桩头刚度 (式 (5-48), Fleming et al., 2009)

2. 极限区域2：与长度无关的刚度

随着桩长增大或柔性增大，参数 μ 增大。当 $\mu L = 2$ 时，$\tanh \mu L = 0.96$；当 μL 趋向无穷时，$\tanh \mu L$ 趋向1。因此，当 μL 的值大于2时，$(\tanh \mu L)/\mu L$ 近似等于 $1/\mu L$（图5-30）。此时，式（5-47）分子的第一项和分母第二项可以忽略，方程简化为

$$\frac{V}{w_{head} D G_L} = \frac{\pi \rho}{\sqrt{2}} \sqrt{\frac{\lambda}{\zeta}} \tag{5-49}$$

桩头刚度的表达式不含 L。因此桩头的刚度与桩长无关，这表明由于上部受压，桩底的位移和荷载传递可以忽略不计。判别条件为

$$\frac{L}{D} > 1.5\sqrt{\lambda} \tag{5-50}$$

认为桩的刚度与 L 无关。这就确定了桩的某一长度，超过该长度，任何额外的长度都不会增加桩头刚度。在图5-31中，表现为曲线变平且刚度不随 L/D 的增加而增大。

进一步的近似简化可以得到极限桩头刚度。在给定直径和土体条件的情况下，无论桩长 L 增加多少，所能达到的最大桩头刚度为（式（5-49），假设 $\zeta = 4$）

$$\frac{V}{w_{head}} \approx D\rho \sqrt{E_p G_L} \tag{5-51}$$

为了保持一致，当使用这种近似简化来限制桩头刚度时，应将传递荷载的 G_L 作为桩"活动"部分底部的值。由于"活动"长度定义为 $L/D = 1.5\sqrt{\lambda}$（式（5-50）），G_L 应为深度 $z = 1.5D\sqrt{\lambda}$ 处的剪切模量。该深度以下，不会发生明显的荷载转移。

对于刚性桩和柔性桩，这两种弹性解均是理想化的，在实际应用中往往并不适用。但是，它们可以为理解 t-z 荷载传递刚度与桩自身刚度之间的相互作用提供基础。同时，弹性解也是重要的基准测试方法，用于检查轴向桩的数值分析，然后再考虑场地的具体条件，如分层和非线性 t-z 曲线。

5.8.6 非线性 t-z 曲线

上一节所述的弹性解为 t-z 曲线初始斜率提供了解析表达式。由于接近破坏时，土体刚度随应变水平的增大而减小，所以随沉降量增大，t-z 曲线也趋于平缓。

当 $\tau_s \rightarrow \tau_{sf}$ 时，t-z 响应在极限处斜率趋于零，在某些情况下软化为残值 $\tau_{s,res}$。软黏土中普遍存在软化现象，这可能是由于桩-土界面处残余剪切面发展，界面摩擦角减小，或者是由于界面剪切时产生了超孔隙压力。若为灌注桩，由于灌注桩与土体之间的胶结失效，仅在桩与周围土之间有摩擦阻力衰减。

在实际应用中介绍了多种数学形式的 t-z 曲线；下一节将介绍双曲型和抛物线型，以及 API RP 2A 中推荐使用的标准曲线。

5.8.7 t-z 曲线：API 规范

API RP 2A（2000）提供了可用于轴向分析的荷载传递曲线（图5-32）。在黏土中，

响应近似抛物线,位移达到桩径1%时达到峰值剪应力。在峰值之后,假定有一定程度的应变软化,当位移为2%时,单位轴阻力最多减少30%。

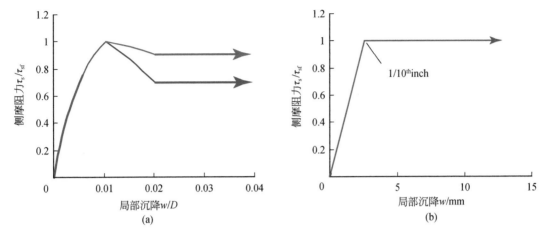

图 5-32 "*t-z*" 曲线的 API 准则
(a) 黏土;(b) 砂土 (API 2000)

在砂土中,假定存在线性 *t-z* 响应直至达到某一沉降量,在单调荷载作用下无应变软化。对于砂土和黏土的地基响应,建议采用相似的曲线 (图 5-33),这种反应可能是偏保守的。假定桩身沉降 $0.1D$ 时达到的最大极限承载力 q_{bf},但一般认为,随着桩身沉降的增加,阻力会进一步增大。然而,在大多数荷载传递计算中,对残余荷载的忽略弥补了这一缺陷。安装后,打入桩不太可能无应力,但会有一部分基地荷载被桩下部的负的侧摩阻力截留。荷载传递分析通常忽略残余荷载,因此低估了桩下部的附加侧摩阻力,高估了基底阻力中相等的分量。

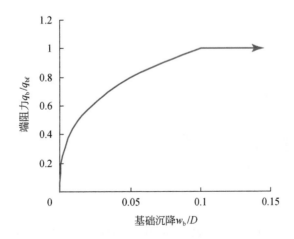

图 5-33 基底响应的 API 准则 (API 2000)

5.8.8 其他 "*t-z*" 模型

在荷载传递过程中，采用了基于土的双曲应力应变响应和抛物线应力应变响应的 *t-z* 曲线形式。图 5-34 为 RATZ 的示例。

双曲模型采用的刚度衰减参数 R_f 随沉降量 z 变化，表达形式为

$$W = \frac{\tau_s D}{2G_i} \zeta_{hyp} \tag{5-52}$$

式中，G_i 为用于确定 *t-z* 曲线初始斜率的刚度（常取小应变初始刚度 G_0），R_f 控制非线性的形状，根据：

$$\zeta_{hyp} = \ln\left(\frac{\dfrac{r_m}{R} - \psi}{1 - \psi}\right) \tag{5-53}$$

式中，

$$\psi = \frac{R_f \tau_s}{\tau_{sf}} \tag{5-54}$$

双曲 *t-z* 曲线仅限于 $\tau_s < \tau_{sf}$ 时（图 5-34）。

在抛物线模型中，*t-z* 曲线的初始斜率按式（5-39）计算。从抛物线的几何形状来看，τ_{sf} 对应的位移是线性响应值的两倍。这种位移 w_f 表达为

$$w_f = \frac{2\tau_{sf} R}{G} \zeta \tag{5-55}$$

得到 *t-z* 的响应为（图 5-34）

$$\tau_s = \tau_{sf}\left[2\frac{w}{w_f} - \left(\frac{w}{w_f}\right)^2\right] \tag{5-56}$$

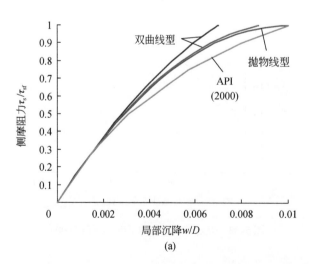

(a)

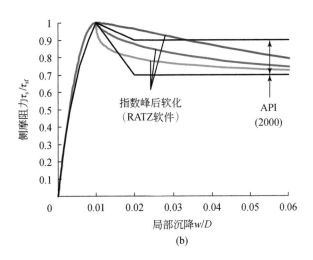

图 5-34 典型 "t-z" 模型 (Randolph, 2003b)

(a) 峰值前；(b) 峰值后

利用软化参数 η_{res} 对 Δw_{res} 峰值后位移的残余侧摩阻力 $\tau_{\mathrm{s,res}}$ 进行建模 (图 5-34)，其关系如下，其中 Δw 为峰后位移：

$$\tau_{\mathrm{s}} = \tau_{\mathrm{sf}} - 1.1(\tau_{\mathrm{sf}} - \tau_{\mathrm{s,res}})\left[1 - \exp\left(-2.4\left(\frac{\Delta w}{\Delta w_{\mathrm{res}}}\right)^{\eta_{\mathrm{res}}}\right)\right] \tag{5-57}$$

5.8.9　长桩的渐进破坏

应变软化效应会导致细长桩的渐进破坏，使实际承载力小于理想 (刚性桩) 承载力。如果桩是刚性的，则峰值侧摩阻力沿整个桩长同时产生。然而，如果桩是柔性的，当桩的底部达到峰值时，桩的顶部将位于 t-z 响应的软化部分。因此，最大侧摩阻力仅为理想值的一小部分 (图 5-35)。

渐进破坏的程度取决于桩的柔性程度和抵抗从峰值到残余值衰减所需的位移值。由此产生的侧摩阻力减少量可表示为

$$Q_{\mathrm{sf,actual}} = R_{\mathrm{prog}} Q_{\mathrm{sf,ideal}} \tag{5-58}$$

可以用一个简单的设计图表估算桩的柔性程度函数导致的桩承载力减少量。无量纲的柔度系数 K 是桩在最大轴向承载力下的弹性缩短与应变从峰值到残余软化所需位移之比，表示为

$$K = \frac{\text{弹性缩短}}{\text{应变从峰值到残余软化所需位移}} = \frac{(\pi D \tau_{\mathrm{sf}} L)L}{(EA)_{\mathrm{p}} \Delta w_{\mathrm{res}}} \tag{5-59}$$

图 5-36 显示了在特定形式下的软化响应下，K 和 R_{prog} 之间的关系。

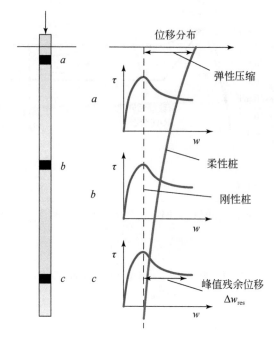

图 5-35　长桩的渐进破坏

峰值至残余位移 Δw_{res} 通常为 20 ~ 40 mm，该值可以通过环刀试验或 CNS 试验测得。软化强度比（$\xi_{\text{soft}} = \tau_{\text{s,res}} / \tau_{\text{sf}}$）是指黏土中残余强度与峰值强度之比。在胶结土中，尤其是在钙质土中，ξ_{soft} 可能非常低，这不是由于 $\tan\delta$ 的变化，而是由于剪切时水平有效应力的损失。

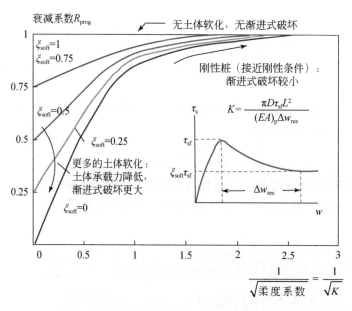

图 5-36　渐进破坏设计图（据 Randolph，1983）

5.8.10 循环荷载

循环荷载可导致砂和黏土中的侧摩阻力显著降低，尤其是在胶结状态下，这种影响在钙质砂中更为严重。在黏土中，这种现象通常与超孔隙水压力累积有关；而在砂土中，这种响应是由于桩附近致密化导致的应力释放所致。这两种机制表现出相同的行为——在桩–土界面的剪缩。如果横向位移导致额外的软化或桩上部周围间隙的张开，循环水平荷载的存在可能加剧侧摩阻力的降低。

侧摩阻力随循环次数的增加而逐渐降低，并且在较大循环次数下以较高的速率降低。在单元层面上（模拟桩下方一个特定点），单向循环荷载将导致沉降增加，随后当小于单调加载所得的轴向阻力值时发生破坏力值低于单调荷载下获得值处破坏。在双向循环荷载作用下，平均沉降量变化不大，但随着土的刚度降低，循环振幅增大，随后发生破坏。这种破坏可能在侧摩阻力较低的情况下发生。双向加载比单向加载更容易导致侧摩阻力下降。

这种现象的总体影响是荷载从桩的上部向桩的下部转移，因此，桩下部的退化更为严重。

在现场和实验室中，许多研究表明了循环 t-z 行为：对于在黏土中的研究，有 Bea 和 Audibert（1979）、Karlsrud 和 Haugen（1985）、Bea（1992）、Bogard 和 Matlock（1990）；对于未胶结硅质砂，有 Jardine 和 Standing（2000）；对于钙质砂（未胶结和胶结），有 Poulos（1988）和 Randolph 等（1996）。

Matlock 和 Foo（1980）、Randolph（1988）、Poulos（1989）、Kalrsrud 和 Nadim（1990）以及 Bea（1992）描述了用于捕捉 t-z 响应现象的简单模型。一般方法是将规则合并在逐周期基础上以更新极限侧摩阻力（在某些情况下还包括 t-z 响应的形状）。在下面的讨论中，将通过一个循环 t-z 模型阐述该方法，该模型用于模拟弱钙质岩中灌注桩的响应（Randolph et al., 1996）。

图 5-37 所示为钙质岩中的短模型桩（可以理想化为刚性桩，从而直接表明 t-z 响应）单向循环荷载试验，并与单调荷载下的响应进行比较。在此情况下，一旦循环荷载下的累

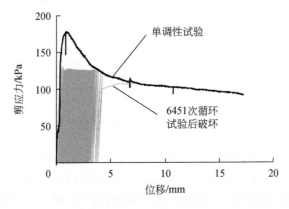

图 5-37 钙质岩的单向循环响应（杆剪切试验数据）（Randolph et al., 1996）

积位移达到单调荷载包络线，就会发生破坏。这种观测结果可用于推导简单的算法，以便对循环荷载传递响应进行建模。

轴向桩荷载传递程序 RATZ 有内置算法来模拟循环荷载下的衰减。每个周期内的塑性位移定义为"弹性"位移之外的所有位移，这是通过外推 t-z 曲线的初始斜率得出的（图 5-38）。在 RATZ 中，在剪切应力 τ_{sy} 下，可定义 t-z 曲线的初始弹性范围，直到屈服点；超过该屈服点时，响应为双曲线或抛物线。在 RATZ 使用的术语中，屈服点定义为 ξ/τ_{sf}。

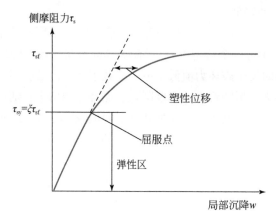

图 5-38　非线性 t-z 响应的"弹性"和"塑性"部分

在循环荷载下，该塑性位移被视为附加单调位移，如果超过了达到 τ_{sf} 时的单调位移，则会导致有效侧摩阻力的降低。该方法可预测单向和双向循环荷载下的 t-z 响应，如图 5-39 所示。

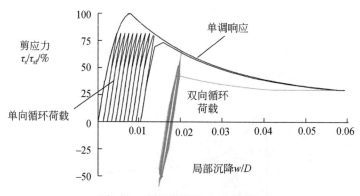

图 5-39　循环荷载的 RATZ 模拟

在单向荷载作用下（所有塑性位移都发生在正方向过程中时），该模型循环荷载沉降响应服从单调响应的包络线。然而，在双向循环荷载作用下，循环的反方向也会产生塑性位移，因此曲线在较低的净位移下软化。这种对比在图 5-39 所示的单向和双向曲线的软化部分很明显。

这种形式的循环 t-z 模型的性能可通过使用 t-z 单元模拟土单元试验（代表荷载传递分析中的单个节点）来评估。除了比较每个试验中准确的荷载位移响应，还可以比较实际土体和 t-z 模型的循环荷载水平和破坏所需循环次数之间的关系（图 5-40）。

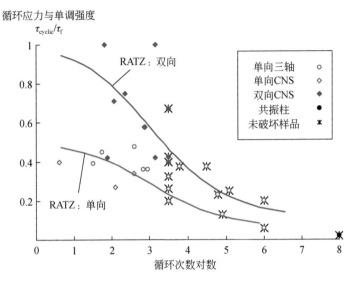

图 5-40　碳酸盐岩土循环稳定性（S-N）图及 t-z 单元（Randolph et al.，1996）

5.8.11　循环稳定性图

与利用循环土单元试验结果导出循环稳定性图一样，循环土单元试验结果也可用于桩的侧摩阻力的计算。循环施加的侧摩阻力荷载可以用平均分量与循环分量来表示，并由最大静承载力标准化（图 5-41）：

（1）归一化平均侧摩阻力 $= Q_{s,cyc,mean}/Q_{sf}$；

（2）归一化循环侧摩阻力 $= Q_{s,cyc,amp}/Q_{sf}$。

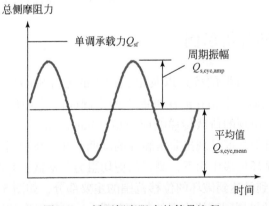

图 5-41　循环侧摩阻力的符号注释

　　可用表示 $Q_{s,cyc,mean}$ 和 $Q_{s,cyc,amp}$ 之间关系的示意图来定义循环加载的稳定模式。循环稳定包络线下的循环荷载组合不会导致破坏。通过包含显示导致破坏的循环数的等值线，可以使图表表达的内容更加细致。三种简单的相互关系示意图如图 5-42 所示。

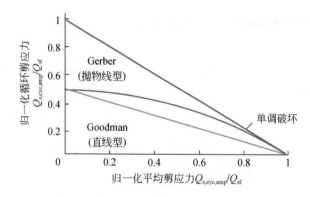

图 5-42　简单形式的循环稳定性示意图

　　Gerber 关系在金属疲劳分析中得到了广泛的应用，而更为简单的 Goodman 关系相对保守。Gerber 循环稳定条件：

$$\frac{Q_{s,cyc,amp}}{Q_{sf}} < \frac{1}{2}\left(1-\frac{Q_{s,cyc,mean}}{Q_{sf}}\right)^2 \tag{5-60}$$

Goodman 循环稳定条件：

$$\frac{Q_{s,cyc,amp}}{Q_{sf}} < \frac{1}{2}\left(1-\frac{Q_{s,cyc,mean}}{Q_{sf}}\right) \tag{5-61}$$

对于一个特定的设计问题，循环稳定图可以通过荷载传递软件的参数研究得到，也可以从模型试验中得到。然而，桩身几何形状和桩身长度上的土体综合特性对桩身总承载力循环稳定图的形状有一定的影响。这是因为该图捕捉到了发生渐进破坏的趋势，这与桩的轴向刚度（与 t-z 响应衰减的距离有关）有关。因此，循环稳定图不仅是针对特定场地的，而且是针对特定桩基的，因此应在此基础上推导。如果有相关的小规模试验结果，则应将其反卷积成适当的循环 t-z 曲线，并由此推导出所求桩体的几何形状下的循环稳定性图。

5.8.12　荷载传递分析示例

　　循环 t-z 模型对 CNS 数据的校正以及由此产生的循环桩响应，以 Randolph 和 White（2008a）在不同胶结钙质土中钻孔灌注桩的设计为例进行了说明。图 5-43 显示了从 CNS 测试和灌浆剖面测试中出现的荷载传递响应类型（Randolph et al.，1996）。在单调位移作用下，胶结钙质土的抗剪强度呈现出非常脆性的降低，并且在相当大的位移作用下表现出逐渐退化的趋势。在循环位移作用下，测得的剪切阻力非常低，有时低至峰值剪切应力的 1%。低剪切阻力延伸到已达到破坏的位移范围的主要部分，如图 5-43 所示为"间隙"区域（类似于横向加载的桩周围可能出现的物理间隙）。抗剪强度从间隙区出现后，逐渐恢复到单调骨干曲线，但破坏剪应力较低，反映了循环间隙区内附加的塑性剪切。这种形式的荷载转移曲线已经被构建到一个荷载转移程序 Cyclops（AG 公司，2007 版）中，它是由软件 RATZ（Randolph，2003b）发展而来的。

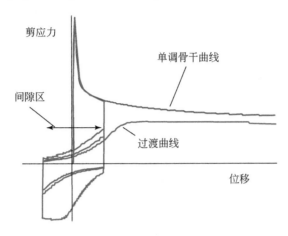

图 5-43　软件中桩的循环荷载传递形式（AG 公司，2007 版）

钙质岩、粉砂屑石灰岩等胶结碳酸盐沉积物的脆性，以及在循环剪切过程中易受破坏的特点，使其具有明显的渐进破坏潜力。在单调荷载作用下，桩头附近会发生破坏并向下传播，因此可施加的最大荷载远远小于刚性桩的理想承载力。所面临的挑战是通过适当的单调和循环实验室剪切试验量化应变软化行为。

图 5-44（a）显示了 CNS 试验的结果，该试验采用了一系列 ±5 mm 的破坏后循环位移。利用 Cyclops 桩分析软件模拟单元试验，对数据进行拟合。图 5-44（b）所示为每一循环所引起的剪切阻力逐渐减小的对应关系。经过 25 次循环后，试样将进一步受到单调剪切，直至达到仪器的极限。荷载传递拟合包括回归到单调剪切曲线的过渡模型。

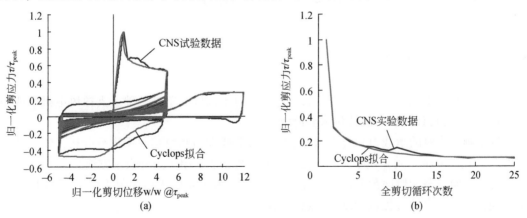

图 5-44　用循环桩软件 Cyclops 拟合恒法向刚度（CNS）试验数据（Randolph and White，2008a）

（a）标准化剪应力-位移响应；（b）每个循环的剪应力降低

图 5-45（a）为钻孔灌注桩在单调循环荷载作用下的响应结果。荷载由理想的"刚性桩"承载力 Q_{rigid} 归一化，而位移由直径归一化，如 w/D。可以看出，灌注桩单调承载力峰值仅为刚性桩承载力的 64%。在模拟设计风暴的循环荷载作用下，再加上整个"生命周期"中较为温和的环境荷载作用，桩的承载力进一步降低，仅略高于理想承载力的 50%。相比之下，设计荷载峰值略低于 40%，表明材料安全系数约为 1.2。

图 5-45（b）为循环加载阶段结束时桩身摩擦力退化规律。桩身上部（高于灌浆长度的 50%）已减少为残余桩身摩擦力，而底部 36% 未发生退化。因此，发生部分退化的过渡区大约是灌浆桩长度的 14%。

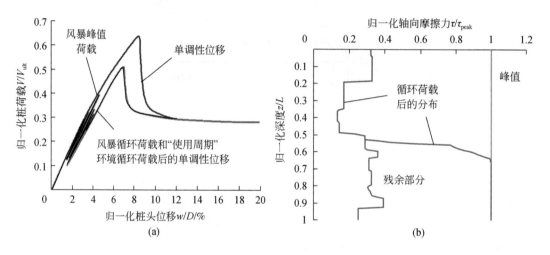

图 5-45　用 Cyclops 计算钻孔灌注桩在单调循环荷载作用下的响应（Randolph and White 2008a）
（a）桩端响应；（b）峰值、残余和侧摩阻力分布

5.9　水平响应

5.9.1　设计注意事项

海上桩基经常承受巨大的水平荷载和弯矩。对于锚桩和单桩基础（支撑风电机组或小型平台），主要设计荷载一般针对水平荷载。

桩受侧向力时的承载力和力学响应通常通过非线性力和位移关系进行分析，使用适合土类型的荷载传递（或 $p\text{-}y$ 曲线）来表示。第 5.8.2 节介绍了这种表示方法。

桩的轴向荷载和侧向荷载的一个主要区别是，侧向荷载作用仅限于桩上部的 $10\sim15$ 倍直径范围内。设计过程包括以下注意事项：

（1）桩侧刚度：防止桩的过度侧向偏转；

（2）桩侧强度：防止桩侧向位移或在土中旋转造成的破坏；防止桩的弯曲破坏；

（3）循环效应：评估钻孔后在循环荷载作用下刚度的显著降低；在水平偏转过程中，

桩后的裂隙扩张，导致在回归周期的第一部分阻力较低；

（4）评估导致桩身疲劳损伤的循环弯矩沿桩身的分布情况。

桩对水平荷载的响应如图5-46所示。侧向荷载引起桩上产生净水平压力，用土阻力 P 来表示（以每单位长度的桩受到的力为单位）。桩的侧向极限承载力 H_{ult} 由下式估算

（1）假定最大的桩侧阻力 P_f 的分布；

（2）将桩看作受分布荷载 P_f 和点荷载 H_{ult} 的梁结构。H_{ult} 可以通过解平衡方程得到。还必须进行校核，以确保不超过桩身的塑性弯矩。

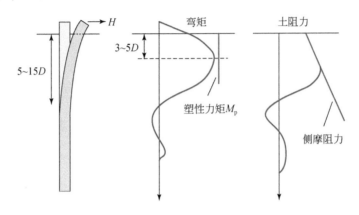

图 5-46　桩对水平荷载的响应

"短"桩的破坏机制只涉及土体的破坏——桩不发生弯曲破坏。"长"桩的破坏机制包括在桩内的一个或多个点形成塑性铰。由于这些是破坏机制（如上限），而不是容许荷载的组合（如下限），因此在设计时必须校核这两种类型的潜在破坏机制。

通常使用如 LPILE（www.ensoftinc.com）或 PYGMY（Stewart 公司，2000 版）之类的软件通过 p-y 曲线法，全面分析桩的侧向刚度和循环荷载响应。

5.9.2　短桩的破坏机制

当横向加载到破坏时，桩身的净侧阻力（每单位长度）P_f，与桩身的运动方向相反。对于短桩，破坏是由于整个桩在土体表面以下深度 z_{crit} 处围绕旋转中心刚性旋转而发生的。一般情况下，z_{crit} 为埋设桩长的 70% ~ 80%。

一种理想化分布即在旋转中心上方的土体阻力 P_f 为正，下方为负，类似于挡土墙设计中，假设在旋转点处有从完全正阻力到完全负阻力的急剧过渡（图5-47）。

为了计算存在荷载偏心率 e 的桩侧承载力 H_{ult}，第一步是评估桩侧极限土阻力沿桩身向下的分布——在5.9.5节中介绍。第二步，假设 z_{crit}，计算土体表面以下深度 L_{ab} 和 L_{bc} 处的正阻力 P_{ab} 和负阻力 P_{bc} 及其作用线。

通过考虑桩的水平向平衡和力矩平衡，得到两个关于 H_{ult} 的方程：

$$H_{ult} = P_{ab} - P_{bc} \tag{5-62}$$

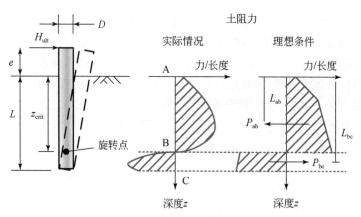

图 5-47　短桩横向破坏机制

$$H_{ult}e = -P_{ab}L_{ab} + P_{bc}L_{bc} \tag{5-63}$$

如果力 P_{ab}、P_{bc} 和力臂 L_{ab}、L_{bc} 可以用 z_{crit} 解析表示，则可以同时求解这两个方程，通过消去 z_{crit} 得到 H_{ult}，否则，需要进行迭代计算找到准确的 z_{crit} 值。

5.9.3　长桩的破坏机制

长桩破坏机制包括在地表以下 z_{crit} 处形成塑性铰（图 5-48）。在弯矩最大处形成塑性铰，因此剪力为 0（$dM/dz = S = 0$）。这意味着铰点上方与下方桩受到的侧向应力均处于水平平衡状态。

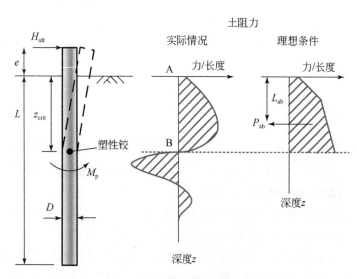

图 5-48　长桩横向破坏机制

因此，可以对铰点上方和下方的桩身分别建立水平平衡方程。在铰点以下运动的土阻力分量是自平衡的。计算侧向承载力只需要考虑铰点水平以上的土阻力。在铰点上方（桩只沿一个方向上运动），最大土阻力必须等于水平承载力 H_{ult}。因此，从水平平衡开始推导桩端附近的力矩：

$$H_{ult} = P_{ab} \tag{5-64}$$

$$M_p = p_{ab}(L_{ab}+e) \tag{5-65}$$

对于给定的桩，如果 L_{ab} 和 P_{ab} 不能用 z_{crit} 解析表示，则可以用迭代式（5-65）（已知 M_p）得到 z_{crit}。z_{crit} 和 P_{ab} 已知，则 H_{ult} 可由式（5-64）求得。

5.9.4　固定桩破坏机制

在许多情况下，桩是桩帽的组成部分，并且旋转受到限制；这些桩被称为 "固定桩头"。因此在 "短" 桩和 "长" 桩破坏机制上引入了三种变量。同时在水平荷载作用下，发生三种破坏模式，如图 5-49 所示。在设计固定式桩时，必须考虑这三种变量所对应的破坏荷载。最小破坏荷载起主导作用。

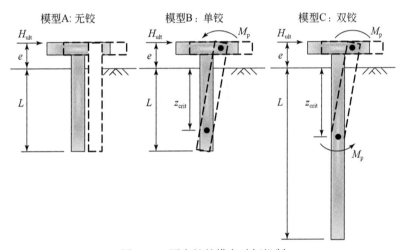

图 5-49　固定桩的横向破坏机制

1. 模式 A：无铰点

短桩头固定桩会因刚体平移而破坏。破坏荷载是沿桩长方向的总侧阻力。

2. 模式 B：一个铰点

（1）在桩帽处形成单个塑性铰的情况下，中等长度的固定桩因刚体转动而破坏。

（2）该破坏机制分析方法与短（无约束）桩相同，在关于 H 作用线的力矩平衡方程中增加了 M_p 项（式（5-63））。

3. 模式 C：两个铰点

（1）长固定桩在桩帽处和零剪力点处形成塑性铰，导致桩破坏。

（2）该破坏机制分析方法与长（无约束）桩相同，在关于 H 作用线的力矩平衡方程中增加了 M_p 项（式（5-65））。

因此，在后一种解决方案中，长桩的侧向承载力可以通过等效弯矩 M_p（等于实际弯矩承载力的两倍）代替长桩的无约束承载力来估算。

5.9.5　极限侧阻力

均质黏土的抗侧力 P_f 与不排水抗剪强度的关系与破坏机制有关。地表附近和更深处使用不同的破坏机制（图 5-50）。靠近地表，锥形楔体受到上拔力，同时受到桩身摩擦、土体剪切和楔体自重力。如果负孔隙水压力无法保持张力，则桩后可能会出现裂隙。在更深处，土体在桩周的水平面上流动。

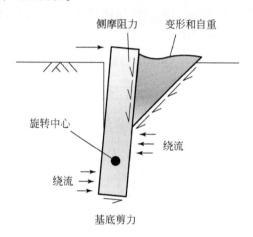

图 5-50　近地表黏土的侧阻力分布

1. 均质黏土：浅层

浅层破坏机制包括桩前楔形土破坏，桩后形成裂隙，这会导致深层土体的极限阻力较低。

传统上，对于黏土，极限土阻力随深度增加而增加，从接近地面处的 $P_f = 2Ds_u$ 增加到大于 3 倍桩径深度处的 $P_f = 9Ds_u$（Broms，1964a）。$2Ds_u$ 的下限值对应于桩前的被动破坏，桩后形成裂隙。$9Ds_u$ 的上限是桩周土体水平流动比锥形楔体更容易发生土体破坏的值。这种水平流动机制在下一节中进行了描述，及对应的深层极限土阻力。

Murff 和 Hamilton（1993）推导出土体表面附近楔形破坏机制的上限解。桩轴顶部的侧向位移和旋转阻力由以下方法计算：

（1）楔形土体变形；

（2）向上移动时，土体在变形楔内抬升；

（3）沿楔形–土体界面发生剪切作用；

（4）当楔体向上移动时，沿桩–土界面发生剪切作用。

对于非常短的桩，Murff 和 Hamilton 推导出了由于桩基周围土体流动而产生的阻力分量。他们对失重土的解与 Matlock（1970）和 Broms（1964a）得到的解相似，一旦考虑到土体自重，极限阻力将随着深度增加而快速变化，这一点得到了模型试验数据的验证（Hamilton 和 Murff，1995）。图 5-51 显示在忽略土体自重（保守）条件下均质黏土的强度随深度线性增长的 P_f 关于深度的变化。

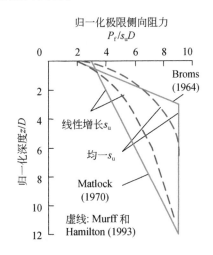

图 5-51　黏土中侧向阻力随深度的变化（单侧忽略自重分析）

2. 均质黏土：深层

在一定深度以下，Murff 和 Hamilton 提出的楔形破坏机制不再适用。相反，水平面上的流动机制提供的阻力更小。Broms（1964a）提出了 $P_f = 9\ Ds_u$。Randolph 和 Houlsby（1984）以及 Martin 和 Randolph（2006）提出了管桩周围流动的塑性力学解 $\alpha = \tau_s/s_u$，极限阻力 P_f 随桩身粗糙度略有变化。上限流动机制包括连接在推进桩前后的小"刚性"土区、靠近桩身的扇形区和完成该机制的同心滑动壳体（图 5-52）。在完全光滑和完全粗糙的界面条件下，阻力 P_f 在 $9.14\ Ds_u$ 到 $11.92\ Ds_u$ 范围内变化。设计值 $P_f = 9\ Ds_u$ 是保守的，比一般采用 T-bar 反演分析土体强度的承载力系数 10.5 低 15% 左右。

尽管 Broms（1964a）的保守值 $P_f = 9\ Ds_u$ 仍然被最广泛地使用，目前有相当多的实验数据支持保守值 $P_f = 10.5\ Ds_u$，如 Murff 和 Hamilton（1993）。速率效应反映了相对于传统室内试验，波浪引起的荷载的高应变率更合理，以此可以证明在横向加载过程中土体有效强度的适度增加（Jeanjean，2009）。

3. 砂土

由于不能建立简单的塑性机制，因此，砂土的极限水平阻力分析比黏土更困难。桩身自重和桩身荷载所产生的应力共同作用，难以构建简单的极限应力场。任何深层破坏机制

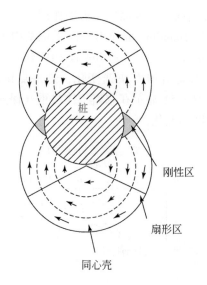

图 5-52　黏土中深层侧阻力的绕流机制

都必须在体积恒定的情况下发生，以保证运动许可。由于必须服从关联流动，因此必须发生剪胀，而对砂土的任何上界解都不能满足体积恒定的要求。

　　因此，对砂土中桩身 P_f 随深度变化的估算是经验方法，并根据现场或模型试验数据进行了检验。一般通过水平阻力除以原位竖向有效应力来归一化，得到无量纲系数 $N = P_f / D\sigma_v'$，或 $P_f / D\gamma_z'$，该系数取决于内摩擦角 φ。

　　在土体表面，N 可能与 K_p 的值接近，其中 K_p 是被动土压力系数，因为当深度很浅时，桩身会出现类似于挡土墙的情况。模型试验数据表明，这种效应只适用于接近表面处土体的效应（Barton，1982）。

　　Reese 等（1974）提出，在浅层地基中，会形成某种形式的楔体破坏机制，现已纳入 API（2000）规范。为了说明这一点，Brinch Hansen（1961）和 Meyerhof（1995）都绘制了描述因数 N 随深度逐渐增加的图表。将这些关系与图 5-53 中 Broms（1964b）（$N = 3K_p$）和 Barton（1982）（$N = K_p^2$）的简单表达式进行比较可以得出：尽管 API 推荐的曲线在更大的深度显得比较理想，在小于 5 个桩径深度表达式也得到了相对接近的极限压力。通过对比，发现 N 不一定随深度变化。Prasad 和 Chari（1999）给出了接近沉积物表层临界区域的侧向压力数据，这与 Barton 的经验方程（图 5-54）吻合较好。因此，根据式（5-66）估算砂层水平阻力是合理的，P_f 随深度线性增加：

$$P_f = DK_p^2\sigma_v' = DK_p^2\gamma'z \tag{5-66}$$

式中，K_p 为被动土压力系数：

$$K_p = \frac{1+\sin\varphi}{1-\sin\varphi} \tag{5-67}$$

在钙质砂中，侧阻力没有明显的极限值且随侧向变形增大而逐渐增大。第 5.9.14 节讨论了钙质砂的 p-y 响应曲线。

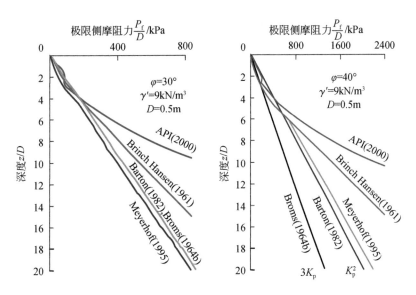

图 5-53　侧阻力随砂层深度的变化：建议方法

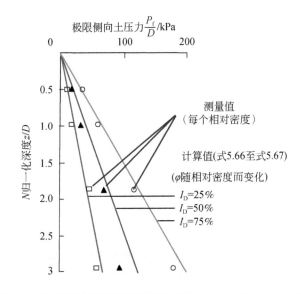

图 5-54　砂土侧阻力模型试验数据（据 Prasad and Chari，1999）

4. 正常固结黏土

在正常固结黏土中，强度从接近于零的表层随深度呈线性增长。此情况下，不排水强度可简化表示为

$$s_u = k_{su} z \tag{5-68}$$

在这类土体剖面中，极限侧阻力非常接近表层，因此可以假定深层绕流机制作用于整个桩长。

由于非常软的表层土对桩的支撑作用很小，因此任何浅层楔形机理都可以忽略。因此，极限侧向阻力曲线为

$$P_f = 9s_u D = 9Dk_{su}z \tag{5-69}$$

这是一种有效简化，因为正常固结黏土和砂土的侧向阻力均从 0 开始线性增加，便于分析。

图 5-55 总结了砂土和黏土（均匀且正常固结）的极限侧阻力分布。将 P_f 的分布情况与控制各种破坏机理的平衡方程（式（5-62）至式（5-65））相结合，对桩的水平承载力进行设计（见第 5.9.7 节）。

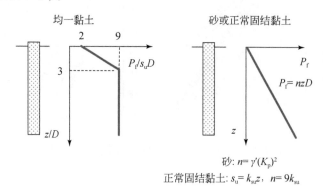

图 5-55　极限侧阻力分布图

5.9.6　桩的塑性弯矩承载力

为了设计桩的抗弯破坏，必须计算桩的塑性弯矩承载力 M_p。M_p 为桩所能承受的最大弯矩。当弯曲破坏发生时，材料的全屈服应力在整个横截面上重新分布。中性轴将截面划分为拉伸区和压缩区，在轴向载荷为零的情况下，中性轴两侧的面积相等，但轴向力较大时，情况则不同。

截面上的拉力、压力与施加弯矩和轴力处于平衡状态。通常忽略轴向力，若轴力较大时则需要对 M_p 进行折减。

对于管桩，屈服应力 δ_y 作用于中性轴的弯矩值如图 5-56 所示：

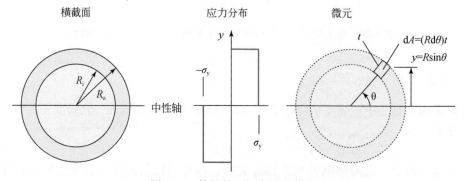

图 5-56　管桩的塑性弯矩承载力

$$dM_p = \sigma_y dA = \sigma_y (R\sin\theta)(Rd\theta)t \tag{5-70}$$

对单个象限（$\theta = 0 \rightarrow \pi/2$）积分，再乘 4，得到如下计算公式：

$$M_p = 4R^2 t\sigma_y = D^2 t\sigma_y \tag{5-71}$$

5.9.7 桩横向强度设计图

1. 均质黏土

利用上述推导的假定侧阻力分布，结合平衡方程 5.62 至方程 5.65，推导出桩的抗侧承载力设计图。对均质黏土 P_f 随深度的变化无法用解析解直接表示，因此需要进行迭代处理。

可推导出两种设计图表：一种是短桩破坏机理图（图 5-57，H_{ult} 与长细比 L/D 有关），另一种是长桩破坏机理（图 5-58，H_{ult} 与 M_p 有关）。对于不同偏心率值 e，每个图表有不同的破坏曲线，e 为 H_{ult} 作用线离地面的距离。如果在地面施加 HM 复合荷载（H 和 M 作用相同），则可将其转换为单个 H 荷载，施加于离表层偏心距 e 处；$e = M/H$。

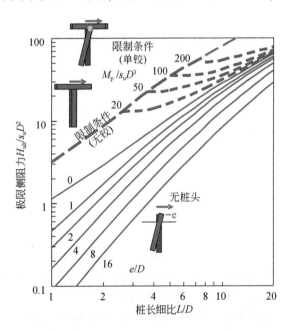

图 5-57 均质黏土中短桩侧向承载力的设计示意图（Fleming et al., 2009）

设计者应该检验荷载和桩组合（H，s_u，M_p，D）是否在破坏线下方（破坏线，代表 H_{ult}，对应负载高于设计值 H）。无论是瞬间还是长期的破坏发生机制，都应使用这两个图表验证。

之前的结果表明，对于长桩桩端受约束而不能旋转的情况，用等于实际值两倍等效弯矩承载力代替受约束桩，可以得到相应的无约束桩弯矩曲线。因此，约束桩的设计曲线只要将图中 0 偏心率（$e/D=0$）的曲线向左平移 2 个单位即可得到，如图 5-58 所示。

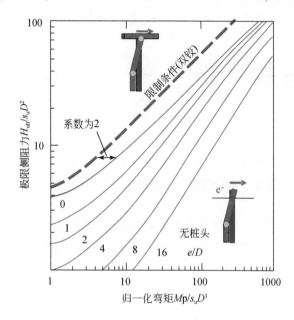

图 5-58　均质黏土中长桩侧向承载力设计图（Fleming et al., 2009）

2. 线性增加的土体阻力

在砂土或正常固结黏土中，假设在极限侧阻力随深度呈线性增加的前提下，分别绘制瞬时破坏和长期破坏机理曲线图，其中侧阻力随深度的变化梯度为 n：

$$P_f = nzD \tag{5-72}$$

对于砂土，由 Barton 的经验公式（根据式（5-66）至式（5-67）推导）可得：

$$n = \gamma' K_p^2 = \gamma' \left(\frac{1+\sin\varphi}{1-\sin\varphi} \right)^2 \tag{5-73}$$

对于正常固结黏土，强度随深度呈线性增加（根据式（5-69）推导）：

$$n = 9k_{su} \tag{5-74}$$

由于砂土（或美国北卡罗来纳州黏土）中的侧向阻力表示为 $P_f = nzD$，直接从坐标图中得出对应直线。图 5-59 显示了两个简单情况的自由体。

考虑图 5-59（a）中桩身水平平衡，桩头固定的短桩 H_{ult}/nD^3（非铰破坏）的无量纲水平承载力与长细比 L/D 建立关系：

$$H_{ult} = \bar{P}_f L = \frac{1}{2} nLDL \tag{5-75}$$

可推出：

$$\frac{H_{ult}}{nD^3} = \frac{1}{2} \left(\frac{L}{D} \right)^2 \tag{5-76}$$

以上公式用于桩头固定式短桩，对应上述图 5-57 和图 5-60 所示粗虚线。

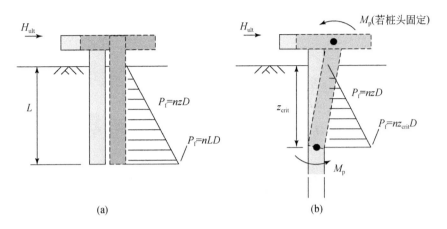

图 5-59 阻力线性增加的简单侧向承载力解

（a）短桩破坏（固定桩头，无铰条件）；（b）长桩破坏（桩头自由，单铰或固定桩头，双铰条件）

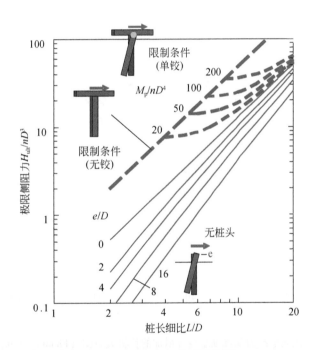

图 5-60 侧向承载力随深度线性增加的短桩设计简图（Fleming et al.，2009）

同样，对于 $e=0$ 条件下的长桩破坏机理，无论是桩头固定还是自由（无约束），都可以直接求解。根据图 5-59（b）桩的水平平衡可得

$$H_{ult} = P_f z_{crit} = \frac{1}{2} n z_{crit} D z_{crit} \tag{5-77}$$

桩端弯矩（以下情况适用于桩端固定）：

$$M_{\mathrm{p}} = \frac{1}{2} n z_{\mathrm{crit}} D z_{\mathrm{crit}} \frac{2}{3} z_{\mathrm{crit}} \tag{5-78}$$

结合方程消去 z_{crit} ，对于无约束的情况：

$$\frac{H_{\mathrm{ult}}}{nD^3} = \frac{3^{2/3}}{2} \left(\frac{M_{\mathrm{p}}}{nD^4}\right)^{2/3} = 1.04 \left(\frac{M_{\mathrm{p}}}{nD^4}\right)^{2/3} \tag{5-79}$$

该表达式代表长桩设计图 $e/D=0$ 的实线（图5-60）。结合这些方程消去 z_{crit} ，对于桩端固定情况：

$$\frac{H_{\mathrm{ult}}}{nD^3} = \frac{6^{2/3}}{2} \left(\frac{M_{\mathrm{p}}}{nD^4}\right)^{2/3} = 1.65 \left(\frac{M_{\mathrm{p}}}{nD^4}\right)^{2/3} \tag{5-80}$$

该式表示长桩设计图上的粗虚线部分（图5-61）。

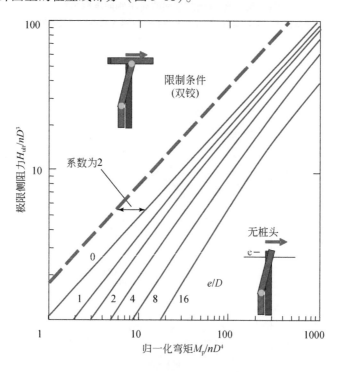

图5-61　侧向承载力随深度呈线性增加的长桩关系图（Fleming et al., 2009）

如设计图表所示，式（5-79）和式（5-80）的塑性弯矩相关系数为2。分析表明，约束桩帽可将水平承载力 H_{ult} 提高 $2^{2/3}=59\%$ 。

未考虑抗剪强度的分层或非线性分布是一种理想化情况。在实际工程中，采用梁柱荷载传递法评估桩身承载力是一种常见的方法，这种方法既能得出桩身的荷载位移特性，也能得出桩身的极限承载力。此外，承载力计算可以通过简单的电子表格程序进行，该程序通过迭代算法控制平衡方程来校核短桩和长桩的破坏机制，并确定旋转点或塑性铰的临界深度。

5.9.8 弹性侧向刚度解

评估桩的横向荷载–位移响应关系，首先对桩的局部横向 p-y 刚度进行评估。对弹性刚度理想化后可以获得桩端刚度，对非线性的 p-y 进行建模分析则能获得数值解。

1. 基底反力法

将土体看作沿桩身分布的无限多个弹簧，这就是所谓的温克勒（Winkler）模型（见图 5-62）。温克勒法最基本的特点是将土体看作线性弹簧。该弹簧刚度 $k_{\text{p-y}}$ 定义为单位桩长的水平荷载与局部水平挠度 y 的比值。这种"刚度"具有模量单位，与传统的"基底反力系数"（以应力/位移单位表示）单位不同。

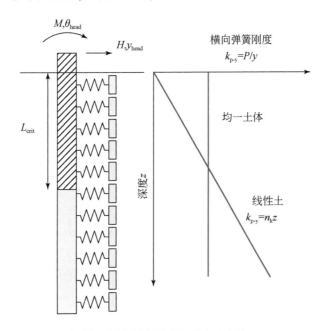

图 5-62　侧向响应：基底反力法

假定 $k_{\text{p-y}}$ 为常数或随深度呈线性增加，可以得到桩在水平荷载 H 和弯矩 M 作用下的桩端挠度 u_{head} 和转角 θ_{head} 的边界解（Matlock and Reese，1960）。基底反力模量 $k_{\text{p-y}}$ 和其随深度变化的梯度 $n_{\text{k}} = \mathrm{d}k_{\text{p-y}}/\mathrm{d}z$ 的相关关系为 $k_{\text{p-y}} \approx 4G$，其中 G 为土体的有效剪切模量（或 $n_{\text{k}} = 4(\mathrm{d}G/\mathrm{d}z)$）。理论研究表明，$G$ 和 k 的相互关系受桩的刚度与变形形状的影响（Baguelin et al.，1977）。

超过临界长度 L_{crit}，则桩的影响范围无限长，该临界长度是水平荷载能够传递到的深度。在均质土中，临界长度为

$$L_{\text{crit}} = 4 \left(\frac{(EI)_{\text{p}}}{k_{\text{p-y}}} \right)^{1/4} \tag{5-81}$$

式中，$(EI)_p$ 为桩的抗弯刚度，其中 I 是中性轴的惯性矩，定义为

$$I = \int y^2 \, dA \tag{5-82}$$

在内外半径分别为 R_i 和 R_0（或直径 D_i 和 D_0）的厚壁圆筒上对该表达式进行积分，得到：

$$I_{thick} = \frac{\pi}{4}\left(R_0^4 - R_i^4\right) = \frac{\pi}{64}\left(D_0^4 - D_i^4\right) \tag{5-83}$$

对于厚度为 t 的薄壁圆筒（或桩），上式简化为

$$I_{thin} = \pi R^3 t = \frac{\pi}{8} D^3 t \tag{5-84}$$

实际上，大多数桩的长度远远大于临界长度。在均质土中，根据基底反力理论得到桩的桩端挠曲（长度大于临界长度即 $L > L_{crit}$）：

$$y_{head} = \sqrt{2}\frac{H}{k_{p\text{-}y}}\left(\frac{L_{crit}}{4}\right)^{-1} + \frac{M}{k_{p\text{-}y}}\left(\frac{L_{crit}}{4}\right)^{-2} \tag{5-85}$$

$$\theta_{head} = \frac{H}{k_{p\text{-}y}}\left(\frac{L_{crit}}{4}\right)^{-2} + \sqrt{2}\frac{M}{k_{p\text{-}y}}\left(\frac{L_{crit}}{4}\right)^{-3} \tag{5-86}$$

对于刚度随地面深度从 0 开始逐渐增大的情况，可推导出类似表达式（Reese and Matlock，1956）。基底反力系数 $k_{p\text{-}y} = n_k z$，临界长度为

$$L_{crit} = 4\left(\frac{(EI)_p}{n_k}\right)^{1/5} \tag{5-87}$$

对于刚度随深度线性增加的土体，根据基底反力理论得到桩的桩端挠度 $L > L_{crit}$：

$$y_{head} = 2.43\frac{H}{n_k}\left(\frac{L_{crit}}{5}\right)^{-2} + 1.62\frac{M}{n_k}\left(\frac{L_{crit}}{4}\right)^{-3} \tag{5-88}$$

$$\theta_{head} = 1.62\frac{H}{n_k}\left(\frac{L_{crit}}{4}\right)^{-3} + 1.73\frac{M}{n_k}\left(\frac{L_{crit}}{4}\right)^{-4} \tag{5-89}$$

2. 弹性连续体法

可以用土体连续体模型设计与基底反力法相似的解决方法。通过有限元法和边界元法分析得到弹性连续体法的解，并对结果进行了归一化处理，拟合出了简单关系（Randolph，1981）。该分析方法示意图如图 5-63 所示。

对于基底反力法，可以用桩–土的刚度比 E_p/G_c 表示临界桩长（其中，E_p 是等效抗弯刚度的实心桩对应的杨氏模量，G_c 是特征剪切模量）。由于实心桩的第二面积惯性矩为 $I_{solid} = \pi R^4/4$，则等效杨氏模量 E_p 为

$$E_p = \frac{(EI)_p}{\pi R^4/4} = \frac{(EI)_p}{\pi D^4/64} \tag{5-90}$$

结果表明，对于不同泊松比值 ν，可以用修正剪切模量 G^* 对结果进行标准化处理：

$$G^* = G\left(1 + \frac{3\nu}{4}\right) \tag{5-91}$$

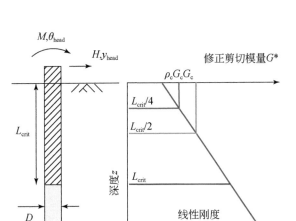

图 5-63 横向响应的弹性连续体法示意图

特征剪切模量 G_c 是修正剪切模量 G^* 在整个临界桩长内的平均值（见图 5-63）。引入参数 ρ_c 量化土体的不均匀程度：

$$\rho_c = G^*_{z=L_{crit}/4}/G_c \tag{5-92}$$

则弹性连续体法的临界桩长可由下式计算：

$$L_{crit} = D\left(\frac{E_p}{G_c}\right)^{2/7} \tag{5-93}$$

由于 L_{crit} 取决于 G_c（修正剪切模量在整个临界桩长范围内的平均值），因此需要进行迭代来确定这些参数，然后用上述参数和施加的荷载 H、M 表示桩的表面响应。下面的方程中参数通过有限元研究确定。

$$y_{head} = \frac{(E_p/G_c)^{1/7}}{\rho_c G_c}\left[0.27\frac{H}{L_{crit}/2} + 0.30\frac{M}{(L_{crit}/2)^2}\right] \tag{5-94}$$

$$\theta_{head} = \frac{(E_p/G_c)^{1/7}}{\rho_c G_c}\left[0.30\frac{H}{(L_{crit}/2)^2} + 0.80\sqrt{\rho_c}\frac{M}{(L_{crit}/2)^3}\right] \tag{5-95}$$

上述表达式的形式与前面描述的基底反力法方程相似。对于桩帽固定桩，则需要将上式进行修正。对于桩端固定的情况（即 $\theta_{head} = 0$），其桩端的约束力矩 M_{fix}（由式（5-95）得到）：

$$M_{fix} = -\frac{0.375}{\sqrt{\rho_c}}\frac{HL_{crit}}{2} \tag{5-96}$$

将 M_{fix} 代入式（5-94），得到端部固定桩在地面处的挠度为

$$y_{head,fix} = \frac{(E_p/G_c)^{1/7}}{\rho_c G_c}\left[0.27 - \frac{0.11}{\sqrt{\rho_c}}\right]\frac{H}{L_{crit}/2} \tag{5-97}$$

将土体表面位移与转角的关系表达式推广到整个桩身的位移曲线和弯矩曲线。深度尺度可由临界桩长 L_{crit} 进行归一化，而位移轴归一化为

$$\bar{y} = \frac{yDG_{c}}{H}\left(\frac{E_{p}}{G_{c}}\right)^{1/7} \tag{5-98}$$

图 5-64 和图 5-65 中是端部自由的桩（即地面处 $M=0$）示意图。图中表示了三种不同土体模量所对应的曲线。对于弯矩曲线，采用 HL_{crit} 对弯矩进行标准化。最大弯矩值发生在 $0.3\sim0.4$ 倍的 L_{crit} 深度处，该区域可能会形成塑性区从而导致桩的破坏。当土体刚度与深度成正比时（$\rho_{c}=0.5$），其最大弯矩值最大。

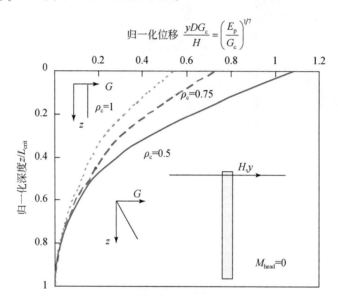

图 5-64　侧向连续体法位移曲线（端部自由桩）（Randolph，1981）

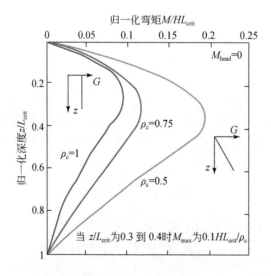

图 5-65　水平向连续体法弯矩曲线（端部自由桩）（Randolph，1981）

而对于端部固定桩，当 $\theta_{\text{head}} = 0$ 时，其最大弯矩值发生在固定点处（桩端），固定点处最大弯矩值大约比端部自由桩的最大值大 30% ~ 80%（图 5-66）。其最大位移值与端部自由桩相比减少为原来的 1/2（图 5-67）。

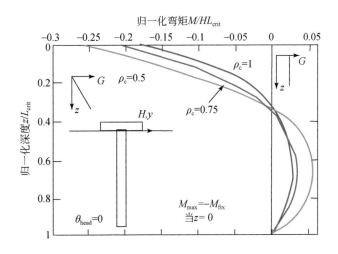

图 5-66　横向连续体法弯矩曲线（端部固定桩）（Randolph，1981）

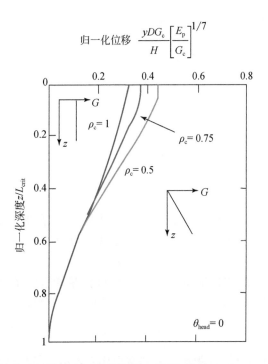

图 5-67　侧向连续体法弯矩位移曲线（端部固定桩）（Randolph，1981）

一般情况下，在设计计算中，建议在浅层土体中假定土体模量较低，因为该区域内土体位移和应变较大，导致土体有效刚度较低。因此，土体模量与深度成正比（$\rho_{\text{c}} = 0.5$）

的结果通常比均质土（$\rho_c = 1$）的结果更合理。通常，在设计过程中最大弯矩值比端部位移更为重要。M_{max}的计算值对所选择的土体刚度曲线相对来讲并不严格。

5.9.9　非线性 *p-y* 分析

第5.9.8节中所述估计水平向响应的方法均基于弹性理论，假定桩–土刚度为定值。而实际上，随着应变水平不断增大，初始刚度响应会逐渐降低，当桩侧阻力达到 P_f 时，桩周土趋于破坏。

该响应可以通过利用基底反力法，用非线性"弹簧"来模拟桩周土体变形的综合响应来获得，这就是 *p-y* 曲线法。

水平向响应的 *p-y* 曲线分析法与轴向响应的 *t-z* 曲线分析法相似，两者都在第5.8.2节介绍过。在该方法中，桩体视为弹性梁，在施加外部荷载的同时，沿桩身分布的弹簧防止桩体变形（图5-68）。一般计算机程序均可执行此类分析，包括 PYGMY（Stewart 2000）程序，它使用有限元公式以增量步的形式求解微分方程。在每一分析步中，根据所选的 *p-y* 曲线，利用各节点处的当前位移求出对应的切线刚度。

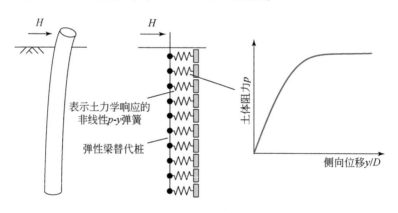

图 5-68　*p-y* 分析示意图

在 *p-y* 曲线法中，作用形式不同则对应符号不同。作用在桩上的静压力用 *p* 表示，并带有压力单位（如 kPa）。作用在单位桩长上的土体阻力用 *P* 表示：

$$P = pD \tag{5-99}$$

为了区分这些规定，*p-y* 曲线的初始梯度 k_{p-y} 具有模量单位，在弹性曲线中通常取 $4G$（第5.9.8节）。根据 $G = G_{max}$ 来估计 *p-y* 曲线的初始梯度，其梯度定义为

$$\frac{p}{y} = k_{p-y} \approx 4G \tag{5-100}$$

而 *p-y* 曲线的梯度的单位是模量/距离，但通常也用 *k* 表示。虽然这与基底反力系数的概念相一致，但却不应将其用于桩–土水平向刚度，因为桩–土水平向刚度值会随桩径成反比变化。例如，在弹性分析中，*p/y* 为 $4\,G/D$（G 为剪切模量）。在接下来的章节中，对于方程 5.100 中的 k_{p-y}，对所有 *k* 值都使用"*k*"。

5.9.10 砂土和软黏土的 p-y 曲线

API RP 2A 对砂土中的 p-y 曲线建议遵循正切双曲线，该曲线最初由 O'Neill 和 Murchison（1983）给出：

$$p = Ap_f \tanh\left(\frac{n_{ki}zy}{Ap_f D}\right) \tag{5-101}$$

参数 A 取决于荷载是循环荷载还是静力荷载以及是否随着深度变化。对于循环荷载，假定：

$$A = 0.9 \tag{5-102}$$

而在静荷载作用下：

$$A = \left(3.0 - 0.8\frac{z}{D}\right) \geqslant 0.9 \tag{5-103}$$

经过该修正后，循环荷载显著降低了地表附近的土体承载力，但对 $2.6D$ 以下没有影响。

参数 n_{ki} 是 p-y 响应（即 p，单位桩长上的力）的初始刚度（$y=0$ 处的 $k_{p\text{-}y}$）随深度的变化梯度，在致密土体（φ 为 40°）中通常取 45 MPa/m，而摩擦角每降低 5°，其值就会减半。

API 中的 P_f 推荐值与前文描述的 Barton 法不同（式（5-73））。API 建议的 P_f 取值较小，可表示为

$$P_f = Dp_f = D\left[\left(C_1\frac{z}{D} + C_2\right)\gamma'z\right] \tag{5-104}$$

和

$$P_f = Dp_f = DC_3\gamma'z \tag{5-105}$$

API 指南中以图的形式表示了系数 C_1、C_2 和 C_3 以及典型条件下 P_f 的曲线，如图 5-53 所示。采用 API 模型得到的砂土典型 p-y 曲线如图 5-69 所示。桩身的水平向位移应小于桩径的 1%。

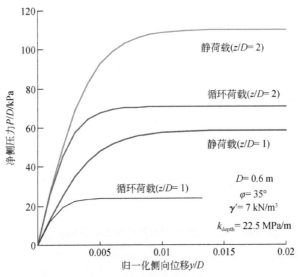

图 5-69 使用 API 模型的砂土典型 p-y 曲线

5.9.11 软黏土推荐 *p-y* 曲线

对于软黏土, API RP2A 提供的 *p-y* 响应表示为

$$\frac{p}{p_f} = 0.5 \left(\frac{y}{y_r}\right)^{\frac{1}{3}} \leqslant 1 \tag{5-106}$$

由 Matlock (1970) 提出。土体极限承载力 p_f 由下式进行计算:

$$p_f = \left(3 + 0.5 \frac{z}{D}\right) s_u + \sigma'_{v0} \leqslant 9 s_u \tag{5-107}$$

一般来讲, 当贯入深度达到几个桩直径时, 达到土体极限承载力。Murff 和 Hamilton (1993) 推导出的塑性结果表明, 当考虑土体自重时, 侧向承载力随着深度将加速增大。在循环荷载作用下 (一般设计条件), z_r 以下 (p_f 达到 9 s_u) 处的最大土体阻力降至 0.72 p_f (当 $y = 3 y_c$ 时达到)。在较浅的深度, 位移大于 3 y_c 时土体发生软化响应位移为 15 y_c 时响应减小到 0.72 z/z_r; 响应机制如图 5-70 所示。

桩体变形参数 y_c 定义为

$$y_c = 2.5 \varepsilon_{50} D \tag{5-108}$$

式中, ε_{50} 是不排水三轴压缩试验中破坏偏应力 50% 对应的特征应变。该方法将 *p-y* 响应的刚度与土体刚度联系起来。ε_{50} 通常随土体强度的降低而增加, $\varepsilon_{50} = 1\% \sim 2\%$ 的范围对应 $s_u = 50 \sim 100$ kPa (Reese and van Impe, 2001)。

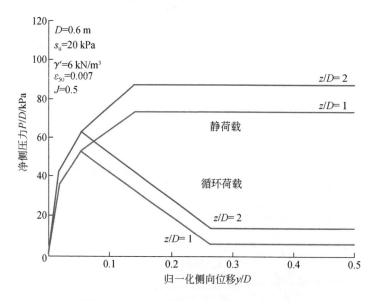

图 5-70 采用 API 模型模拟软黏土的典型 *p-y* 曲线

5.9.12　砂土与软黏土 *p-y* 曲线的比较

回顾相关的细节，我们应注意一些关键点。

砂土比黏土硬，砂土的 *p-y* 曲线反映了土壤类型的相对刚度，在桩头移动约 1% *D* 时可调动全部阻力，而在黏土中则需要约 10% *D* 的位移。根据预期的最终条件，砂土的最大承载力不会很快达到。

在循环荷载作用下，砂土几乎不会发生软化，而建议的深度软化率为 30% 左右，并逐渐向表层增加。

5.9.13　循环荷载 *p-y* 的观测

API 规范中 *p-y* 模型是在 40 多年前提出的一种理想化模型。现代 *p-y* 分析软件能够更真实地获得给定土层中横向荷载–位移响应的具体关系。因此，为了重新定义和修改建议模型，研究人员在模型试验对横向荷载桩在完整循环荷载响应进行了大量模拟。下面为一些重要的观测结果的概述。

在循环荷载作用下（特别是双向荷载作用下），黏土中的横向荷载传递会显著降低，降低幅度超过 API 规范的建议。在浅层，桩的横向位移变化使周围土体变化并导致水进入土体。在桩体恢复原位置前，可观测到明显的裂隙，土体阻力很低，当桩体恢复原位置后，阻力恢复。模型试验所确定的行为模式如图 5-71 所示。尽管这种行为很复杂，但是一些相对力学性质简单的非线性弹簧的模拟和滑块模型已被运用于数值程序中（Boulanger et al.，1999）。

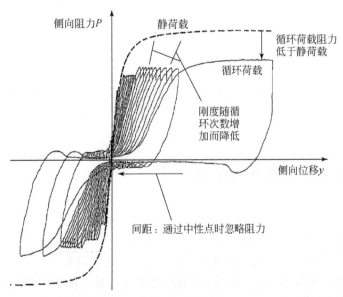

图 5-71　具有近表面间隙的典型循环 *p-y* 响应（Bea and Aubibert，1997）

在更深的位置，覆盖层足够厚足以避免裂隙的产生，响应更稳定，但随着土体的重塑而软化（图 5-72）。

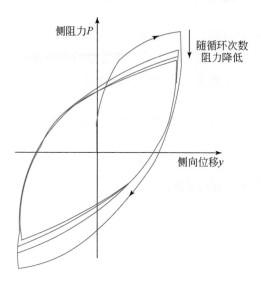

图 5-72　间隙深度以下典型循环 p-y 响应（Bea and Audibert，1979）

如果桩间距紧密，由于重塑区域的重叠作用，会使软化行为加剧。Doyle 等（2004）对 Ursa TLP 进行离心模型试验（其中桩间距为 3.08 D）的结果作出报告。他们发现，在静载荷作用下，后桩的侧阻力约为前桩的 2/3。在循环荷载作用下，单桩侧阻力降至静阻力的 0.6 左右（低于 Matlock 在 API 代码中采用的 0.72 值）。然而，更重要的是观察到两组桩的循环土体阻力仅衰减到静阻力的 29%。在这种特殊情况下，循环荷载足以使土体完全重塑，这就和循环 T-bar 试验一样，阻力降低为 $1/S_t$（S_t 指土体灵敏度）。

Zhang 等（2010）从软黏土中短刚性桩的循环横向荷载试验中也得出了类似的观察结果。他们直接将初始循环位移中的 p-y 响应的软化与在循环 T-bar 试验观察到的渐进重塑联系起来。然而，他们还发现，周期之间的再固结阶段会导致 p-y 刚度的增加（p-y 曲线的斜率更大）。在这种情况下，循环荷载产生的不利影响通过一段固结间隔期将得以补偿。经过多次循环运动再固结后，稳定的 p-y 刚度接近于第一阶段第一个周期的刚度（图 5-73）。

5.9.14　钙质砂和粉砂的 p-y 曲线

钙质砂中桩的横向荷载传递曲线与之前描述的砂和黏土的相比，有着显著差别。这差异是剑桥大学（Wesselink et al.，1988）在 20 世纪 80 年代末进行的离心机模型试验中发现的，该模型是第一代海上平台加固支柱系统改造设计的一部分。

模型试验表明，钙质砂中 p-y 曲线的初始刚度低于硅砂。随着位移的增加，刚度降低，但没有明显限制极限侧阻力。这些观察结果使适用于钙质砂的幂律的 p-y 曲线得以发展

（Wesselink et al., 1988）。这一研究的改进产生了另一种荷载传递关系（Novello, 1999）：

$$\frac{P}{D} = 2(\gamma'z)^{0.33} q_c^{0.67} \left(\frac{y}{D}\right)^{0.5} \tag{5-109}$$

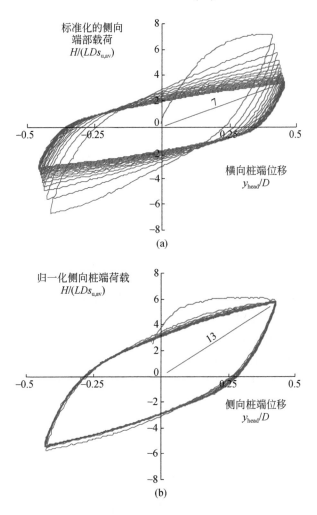

图 5-73　循环侧限荷载与再固结间断期（Zhang et al., 2010）

(a) 序列 1（20 个周期）；(b) 序列 5（20 个周期）

以及 Dyson 和 Randolph（2001）提出的关系：

$$\frac{P}{\gamma'D^2} = R\left(\frac{q_c}{\gamma'D}\right)^n \left(\frac{y}{D}\right)^m \tag{5-110}$$

式中，R、n 和 m 取 2.7、0.72 和 0.58（图 5-74）。这种形式的荷载传递曲线不随着 y 的增加而加以限制，并且具有无限的初始梯度（设置一个可实现的有限值）。对于实际挠度值，当 $y \ll D$ 时，桩上的净侧压力仍然是锥尖阻力的一小部分。因此，对 $q_c = 10$ MPa，$\gamma'D = 20$ kPa，后一表达式给出了 $y = 0.2D$ 时的净压力 $p = P/D$，为 1.86 MPa，即使在 y 为 D 时也保持在 $0.5 q_c$ 以下。

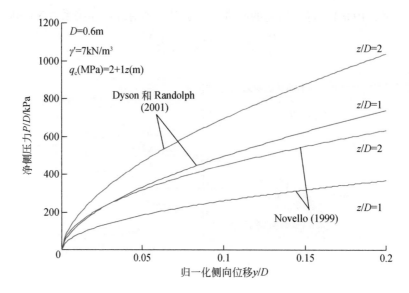

图 5-74   幂律模型下典型钙质砂 $p\text{-}y$ 曲线

虽然这种形式的荷载传递曲线目前只在钙质砂中提出过，但将荷载传递曲线与硅砂的锥尖阻力联系起来，避免了对摩擦角的估算，是一种新颖的方法。

在海床上部几米处的碳酸盐沉积物中经常发现胶结盖岩。在浅层，这种胶结材料通常很脆，一旦形成破坏面，就会导致阻力降低。Abbs（1983）提出了一种应变软化 $p\text{-}y$ 模型来模拟这一过程。然而，研究人员又提出了一种更合理的方法（AG，2003；Erbrich，2004），用于澳大利亚西北大陆架的碳酸盐矿床。该模型的基础（图 5-75）是指在表面附

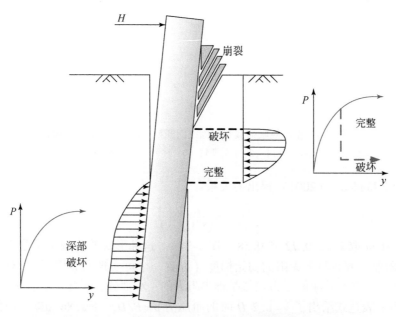

图 5-75   胶结土中桩水平行为模型：CHIPPER（AG，2003）

近形成"楔形"。这一概念与 Murff 和 Hamilton（1993）提出的运动学机制相结合，以评估碎屑出现后土体的净阻力，并制定一个与完整岩石变形（相比碎屑材料具有更高的承载力）相反的碎屑最大深度标准。

Erbrich（2004）提出的"chipper"模型三维有限元分析，并与离心模型试验进行对比，对模型进行了校准。研究发现，与 Abbs（1983）模型相比，该模型具有更大的侧桩承载力，但可为澳大利亚近海及其他碳酸盐岩沉积地区的锚固桩的设计提供良好的物理基础。

第 6 章 浅 基 础

本章讨论浅基础在近海环境中的应用。通常认为，浅基础的埋深与直径之比小于 1。本章在简要介绍海上浅基础的概况之后，介绍了浅基础的类型与应用，并对其安装和使用过程中的承载力极限状态和正常使用（变形）极限状态进行了一些一般设计考虑。然后给出了预测安装阻力、承载力和沉降的设计方法，包括基于土力学基本理论的安装阻力计算方法，采用经典方法进行的承载力预测，以及基于显式推导出的单轴极限状态和通过三维破坏包络面得到的荷载之间相互作用的先进求解方法。通过采用经典的弹性理论和最新的、先进的解决方案，并考虑循环荷载的影响，以求解服役性能和沉降。

6.1 引　言

6.1.1　概述

浅基础已成为一种经济的基础，在实践中有时是深桩基础的唯一替代基础。海上开发起源于墨西哥湾，采用了适用于软黏土的桩基础，以支撑钢制导管架（型板）结构。随着北海开发首次遇到了较硬的超固结黏土和致密砂层，深桩基础不再适用。因此，混凝土重力基础结构（GBS）作为深桩导管架平台的替代方案得到了发展。

过去，海上浅基础包括用于支撑大型固定式结构的大型混凝土重力基础结构和桩基安装前临时支撑传统桩基导管架平台的钢制防尘板。近年来，浅基础变得更加多样化，包括混凝土或钢制的筒形基础。这种筒形基础既可作为浮式平台的锚泊，又能取代桩基础作为导管架结构的永久支撑，还通常可作为各种小型海底结构的基础。图 6-1 显示了海上浅基础系统的不同应用。桩靴基础是一种用于移动式钻井平台（通常称为自升式钻井平台）临时的浅基础方案，将在第 8 章中单独讨论。

重力式基础建立在坚硬的海床表面，但如果存在较软的表层沉积物，则设置裙式结构以限制表层软土，并将基础荷载传递到较深处强度较大的土层。裙式结构被设置在基础周边，垂直贯入海床以形成土塞。如果基础面积较大，也需要在基底下设置内部裙板以形成裙板隔室。这种施工方法与陆上浅基础体系不同，因为在陆上浅基础施工前软弱表层土通常被移除（或处理）。

如果结构较重，土层较软，裙式重力基础和筒形基础系统仅需自重作用即可安装完成。然而，对于轻质套管、致密土层或者深裙式结构，需要通过负压辅助将其贯入海床（例如 Tjelta et al.，1986；Bye et al.，1995；Andenaes et al.，1996）。负压辅助安装将在第

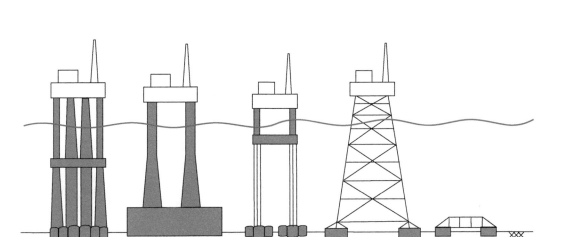

图 6-1　海上浅基础应用

（a）Condeep 重力基础结构（GBS）；（b）GBS；（c）张力腿平台（TLP）；（d）导管架结构；（e）海底结构

6.2 节中详细讨论。

　　裙式结构有助于弥补海床的不规则性，提高基础外围的抗侵蚀能力。在大多数情况下，裙式结构将增加基础抵抗垂直、水平荷载及倾覆作用的能力，并减小垂直位移、水平位移和转动角度。裙式结构还能显著增强浅基础的抗拉能力，并通过发挥瞬时拉力以抵抗传统浅基础无法承受的环境荷载引起的弯矩或上拔荷载。通过对黏土（例如 Dyvik et al.，1993；Anderson et al.，1993，Gourvenec et al.，2007，2008a）以及砂土（例如 Tjelta and Haaland，1993；Bye et al.，1995）的模型试验和现场观测，可以很好地记录抗拔承载力。与底板下部孔压消散过程所需时间相比，拉伸荷载的持续时间相对较短。即使在相对透水性较强的砂层上，基础也有可能安全抵抗海浪引起的周期性上拔荷载，而在渗透性较低的黏土层上，裙式基础也可能承受更长期的上拔荷载作用。基础裙板隔室内被动负压所提供的抗拔承载力直到最近才被业界认可。

　　由于其所支撑的结构尺寸和恶劣的环境条件，海上浅基础大于陆上基础。即使是小型重力式基础结构，通常也有 70 m 高（相当于 18 或 20 层楼高），占地 50×50 m²；更大的结构可超过 400 m 高，由面积超过 15000 m² 的基础支撑。即使是单筒基础，其直径也可能达 15 m。除了因为海上结构的规模巨大导致海上基础面积大之外，海上基础还需要抵御来自风、浪和洋流（在某些情况下是海冰作用，比如加拿大近海或波罗的海沿岸，）等剧烈的环境荷载。这些环境荷载会给海上基础施加陆上基础无须抵抗的水平荷载和弯矩荷载。重力基础平台的加载条件如图 6-2 所示。

　　图 6-3 比较了海上重力基础结构和类似高度的陆上高层建筑的设计荷载。这两个结构的自重相当，虽然海上结构比陆上高层建筑高 10%，但设计的竖向荷载小了约 30%。值得注意的是，海上结构的自重并没有随着结构高度增加而成比例地增加。由于基础及上部结构提供了大部分竖向荷载，因此结构附加的高度提供的附加（相对）竖向荷载很小。相

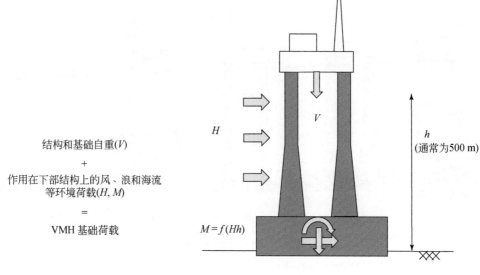

结构和基础自重(V)
+
作用在下部结构上的风、浪和海流
等环境荷载(H, M)
=
VMH 基础荷载

图 6-2　重力基础平台承受的组合加载

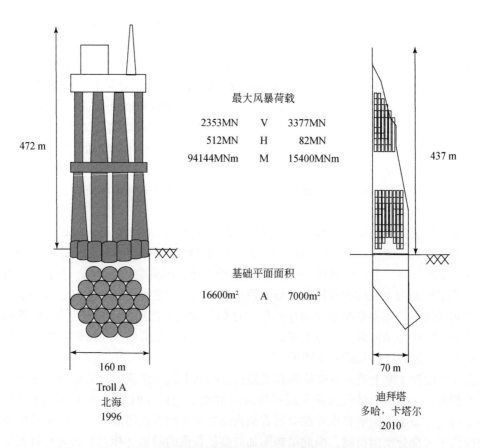

最大风暴荷载

2353MN	V	3377MN
512MN	H	82MN
94144MNm	M	15400MNm

基础平面面积

16600m²	A	7000m²

472 m

160 m

Troll A
北海
1996

437 m

70 m

迪拜塔
多哈，卡塔尔
2010

图 6-3　海上重力基础结构和类似高度的陆上高层建筑的设计荷载比较

比之下，陆上建筑每增加一层，就会增加相同的荷载。海上的环境荷载大约比陆上的大500%，这导致海底基础面积的增加。水平荷载的力臂，即弯矩与水平荷载的比值，比环境荷载的绝对值更加重要。随着水深的增加，倾覆成为海上结构的主要风险。在浅水区（<200 m），M/HD 通常在 $0.35 \sim 0.7$ 范围内，这表明滑动控制破坏过程。

无论是滑动、倾覆还是竖向承载力，极限荷载通常是海上浅基础的关键设计准则。而海上浅基础设计对位移的重视程度低于典型的陆上基础设计。海上浅基础的容许沉降量通常需满足上部结构的容许变形界值，以保证油井和管道的完整性的要求。其允许的沉降设计值为 1 m 左右。

由于环境荷载在海上占主导地位，因此对于海上基础，循环荷载对土体响应的影响比陆上结构更为重要。环境力对海上基础系统施加了显著的循环水平、垂直和弯矩荷载，并在基础附近产生了超孔压，降低了海床土的有效应力。累积的残余应变和循环剪切强度（取决于平均应力和循环应力的组合加载）的降低最终损害了地基的稳定性。如果能够进行排水，尽管周期性引起的孔压可能仍会从一场风暴累积到另一场风暴，但是风暴事件之间可能会出现一些孔压消散的现象。第 4 章详细讨论了土的循环荷载响应。

6.1.2　海上浅基础的类型

1. 重力式基础

重力式基础结构（GBS）主要依靠其自重和在海床上的占地面积大小来承受环境水平荷载和弯矩荷载，尽管基础的裙式结构有助于提高横向阻力和提供短期时效抗拉承载力。重力式基础结构的裙长通常从用于高强度黏土或致密砂土中的 0.5 m 到用于较软沉积物中的 30 m 以上不等。

第一个重力式基础平台 Ekofisk I（Clausen et al.，1975）于 1973 年在北海中部的挪威海域安装。Ekofisk I 是位于 70 m 水深致密砂土的罐式结构，其准圆形截面面积为 7390 m²（等效直径 97 m），设计细节见表 6-1。在 Ekofisk I 工程中遇到了岩土工程领域前所未有的波浪力的大小和性质。其基础设计基于室内试验和模型试验（Lee and Focht，1975），且平台装备了大量仪器。在该项目中获得的经验推动了一种新型重力式基础 Condeep（Clausen，1976）的发展，其随后被应用于其他几个项目。Condeep 重力式基础由许多圆柱形单元组成，通常呈六边形排列，如图 6-3 所示。其中三到四个单元延伸至上部提供支撑，如图 6-1（a）所示。与 Ekofisk I 型罐式结构相比，Condeep 平台的设计优势在于作用在结构上的波浪力要小得多。这是因为 Condeep 的主要结构位于水面以下。1975 年，在北海一个靠近 Ekofisk 油田的位置，第一个 Condeep 重力式基础结构，Beryl A，被安装在具有类似致密砂土条件的海床上。表 6-2 对比了 Ekofisk I 型罐式结构和 Condeep 重力式基础 Beryl A 的几何形状和设计荷载。虽然 Condeep 所处的水深比罐式结构深，但其占地面积较小，平台重量较轻，设计组件的水平荷载和弯矩荷载较低。

表 6-1 海上浅基础案例研究的设计细节

项目年份	类型	地点	水深/m	主体类型	基础尺寸/m, m²	裙边/m (d/D)	V/MN	H/MN	M/MN	M/HD
Ekofisk I Tank 1973[1,2]	GBS	N. Sea Norway	70	密砂	$A=7390$ $D_{eqiv}=97$	0.4 (0.004)	1900	786	28000	0.37
Beryl A 1975[3]	Condeep	N. Sea Norway	120	和 Ekofisk 一致	$A=6360$ $D_{eqiv}=90$	4 (0.04)	1500	450	15000	0.37
Brent B 1975[2]	Condeep	N. Sea Norway	140	含薄层密砂的硬黏土	$A=6360$ $D_{eqiv}=90$	4 (0.04)	2000	500	20000	0.44
Gullfaks C 1989[4,5]	深裙式 Condeep	N. Sea Norway	220	粉质黏土和黏质粉土	$A=16000$ $D_{eqiv}=143$	22 (0.13)	5000	712	65440	0.64
Snorre A 1991[6,7]	带混凝土筒基的张力腿平台	N. Sea Norway	310	软 NC 黏土	$A=2724$ $D_{eqiv}=17$	12 (0.7, CFT 0.4)	142 per CFT	21 per CFT	126 per CFT	0.20
Draupner E（欧洲）1994[8]	带桶基的导管架	N. Sea Norway	70	硬黏土上覆盖密砂至极密砂	$A=452$ $D_{eqiv}=12$	6 (0.5)	57 per bucket	10	30	0.25

续表

项目年份	类型	地点	水深/m	土体类型	基础尺寸/m, m²	裙边/m (d/D)	V/MN	H/MN	M/MN	M/HD
Sleipner SLT 1995[8]	带裙筒基的导管架	挪威海 (N. Sea Norway)	70	和 Draupner E 一致	A=616, D_eqiv=14	5 (0.35)	134 per bucket	22	—	—
Troll A 1996[9,10]	深裙式 Condeep	挪威海 (N. Sea Norway)	305	软 NC 黏土	A=16596, D_eqiv=145	36 (0.25)	2353	512	94144	1.27
Wandoo 1997[11]	CGBS	澳大利亚西北大陆架 (NW Shelf Australia)	54	钙质盐上致密的钙砂	A=7866, 114×69×17	0.3 (0.003)	755	165	7420	0.45
Bayu-Undan 2003[12]	带裙筒基的导管架	帝汶海 (Timor Sea Australia)	80	软钙、胶结的钙质和石灰石	A_total=480, A_plate=120	0.5 (0.04)	125 per plate	10	—	—
Yolla 2004[13]	裙式混合基础	巴斯海峡 (Bass Strait Australia)	80	硬钙、含软黏土和砂层的砂质粉土	A=2500, 50×50	5.5 (0.1)	—	—	—	—

1. Clausen (1976); 2. Opreilly 和 Brown (1991); 3. Clausen (1976); 4. Tjelta 等 (1990); 5. Tjelta (1998); 6. Christophersen (1993); 7. Stave 等 (1992); 8. Bye 等 (1995); 9. Andenaes 等 (1996); 10. Hansen 等 (1992); 11. Humpheson (1998); 12. Neubecker 和 Erbrich (2004); 13. Watson 和 Humpheson (2005)

表 6-2   罐式基础与 Condeep 重力式基础比较

设计细节	Ekofisk I	Beryl A Condeep
水深 h_w/m	70	120
基础占地面积 A/m^2	97	90
等效足迹直径 D_{eq}/m^2	7360	6360
竖向荷载 V/MN	1900	1500
水平荷载 H/MN	786	450
弯矩 M/MNm	28000	15000

随着北海石油和天然气的储量勘探进入更深的海域，常会遇到较软的正常固结黏土，因此 Condeep 重力式基础设计也相应进行了调整，例如设计深水裙式结构，将基础荷载传递到更深、强度更高的土层。为了将其贯入更深，需要主动抽压才能将裙式基础嵌入海床。1989 年在挪威北海的一个软黏土场地上安装了 Gullfaks C，首次实现利用负压辅助安装深裙式重力基础（Tjelta，1993）。在安装后主动抽压一段时间，以加速地基加固（详见第 6.1.3 节）。Gullfaks C 的安装位置在 220 m 水深处，基础平面面积 16000 m^2，裙式结构贯入海床下 22 m。它是当时建造得最大、最重的海上建筑结构（Tjelta，1993）。表 6-1 总结了该项目的一些细节。

位于北海挪威段的深裙式 Condeep 平台 Troll A，是世界上最大的混凝土平台，高 472 m，地基面积 16600 m^2（等效直径 145 m），裙长 36 m（表 6-1）。对 Gullfaks C 和 Troll A 的长期监测验证了设计的可靠性，并提高了对 Condeeps 结构响应的理解。这些项目的经验推动了在安装筒形基础中人工抽压技术的应用。

在其他已安装重力式基础结构的海上地区，不同的海床条件需要不同的浅基础方案。Wandoo B 安装在澳大利亚西北大陆架坚硬钙质岩上覆着的薄砂层上，它由一个停留在海床上的压载矩形混凝土重力式基础组成（图 6-4）。浅层岩石具有足够的竖向承载力和倾覆承载力，因此侧向滑动才是设计的关键问题。为防止超静孔隙水压力的累积设置了主动排水层，以保持抗滑能力。

澳大利亚北部 Timor 海 Bayu-Undan 安装了两个不同寻常的重力式平台。其中一个导管架平台在每个角布置钢板基础，通过上部结构的重量而非下部结构的重量，提供抵抗环境荷载所需的恒荷载（Neubecker and Erbrich，2004）。Bayu-Undan 的条件相对不寻常：中央作业平台上部结构特别重，水深适中，环境荷载不大（表 6-1）。Bayu-Undan 项目的另一个不同寻常的方面是：在安装导管架之前进行了海底清除表层粉砂的准备工作。这项工作的必要性在于该结构基底附加应力很大。进行安装前准备工作时，将粉土层和砂层炸开，钢板基础直接灌浆至下伏盖层上（Sims et al.，2004）。

Yolla A 平台是一种新型的重力基础混合结构，位于澳大利亚南部近海的 Bass 海峡。该区域海床主要由碳酸盐砂质粉土和粉质砂土构成（表 6-1）。平台包括一个支撑导管架底部结构的钢制裙式重力式基础（图 6-5），它依靠裙式结构内产生的瞬时负压来抵抗环境侧向和倾覆荷载，而不是依赖于基础的自重（Watson and Humpheson，2005）。

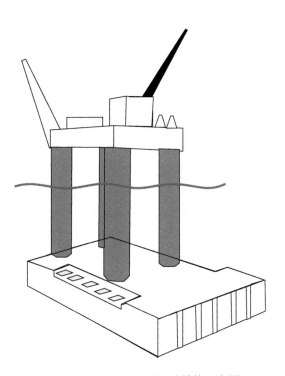

图 6-4 Wandoo 重力式基础结构示意图

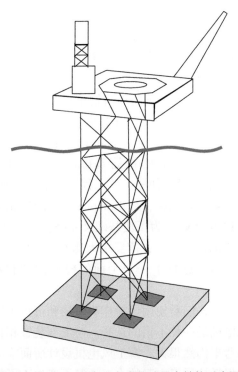

图 6-5 Yolla A 平台重力式基础混合结构示意图

2. 张力腿平台（TLPs）混凝土筒型基础

从吸力式安装的深裙式混凝土重力式基础（如 Gullfaks C 和 Troll A）开发以来，一个新的进展是开始使用单个或集群的小型混凝土单元或"筒型"基础（图 6-1（c））。首次应用这项新技术是 1991 年安装于挪威北海的一个张力腿平台（TLP）（详情见表 6-1）。建造时，Snorre A 安装深度 310 m 为北海之最。该基础系统包含四个混凝土基础样板（CFTs），分别位于浮筒四个角下方，每个混凝土基础样板由三个圆柱形混凝土单元构成。抗系链拉力由 CFT 的自重和结构与海床之间相互作用提供。继 Snorre A 之后，Heidrun 张力腿平台也使用了类似的基础系统，安装于北海 350 m 水深处（表 6-1）。

在 Snore A 和 Heidrun 中，CFT 和压载物的自重抵消了正常天气和工作条件下的系链张力。仅在暴风雨条件下，裙板的摩擦和顶盖下方的吸力才提供抵抗平台相对 CFT 发生偏移时产生的力矩。对于混凝土筒型基础，如要在深水中提供具有较高成本效益的地基方案，需要在正常工作荷载下提供抗拉力。如果能提供足够的抗拉力，筒型基础作为深水锚泊的锚，与桩基础相比更具优势。例如，尽管用于水深 3 km 处的新打桩系统正在开发，在深水中使用泵安装裙板式基础比使用打桩锤安装桩基础的成本更低，技术挑战也更小。此外，与桩基础相比，裙板式基础的直径越大，可以提供的承压面积更大，且在上拔过程中还能引起更大的反向端轴承载力或被动吸力（Clukey et al., 1995）。

3. 导管架平台钢筒基础

混凝土筒型基础是钢筒（也称为吸力筒）的前身，常用作钢支撑导管架结构桩基础的替代方案，如图 6-1（d）所示（Tjelta and Haaland, 1993）。Draupner E 平台（以前称为 Europipe 16/11E）首次将钢筒基础用于导管架结构。表 6-1 提供了一些平台的详细信息。该基础系统的一个特点是依靠砂土中基础底板下的被动吸力激发的拉力对抗极端环境荷载。Draupner E 首次使用筒型基础，该项目需将钢裙板贯入致密的砂中，这超出了以往的经验范畴（Tjelta, 1995）。1992 年对 Draupner E 进行了大量的现场调查，包括贯入和承载力测试，为筒的设计提供了依据（Tjelta and Haaland, 1993；Bye et al., 1995）。在 Draupner E 上成功使用了吸力式安装的钢筒基础后的第二年，类似的基础在附近的 Sleipner Vest 张力腿平台套管上被投入使用。两工程海床条件相似，但 Sleipner Vest 的导管架较大，最大压缩载荷为 134 MN/支腿，而 Draupner E 为 57 MN/支腿，拉伸载荷也稍大（两工程分别为 17 MN 和 13.9 MN）。为了使基础尺寸符合经济实用要求，Sleipner Vest 的基础与 Draupner E 筒型基础的设计相比，需要更大比例的可用容量。因此，作为详细设计工作的一部分，对 Sleipner SLT 进行了一个全面的模型测试和数值分析方案（Erbrich, 1994；Bye et al., 1995）。

最近，在全世界范围内，人们对使用风能作为清洁和可再生能源的热情高涨。在土地资源稀缺的地方，海上风电机是一种不错的选择。与油气装置相比，海上风电机组的竖向重量很低，但水平荷载和弯矩仍然很大。海上风电机设计所面临的挑战是需要给出一个经济化的基础方案，使其足以抵抗风浪引起的力，而又不产生不可接受的挠度，同时相对减小自重。目前，海上风电机一般建立在大直径单桩基础上（图6-6（a））。事实证明，随着水深的增加使用裙板式基础相对于单桩基础，无论是单个基础布置，还是三脚架或四脚架布置（图6-6（b）和（c）），都可能更为经济。

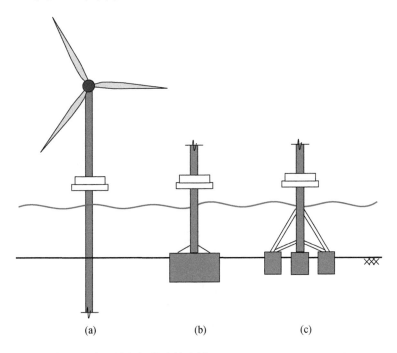

(a)   (b)   (c)

图6-6 海上风电场基础的选择（Byrne and Houssby，2003）

（a）单桩基础；（b）单裙板基础；（c）裙板三脚架基础

6.1.3 设计思路

浅基础的设计依据结构服役期内的各个阶段可以分为以下几个方面：

（1）安装（包括现场整平、裙板贯入和基础灌浆）；

（2）承载力（在工作状态下的常规VHM荷载，包括不排水、排水条件下的上拔荷载和循环荷载）；

（3）服役性能（短期和长期位移、循环荷载的影响以及动员能力所需要的沉降量）。

安装可能是设计内容中最具挑战性的部分，尤其是在致密土体或具有胶结晶体的沉积物中。对于灵敏度高的土体，水平滑动或倾覆可能比竖向承载力更为关键。而对于软弱沉积物，长期沉降可能比承载力更为关键。海上浅基础设计过程中可能需要考虑的问题如图6-7所示。在下面的小节中，将结合第6.1.2节中介绍的各种基础系统，讨论安装和运行中的设计思路。

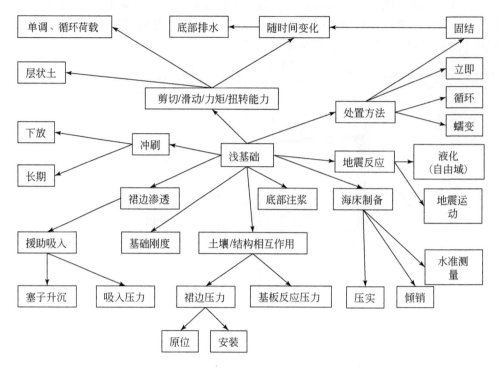

图 6-7　浅基础设计思路

1. 安装

安装浅基础系统可能会导致特殊的岩土工程问题。在下面的讨论中，分别考虑重力式结构与涉及多个独立的基础单元的基础系统因基础安装程序不同，可能引起的特定岩土工程问题。

1）重力式基础结构安装

混凝土重力基础结构需要一个深水场地进行施工建造，同时需要一条相对较深的拖航路径，这使得挪威海峡成为了一个理想位置。施工程序如图 6-8 所示。混凝土重力基础结构在干船坞开始施工。当基座和一部分立柱完成后，将结构移动到一个湿船坞，通常使用水和铁矿石组合填充使它被部分浸没。

混凝土支柱的施工以散件安装形式进行，逐步建造和淹没。当结构达到其设计标高时，上部结构浮出并安装在混凝土支柱的顶部。然后部分用于压载的水将从基座和支柱泵出，使结构更多部分位于水位线以上。而后平台将被拖行至最终位置。通过可控水流来增加基础中的水量，逐渐使平台穿过水体下沉并嵌入海床。如果采用深裙板结构，则可能需要吸力辅助来到达设计埋置深度。一旦结构达到预设位置，基础可以用混凝土或铁矿石来加重基础，以达到恒定的底部力预设值。完成压载后，对基底进行灌浆处理，以完成施工过程。

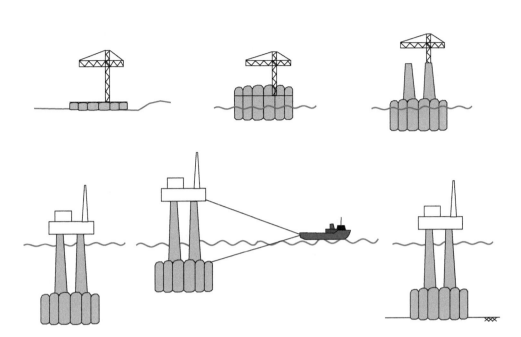

图 6-8 混凝土重力基础结构的施工顺序（Mo，1976）

进行基底灌浆的目的是防止基础进一步贯入海床，并保持平台高度，以获得均匀的土应力，避免在环境荷载作用下基础下方的水发生灌涌。对于不平坦或倾斜的海床，灌浆尤为重要。安装过程中的关键不确定因素包括：是否能够达到设计埋深（即使有吸力辅助），以及平台底座上接触压力的大小和分布。后一种不确定性是复杂的，因为不同基础区域由于倾斜的海底剖面、不同的土体强度或两者的组合而不同，海床条件也随之不同。其他需要考虑因素包括：安装所需吸力的大小（以及其施工可行性）和安装后是否需要主动排水以改善地面或限制循环荷载导致的超孔隙压力的发展。重力基础结构安装后短期内的即时承载力失效风险也需要考虑。因为土体将没有时间通过上部结构的重量来固结以提高土的强度，而永久性设计中可能已经假定了一定程度的固结。可选择主动排水或分段压载，以降低短期承载力失效的风险。

在安装 Gullfaks C 深裙板混凝土平台（Tjelta，1993）后，采用了主动排水方案（即在压力或吸力下维持排水条件）。较重结构和较软土体的组合形式必须使用深裙板式基础和主动排水系统来改善海床条件，其目的是在油井和管道运行之前完成大部分沉降（因为这些设施只能承受有限沉降）。最初三个月的高吸力与夏季月份施工时的吸力大小相一致。在冬季风暴到来之前，海床的加固和相关强度的提高是很重要的。Tjelta（1993）认为，当较重结构安装于相对较软土体上时，安装仅 15 个月后沉降率就能显著降低。他同时阐述了深裙板式基础系统的优点。土压力测量结果表明，平台安装后，整个平台重量将立即转化为基底和海床间的接触压力。在主动排水期结束时，孔隙水压力已充分消散，平台的全部浸没重量将转化为裙壁摩擦力。平台已由以荷载为基底接触压力的传统重力式基础结构转变为"桩"式结构。即所有荷载由侧摩阻力和端部阻力承担。

Troll A 深部裙板 Condeep 平台所用的设计方法与 Gullfaks C 不同。Troll A 施工场地低渗透性的黏土和较长的排水路径（由于基底和深裙板的平面面积较大）限制了超孔压消散。初步固结的时间约为 1000 年，因此只有一部分固结会在结构的服役期内完成。一项基本的设计标准是基础不透水，以确保一个不排水响应和可接受的沉降（主要由与油井完整性相关的约束条件决定）。基底土体的不排水响应与 Gullfaks C 所采用的方法相反。Gullfaks C 项目采取主动排水的方法来增加土体的强度，这使得地基的性能在安装后由于固结而不断改善。

2）吸力筒或筒型基础安装

图 6-9 依次表示了导管架结构吸力筒的各个安装阶段，但这种常规步骤仅适用于张力腿平台或其他浮式设施的混凝土筒型基础。首先，导管架下降至海床。通过向支柱和其他构件注水的方式，使基础在导管架结构自重的作用下能更顺利地贯入海床。如果裙板在单独自重作用下无法完全贯入，例如使用硬质材料使得导管架相对较轻的情况，则可通过横跨基础底板从筒内抽水（密封排气阀后）来产生一个压力差，即相对于高环境水压下的吸力，从而实现所需的贯入。由于高渗透性，在砂土中安装抽压装置会导致土体在吸力作用下产生稳态渗流。如图 6-10 所示，渗流可由流网表示。这些渗流的作用是增加裙板外土体的有效应力，但减少裙板内的有效应力。由于外侧摩阻力和内侧摩阻力与有效应力有关，因此外侧摩阻力增大，内侧摩阻力减小。更重要的是，裙板刃脚阻力也有所减小（见图 6-10 中的插图），这极大地促进裙板贯入。通过横跨基础底板的水压力差也可获得额外的驱动力，但与裙板刃脚阻力的降低相比，这是一个影响相对较小的因素。

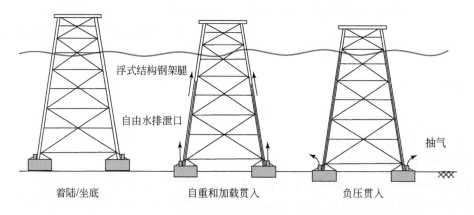

浮式结构钢架腿

自由水排泄口

抽气

着陆/坐底　　　　　自重和加载贯入　　　　　负压贯入

图 6-9　导管架结构筒型基础的安装步骤

当施加吸力时，最明显且最严重的问题是内部土塞可能发生液化，和沉箱外局部渗流路径形成的可能性，这可能阻止进一步的贯入并严重损害基础就位后的性能（Senpere and Auvergne，1982）。对 Sleipner SLT 设计进行的模型试验和分析工作表明，由于筒内最初的密砂松动导致土体渗透性增加引起的局部液化和管涌破坏可通过谨慎控制抽水过程来避免（Erbrich and Tjelta，1999）。最近的研究表明，有必要在靠近裙板的土塞中建立一个临界水力梯度，使得裙板刃脚处的有效应力降低至接近于零，以便在密砂中进行吸力式安装

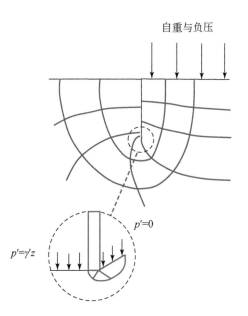

图 6-10 筒型基础吸力式安装过程中的渗透压力

（Tran and Randolph，2008）。钢筒基础安装期间的其他岩土工程问题包括安装期间由所施加的吸力和侧向土体阻力可能导致薄壁裙板发生屈曲（Barbour and Erbrich，1995）。与钢筒相比，混凝土筒具有较大的壁厚，因此不存在屈曲问题，但其他问题是存在的。例如，确保实现最小自重贯入非常重要。实现最小自重贯入也就是提供了一个充分的不透水密封条件，以确保承受施加吸力过程中产生的压差（对于浮式结构，必须在不增加导管架重量的前提下实现）。

2. 承载力

1）一般荷载

在作业过程中，施加到浅基础的荷载一般包括单调和循环竖向荷载 V（压缩或拉伸）、水平荷载 H 以及弯矩 M，如图 6-2 所示。弯矩与水平荷载的比值表明结构是容易发生滑动破坏还是倾覆破坏。

深部裙式 Condeep 平台 Troll A 是近海最大的混凝土重力式基础结构，位于海床上方472 m，其结构相对较轻。荷载控制因素是设计倾覆弯矩（Hansen et al.，1992）。由于 Troll A 相对较轻且场地位于深水区，平台的动力效应成为基础设计的控制标准。因此，基础刚度敏感性的要求使得基础比仅满足稳定性要求的基础更大。从表 6-1 可以看出，Troll A 和位于较浅水深同样为深裙式 Condeep 平台的 Gullfaks C 的弯矩与水平荷载的比值，M/HD，分别为 1.27 和 0.64，结构倾覆比滑动更容易发生。相比之下，无裙式 Condeep 平台 Beryl A 和 Brent B 的弯曲与水平荷载比值较低，M/HD 分别为 0.37 和 0.44，结构更容易滑动。

在压载重力基础平台 Wandoo B（图 6-4，表 6-1）的设计中，滑动阻力是一个关键因素。平台海床表层由一层薄而致密的钙质砂（0.5~1.4 m）组成。表层下卧着坚硬的钙质岩（Humpheson，1998）。表面之下高强度的钙质岩保证了足够的竖向承载力和倾覆承载力，但水平抗剪力依赖于表层砂层。由于砂层深度较浅，裙式结构不可行，因此利用底板和表面砂之间的摩擦至关重要。在风暴过程中，波浪引起的循环剪切荷载使砂土产生超孔压，超孔压水平影响砂土的滑动稳定性。为预测砂土层内超孔压的积累进行循环剪切试验，结果用每循环加载一次相对于剪切应力比的平均超孔压 β（Bjerrum，1973）来表示，如图 6-11 所示。在 Wandoo B 的底板中设置了被动排水系统，来促进循环荷载引起的超孔压的消散。设计采用有限元消散分析，来计算抵抗恶劣环境荷载和防止滑动破坏所需的压载量（Humpheson，1998）。

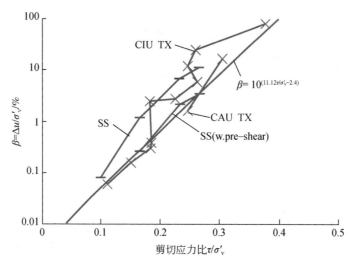

图 6-11　Wandoo GBS 下砂层预期超孔隙水压力（Humpheson，1998）

2）循环荷载和上拔荷载

对于底部固定结构，基础荷载的竖向分量主要由平台自重和一个附加（小）循环分量组成。该循环分量表示波浪通过时水面高程的变化。水平荷载和弯矩分量（通常）由环境荷载引起，包括一个稳定的不对称偏移的循环分量。若下部结构安装在基础的中心外（通常是为了便于钻孔），或上部荷载不均匀分布，则基础会承受永久弯矩。尽管循环荷载在本质上可能是单向压力，重力式基础结构由于倾覆弯矩大，可能在部分基础上产生拉应力。筒型基础的导管架结构比重力式基础结构更轻，因此更有可能承受双向循环荷载，即受到拉压循环荷载（图 6-12）。

Sleipner SLT 导管架吸力筒在 100 年循环荷载作用下，所受最大压力为 134 MN（因子），而最大拉力为 17 MN。对于最大的压缩和拉伸情况，双振幅循环竖向荷载约为 68 MN，这意味着每条支腿的平均荷载相差较大；最大压力为 66 MN，最大拉力为 51 MN。此外，22 MN 和 18 MN 的水平剪切荷载与压力和拉力同时作用。荷载的变化反映了波浪和底流荷载的不对称性、风荷载的影响（在这种情况下为拟静力）以及上覆荷载分布的不均匀性（图 6-13）。

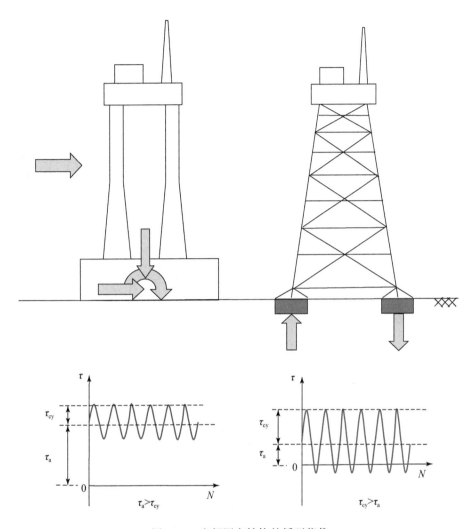

图 6-12　底部固定结构的循环荷载

　　Sleipner SLT 在服役期内的设计原则之一是保证弯矩荷载作用时的抗拉强度。此前认为，在平台服役期间，只有通过持续抽水保持主动负压，才能发挥砂土的抗拉强度。而筒型基础则是一个完全被动的系统，在这个系统中，负压是在短期拉力作用下产生的。

　　先前抗拉强度计算是基于理想弹性和非剪胀塑性土的假定。从这一假定可以得出，拉力会导致平均有效应力降低，因此强度会由原位测试的摩擦强度随时间单调减小。在这种情况下，一旦孔压消散，仅由裙式结构的摩擦和系统自重提供的抗拔力非常小。实际上，由于孔隙水的不可压缩性而产生的负压在短期内抑制了密砂剪胀的趋势；只有当水能自由地流入孔隙时，土体才会剪胀。如果抑制水进入孔隙，则平均有效应力增大，抗剪强度升高。虽然这种机制预测了筒型基础具有很高的单调抗拔承载力，但孔隙水的气穴现象（孔隙水是原位水深的函数）可能会限制最终可实现的抗拔承载力（Bye et al.，1995）。

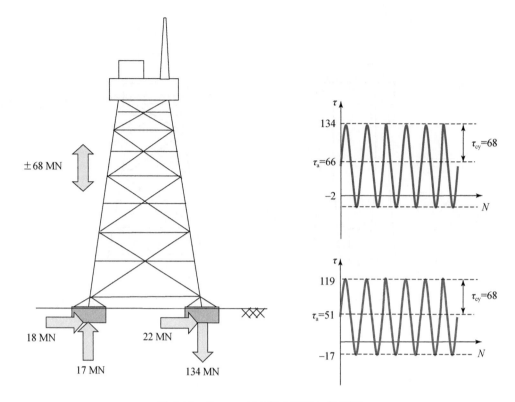

图 6-13　Sleipner SLT 吸力筒的加载情况

目前设计中不考虑持续的抗拔阻力。例如，Snorre A TLP 的基础自重和压舱物的自重抵消了在正常、平静的天气和工作条件下系绳的张力。在风暴期间，TLP 将从地基偏移，从而在每个 CFT 上产生弯矩作用。这就是 TLP 极限的受力情况（Christophersen，1993）。为 Snorre 的基础设计进行了一系列静态和动态比例模型试验（Dyvik et al.，1993；Andersen et al.，1993）。最近的离心试验表明，埋深比低至 0.3 的浅部裙式结构基础可以抵抗数年内数值约为 30% 不排水抗拔承载力的单轴拉伸荷载，这表明裙式结构基础设计具有潜在的持续抗拉拔能力（Gourvenec et al.，2007，2008a）。无论是否具有持续的抗拔力，只有在密封条件下，反向端承力才能被激发，这可能会受到非竖向或循环荷载的影响。

循环荷载是海上基础环境荷载的一个重要组成部分，在这种情况下，必须考虑孔压的累积。循环荷载会引起大多数土的孔压累积。在黏土中，这会导致应力–应变响应的软化和部分强度降低（通常是轻微的，除非在流黏土中）。在砂土中，可能在土体失去大部分刚度（初始液化）或强度（导致流动破坏）的情况下发生液化。在海洋环境条件下，初始液化更为重要，因为砂土很少松动，无法发生流动破坏液化，虽然密砂在单调剪切下有剪胀的趋势，但在循环荷载作用下，砂土往往会发生收缩。最终，当土体有效应力降为零时，可以达到初始液化状态。

从模型试验中观察到，筒型基础一旦触发这种状态，即使随后减小施加的循环荷载，筒形基础也会在土体中不断下沉。研究发现，对于密砂，这种情况只有在基础受到从压缩

到拉伸的循环荷载时才会出现。正是这种机制限制了设计抗拔承载力,仅为单调抗拔承载力的极小分量(Bye et al.,1995)。稍松的密砂能够安全抵抗循环拉伸载荷的量级仍是争议的焦点。

除了在风平浪静的天气条件下的循环荷载外,海上结构在风暴期间也会受到极端循环荷载的影响。由于长时间的吹袭(如北海)或飓风(如墨西哥湾和澳大利亚西北大陆架),在一段时间内会产生极端荷载条件。结构和基础不只是受到一个大浪的冲击,而是在一段时间内承受连续的荷载作用。尽管大部分风暴被认为是三小时事件,期间伴随大约有 1000 个波,但是风暴的增强和衰减时间可以持续 72 小时。海浪的大小会随时间变化,它们作用于基础上的荷载也会随着海浪大小变化。承载力分析必须考虑循环荷载的影响,但这很复杂,因为实际的循环荷载包括许多不同振幅的循环,而室内试验仅限于单一振幅循环。循环荷载对土的力学响应的影响在第 4 章中提及。

3)抗剪强度的稳定性分析

稳定性计算的关键在于选择合适的抗剪强度参数,这并不简单,因为基础下的应力路径是多种多样的。图 6-14 展示了沿潜在破坏面分布的几个典型单元的剪应力简化图。在不同的位置,对应的剪切强度更近似于在三轴压缩、单剪或三轴拉伸中的测量值。这些试验的结果可能相差两倍(见第 4 章)。此外,土体受到的平均应力和循环剪切应力的相对大小将根据潜在的破坏模式变化,进一步使得有效抗剪强度变化或剪切应变累积。

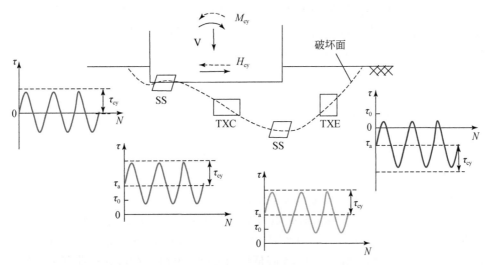

图 6-14 浅基础下潜在破坏面的简化应力条件(O'Reilly and Brown,1991)

理想情况下,对基础稳定性的详细分析需要复杂的数值分析,并需要一个考虑剪切强度各向异性和循环荷载影响的土的本构模型。在实际工程中,大多数设计采用简化方法,要么在极限平衡(或塑性上限)分析中在不同位置插入适当的剪切强度,要么估计一个单一"平均"剪切强度用于标准设计方法。平均抗剪强度既要反映应力路径的范围,如三轴压缩、单剪和三轴拉伸时的平均抗剪强度,也要反映循环荷载的影响。这在第 4 章中进行了深入讨论。

4）排水条件

地基承载力的预测需要在静态和循环基础荷载作用下评估基底的排水条件。如果土体或荷载条件未使超孔压在有效期内消散，则进行不排水承载力分析就足够。例如，在向细粒土（即黏性土）施加荷载后的短期内，或在荷载期很短的风暴事件中，认为土体是不排水条件。此外，对于排水路径较长的大型GBS，即使在透水性相对较好的沉积物上，不排水的情况也可能持续数月或数年。如果在施加荷载后进行排水，则应进行排水承载力分析。

在设计波浪荷载之前，评估沉积物在竖向静载荷下是否会足够迅速地进行固结以增加土体强度，是相对简单的。若孔压不能消散，则所有承载力计算均应采用原位不排水强度。这种情况通常适用于大多数细粒土（黏土和多种粉土），在单个波浪周期中，也可以确定排水条件。作用在大多数海上基础上的控制荷载涉及较短的时间内（即通常小于约15 s的波浪周期）施加的大量循环荷载。大多数材料在单个波浪循环期间表现出不排水的响应，甚至是粗粒材料也表现为不排水条件，如大多数砂土（这是前面讨论筒形基础的抗拉能力的基本条件）。这在目前的设计规范中（例如API 2000，ISO 2000，DNV 1992）并没有体现。因此，对于砂土和粉土，通常需要评估固结不排水承载力，即在施加峰值荷载之前，土体在平台自重作用下已经固结的情况下的不排水峰值荷载。因此，即使土体在静荷载作用下已完全排水，也应进行波浪荷载作用下的不排水分析，但应考虑使用竖向静荷载作用下，土体由于固结而增加的土体强度。对于固结不排水条件，基础下土体抗剪强度的分布是复杂的，文献中并没有简单的解决方案。因此设计工程师不可避免地必须采用极限平衡法（例如Svano，1981；Randolph and Erbrich，2000）或有限元法（例如Bye et al.，1995）来解决这个问题。

5）安全系数

设计的稳定性计算必须包含安全系数。通常使用以下三种方法。

（1）整体安全系数法，也称为工作应力设计方法（WSD），即在极限荷载下只考虑单一安全系数。美国石油协会（API）RP 2A-WSD（American Petroleum Institute，2000）建议承载破坏的安全系数为2，滑动破坏安全系数为1.5。安全系数的大小是为了考虑土体条件的不确定性以及静荷载和动荷载的设计值。

（2）分项安全系数法，也称为荷载阻力系数设计法（LRFD），使用单独的系数来计算土体强度和施加的荷载。国际标准化组织（ISO）（International Standardization Organization，2000）建议通过一个材料系数 $\gamma_{m}=1.25$ 降低抗剪强度，并将静荷载和动荷载分别增加1.1倍和1.35倍。

（3）概率方法，将土体强度和施加载荷的不确定性量化，并用于确定破坏概率，其概率应小于预定值。

现在普遍认为分项安全系数法优于整体安全系数法，因为它可以更好地量化设计整体的可靠性。虽然概率方法是现代地质灾害评估的基础，并逐渐扩展到海洋岩土工程设计的其他领域，但它们尚未成为主流设计方法。

3. 服役性能

承载力问题可能是众多海洋浅基础设计中的首要问题，但服役性能也很重要，包括达到承载力的位移预测。使用性能问题存在于砂质海床，特别是对于可压缩性沉积物，如松散的硅砂或大多数钙质砂和粉砂。在黏土中，体积变化受到不排水的限制，而在砂土中，体积压缩系数对实际极限承载力有着显著的影响。根据地基的尺寸，基础直径或宽度的一部分的设计沉降限值可能导致基础承载力比预测极限承载力低。

1）沉降量

海上浅基础的容许沉降量通常受油井和连接基础的管线的位移公差限制，只要沉降发生在油井与管线连接之前，海上浅基础沉降量设计值为 1 m 左右是可行的。海底沉积物空间多样性会导致不均匀沉降，这对结构（特别是刚性结构，如重力式基础结构）的危害可能大于总沉降的危害。如果进行沉降监测，在其使用期可通过控制压载使重力结构的不均匀沉降得到控制。基础上部结构偏心（有时由于邻近自升式平台的钻井限制）会导致永久弯矩转移到基础上，使得平台在整个服役期间出现不均匀固结沉降。

在安装后，通过施加压力使土体主动排水，从而加速土体固结并增加在细粒土中的沉降。这就使得大多数沉降在油井和立管与主体结构连接之前发生。在北海软土地基上安装深部裙式混凝土平台 Gullfaks C 后，采取了主动排水措施。大部分沉降（约 0.5 m）发生在施加最大压力的前三个月，并且沉降观测值与预测值相似。停止加压后，沉降值降低至每年 15~20 mm。平台安装地点土体条件与 Gullfaks C 相似的深裙式 Condeep 平台 Troll A 刚好与之相反，它采用了不透水基础并在设计时确保不排水条件和容许沉降量。

循环加载过程中累积的孔压会导致基础发生长期位移。风暴发生期间会使部分孔压消散，而循环引起的残余孔压会从一场风暴累积到下一场。通过 Ekofisk I（首个重力式基础平台）上的仪器得到的孔隙压力测量值表明，即使是在密实砂层，循环加载也会产生超孔压，使基础产生大幅度沉降（Clausen et al.，1975）。

世界上某些特殊海床条件地区具有特定的浅基础适用性问题。例如，澳大利亚、巴西和中东许多地区的土体类型主要为钙质砂，在颗粒大小、胶结程度及颗粒高棱角度等方面表现出各向异性的特征。这就导致许多地区的土体具有高孔隙率和高压缩性。在钙质砂上设计浅基础时需要考虑特殊问题，包括循环荷载作用下的土体液化和体积塌陷（Randolph and Erbrich，2000）。若土层条件为上部硬土层下部软土层，则可能会导致穿刺破坏或大型沉降。

2）塌陷

平台下方储油层在长期开采后可能引发塌陷问题，这也是考量平台使用性能的一个方面。据报道，1984 年 Ekofisk 油田大幅下沉，当时高度发达的枢纽设施在 13 年的生产中下沉了 3 m。1989 年，将 Ekofisk 原有的六个罐式基础顶起，并在基础周围建造了混凝土防护堤。虽然海床仍以每年 0.5 m 的速度持续下沉，但在当时政府的压力下，作业人员于 1994 年决定重新开发该油田。Ekofisk II 工程于 1998 年投入建设，旨在解决 20 m 深的沉降问题。截至 2005 年，海床已下沉 8 m，并以每年约 0.1 m 的速度不断下沉（Holhjem，

1998；Etterdal and Grigorian，2001）。

6.2 安装阻力

贯入分析应包括自重作用下的裙部贯入阻力的计算、达到目标贯入深度所需施加的负压大小（如果有）以及容许压力大小（即压载大小不使裙内有较大土体隆起、土塞液化或水的气穴现象的极限值）。通过比较将基础贯入土中所需的吸力和引起土塞失效的压力，可对土塞的相对稳定性进行评价。当此二力相等时，可得到安装的极限埋深与直径之比 d/D。根据以下几节所述的简单土力学原理，可以预测贯入阻力和负压要求值与允许值。

6.2.1 在细粒土中的安装

1. 贯入阻力

图 6-15 为裙式基础安装过程中的受力示意图。对于裙板内外壁无突起的简单情况，裙式基础的总贯入阻力 Q 由裙墙与所有裙内加强筋的侧向剪力、裙板与加强筋端部的承载力和上覆土层压力提供，如下式：

$$Q = A_s \alpha \bar{s}_u + A_{\text{tip}}(N_c s_u + \gamma' z) \tag{6-1}$$

式中，A_s 为裙墙表面积（内外表面积之和）；A_{tip} 为裙端支承面积；α 为黏着系数（假设等于灵敏度的倒数）；$\bar{s}_u$ 为贯入深度以内的平均抗剪强度（单剪强度 s_{uss}）；s_u 为裙端不排水抗剪强度（s_{uc}、s_{ue} 和 s_{uss} 的平均值）；γ' 为土体有效容重；z 为裙板贯入深度；N_c 为平面应变条件下的承载力系数（=7.5）。

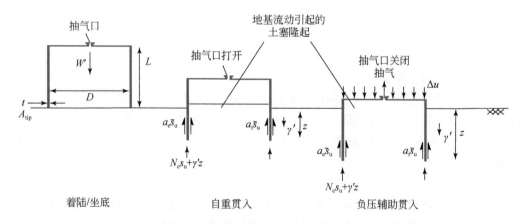

图 6-15　裙式基础安装过程中受力图（Randolph et al., 1998）

由于土体中竖向应力的增大会导致贯入阻力增大（实质上，这可以认为是土体浮重移动而产生浮力），因此计算时考虑上覆土压力。在实际应用中，必须从承载力和摩擦阻力的角度考虑内加强筋的作用。

2. 必要负压

在自重作用下，贯入过程将持续至贯入阻力（如（式 6-1））等于地基浮重 W' 为止。为了进一步将基础贯入，需要吸力辅助。吸力作用下的贯入阻力也可以用式（6-1）计算。负压（即吸力）Δu_{req} 需要在裙舱内施加，以便贯入裙板，可根据下式计算：

$$\Delta u_{req} = \frac{Q - W'}{A_i} \tag{6-2}$$

式中，Q 为基础总贯入阻力（由式（6-1）给出）；W' 为基础浮重；A_i 为基础内部横截面积（即施加吸力的区域）。

3. 容许负压

容许负压 Δu_a 是指，在基础裙端深度处的底部土体隆起（例如黏土被吸进基础）条件下，不会导致土体大范围隆起时的最大负压。土塞重量、通过土塞底座的轴向承载力和裙板内表面摩擦力可抵抗土塞失效。基础附近土柱重力有助于土塞失效，因此，这部分重力应减去。容许负压由下式计算：

$$\Delta u_a = \frac{A_i N_c s_u + A_{si} \alpha \bar{s}_u + W'_{plug} - \gamma' d A_{plug}}{A_i} \tag{6-3}$$

式中，A_i 为基础内部截面积；N_c 为承载力系数，取值为 6.2~9，取决于贯入过程中基础埋深与直径比值；s_u 为裙端处不排水抗剪强度（s_{uc}、s_{ue} 和 s_{uss} 的平均值）；A_{si} 为内裙墙表面积；α 为黏着系数（假设为灵敏度的倒数）；$\bar{s}_u$ 为贯入深度以内的平均抗剪强度（单剪强度 s_{uss}）；W'_{plug} 为裙板内的土塞重量（$= \gamma' d A_{plug}$）；γ' 为土体有效容重；A_{plug} 为土塞横截面积；d 为土塞高度；$\gamma' d A_{plug}$ 为基础周围的土柱重量，因此 $W'_{plug} = \gamma' d A_{plug}$，土塞重量和上覆土压力相抵消。因此，容许压力可定义为土塞底部阻力和轴内侧阻力之和，即：

$$\Delta u_a = \frac{A_i N_c s_u + A_{si} \alpha \bar{s}_u}{A_i} \tag{6-4}$$

在浅水中，应检查容许压力是否超过空化压力。

土塞失效的安全系数 F 通常表示为引起土塞失效的吸力 Δu_a 与将基础贯入土体所需吸力 Δu_{req} 之比，即：

$$F = \frac{\Delta u_a}{\Delta u_{req}} \tag{6-5}$$

重新整理式（6-1）至式（6-3），得到一个更通用的土塞失效安全系数定义：在必要吸力作用下，土塞端轴向阻力（$A_i N_c s_u$）与净土塞端部上拔力之比（Andersen et al.，2005）。如果采用材料系数，则外部抗剪强度会增大，土塞端轴向阻力对应的抗剪强度会减小，这是不利的情况。

4. 贯入分析验证

为了控制操作，通常在安装过程中测量裙板的贯入阻力。图 6-16 对比了 Snorre TLP 混凝土筒形基础裙板贯入阻力的预测值和实测值。实测数据与下限预测值接近，说明黏土层中贯入阻力预测值是可靠的。

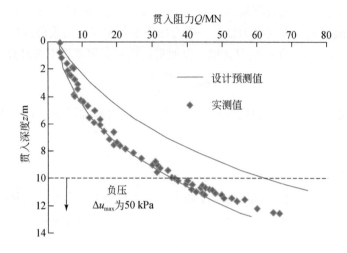

图 6-16　Snorre 筒形基础贯入阻力的预测值和实测值（Andersen and Jostad，1999）

6.2.2　透水性沉积物中的安装

若负压沉箱在砂土或其他渗透性海床上安装，则会产生渗流场。这不仅不可避免（由于高渗透性，由固结引起的任何瞬态响应会迅速衰减），而且对于减少裙端处的有效应力和贯入阻力来讲不可或缺（Erbrich and Tjelta，1996）。在黏土中安装负压沉箱时，总安装力为沉箱浮重和作用于沉箱盖上的压差。然而，在砂土中安装时，主导阻力是端部贯入过程，吸力的主要作用是降低安装阻力，而不是显著地增加安装力（这是次要作用）。

已有人提出估算所需吸力大小的其他方法。其中一种方法是基于基本土体参数的经典方法（摩擦角 φ，土体有效容重 γ'，原位应力状态），以此可计算桩侧摩阻力 $k\sigma_v'\tan\delta$ 以及估算桩端阻力为 $N_q\sigma_v'$（Houlsby and Byrne，2005）。吸力作用产生的渗流场将作为基准来修正原位条件下的 σ_v'，尤其是当液压管道吸力水平接近土塞时，外部侧摩阻力增加，而桩端阻力和内部侧摩阻力显著减少。

另一种方法是直接用一个剖面锥尖阻力 q_c 的原位数据（Senders and Randolph，2009）。内部和外部侧摩阻力以及桩端阻力可采用与桩基础相似的方法，由锥尖阻力估算（见第 5 章）。在自重贯入过程中，总桩侧摩阻力和桩端阻力假定适用；当吸力增加到接近极限值时，将导致沉箱处于临界水力梯度状态，随着吸力的增加，内部桩侧摩阻力和桩端阻力均呈线性减小。因此，竖向平衡条件可表示为

$$W'+0.25\pi D_i^2 p = F_0(F_i+Q_{tip})\left(1-\frac{p}{p_{crit}}\right), \quad p \leqslant p_{crit} \tag{6-6}$$

式中，W' 和 D_i 分别为负压沉箱的浮重和内径；p 为所施加的吸力（p_{crit} 为临界值）；F_0 和 F_i 为外部和内部桩侧摩阻力；Q_{tip} 为桩端阻力。

模拟试验和现场试验的经验表明，虽然目前沉箱仅应用于浅埋工况，但用吸力将沉箱安装到深度超过一个直径是可以实现的。为了充分降低桩端阻力，特别是在北海的冰封致密砂层（Tjelta，1996），提供的吸力接近内部土塞所需浮力的临界值（Tran and Randolph，2008；Senders and Randolph，2009）。图 6-17 显示了离心试验的样本数据，该试验模拟了一个直径 6 m、壁厚 30 m（是直径的 0.5%）的三种不同浮重的模型。在大多数安装过程中，吸力（归一化为 $p/\gamma'D$）都明显遵循一条与临界水力梯度相对应的直线。

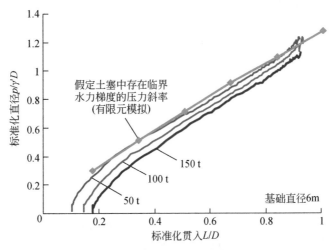

图 6-17　吸力沉箱在致密砂层中安装的模型试验数据（Tran and Randolph，2008）

6.3　承　载　力

6.3.1　引言

ISO（2000）、DNV（1992）及 API（2000）等制订了海洋浅基础地基承载力计算的设计规范。尽管海域和陆域浅基础系统和荷载条件存在明显差异，但推荐准则中提出的设计方法与陆上的设计方法从根本上来讲是相同的（例如 Eurocode 7，1997）。这些方法从根本上都是基于在均匀 Tresca 土体中，考虑荷载方向（根据倾斜度和偏心距）、基础形状、埋深和土体强度曲线等修正因素的情况下，条形基础在竖向荷载作用下破坏的经典承载力公式（Terzaghi，1943）。

第 6.3.2 节和第 6.3.3 节讨论了经典设计方法的缺点和越来越受到业界欢迎的其他设计方法。对于非常规设计来讲，可能需要辅助以一些先进的解决方法，比如项目现场测试以及模拟试验等。但是对于大多数设计来讲，特别是一些小型基础，如防沉板和海底安装工程等，都是基于各行业在规范中推荐使用的经典承载力理论。有趣的是，许多小型结构的基础形状和设计荷载组合形式往往要比大型基础复杂，除了竖向荷载、水平荷载以及不同轴向的弯矩荷载外还存在扭矩荷载。

在接下来的部分，将会介绍经典承载力理论预测一般荷载作用下极限状态的方法以及先进的承载力预测求解方法。

6.3.2 经典承载力理论方法

传统的承载力理论以及一些较为先进的方法都是基于塑性理论，塑性解就是基于边界定理来确定精确解所在范围的上下界。为了得到一个精确解，上界（机理）和下界（应力场）方法必须给出相同的结果。极限分析探索了可以满足这两个界限的不同方法，直到每个界限都获得相同的失稳载荷为止，即得到真实的失稳载荷。塑性解是基于失效时普遍存在的理想塑性，即不考虑土的硬化或软化。虽然这些土体模型较为简单，但它们一直被广泛地应用在陆域和海域工程来求解承载力。

1. 不排水承载力

预测浅基础不排水承载力的经典方法由下式给出：

$$V_{ult} = A' \left((s_{u0} N_c + kB'/4) \frac{FK_c}{\gamma_m} + p_0' \right) \tag{6-7}$$

式中，V_{ult} 为竖向极限承载力；A' 为基础的有效承载面积；s_{u0} 为基础深度处土体的不排水抗剪强度；N_c 为均质土中条形基础的竖向承载力系数，即 5.14（Prandtl，1921）；k 为不排水抗剪强度曲线的斜率（均质土为 0）；B' 为基础有效宽度（Meyerhof，1953）；F 为考虑强度不均匀性的修正系数；γ_m 为抗剪强度的材料系数；K_c 为考虑荷载方向、基础形状和埋深的修正系数，由下式给出：

$$K_c = 1 - i_c + s_c + d_c \tag{6-8}$$

式中，

$$i_c = 0.5 \left(1 - \sqrt{1 - H/A's_{u0}} \right) \tag{6-9}$$

$$s_c = s_{cv} (1 - 2i_c) B'/L \tag{6-10}$$

$$d_c = 0.3 e^{-0.5kB'/s_{u0}} \arctan(d/B') \tag{6-11}$$

p_0' 是基础深度处土体的有效上覆应力（抵抗破坏）；对于裙式基础，通常取刃角处的值。

如图 6-18 所示，修正系数 F 是无量纲非均质因子 $\kappa = kB'/s_{u0}$ 的函数。图 6-19 表示了 F 的大小随 κ 的变化情况（Davis and Booker，1973）。

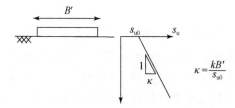

图 6-18 抗剪强度随深度线性增加时的不均匀度定义图

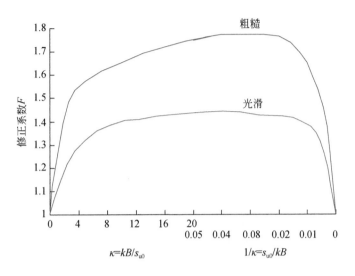

图 6-19　抗剪强度随深度线性增加时的承载力修正系数（Davis and Booker，1973）

　　倾斜系数 i_c 和形状系数 s_c 直接来源于 Brinch Hansen（1970）的研究结果。倾斜系数是在考虑弯矩的有效宽度原理（Meyerhof，1953）情况下，基于在集中倾斜荷载作用下条形基础荷载的精确解（Green，1954）。形状系数 s_c 取决于系数 s_{cv}、倾斜因子和基础的宽长比，其中系数 s_{cv} 是非均质因子 $\kappa = kB'/s_{u0}$ 的函数（Salenson and Matar，1982）（表 6-3），对于均质土 $s_{cv} = 0.2$（Brinch Hansen，1970）。一般来讲，规范并没有明确规定具体的三维基础的几何形状，而是建议将其等效为具有相同面积和面积惯性矩的矩形。式（6-11）中推荐的深度系数比传统的 Brinch Hansen（1970）因子稍微保守一些。此外，在安装过程中或对其他基础问题，如冲刷，为防止刃角以上土体中的剪应力被激发，或者服役期内水平载荷在基础整个深度范围内产生较大的被动土压力，通常建议 $d_c = 0$。根据基础的平面尺寸用 $kB'/4$ 对抗剪强度曲线的影响进行归一化。

　　由式（6-7）计算的均质土体表面条形基础在单轴竖直荷载作用下的不排水承载力为 $V_{ult} = 5.14As_{u0}$，与 Prandtl（1921）的精确解一致。在考虑形状系数的情况下 $V_{ult} = 6.17As_{u0}$，略高于粗糙条件圆形基础的精确预测值 $6.05As_{u0}$（Cox et al.，1961）。水平破坏时有 $H_{ult}/As_{u0} = 1$，与基础几何形状无关，也不受不排水抗剪强度梯度的影响，当施加的力与地面不排水抗剪强度相等时，土体发生滑动破坏。在无竖向偏心荷载，$H/As_{u0} = 1$，倾斜系数 $i_c = 0.5$，形状系数 s_c 降为零（如适用）的情况下，将其代入式（6-7），表示竖向荷载 $V \leqslant 2.57As_{u0}$，即 $V/V_{ult} \leqslant 0.5$ 时发生水平破坏。

表 6-3　强度非均匀土的形状因子（Salenson and Matar，1982）

$\kappa = kB'/s_{u0}$	s_{cv}
0	0.20
2	0.00

续表

$\kappa = kB'/s_{u0}$	s_{cv}
4	-0.05
6	-0.07
8	-0.09
10	-0.10

根据竖向荷载 $V = 0.5V_{ult}$（Meyerhof，1953）可预测极限弯矩 M_{ult}。在低竖向荷载情况下，假定弯矩会导致基础-土接触面分离，从而导致承载面积减小，承载力降低。通过承载力公式（式（6-7））可以求出，对于条形基础 $M_{ult} = 0.64ABs_{u0}$，对于圆形基础 $M_{ult} = 0.61ADs_{u0}$，该结果与 Houlsby 和 Puzrin（1999）、Randolph 和 Puzrin（2003）的塑性解以及 Taiebat 和 Carter（2002）、Gourvenec（2007a）的有限元分析结果较为接近。

2. 排水承载力

由于基础荷载的作用使土体的摩擦抗剪强度增加从而使其应力增大，所以受压条件下排水承载力通常大于不排水承载力。当然，剪胀性很强的砂土是个特例，由于剪胀引起的负孔隙水压力使其不排水承载力很大。在任何土体类型中，如果要承受拉力荷载依靠负压提供，那么不排水的条件是有利的。

预测浅基础排水承载力的经典推荐方法如下式：

$$V_{ult} = A'(0.5\gamma'B'N_\gamma K_\gamma + (p_0' + a)N_q K_q - a) \tag{6-12}$$

式中，V_{ult} 为竖向极限荷载；A' 为基础有效承载面积；γ' 为土体有效重度；B' 为基础有效宽度；N_γ，N_q 分别为自重和负载条件的承载力系数；K_γ，K_q 分别为考虑基础形状、埋深和荷载方向的修正系数；p_0' 为作用在基础一侧的有效上覆土应力；a 为土体胶结系数，等于莫尔圆的切线与法向应力轴的交点。

N_q 和 N_γ 应该用材料系数进行修正：

$$N_q = \tan^2\left(\frac{\pi}{4} + 0.5\tan^{-1}\left(\frac{\tan\varphi}{\gamma_m}\right)\right)e^{\pi\tan\varphi}/\gamma_m \tag{6-13}$$

以及

$$N_\gamma = 1.5(N_q - 1)\tan\left(\frac{\tan\varphi}{\gamma_m}\right) \tag{6-14}$$

式中，φ 为土体的有效内摩擦角；γ_m 为抗剪强度的材料系数。

承载力公式中 $\gamma'B'$ 的系数 0.5 是约定俗成的，表示基础以下一半基础宽度处的有效上覆土应力对土体自重的贡献。

式（6-13）给出了在单轴竖向荷载作用下的 N_q（即有附加荷载的不考虑自重的土体）的精确解的下限值和上限值（Prandtl，1921）。需要注意的是，由于 φ 位于 N_q 表达式的指数位置上，因此，N_q 和 V_{ult} 对 φ 的微小变化很敏感。N_γ（即无附加荷载的考虑自重的土体）没有精确解，该公式是基于 Lundgren 和 Mortensen（1953）建立的。Davis 和 Booker（1971）用特征法得到了 N_γ 较为严格的解，曲线拟合公式如下：

$$N_\gamma = 0.1054^{9.6\varphi}（粗糙基础） \tag{6-15}$$

$$N_\gamma = 0.0663^{9.3\varphi}（光滑基础） \tag{6-16}$$

N_q 和 N_γ 的近似关系（式（6-14））被广泛地应用在工程建设中。

需要注意的是，承载力公式假定土体自重和附加荷载的影响是可叠加的（即两种独立作用的效果之和等于两种同时作用的效果之和）。Davis 和 Booker（1971）证明：即使对于单轴竖向荷载来说，该结果也是较为保守的。

修正系数 K_q 和 K_γ 可表示为

$$K_q = s_q d_q i_q \tag{6-17}$$

$$K_\gamma = s_\gamma d_\gamma i_\gamma \tag{6-18}$$

式中，

$$s_q = 1 + i_q \frac{B'}{L} \sin\left(\tan^{-1}\left(\frac{\tan\varphi}{\gamma_m} \right) \right) \tag{6-19}$$

$$d_q = 1 + 2\frac{d}{B'}\left(\frac{\tan\varphi}{\gamma_m} \right)\left\{ 1 - \sin\left[\tan^{-1}\left(\frac{\tan\varphi}{\gamma_m} \right) \right] \right\}^2 \tag{6-20}$$

$$i_q = \left\{ 1 - 0.5\left(\frac{H}{V + A'a} \right) \right\}^5 \tag{6-21}$$

$$s_\gamma = 1 - 0.4 i_\gamma \frac{B'}{L} \tag{6-22}$$

$$d_\gamma = 1 \tag{6-23}$$

$$i_\gamma = \left\{ 1 - 0.7\left(\frac{H}{V + A'a} \right) \right\}^5 \tag{6-24}$$

式中，$A' = B'L$ 是基础的有效面积。

3. 小结

经典承载力方法可通过修正系数来扩大其应用范围，使其从简单工况（均质土表面条形基础在竖直荷载作用下的破坏）到复杂的工况（非均质土三维基础在一般荷载作用下的破坏）均可适用。

在经典承载力方法中，水平荷载、弯矩与垂直荷载的相互作用通常是分开计算的，然后将获得的 VH 和 VM 两种方案进行耦合，以表示基础在垂直荷载、水平荷载及力矩组合作用下的情况（图6-20）。对于均质土，经典承载力方法可准确预测基础在偏心荷载或施加在中心处倾斜荷载情况下的承载力，但是两种情况同时存在时（即 VHM 荷载），其预测精度较低（较保守）。Ukritchon 等（1998）对在倾斜和偏心单独作用下的解进行简单地叠加以表示一般载荷的有效性提出了质疑，Gourvenec 和 Randolph（2003a）发现条形基础和圆形基础也存在类似问题。对于不同抗剪强度的土层，即使是无水平荷载的简单偏心作用，经典承载力理论的预测精度也会较低。在近海浅基础设计中，由于恶劣的环境条件

（风、浪、流等，如图 6-20 所示）引起的水平荷载及弯矩较大，且海底沉积物通常都是正常固结的，使得经典承载力方法更加不适用。

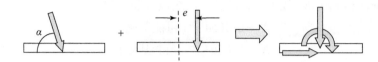

图 6-20　经典承载力理论一般荷载示意图

浅基础裙部或防沉板可提供抗拔力，然而经典承载力理论在设计过程中却忽略抗拔力，因此在这一点上也遭到质疑。

基础裙边在嵌入过程中将引起水平和弯矩自由度耦合，从而提高其水平承载力和弯矩承载力，并且随着埋深不断增加，相互作用更加明显（详见第 6.3.3 节）。在经典承载力理论中也没有通过引入深度系数或上覆土压力项来解释水平荷载与弯矩的耦合情况。

最后，经典承载力方法得到校正后的竖向极限荷载的表达式，而不是获得导致土体破坏的竖向荷载、水平荷载或弯矩的分量。因此，该方法不适合直接用于表明单个荷载分量变化对实际破坏的影响。在接下来其他方法的介绍中，也将进一步讨论这些问题。

6.3.3　先进解决方法

1. 破坏包络面

一般荷载作用下的浅基础的下层土体应力状态较为复杂。越来越多的人认为，当水平荷载、弯矩和垂直荷载共同作用时，在确定承载力时应明确考虑这些不同因素的相互作用（与经典承载力理论中引入倾斜和偏心系数的方法不同）。表示组合荷载作用下的极限临界状态最方便的方法是相互作用图解（interaction diagrams）或破坏包络面。包络面可以表示为垂直荷载、水平荷载、弯矩不变的平面，也可表示为垂直荷载、水平荷载、弯矩空间（V、H、M）的三维曲面。采用图 6-21 所示的荷载、位移符号所得包络面示意图如图 6-22 所示。包络面内部的任意荷载组合对于基础来说都是安全的，而包络面外部的组合都将会使基础发生破坏。

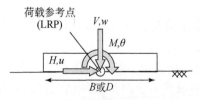

图 6-21　一般平面荷载和位移的符号规定

图 6-22 所示为破坏包络面的一般形式，该包络面给出了粗糙表面基础在不排水条件下的极限状态，并给出了抗滑阻力，但在垂直荷载为零时，基础的弯矩为零。包络面的形

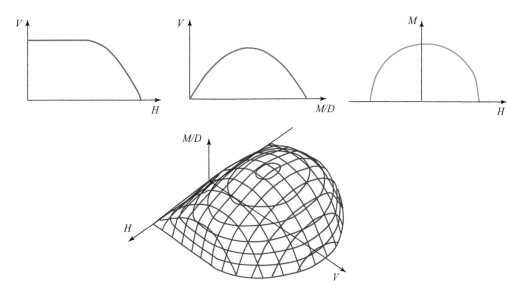

图 6-22 破坏包络面在二维和三维荷载空间中的示意图

状取决于各种条件，包括排水或不排水条件，抗剪强度的均匀程度，基础–土接触面粗糙程度、抗拉强度、基础形状以及埋置方式等。经典承载力理论引入形状、埋置方式或非均质系数，只是按照相关极限状态 V_{ult} 对包络面进行伸缩，而不改变包络面的形状。垂直荷载、水平荷载和弯矩的相互作用一般比经典承载力理论更为复杂；许多情况下，特别是基础有埋深的情况下，简单地按照顶点进行缩放的包络面是不准确的。

以破坏包络面表示极限状态（与经典承载力理论获得的最大竖向荷载相比）特别有用，因为工程师可以利用包络面更直接评估各项荷载变化对承载力安全的影响。

2. 破坏包络面的确定

三维包络面（V，H，M）的确定方法主要有三种：试验法，解析法，数值计算法。该概念发展之初，最常见的确定方法便是试验法（Nova and Montrasio, 1991; Martin, 1994; Gottardi et al., 1999）。对于单一竖向荷载，可以通过塑性解析法求解复合加载问题（Ukritchon et al., 1998; Bransby and Randolph, 1998; Randolph and Puzrin, 2003），但是要获得组合加载的上限值和下限值比较困难。当前，有限元数值计算是确定包络面最常用的方法（Bransby and Randolph, 1998; Taiebat and Carter, 2000, 2002; Gourvenec and Randolph, 2003; Gourvenec, 2007a, b, 2008）。

1）试验

图 6-23 为牛津大学为研究浅基础在一般荷载作用下的响应而研发的实验装置，该装置可在竖向、旋转和水平方向上进行独立加载。通过安装在基础上方的测压元件获取竖向荷载、水平荷载与弯矩，通过各个方向的位移传感器可获得基础的位移。通过大量实验结果进行编译和插值，可构建出连续的三维包络面。

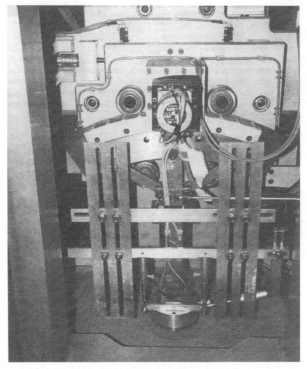

图6-23　浅基础复合加载实验装置（Martin，1994）

2）解析法求解：塑性理论

基础承载力的上下限解析解可以分别用假定动力破坏模式或土体内适当的应力场来求解。但是，除了条件相对简单外，其他情况下，即使只是为了优化破坏模式，也需要借助数值模拟程序。此外，也可以利用有限元获得极限解析解（Sloan，1988，1989）。

一般而言，由于假设的破坏模式比应力场更直观，上界解比较容易求解。如图6-24所示为条形基础在组合荷载作用下典型的破坏模式。这些破坏模式，特别是对于圆形基础，也可以拓展至三维空间（Randolph and Puzrin，2003）。

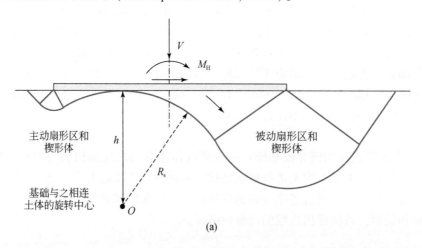

(a)

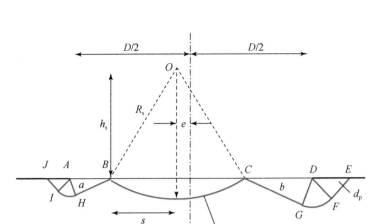

(b)

图 6-24 复合加载条件下条形基础平面应变破坏机制（Randolph and Puzrin，2003）

（a）Brinch Hansen 破坏模式；（b）Bransby-Randolph 楔形–勺形–楔形破坏模式

3）数值计算法

包络面可以通过有限元法、有限差分法等多种数值方法来确定。数值计算法是将一个区域离散成许多单元或节点，这些单元或节点可以设定材料属性和边界条件。这样分析人员可以真实地表示基础形状、土体条件和荷载状态，并计算模拟条件下的破坏荷载和破坏模式（这与上限法相反，上限法需要分析人员确定破坏模式）。图 6-25 为位移控制加载路

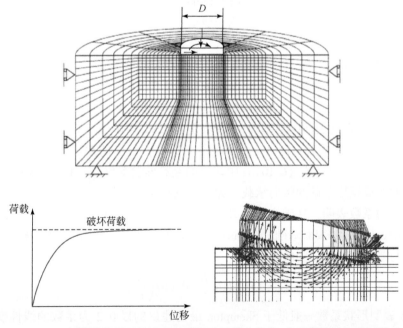

图 6-25 一般荷载作用下的浅基础有限元网格、荷载–位移曲线以及破坏模式

径的有限元网格。根据位移控制加载路径可以确定基础的破坏荷载以及破坏模式。通过进行大量分析，提供足够多的数据点，以此来构建破坏面。

从研究历史上看，由于不同的土体条件可供选择的方法相对复杂，所以排水条件下（摩擦土）的相互作用图解来自试验研究，而不排水条件下（黏性土）的相互作用是根据解析法和数值计算法得出的。

3. 破坏包络面方法的设计应用

常规设计中，采用包络面法的过程比较简单。

（1）定义单轴极限状态 V_{ult}（或 V_0），H_{ult} 和 M_{ult}（即 $H = M = 0$，$V = M = 0$ 及 $V = H = 0$ 时），确定包络面的顶点。

（2）通过一个解析表达式将包络面的形状定义为归一化荷载（V/V_{ult}，H/H_{ult}，M/M_{ult}）或（V/V_0，H/V_0，M/V_0）的函数。

（3）确定设计荷载是否在包络面内部，如果在内部，则设计"安全"，如果在外面，则需要增加基础的承载力（增加面积或埋深比）或减少设计荷载。

单轴承载力的大小和相互作用取决于土体（排水或不排水）对荷载的响应、土体（均匀或非均匀）强度剖面、基础形状、基础埋深及与相邻基础之间的结构连接。单轴承载力 V_{ult}、H_{ult} 和 M_{ult} 可从经典承载力方法计算得到，我们将在接下来的部分看一些包络面的例子。

4. 可行的先进解决方案

优化方案可以细化承载力系数，考虑基础的形状、在单一垂直荷载作用下的埋深和在水平和弯矩作用下的极限状态，并可预测一般荷载作用下的承载力。通过数值分析可以相对容易地预测极限状态，有时也可以使用解析解进行预测。

1）不排水单向极限状态

表面基础：对于均质土中光滑或粗糙的表面条形基础或圆形基础，单向不排水的竖向极限荷载有精确解：对光滑或粗糙的表面条形基础，$N_{cV} = V_{ult}/As_{u0} = 5.14$（Prandtl，1921）；对光滑或粗糙的表面圆形基础，N_{cV} 分别为 5.91 和 6.05（Cox et al.，1961）。光滑的表面圆形基础的形状系数 $s_{cV} = N_{cVcircle}/N_{cVstrip} = 1.15$，粗糙的表面圆形基础的形状系数 $s_{cV} = 1.17$，表明设计指南（式（6-10））中建议的经验形状系数 $s_{cV} = 1.2$（Skempton，1951）略不保守。方形或矩形基础的竖向承载力无法得到精确解，但是基于上界和有限元分析的最佳估计承载力系数表明，基础宽高比 B/L 与形状系数 $s_{cV} = N_{cV(B/L)}/N_{cVstrip}$ 存在二次关系，如图 6-26 所示（粗糙的表面基础）（Gourvenec et al.，2006）。利用二次多项式可以准确表示形状系数与基础宽高比之间的关系：

$$s_{cV} = 1 + 0.214\frac{B}{L} - 0.067\left(\frac{B}{L}\right)^2 \tag{6-25}$$

图 6-26 表明形状系数一般低于 Skempton 最初建议的以 0.2 为系数的线性变化的形状系数，并且与设计指南建议的方形基础的形状系数相比，差异小于 7.8%，表明传统方法

是不保守的。如果基础表面是光滑的，差异会更加明显，但目前还没有分析或数值结果来量化这一差异。

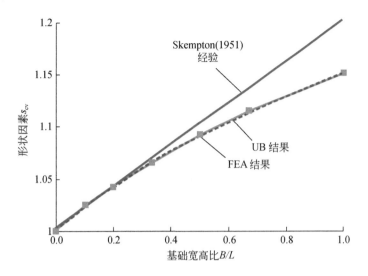

图 6-26　矩形表面基础的竖向承载力形状系数（Gourvenec et al., 2006）

表面基础的不排水极限水平荷载可忽略不计，因为光滑表面基础的 N_{cH}（$=H_{ult}/As_{u0}$）为零，粗糙表面基础的 N_{cH} 也是一样。N_{cH} 与基础设计尺寸无关，因为当施加的荷载激发了基础-土界面的极限抗剪强度时，基础就会发生滑动破坏。

若沿着基础-土界面没有张力，可以根据有效宽度（或有效面积）原理（Meyerhof, 1953），得出表面条形或圆形基础的不排水极限抗弯承载力。有效宽度方法即对于条形基础和圆形基础分别为 N_{cM}（$=M_{ult}/ABs_{u0}$ 或 M_{ult}/ADs_{u0}）$=0.64$ 和 0.61，结合 $0.5V_{ult}$ 的竖向荷载，其给出的表面基础的极限弯矩，实际上是下限解。其他形状的基础弯矩承载力系数还没有解析解，但通过矩形表面基础的有限元分析得到弯矩承载力的形状系数 $s_{cM}=N_{cM(B/L)}/N_{cMstrip}$ 与矩形宽高比（B/L）的二次方有关（Gourvenec, 2007a）：

$$s_{cM}=1+0.075\frac{B}{L}-0.005\left(\frac{B}{L}\right)^{2} \tag{6-26}$$

具有全张力界面的表面基础在无竖向荷载作用下，激发的不排水极限弯矩承载力可由基于圆形或球形的勺形破坏模式的上限解得出：条形基础和圆形基础的 N_{cM} 分别为 0.69 和 0.67（Murff and Hamilton, 1993；Randolph and Puzrin, 2003）。在不限制张力的基础-土体界面上，基于带折减系数的圆柱形勺形的上界解，给出了矩形基础的不排水极限弯矩承载力，折减系数考虑了平面外部分做功和边界效应（Gourvenec, 2007a）。针对有限元分析的校准显示，40% 的折减系数是合理的，即采用圆柱形勺形在平面外部分所做功的 40%。弯矩承载力形状系数 s_{cM} 与基础宽高比 B/L 的关系如图 6-27 所示，可表示为二次函数：

$$s_{cM}=1+0.250\frac{B}{L}-0.026\left(\frac{B}{L}\right)^{2} \tag{6-27}$$

以上对承载力和形状系数的讨论涉及均质土体条件。通过特征函数法求精确解

（Davis and Booker，1973；Houlsby and Wroth，1983），并采用现行设计指南中的修正参数（图6-19，表6-3），建立了抗剪强度随深度线性增加时，强度不均匀性对表面条形基础和圆形基础竖向承载力的影响关系。土体抗剪强度的非均匀性对表面基础极限水平承载力的影响较小；至于土体均匀的情况，当施加的水平力激发界面处抗剪强度时，界面发生滑动破坏，这与强度梯度无关。通过圆形和球形的勺形破坏模式的上限解和有限元分析，可确定土体抗剪强度非均匀性对具有完全张力的表面条形基础和圆形基础不排水极限弯矩承载力的影响（Gourvenec and Randolph，2003）。图6-28表明对于具有无限张力界面的条形基础和圆形表面基础，弯矩承载力系数是不均匀系数 $\kappa = kB/s_{u0}$，kD/s_{u0} 的函数，可由下面的二次表达式来描述：

$$F_M = 1 + 0.197\kappa - 0.003\kappa^2 \quad (条形基础) \tag{6-28a}$$

$$F_M = 1 + 0.156\kappa - 0.002\kappa^2 \quad (圆形基础) \tag{6-28b}$$

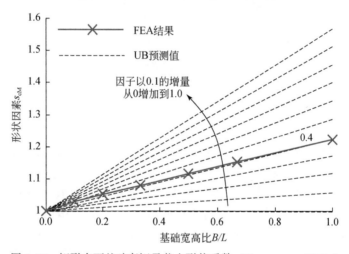

图6-27　矩形表面基础弯矩承载力形状系数（Gourvenec，2007a）

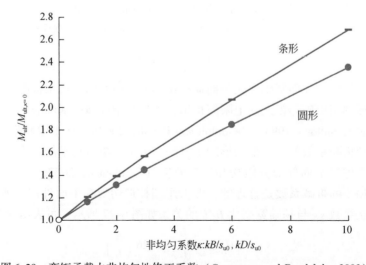

图6-28　弯矩承载力非均匀性修正系数（Gourvenec and Randolph，2003）

如图 6-29 中有限元分析的位移矢量所示，随深度增加而增大的抗剪强度将迫使破坏模式向较浅、较弱的土层中发展。

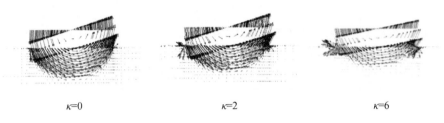

图 6-29　不同抗剪强度不均匀性的土体中表面圆形基础的勺形破坏模式

埋置式基础：埋深增加，埋置式基础所受竖向力、水平力和弯矩随之增加，迫使破坏模式向土体深部发展，如图 6-30 所示。对于抗剪强度随深度增加的土体，承载力进一步提高，土体破坏往往会发生在更深、强度更高的土体中。经典承载力理论采用 Skempton（1951）和 Brinch Hansen（1970）提出的深度系数对单向竖向承载力进行修正，并根据这些系数指导工业实践（如式（6-11））。经典的深度系数最初由光滑圆形基础推导得到，但也广泛应用于粗糙和光滑的条形基础和三维基础。近年来的研究对这些传统的修正系数提出了质疑，并发展了随着埋深比增强的承载力和变化的破坏模式。

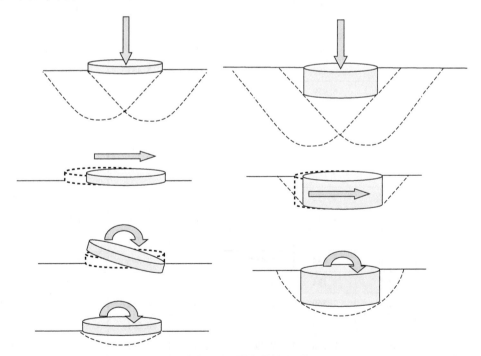

图 6-30　埋深对承载力的影响

通过对光滑平面、不同界面粗糙度、不同抗剪强度非均匀程度的埋置圆形基础进行特征法分析，推导出了详细的承载力系数，见表 6-4（Houlsby and Martin，2003）。值得注意的是，场地的不排水抗剪强度剖面通过非均匀系数 $\kappa' = kD/s_{um}$ 表征，式中 s_{um} 是泥面处的不排水抗剪强度（因为通常在场地调查时无法获得埋深比），承载力系数根据基础底面上的不排水抗剪强度计算，$N_{cV} = q_{ult}/s_{u0}$，式中 s_{u0} 为基础底面上的不排水抗剪强度（图 6-31）。

表 6-4　埋置式光滑界面圆形基础承载力系数 $N_{cV} = q_{ult}/s_{u0}$（Houlsby and Martin，2003）

$\kappa'(kD/s_{um})$	d/D	粗糙程度系数 α					
		0.0	0.2	0.4	0.6	0.8	1.0
0.0	0.0	5.690	5.855	5.974	6.034	6.052	6.052
	0.1	5.967	6.127	6.238	6.290	6.298	6.298
	0.25	6.314	6.467	6.570	6.611	6.613	6.611
	0.5	6.785	6.927	7.020	7.048	7.047	7.048
	1.0	7.492	7.627	7.703	7.709	7.714	7.714
	2.5	8.824	8.944	8.991	8.993	8.987	8.990
1.0	0.0	6.249	6.469	6.651	6.794	6.895	6.946
	0.1	6.482	6.692	6.867	7.003	7.095	7.138
	0.25	6.741	6.940	7.106	7.234	7.317	7.350
	0.5	7.048	7.237	7.393	7.509	7.577	7.599
	1.0	7.469	7.644	7.787	7.884	7.933	7.942
	2.5	8.264	8.319	8.525	8.595	8.608	8.615
2.0	0.0	6.725	6.983	7.203	7.385	7.529	7.632
	0.1	6.852	7.084	7.295	7.463	7.593	7.676
	0.25	6.979	7.203	7.394	7.547	7.660	7.725
	0.5	7.148	7.357	7.532	7.667	7.760	7.804
	1.0	7.447	7.628	7.782	7.897	7.963	7.984
	2.5	8.157	8.266	8.427	8.503	8.527	8.527
3.0	0.0	7.156	7.445	7.694	7.906	8.080	8.210
	0.1	7.132	7.395	7.622	7.813	7.965	8.072
	0.25	7.147	7.375	7.581	7.750	7.880	7.962
	0.5	7.211	7.422	7.605	7.751	7.856	7.912
	1.0	7.433	7.617	7.777	7.896	7.968	7.992
	2.5	8.134	8.227	8.385	8.462	8.491	8.493
4.0	0.0	7.560	7.872	8.145	8.382	8.583	8.734
	0.1	7.375	7.642	7.885	8.091	8.260	8.385
	0.25	7.258	7.497	7.714	7.892	8.033	8.127
	0.5	7.245	7.462	7.651	7.803	7.919	7.983
	1.0	7.442	7.609	7.772	7.894	7.971	7.995
	2.5	8.086	8.194	8.361	8.440	8.470	8.471

$\kappa'(kD/s_{um})$	d/D	粗糙程度系数 α					
		0.0	0.2	0.4	0.6	0.8	1.0
5.0	0.0	7.943	8.274	8.572	8.828	9.051	9.228
	0.1	7.555	7.847	8.103	8.321	8.504	8.641
	0.25	7.341	7.590	7.812	7.998	8.147	8.249
	0.5	7.269	7.490	7.683	7.839	7.956	8.025
	1.0	7.435	7.604	7.768	7.892	7.973	8.003
	2.5	8.069	8.180	8.346	8.428	8.456	8.461

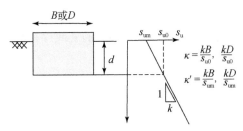

图 6-31 埋置式基础土体强度非均质性的定义

将表6-4给出的光滑和粗糙界面的承载力系数以图表的形式在图6-32中表示为深度系数 $d_{cV} = N_{cV}/N_{cV,strip}$，并与经典方法（式（6-11））预测的深度系数进行对比。图6-32表明了两种方法预测结果的差异和忽略界面粗糙度的影响。随着 kD/s_{um} 的增加，低埋深比下的深度系数较高，这表明基础水平上的低抗剪强度 s_{u0} 会导致高 $N_{cV} = q_{ult}/s_{u0}$。在承载力系数（承载力）随着初始深度短暂下降后，承载力系数随着埋深比的增加，均呈现不断增加的趋势。但是由于破坏模式的变化，承载力随着埋深增加的增长趋势不会无限持续下去（图6-33）。

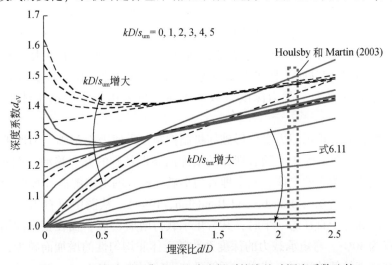

图 6-32 概念法、经典法、经验法得到的浅基础深度系数比较

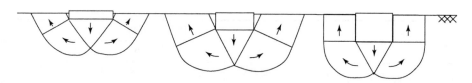

图 6-33　埋置基础的竖向承载力破坏模式

由于水平和弯矩自由度的耦合（图 6-34），埋置基础的极限水平承载力由传统的勺形破坏模式控制，而非表面基础的单纯滑动。埋置粗糙条形基础的极限水平承载力深度系数与埋深比的平方有关，表示为（Yun and Bransby，2007b；Gourvenec，2008）

$$d_{\text{cHult}} = 1 + 4.46 \frac{d}{B} - 1.52 \left(\frac{d}{B}\right)^2, \quad \text{对均匀的 } s_u \tag{6-29a}$$

$$d_{\text{cHult}} = 1 + 3.01 \frac{d}{B} - 1.12 \left(\frac{d}{B}\right)^2, \quad \text{对于正常固结的 } s_u \text{ 或存在裂隙的均匀的 } s_u \tag{6-29b}$$

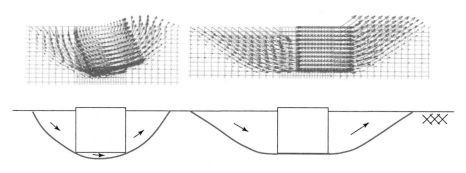

图 6-34　埋置基础水平破坏模式

与抗剪强度均匀的土体（基础水平具有相同的抗剪强度）相比，正常固结土体激发的水平阻力较小。目前还不清楚非均匀土体强度对广义水平承载力的影响。水平承载力取决于基础与土体在位移过程中保持的接触程度，而接触程度又取决于土体强度剖面。具有均匀不排水抗剪强度的土体大多能支撑裂隙，而软弱、正常固结的上体大多不能。有趣的是，在抗剪强度均匀且基础–土体界面张力为零（即允许裂隙在拉伸接触应力下发展）的土体中，埋置基础的水平承载力深度系数的表达式可采用正常固结土体中埋置基础的式（6-29b）。

埋置基础的极限弯矩承载力受勺形破坏机制控制，类似表面基础，勺形破坏界面与基础底部边缘相交，并且旋转中心随着埋深的增加向靠近基础的方向移动（图 6-35）。对于抗剪强度随深度线性增大的土体，基于埋置勺形破坏模式的上限解法计算的弯矩承载力深度系数 d_{cM} 如图 6-36 所示（Bransby and Randolph，1999）。从图中可看出，在抗剪强度均匀的土体中，埋深等于直径的一半时，其弯矩承载力增加 85%，而在正常固结土中，弯矩承载力增加仅为 30%。弯矩承载力的深度系数随土体非均匀性的增加而减少，因为破坏机制往往发生在强度较低的浅层土体中，不能延伸到较深的土中。

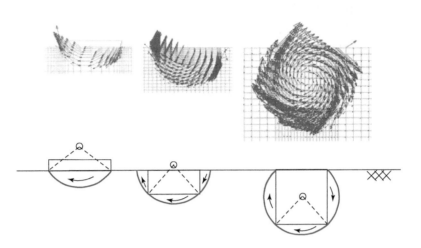

图 6-35 全张力界面的埋置基础在纯弯矩作用下的破坏模式

对于随深度均匀变化的抗剪强度，条形基础的极限弯矩承载力可用深度系数的二次方表达（Gourvenec，2008）：

$$d_{cMult} = 1 + 1.27 \frac{d}{B} + 1.27 \left(\frac{d}{B} \right)^2 \tag{6-30}$$

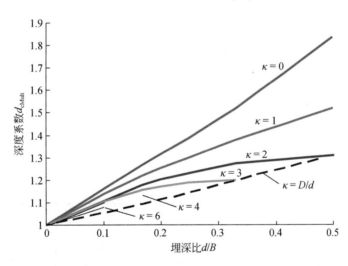

图 6-36 基于埋深比的条形基础弯矩承载力系数上限预测（Bransby and Randolph，1999）

无论是土塞还是裙部提供的埋置形式，都可能会影响浅基础的极限承载力。特别是在正常固结土中，内部破坏模式可能发生在土塞内部强度较弱的土体中，而不是基础以下强度较高的土体中，导致承载力下降。条形基础有限元分析表明，埋置形式对竖向承载力影响最小，但对弯矩承载力和水平荷载、弯矩耦合作用下的承载力影响较大（Yun and Bransby，2007a；Bransby and Yun，2009）。对于抗剪强度均匀的土体，Prandtl 破坏模式在土体破坏中起主导作用，土塞在单向竖向荷载作用下作为刚性体移动，所以埋置形式对承载力影响较小。在土体强度显著不均匀的土体中，如正常固结沉积层中，Hill 破坏机制在土体破坏中起主导作用。对于小部分密实基础，土体破坏倾向于在土塞内发展，导致基底激发的承载力降低，尽管与实体基础相比仅占很小的比例（图 6-37，仅显示基础端阻力）。相反，纯弯矩或水平荷载和弯矩耦合作用下的承载力可因土塞内部"反向"勺形破坏模式发展而显著降低，随着埋深比增加，承载力降低趋于平缓（图 6-38，图 6-39）。与条形基础相比，圆形基础承载力降低不明显，这是因为反向勺形破坏面是半球形而非半圆柱形发展的。在实际工程中，内部裙板可以保证土塞的刚性变形。

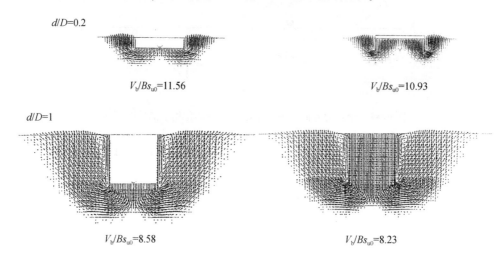

图 6-37　实体和裙式浅基础在正常固结土体中的端阻力 V_b 和运动学破坏模式（Yun and Bransby，2007a）

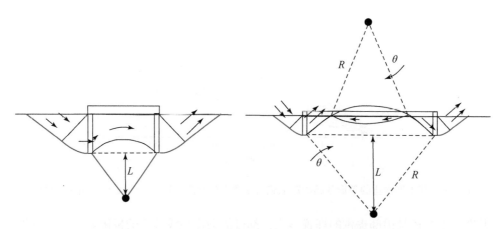

图 6-38　一般荷载下的内部运动学机制（Bransby and Yun，2009）

基础联合作用：各种海上结构是建立在多个浅基础上的，由于结构的运动学约束，导致基础要素联合作用。例如，永久支撑在吸力桶上的导管架、临时支撑在防沉板上的桩基础导管架，以及各种海底基础设施。

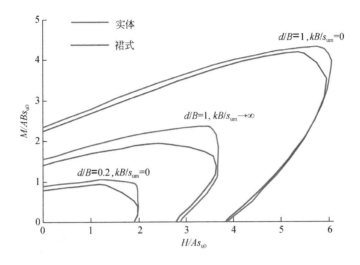

图 6-39 实体和裙式埋置基础的破坏包络面对比（据 Bransby and Yun，2009）

与独立基础的等效承载面积和埋深比相比，结构性连接的浅基础系统的竖向和水平承载力相对不受影响。然而，由于相邻基础之间的结构性连接，多脚基础系统的结构刚度提高了其抗倾覆承载力（Murff 1994；Fisher and Cathie，2003；Gourvenec and Steinepreis，2007；Gourvenec and Jensen，2009）。目前尚未建立包含联合基础的浅基础系统稳定性计算方法，可以通过线性弹簧方法和项目特定的有限元分析，按特定情况简单地将在竖向和水平荷载作用下每一根基础的极限状态相加，并认为弯矩荷载下为推拉机制。

图 6-40 将刚性连接表面基础有限元分析和上限解法预测的极限弯矩承载力与全张力基础-土体界面进行比较，作为基础 s/B 之间的归一化基础间距的函数。在纯弯矩作用下，当超过临界距离（图 6-41（a））时，联合基础在单轴压缩和拉伸中破坏；间距较近时，与单个基脚外缘相交的圆勺形破坏机制控制基脚的破坏（图 6-41（b））；中等间距时，一个位于平移块侧面的三角形楔块过渡机制主导基础的破坏。

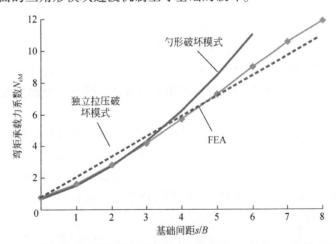

图 6-40 联合基础的极限抗弯承载力（Gourvenec and Steinepreis，2007）

由于单个基础之间的刚性连接，每个基础在推拉破坏机制中会经历一定的旋转（如图 6-41（a）中的位移矢量的方向所示）。如果转动的量可以忽略不计，则可以通过图 6-40 所示的上限来描述一个独立的推拉破坏机制，公式如下：

$$M_{ult} = V_{ult}(B+s) = (2+\pi)Bs_u(B+s) = (2+\pi)B^2 s_u\left(1+\frac{s}{B}\right) \tag{6-31}$$

联合浅基础系统的抗弯承载力由一个与每个浅基础外缘（如图 6-41（b）所示）完美重合的圆勺形决定，并可用上限来描述（图 6-40），公式如下：

$$M_{ult} = 0.69(2B+s)^2 s_u = 0.69B^2\left(4+\frac{4s}{B}+\left(\frac{s}{B}\right)^2\right)s_u \tag{6-32}$$

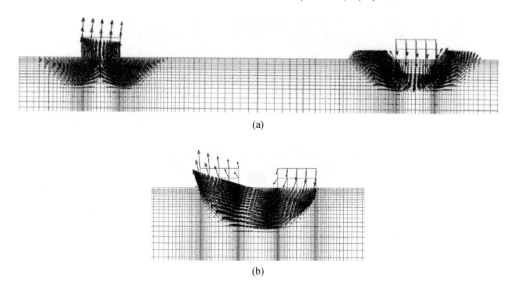

(a)

(b)

图 6-41　纯弯矩作用下刚性连接基础的破坏机制（Gourvenec and Steinepreis，2007）

(a) 独立推拉破坏模式；(b) 勺形破坏模式

图 6-40 表明，刚性连接的表面条形基础的失效是由独立的推拉破坏机制控制的，基础间距 $s/B = 4 \sim 6$ 可能是实际中基础间距的上限。应该注意，圆形基础的几何形状倾向于减少临界间距（由于与平面应变相比不太广泛的轴对称性破坏机制），而基础埋深将增加破坏模式的相互作用区域，因此独立推拉机制下的临界间距决定破坏模式。独立拉压机制预测的抗弯承载力比低间距下有限元分析所预测的值高，因此，控制失效的推拉机制所预测的值是不保守的（即不安全）。

海底框架、小型三脚架、四脚架的浅基础可以假定为准刚性体作用。对于大型结构的浅基础系统（如导管架平台的吸力筒，其固有一定的灵活性）而言，不太可能产生有效的刚性响应。尽管如此，某种程度的结构连接性甚至将提高大型结构的抗倾覆承载力。在评价结构性连接浅基础系统的稳定性时，应特别考虑结构连接程度、基础形状、埋深比和基础布置。

2）不排水条件下的破坏包络面

具有零张力界面的表面基础：图 6-42 为不排水抗剪强度均匀的土体中，表面圆形基础在一般荷载作用下不排水极限状态的三维破坏包络面。该包络面是通过有限元分析得到的，它明确地表示了竖向荷载、水平荷载和弯矩的各个分量，其结果通过基础面积和不排水抗剪强度进行了无量纲化。宽高比（$0 \leqslant B/L \leqslant 1$）的矩形基础的有限元分析（即覆盖的几何范围从无限长的条状到正方形）表明，破坏包络面的形状与基础宽高比无关（Gourvenec，2007），实际上与圆形基础（Taiebat and Carter，2010）的形状基本相同。因此通过适当的最终竖向承载力、水平承载力和弯矩承载力（V_{ult}、H_{ult} 和 M_{ult}）归一化的破坏包络面可用于确定任何宽高比的表面圆形或矩形基础在一般荷载下的极限状态。为避免必须根据具体情况进行相关计算，需要确定一个简单的闭合形式的函数来近似表示归一化的破坏包络面形状。图 6-42 所示形式的包络面可以用椭圆来描述，一般荷载由其各自的极限状态归一化，即 $v = V/V_{ult}$，$h = H/H_{ult}$，$m = M/M_{ult}$（Gourvenec，2007）。

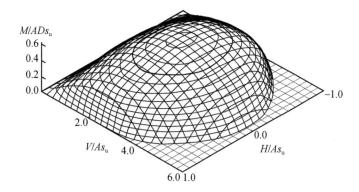

图 6-42 表面圆形基础的破坏包络面（Taiebat and Carter，2002）

$$\left(\frac{h}{h^*}\right)^2 + \left(\frac{m}{m^*}\right)^2 = 1 \tag{6-33}$$

其中，h^* 和 m^* 分别是归一化竖向荷载 v 的函数，分别从归一化 vh 和 vm 空间中的破坏包络面形状推导而来：

$$h^* = \begin{cases} 4(v - v^2), & 0.5 < v < 1 \\ h^* = 1, & 0 < v < 0.5 \end{cases} \tag{6-34a}$$

$$m^* = 4(v - v^2) \tag{6-34b}$$

式（6-33）是针对均匀剪切强度剖面推导的，需要进一步的工作来量化土体强度不均匀性对归一化破坏包络面形状的影响。

对简单的零张力界面单个荷载分量显式建模，并将显式建模预测的极限状态和经典方法预测的极限状态进行比较（式（6-7））。通过求解给定水平荷载区间和恒定竖向荷载与竖向极限荷载比值的极限弯矩，由经典方法推导出破坏包络面。图 6-43 展示了在 $0.5V_{ult}$ 恒定竖向荷载下的水平荷载和弯矩平面内极限状态的比较。基于经典承载力理论的破坏包络线显示水平荷载和弯矩之间的准线性关系，它是由荷载倾斜和荷载偏心的独立解叠加而成，这与在明确考虑水平荷载和弯矩时观察到的曲线关系不同，由此可见用经典方法预测的承载力是保守的。

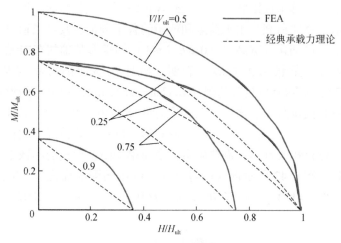

图 6-43　一般 VHM 荷载作用下基于经典承载力理论和有限元分析的极限状态比较

具有全张力界面的表面基础：由裙板提供的抗拉承载力常常通过具有全张力界面的表面基础来模拟（如 Tani and Craig，1995；Brassby and Randolph，1998；Taiebat and Carter，2000；Gourvenec and Randolph，2003）。这种表述方法适用于浅裙式基础，其中物理埋置过程对单轴极限状态 V_{ult}、H_{ult} 和 M_{ult} 的影响将被忽略（例如，由于安装或冲刷期间的扰动），但在设计中应充分利用裙板隔室产生的被动吸力以及随深度可能增加的抗剪强度的优势。

裙板基础埋置的概念示意图如图 6-44 所示。埋置基础被表示为一个设置在埋置深度的表面基础，该基础具有一个位于简化海床上的全张力界面。图 6-45 中表示出了具有全张力界面的表面基础三维破坏包络面。全张力界面允许在低竖向荷载下产生抗弯承载力；事实上，最大抗弯承载力出现在竖向荷载为零时（而非在竖向荷载为 0.5 V_{ult} 的零张力界面上产生的抗弯承载力，如图 6-42 所示）。从图 6-46 中可以明显看出，由于水平荷载和弯矩作用方向相同或相反时的破坏模式不同，包络线是不对称的。当水平荷载和弯矩作用于同一方向，且最大弯矩（超过极限抗弯承载力）与水平荷载同时出现时，可获得额外的抗弯承载力。下面一个解析表达式可以用来描述均匀抗剪强度的沉积物上具有全张界面的圆形基础的破坏包络面，如图 6-45 所示（Taiebat and Carter，2000）。

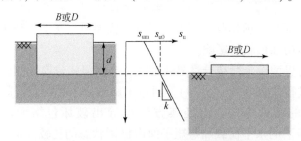

图 6-44　裙式基础埋置的概念示意图

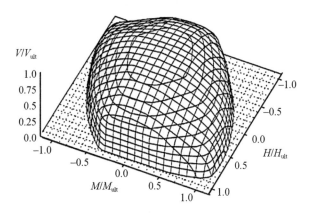

图 6-45　全张界面圆形基础的破坏包络面（Taiebat and Carter，2000）

$$f=\left(\frac{V}{V_{ult}}\right)^{2}+\left[\left(\frac{M^{*}}{M_{ult}}\right)\left(1-0.3\frac{HM}{H_{ult}M}\right)^{2}\right]+\left(\frac{H}{H_{ult}}\right)^{3}-1 \tag{6-35}$$

一个封闭解也可以用来描述不排水抗剪强度线性增加的沉积物上具有全张界面的条形基础的破坏包络面，其中 $\kappa=6$（Bransby and Randolph，1998）。

$$f=\left(\frac{V}{V_{ult}}\right)^{2.5}-\left(1-\frac{H}{H_{ult}}\right)^{\frac{1}{3}}\left(1-\frac{M^{*}}{M_{ult}}\right)+\frac{1}{2}\left(\frac{M^{*}}{M_{ult}}\right)\left(\frac{H}{H_{ult}}\right)^{5} \tag{6-36}$$

其中，M^{*} 是表达式给出的弯矩修正参数：

$$\frac{M^{*}}{ABs_{u(tip)}}=\frac{M}{ABs_{u(tip)}}-\frac{h_{s}}{B}\frac{H}{As_{u(tip)}} \tag{6-37}$$

式中，h_{s} 是勺形机制在基础水平以上的旋转高度。式（6-36）是针对特定非均匀度（$\kappa=6$）而导出的，在将表达式应用于其他非均匀度时，需要对指数进行重新优化。

由于破坏包络面的形状取决于水平荷载和弯矩荷载的模式、竖向荷载的大小、基础几何形状和土体强度非均质性程度（Gourvenec and Randolph，2003），因此，选择适合现场条件的破坏包络面是非常重要的。图 6-46 显示了条形基础和圆形基础的归一化水平承载力和弯矩承载力的破坏包络线，两种基础具有非均质性程度 0（均质性）$\leqslant\kappa\leqslant10$ 的全张力面。尽管均质土体强度剖面中的归一化破坏包络线（图 6-46 中粗体所示）略小于非均质性较低的破坏包络线，但是对于水平荷载和弯矩作用于同一方向（图中相同符号的 H，M）的最常见组合荷载作用，破坏包络线的归一化尺寸通常随着非均质度的增加而减小。因此，对于 $\kappa>2$ 的非均质材料，使用由均匀条件下极限承载力状态导出的破坏包络线是不保守的。

对于处于 $\kappa=0$、2 和 6 的非均匀性沉积物中的圆形基础，归一化后的破坏包络线的形状还取决于竖向荷载的数值，如图 6-47 所示，这进一步增加了得到用于描述破坏包络线（v，h 和 m 的函数）的通用闭合表达式的难度。另一种方法是将导致破坏的荷载组合表示为归一化竖向与弯矩荷载空间内的归一化弯矩与水平荷载比值 m/h 的等值线（图 6-48）。

这些曲线可用于判断在竖向、水平和弯矩荷载的组合下的极限状态，以构造与设计相关的荷载范围内的任何平面或部分破坏包络线，或者在尽量不丢失精度的情况下重新构建完整的三维破坏包络线。以恒定 m/h 表示最终极限状态的好处在于，由环境荷载导致的水平荷载 H 是已知量，H 在荷载参考点 L_H 之上的作用线的高度也是已知量。那么就可以建立起 $M = HL_H$ 的关系，及 M_{ult}、H_{ult} 的理论解，可以确定归一化的 m/h。vm 空间中的曲线可以通过简单的多项式函数来描述，VHM 的组合可以用三次函数来描述，$V\text{-}HM$ 的组合可以用四次函数来描述。表6-5 给出了非均匀系数 $\kappa=0$、2 和6 的多项式系数（对应于图6-47 中所示的破坏包络线）。

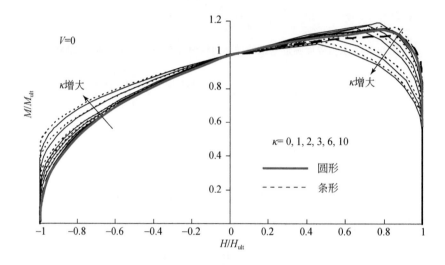

图6-46　基础形状和土体强度不均匀性对破坏包络面的影响（Gourvenec and Randolph，2003）

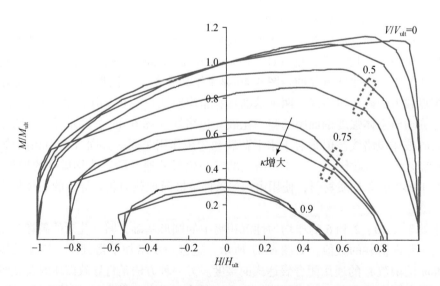

图6-47　土体强度非均匀性对全张界面圆形基础破坏包络面的影响

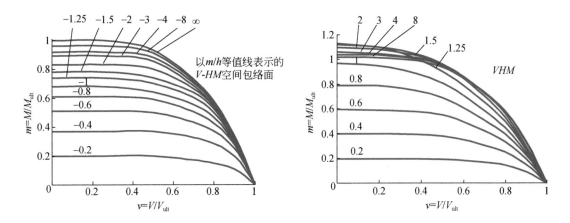

图 6-48 破坏包络线在（v，m）空间中以 m/h 等值线的表示（图中为均质沉积物上具有全张力界面的圆形基础）（Gourvenec，2007b）

表 6-5 （v，h，m）空间中重构破坏包络线面的多项式系数（Gourvenec，2007b）

（a1） $\kappa=0$，VHM，$m=c_1v^3+c_2v^2+c_3v+c_4$				
m/h	c_1	c_2	c_3	c_4
0.2	−0.6771	0.6196	−0.1399	0.2014
0.4	−0.9013	0.6257	−0.1210	0.4011
0.6	−1.0205	0.5429	−0.1182	0.6004
0.8	−0.8119	0.0420	−0.0155	0.7909
1	−0.7330	−0.1992	−0.0351	0.9706
1.25	−0.7196	−0.2893	−0.1193	1.1319
1.5	−0.9266	−0.2022	0.0065	1.1190
2	−1.3989	0.4425	−0.1465	1.1001
3	−1.6475	0.7689	−0.1781	1.0605
4	−1.6645	0.7688	−0.1398	1.0407
8	−1.7847	0.9597	−0.1896	1.0212

（a2） $\kappa=0$，V-HM，$m=c_1v^4+c_2v^3+c_4v+c_5$					
m/h	c_1	c_2	c_3	c_4	c_5
∞	−1.1320	0.5228	−0.5062	0.1179	0.9998
−8	−0.9186	−0.0257	−0.0496	0.0374	0.9597
−4	−0.9861	0.0128	0.0457	0.0104	0.9197
−3	−0.6575	−0.5830	0.4003	−0.0477	0.8898
−2	−1.3377	0.5988	−0.0990	0.0076	0.8300
−1.5	−2.4101	2.7125	−1.2635	0.1793	0.7802
−1.25	−2.5806	3.1482	−1.5328	0.2243	0.7401

(a2) $\kappa=0$, $V\text{-}HM$, $m=c_1v^4+c_2v^3+c_4v+c_5$				
m/h	c_1	c_2	c_3	c_4	c_5
-1	-3.0500	4.1755	-2.1236	0.3184	0.6800
-0.8	-2.7243	3.6245	-1.7779	0.2722	0.6096
-0.6	-2.6204	3.5688	-1.7126	0.2591	0.5095
-0.4	-2.3486	3.2960	-1.5411	0.2283	0.3695
-0.2	-1.0971	1.5069	-0.7175	0.1109	0.1997

(b1) $\kappa=2$, VHM, $m=c_1v^3+c_2v^2+c_3v+c_4$			
m/h	c_1	c_2	c_3	c_4
0.2	-0.6339	0.5616	-0.1244	0.2013
0.4	-0.8313	0.5589	-0.1254	0.4009
0.6	-0.8804	0.4093	-0.1270	0.6000
0.8	-0.8164	0.1578	-0.1165	0.7806
1	-0.6093	-0.2665	-0.0589	0.9403
1.25	-0.5721	-0.3835	-0.1218	1.0808
1.5	-0.4782	-0.6514	-0.0136	1.1444
2	-0.7836	-0.2721	-0.0618	1.1210
3	-1.0845	0.1916	-0.1989	1.0970
4	-1.1300	0.2618	-0.2074	1.0828
8	-1.1345	0.2347	-0.1355	1.0425

(b2) $\kappa=2$, $V\text{-}HM$, $m=c_1v^4+c_2v^3+c_4v+c_5$				
m/h	c_1	c_2	c_3	c_4	c_5
∞	-1.5647	1.9743	-1.6461	0.239	0.9998
-8	-0.9457	0.5598	-0.6396	0.0691	0.9596
-4	-0.844	0.272	-0.3566	0.0107	0.9198
-3	-0.7176	-0.0328	-0.1013	-0.0363	0.8898
-2	-0.9789	0.349	-0.1661	-0.0434	0.8399
-1.5	-1.1477	0.4913	-0.0131	-0.1312	0.8001
-1.25	-1.5675	1.484	-0.7439	0.0773	0.75
-1	-1.6634	1.684	-0.8402	0.1289	0.6901
-0.8	-1.7405	1.7795	-0.7659	0.1065	0.62
-0.6	-1.6893	1.719	-0.6391	0.0799	0.53
-0.4	-1.567	1.742	-0.6284	0.0736	0.38
-0.2	-1.2662	1.8333	-0.9053	0.1423	0.1996

续表

（c1）$\kappa=6$，VHM，$m=c_1v^3+c_2v^2+c_3v+c_4$

m/h	c_1	c_2	c_3	c_4
0.2	−0.5929	0.5186	−0.1216	0.2016
0.4	−1.016	0.8557	−0.2358	0.4004
0.6	−0.8939	0.4423	−0.1256	0.5796
0.8	−0.7449	0.0657	−0.0535	0.7404
1	−0.6168	−0.1974	−0.0601	0.8796
1.25	−0.4171	−0.4953	−0.0808	1.0017
1.5	−0.5557	−0.3469	−0.1421	1.0513
2	−0.8909	0.1175	−0.324	1.0996
3	−0.6622	−0.2672	−0.1554	1.0913
4	−0.6361	−0.3148	−0.1019	1.0632
8	−0.8819	0.0517	−0.194	1.032

（c2）$\kappa=6$，$V-HM$，$m=c_1v^4+c_2v^3+c_4v+c_5$

m/h	c_1	c_2	c_3	c_4	c_5
∞	−1.1634	1.5282	−1.5111	0.1499	0.9996
−8	−1.2194	1.4839	−1.3283	0.1072	0.9597
−4	−1.1375	1.2265	−1.0722	0.0555	0.9298
−3	−0.7842	0.3928	−0.4327	−0.0788	0.9048
−2	−1.0758	0.7417	−0.3587	−0.1757	0.8698
−1.5	−0.8427	0.1627	0.1249	−0.2629	0.8198
−1.25	−0.9138	0.3458	0.0009	−0.1999	0.7697
−1	−0.8282	0.2114	0.1207	−0.2198	0.7196
−0.8	−0.9241	0.4114	0.0244	−0.1683	0.6597
−0.6	−0.9132	0.6038	−0.2836	0.0564	0.5397
−0.4	−1.3731	1.3987	−0.4684	0.0537	0.3899
−0.2	−1.6045	2.4861	−1.2808	0.205	0.1994

全张力面埋置基础：当纯水平荷载作用于埋置基础时，产生的位移既包括旋转，也包括平移，而表面基础只发生平移而不发生旋转。同样，如果在埋置基础上施加一个纯弯矩，产生的位移将包括平移和旋转。如果可以限制平移或旋转，就可以调动额外的弯矩和水平承载力。与表面基础相比，包络面的形状反映了埋置基础水平自由度和力矩自由度的耦合。耦合会导致破坏包络线倾斜，随着埋深比的增加，这种影响更加明显，如图 6-49 所示。破坏包络线的形状取决于竖向荷载的大小和基础的埋深比，因此拟合出一个闭合公

式表达包络面是一个相当大的挑战。一种可能的解决方案是通过一种旋转变换来减小破坏包络线的偏心率（Yun and Bransby，2007b）。

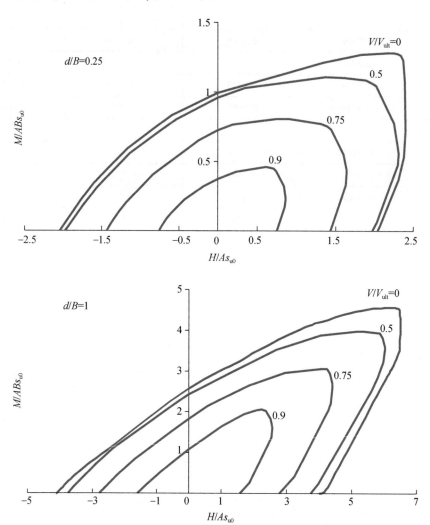

图 6-49　埋置基础的破坏包络线（Gourvenec，2008）

$$f=\left(\frac{H}{H_{\max}}\right)^2+\left(\frac{M^*}{M_{\mathrm{ult}}}\right)^2-1 \tag{6-38}$$

式中，

$$M^*=M-d^*H \tag{6-39}$$

其中，d^* 为平移参考点，取埋置深度的一半。

对于剪切强度分布均匀的沉积物，这种转换的破坏包络线如图 6-50 所示。这种拟合并不精确，尤其是对于正常固结土。尽管如此，这种方法仍提供了一个实际的承载力下限。另一种推广埋置基础破坏包络线的方法是在 VM 空间，将极限状态重新表示为含 m/h

的多项式，如前面针对具有全张力界面的表面基础的描述。

考虑到 6.3.2 中总结的公式与数据的拟合程度不高，必须认识到采用承载力经典理论估计的承载力十分保守，如图 6-51 所示。对于水平荷载和与其作用方向相反的弯矩组合（一种不太常见的现场条件），利用经典承载力理论预测的极限状态是非常安全的。然而，对于水平荷载和力矩共同作用的一般情况，经典理论中没有考虑水平和力矩自由度的耦合，忽略了相当大一部分的承载力。还需要注意的是，经典承载力理论并没有考虑拉力，实际上裙式结构在不排水加载期间会产生被动吸力，因此随着竖向荷载减小到 $0.5V_{ult}$ 以下，预测的弯矩承载力越来越保守。

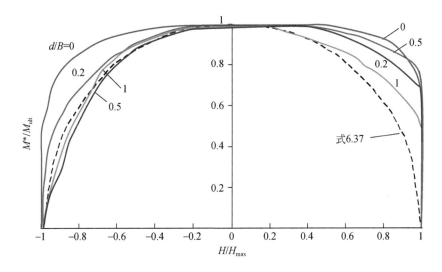

图 6-50　弯矩变换后埋置基础的破坏包线（Yun and Bransby，2007b）

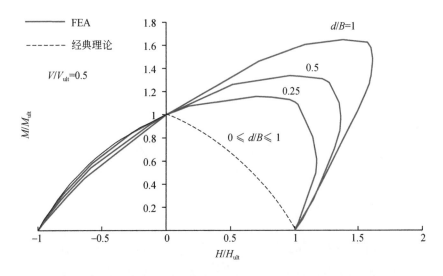

图 6-51　承载力经典理论和有限元分析（$d/B = 0.25$、0.5 和 1）的
埋置基础的破坏包络线比较（据 Gourvenec，2008）

组合基础：预测组合基础在复合荷载作用下的包络面，可以将组合基础分成若干单独的基础，并分别预测。该方法采用了常态法（因此仅考虑不排水条件下的破坏）。对基础而言，常态是指当位移坐标轴与力坐标轴重合时，基础的破坏方向与载荷空间中定义的破坏面垂直。如果认为基础之间是刚性连接的，结构的破坏机理可以是单个基础破坏轨迹的叠加。因此，使用常态法可确定破坏载荷。刚性结构的所有破坏机制都可以通过转动中心来确定——除非是牵扯到关于一个无穷点旋转的理论性变换的特殊情况。临界破坏机制，即最小极限载荷，可以通过搜索程序来确定临界旋转点。Murff（1994）就此问题提出了简便的迭代求解法。

第6.3.2节中概述的方法本质上是将本章所述的单个浅基础的多个包络面缝合在一起，以便得出多个浅基础组成的组合结构的包络面。这种方法的局限性在于没有考虑基础间的相互作用关系，因此，如果单个基础间的破坏机制相互作用，那么用此方法得到的结果是偏于危险的。通过有限元分析可以清晰地模拟两个相互连接的基础，从而解决了这一问题。图6-52分别展示了单个条形基础和刚性连接的间隔为$3B$的两个条形基础系统的包络面，显示了由于基础间相互作用而导致的承载力变化。

排水情况下单向极限状态：当土体摩擦角给定时，利用数值特征分析法，如免费软件ABC（Martin 2003，http://www-civil.eng.ox.ac.uk/people/cmm/software/abc），可以精确地求出条形及圆形基础在垂直荷载作用下极限状态的承载力系数。导致不确定性的最大原因是摩擦角的选取是否适当（第4章中有进一步的讨论）。数值特征分析法特点：①不需要通过查表或拟合的公式确定承载力系数N_γ，因此，可消除因插值而产生的误差；②与假设的简单叠加相比，考虑了自重和上覆压力；③考虑基础的几何形状，而不是单纯依靠多形状系数修正平面应变解。

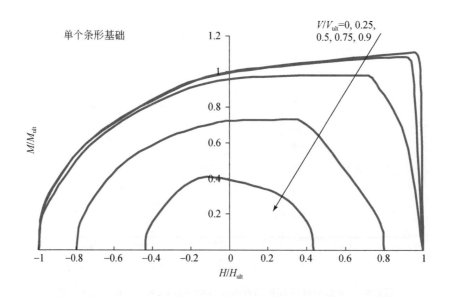

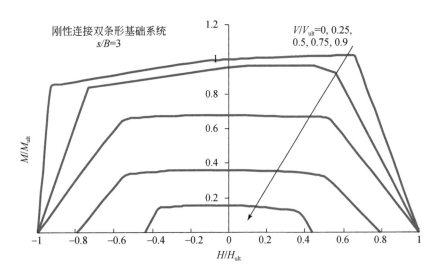

图 6-52 单个基础的破坏包络面和具有全张力界面的刚性双基础系统（Gourvenec and Steinepreis, 2007）

极限分析法，如特征分析法和其他理论塑性求解法，都是基于关联流动规则，即剪胀角 ψ 等于有效摩擦角 φ。在实际工程中，剪胀角影响着极限承载力和承载力发挥时所需的沉降量。研究表明，剪胀角对低摩擦角的土体影响不大，但对摩擦角为 35° 及以上的土体（Frydman and Burd, 1997；Erickson and Drescher, 2002）有显著的影响，利用基于相关联流动法则得到 N_γ 的塑性理论解将高估土体实际的剪胀角。实际上，摩擦角较高的土体主要会产生压缩变形，因此 N_γ 对摩擦角较高的土体并不会产生显著的影响。摩擦角大于 35° 时极限承载力的理论值在实际应用中基本不会使用。当土体的摩擦角在中等程度时，如 $\varphi = 25°$、剪胀角为零时，与关联流动的情况相比，土体在发挥相同承载力时，沉降量提高了两倍（Potts and Zdravkovic, 2001）。

3）排水条件下的屈服面

排水条件下通常采用屈服包络面而不是破坏包络面描述土体性能。对于刚塑性材料的不排水极限状态，屈服和破坏是同一概念；而摩擦材料的抗剪强度依赖于应力水平，随变形增加而逐渐屈服和硬化。表面基础在排水条件下的屈服面一般在 H，M 空间中为倾斜椭圆；在 $V\text{-}H$ 与 $V\text{-}M$ 空间中为相交的抛物线。图 6-53 显示了（V，H，M）空间中的三维屈服面，它可以用 Gottardi 等（1999）给出的通用表达式表示，下式中的参数均为归一化后的荷载。

$$f = \left(\frac{m_n}{m_0}\right)^2 + \left(\frac{h_n}{h_0}\right)^2 - 2a\left(\frac{h_n m_n}{h_0 m_0}\right) - 1 \tag{6-40}$$

式中，

$$m_n = \frac{M/DV_0}{4v(1-v)} \tag{6-41a}$$

$$h_n = \frac{H/V_0}{4v(1-v)} \tag{6-41b}$$

$$v = \frac{V}{V_0} \tag{6-41c}$$

其中，V_0 为单向竖向屈服荷载；使用下标"0"而不是"ult"来表示基础在砂土中的加工硬化特性，$m_0 V_0$ 和 $h_0 V_0$ 代表当前竖向单轴屈服荷载 V_0 时，土体屈服时的弯矩和水平荷载。实验研究得出的参数值为 $m_0 = 0.09$，$h_0 = 0.12$，$a = -0.22$（Gottardi and Butterfield，1993）。可以由竖向荷载-位移关系，确定硬化规则，以定义 V_0 随埋深增大而不断增加的特性。

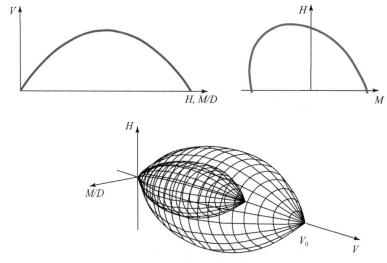

图 6-53　一般荷载作用下排水破坏硬化屈服包络面

其他试验的研究证实了图 6-53 可以表示屈服面的一般形状，并通过式（6-40）描述了不同平面几何的表面基础。虽然有学者进行了一些离心试验（Tan，1990；Dean et al.，1992；Govoni et al.，2006；Cassidy，2007；Govoni et al.，2010），但大多数试验研究在 1 g条件下进行（Nova and Monstrasio，1991；Gottardi and Butterfield，1993，1995；Byrne and Houlsb，2001；Bienen et al.，2006）。因此，在一般荷载作用下，完全排水条件下的埋深对基础承载力的影响尚未得到全面研究。

之前，人们一直猜测小尺寸 1 g 试验通常会产生与原型试验类似的反应。由于比尺效应，小尺寸 1 g 模型试验对摩擦材料复制原型条件的适用性受到质疑（因为摩擦角和土体刚度与应力水平有关）。对于砂土上的浅基础，"竖向承载力和竖向荷载-位移响应"受比尺效应影响较大（Ovesen，1975；Kimura et al.，1985；Zhu et al.，2001），类似的比尺效应也可能影响一般荷载响应。如果将基础埋入摩擦性材料（土体）中而不是停留在土体表面，则比尺效应可能更为显著。因此，当考虑基础埋深时，适当比例的自重应力分布至关重要。确定三维屈服面的试验既耗时又费力，在离心机中进行试验时，因为空间有限，独立控制垂直载荷、水平载荷和弯矩的加载装置无法安装，使得这一问题更为复杂。如果能够精确地复制实验结果，便可为屈服面的数值测定提供一种更优选择。

内摩擦角 $\varphi = 25°$，剪胀角 $\psi = 0°$ 的无重土表面基础的小应变有限元分析结果（Zdravkovic et al.，2002）给出了一种无重量、无剪胀、非硬化土的数值分析模型，与式（6-40）中所使用的致密砂的物理特性形成鲜明对比（图6-54）。图6-55显示了与大应变有限元分析的良好一致性，表示真实砂土的硬化行为，并将其与表面和埋置基础的垂直贯入和滑动试验的离心模型试验结果相比较（Gourvenec et al.，2008b）。

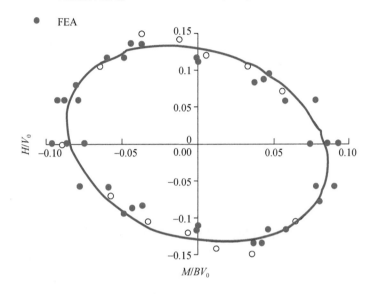

图 6-54　有限元分析结果与试验推导的屈服包络面对比（Zdravkovic et al.，2002）

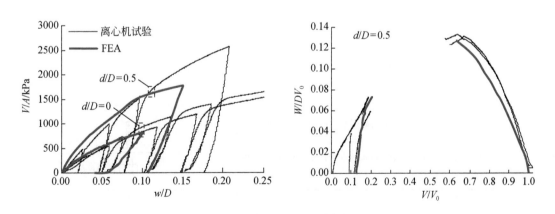

图 6-55　大应变有限元分析结果与离心试验数据对比（Gourvenec et al.，2008b）

　　第8章详细地讨论了在完全塑性模型下加工硬化屈服包络面的应用，以及针对移动式钻井平台桩靴基础的设计和性能。移动式钻井平台的基础在预加载过程中产生的位移大于常规结构浅基础产生的位移。

6.4 服役性评估

6.4.1 简介

服役性评估需要预测结构在静荷载、循环荷载作用下的竖向沉降、水平位移和旋转运动情况。根据弹性理论预测位移的简单方法可用来粗略估算沉降，如需更准确地表示土层剖面、土体特性、基础几何形状和荷载条件，则需要进行数值分析，也许还需要辅以离心机试验。

本节概述了几种不同的沉降类型，总结了已建立的简单弹性理论方法，不仅支持先进分析，也为评估其有效性提供了框架。本节所述的沉降预测的理论方法在第 4 章中进行了详细介绍。

6.4.2 变形类型

海底表层浅基础的沉降，即竖向变形，包括不排水瞬时沉降、固结沉降和由循环荷载引起的累积永久沉降。表 6-6 列出了这些分量的详细分类。瞬时沉降是由于施加荷载所引起的地基土体初始变形，该沉降变形通常并不是弹性的，但在计算时通常还是利用弹性理论求解。固结沉降是由于孔隙水逐渐排出，同时土体骨架压缩所引起的，而根据沉降速率的不同又分为初始固结沉降和次固结沉降。在初始固结沉降过程中，沉降速率由孔隙水从土体孔隙中排出的速率控制；而在次固结沉降或蠕变过程中，沉降速率主要由土骨架本身的压缩所控制。水平和旋转运动通常只涉及瞬时分量，但在渗透性土体中也会产生额外的固结沉降分量；此外，永久水平位移可能会由于优选的风、涌流和波浪方向的作用不断累积（Poulos，1988）。

表 6-6　沉降类型划分（Eide and Andersen，1984；O'Reilly and Brown，1991）

荷载	沉降组成	示意图
静荷载	（1a）初始沉降：施加静荷载引起的不排水剪应变	
	（1b）不排水蠕变：平台自重长期作用引起的不排水剪应变	$\Delta vol=0$
	（2）固结沉降：平台自重作用所引起的孔压逐渐消散产生的体应变	$\Delta vol>0$
	（3）次固级沉降：在排水和恒定有效应力条件下产生的体应变和剪应变	$\Delta vol>0$

续表

荷载	沉降组成	示意图
循环荷载	（4a）循环荷载作用下局部塑性屈服和应力重分布（不排水）	$\Delta vol=0$
	（4b）超静孔压、有效应力及土体刚度下降引起的剪应变（不排水）	$\Delta u>0$　$\Delta vol=0$
	（5）超静孔压消散引起的体应变	$\Delta u>0$　$\Delta vol=0$

6.4.3　变形估计

1. 弹性理论解

浅基础位移的初步估算通常基于弹性理论。刚性圆形基础（Poulos and Davis，1974）的变形可采用一系列弹性解计算，并在以下部分中进行总结。

对于均质弹性土层，由竖向荷载 V 引起的刚性圆形基础的竖向位移 w，由力矩 M 引起的转角 θ 以及由水平荷载 H 引起的水平位移 u 由以下公式给出：

$$w=\frac{VI_\rho}{Ea} \tag{6-42}$$

式中，I_ρ 为由归一化土层深度 h/a 以及泊松比 ν 决定的沉降影响因子（图 6-56）；E 为土体杨氏模量；a 为基础半径。

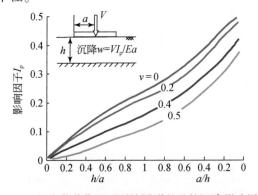

图 6-56　竖向荷载作用下刚性圆形基础的沉降影响因子

$$\theta = \frac{M(1-\nu^2)I_\theta}{Ea^3} \tag{6-43}$$

式中，I_θ 为由归一化土层深度 h/a 决定的旋转影响因子（表 6-7）。

$$u = \frac{H(7-8\nu)(1+\nu)}{16(1-\nu)E_a} \tag{6-44}$$

表 6-7　力矩作用下刚性圆形基础的旋转影响因子（Yegorov and Nitchporovich，1961）

h/a	I_θ
0.25	0.27
0.5	0.44
1.0	0.63
1.5	0.69
2.0	0.72
3.0	0.74
≥5.0	0.75

　　水平荷载 H 作用下的水平位移 u 的计算公式是基于无限深地层推导得出的。然而，土层深度对水平位移的影响有限，远小于对垂直位移的影响。

　　对于非均质弹性土层，土体剪切模量以指数为 α 的幂律形式随深度而变化：

$$G_{(z)} = G_D\left(\frac{z}{D}\right)^\alpha \tag{6-45}$$

式中，$G_{(z)}$ 为深度 z 处的剪切模量；G_D 为一倍直径深度处的剪切模量；α 为幂律指数。

　　$\alpha=0$ 时为均质土，$\alpha=1$ 时模量随深度线性增加，即所谓的"Gibson 土"。以幂律形式描述的土体刚度曲线如图 6-57 所示。

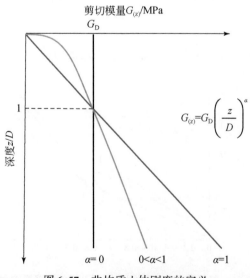

图 6-57　非均质土体刚度的定义

Doherty 和 Deeks（2003a，b）根据刚度系数 k_v、k_h 等得到了直径为 D 的表面及埋置（嵌入式）圆形基础的解：

$$\begin{Bmatrix} V \\ H \\ M/D \\ T/D \end{Bmatrix} = G_D D \begin{bmatrix} k_v & 0 & 0 & 0 \\ 0 & k_h & k_{mh} & 0 \\ 0 & k_{hm} & k_m & 0 \\ 0 & 0 & 0 & k_t \end{bmatrix} \begin{Bmatrix} W \\ u \\ \theta D \\ \phi D \end{Bmatrix} \tag{6-46}$$

图 6-58 是泊松比为 0.2 和 0.5，裙边深度分别为 0.25、0.5 和 1 倍直径的表面基础与裙式基础的 k_v 示例图。Doherty 和 Deeks（2003a，b）为不同类型的埋置（嵌入式）基础提供了其他解决方案。注意，根据式（6-46），在模量不断变化的土层中，表面基础的水平刚度为零。

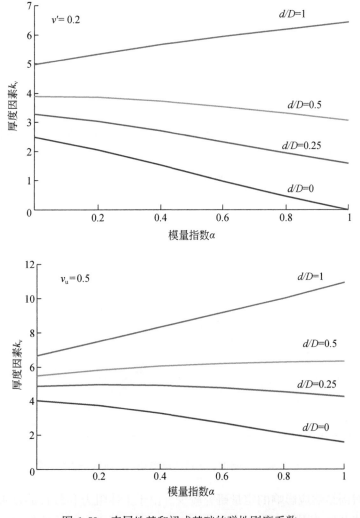

图 6-58 表层地基和裙式基础的弹性刚度系数

瞬时沉降量应该用不排水杨氏模量 E_u 和泊松比 ν_u 计算，而总沉降量则应该用排水杨氏模量 E' 和泊松比 ν' 预测。利用这些表达式预测变形的可靠性不仅受到弹性理论应用于土体的一般注意事项的限制，而且还受到选择适当弹性参数的限制。实际上，土体的应力-应变响应关系是非线性的，然而弹性理论计算需要用到"等效线性"的刚度参数。因此必须仔细选择合适的刚度参数，因为他们是围压应力（在整个土层中变化）和荷载水平的函数。用于这些分析的土体参数必须从现场特定的土体数据中选择，最好与其他已知的类似土体对照。当可用的数据不足以完成这项任务时（由于现场调查不充分），必须使用来自其他"类似"土体的相关数据。然而，实践过程中的"类似"可能意味着"大相径庭"，因为土体是一种高度可变的介质，最接近的匹配也可能会有明显的差异，从而显著地改变结果。因此，选取适当的参数需要丰富的经验和良好的判断能力。

2. 固结速率

重要的是，不仅要知道固结程度，而且还要知道固结所需的时间，即固结速度。一维固结理论（Terzaghi，1923）可应用于压缩性浅层土之上的浅基础，也可用于受裙式结构约束的土塞内的土体响应。然而，一般应避免在三维流变固结模型中应用。三维固结理论最早是由 Biot（1935，1956）提出，呈现了从透水到不透水、从柔性到刚性等一系列浅基础沉降-时间的解析解，通常假设具有光滑的接触面且下方地基为弹性半无限空间体（例如 McNamee and Gibson，1960；Gibson et al.，1970；Booker，1974；Chiarella and Booker，1975；Booker and Small，1986）。图6-59 为排水泊松比在 $0.1 \leqslant \nu' \leqslant 0.3$ 范围内，光滑、刚性、不透水的圆形基础在弹性半空间体上的沉降-时间曲线。

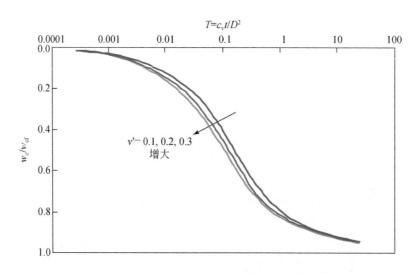

图6-59　光滑、刚性、不透水圆形地基的沉降-时间曲线

基础埋深对固结响应影响的定量研究较少。由于土体阻力和较长的排水通道，基础埋置一般会降低浅基础的固结沉降幅度和速率大小。埋置基础问题的解析解涉及的计算量相

当大，因此难以获得。由于海上浅基础的埋置一般采用裙式基础，与等效埋置钢板或立体埋置基础相比，尤其是与侧壁光滑的基础相比，其受约束土塞的附加压缩将导致更快的固结速度和更大的位移，因此海上浅基础问题比较复杂。图 6-60 显示了根据有限元分析预测（Gourvenec and Randolph，2010）埋深比 $d/D = 0.5$ 的光滑和粗糙的刚性不透水圆形基础，其弹性固结沉降随时间的变化过程，包括埋置（嵌入式）钢板、刚性基础和裙式基础。

图 6-60（a）清晰地显示了在一维条件下，由于基础荷载传递到地基水平面使光滑裙式基础固结的位移增幅。粗糙裙式基础的沉降量较小，这是因为沿粗糙裙式结构的摩擦力会承担部分荷载。由于土塞中的一维条件，粗糙裙式基础的沉降略大于粗糙侧壁刚性基础，而由于侧向摩擦，光滑侧壁刚性基础的沉降略大于粗糙侧壁刚性基础。埋置钢板的沉

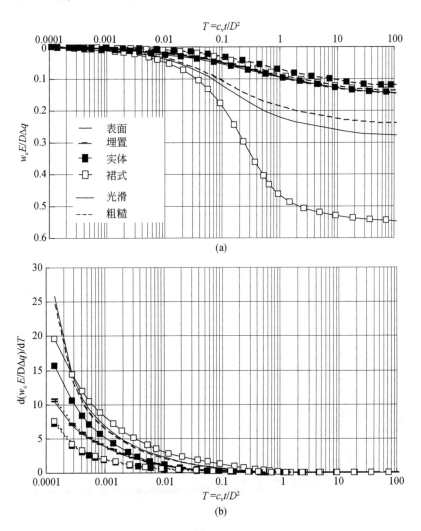

图 6-60　埋置浅基础的固结沉降时间过程（$d/D = 0.5$，$\nu' = 0.2$）（Gourvenec and Randolph，2010）

（a）大小；（b）速率

降量与界面粗糙度无关，与光滑基础相似，这是可预知的。图 6-60（b）为固结沉降速率随时间的变化曲线，清晰地显示了土塞与裙式结构或侧壁摩擦力一维条件的相反作用。与图 6-59 所示的普遍使用的归一化位移参数 w_c/w_{cf} 相比，图 6-60 通过速率参数 $f(d_{wc}/d_t)$ 更能直接反映固结过程，这是由于光滑侧壁裙式基础的沉降量要大得多，扭曲了归一化的位移图。

图 6-61 显示了有限元分析（Gourvenec and Randolph，2009）预测的埋深比对光滑和粗糙的刚性不透水圆形裙式基础固结沉降时间历程的影响。图 6-61（a）所示为与土塞一维条件相符合的光滑裙式基础，随着埋深比的增加，固结沉降增加。然而，随着埋深比的增加，粗糙裙式基础的固结沉降会随着裙式结构摩擦力的增加而不断减小。值得注意的是，在实际工程中土体刚度通常会随着深度的增加而增加，这就会使沉降量减少，即使对于光滑侧壁基础，也是如此。图 6-61（b）为界面粗糙度（其次为埋深比）对裙式基础固结率的影响。

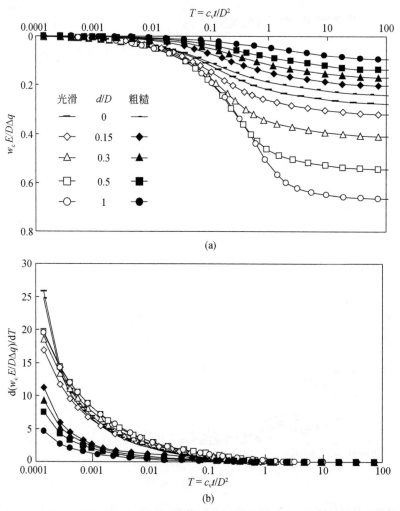

图 6-61 裙式基础固结沉降的时间变化曲线（$\nu' = 0.2$）（Gourvenec and Randolph，2009）

(a) 大小；(b) 速率

固结速率取决于土的流动特性，通常为各向异性。图 6-62 为各向异性渗透率（水平渗透率与垂直渗透率之比 $k_h/k_v = 1$、3 和 10）对光滑表面基础和埋深比 $d/D = 1$ 的影响。长期来看，固结速率与埋深比、渗透率无关，远场固结过程才是控制沉降的主导因素。

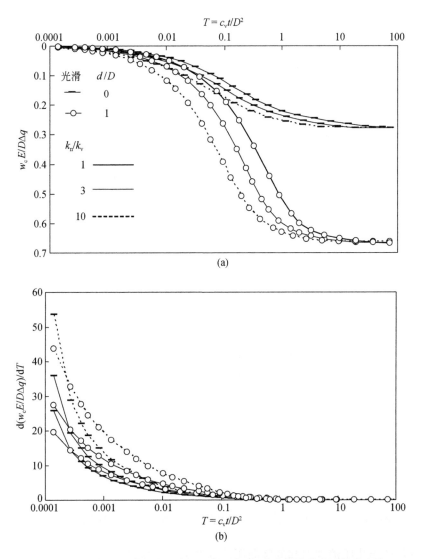

图 6-62　各向异性渗透率对表面基础及裙式基础光滑界面固结响应的
影响（$\nu' = 0.2$）（Gourvenec and Randolph, 2009）
(a) 大小；(b) 速率

蠕变沉降：对于简单的一维蠕变模型，使用标准 "C_α" 方法就足以预测浅基础下的蠕变沉降。若预测复杂的蠕变沉降，则需要对包含蠕变的先进本构模型进行有限元分析。在第 4 章中对蠕变进行了较为详细的讨论。

3. 循环沉降

海洋构筑物的基础必须考虑循环荷载对沉降的影响。为了计算循环荷载对沉降的影响，有必要确定循环荷载作用下土体的应力-应变特性，如第 4 章所述。

对于剪切应变引起的沉降，可以用与直接沉降计算类似的方法进行近似计算，但"等效"剪切模量要考虑在设计周期 N 上累积的循环剪切应变。由于评估基础在使用周期内的沉降累积量很重要，因此在分析中通常考虑基础在使用周期的循环过程，而不是在单次风暴过程中做承载力评估。因为在整个土体中会得到不同的等效剪切模量，所以沉降量的计算过程非常困难，近似计算可使用合理的加权方法。

采用与固结沉降类似的方法，可以近似计算循环荷载导致的体积应变沉降。不排水循环荷载产生的孔压降低了土体的有效应力，当排水发生时，土体的有效应力可以恢复，超孔压消散。图 6-63 中的 A-B 表示超孔压引起的有效应力的减小，B-C 表示超孔压消散引起的有效应力的增加。在 C 点，有效应力与循环荷载施加前相同，但由于循环荷载引起的孔压消散，产生了一定的竖向压缩变形。

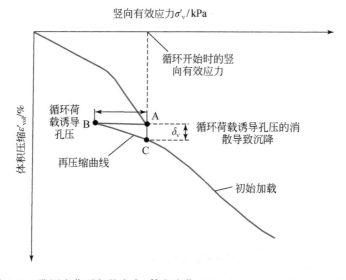

图 6-63 孔压变化引起的应力-体积变化（Yasuhara and Andersen，1991）

循环荷载诱导孔压消散引起的竖向压缩变形 ε_1 可表示为

$$\varepsilon_1 = \frac{u_c}{M_r} = \frac{C_r}{1+e_0}\log\left[\frac{\sigma'_{vc}}{\sigma'_{vc}-u_c}\right] \tag{6-47}$$

式中，ε_1 为竖向应变；u_c 为循环荷载产生的累积孔压；M_r 为 B-C 范围内的割线再压缩模量；C_r 为 B-C 范围内的再压缩指数；e_0 为循环荷载施加时的孔隙比；σ'_{vc} 为循环加载开始时（固结后）的竖向有效应力。

然后，通过对平台底部土深的 ε_1 积分可以得到沉降量。再压缩模量可由循环单剪试验施加循环荷载并排水得到，也可通过传统 oedometer 试验（Yasuhara and Andersen，

1991）得到（数值为该方法测得再压缩模量的 2/3）。再压缩指数 C_r 与膨胀指数 C_s 相似，但计算时采用的是再压缩过程中孔隙比的变化，而不是 $\Delta e/\Delta \log \sigma'_v$ 中的卸荷过程。

　　一般来说，在实验室和现场模型试验中观察到的循环位移和永久位移（在少数情况下确实观察到平台位移）与基于本章和第 4 章中所述的近似方法预测结果之间存在一致性（Andersen et al., 1989；Aas and Andersen, 1992；Andersen et al., 1993；Keaveny et al., 1994）。然而，如果需要精确的结果，最好使用非线性有限元计算。

第7章 锚泊系统

7.1 前　言

7.1.1　简介

锚泊系统用于系泊浮式设施，有时也为固定式结构或柔性结构提供额外的稳定性。由于水深和恶劣环境条件的限制，深水中不可能安装固定式结构，浮式设施是比较实际的选择。当不使用管线运输油气至岸上时，带有储存设备的浮式生产平台也可以被应用于中等水深的开采。

本章将介绍浮式平台、锚泊系统、各种锚，并阐述锚与锚链在实际应用中的设计准则。

7.1.2　浮式平台

不同外观与尺寸的浮式设施，功能也不尽相同。浮式设施与固定式结构（例如重力式结构或导管架平台）的区别在于支撑它们的是排开水形成的浮力，而不是混凝土结构或钢架结构。部分浮式平台如图 7-1 所示。

浮式生产储卸油平台（FPSO）是应用最广泛的浮式设施，它是一种船型工程设施，能够储存石油。FPSO 位于井位上方，围绕海底的锚泊基础转动。运输船定期将 FPSO 上的石油运送上岸。自 1977 年地中海的 Castellon 油田首次安装 FPSO 以来，FPSO 得到了广泛应用，主要应用于边际油田、偏远或环境恶劣的海域以及没有铺设海洋管道的地区。目前，全球约有 120 艘 FPSO 投入使用。浮式生产系统（FPS）通常作为钻井平台，典型形式为包含四根圆形钢柱的船身，钢柱连接到环形的浮筒上，当然它们也可以是类似 FPSO 的船型结构。FPS 由悬链线或张紧索锚泊在海床上，并能够服务多个采用湿式采油树的油气田。例如位于墨西哥湾的 Na Kika 项目的设计目标是 6 个相距几千米的油气田，各油气田与半潜式的 FPS 相连。

单柱式平台（SPAR）包括垂直于水中的长圆柱形船身，船身受压载（一般用铁矿石）作用，从而确保有足够的重量使平台稳定并保持重心低于浮力中心。SPAR 用悬链线或张紧索锚泊在海床上来保持在位稳定。墨西哥湾的"Genesis"船身直径达 40 m，长度 235 m，自重 26700 t。压载之后的重量几乎是自身重量的 8 倍。

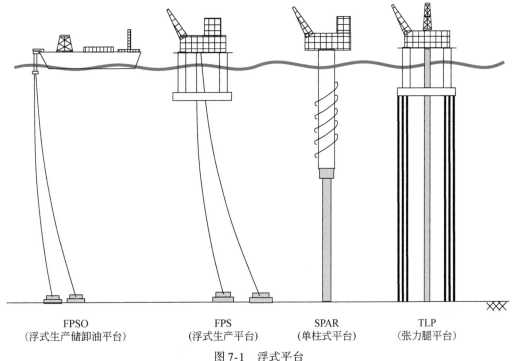

FPSO	FPS	SPAR	TLP
（浮式生产储卸油平台）	（浮式生产平台）	（单柱式平台）	（张力腿平台）

图 7-1 浮式平台

与 FPS 相似，典型的张力腿平台（TLP）包括"浮筒-柱"样式的船身。与 FPS 的区别在于 TLP 的船身由锚定在海床上的垂直钢制筋腱向下拉紧。1997 年在墨西哥湾安装的"Ursa"，船体柱直径 28 m、高 60 m，连接一个宽 12.5 m、高 10 m 的浮筒，集成后质量约28600 t。船身在意大利建造，由当时世界上最长的运输驳船——Heerema 公司的 TT-851 驳船横跨大西洋运送到墨西哥湾。

7.1.3　锚泊系统

锚泊系统使浮式设施锚泊于海床上并为其提供在位稳定支持，主要包括悬链线、张紧或半张紧锚索和垂直锚索等类型，如图 7-2 所示。锚泊系统采用钢缆，合成纤维绳索和钢锚链相结合的方式来锚泊浮式结构，而 TLP 则被筋腱锚泊在海床上。

1. 悬链线锚泊

悬链线锚泊系统固定浮式设施拥有很长历史。悬链线是一种描述曲线形式的数学定义，假定由一根完全柔性、均匀、不可伸长的线从其端部悬吊而成。因此，悬链线锚泊是一种在浮式设施与海床之间呈悬挂曲线形式的锚泊方式。悬链线系统在锚前端接触海床，因此锚链在泥面处的角度接近于零，锚主要受水平力的作用。悬链线系统大部分的回复力是由锚链的自重提供的。当浮式结构运动时，悬链线锚链形态取决于悬浮于水中锚链重量的变化和由触底段锚链的上下运动引起的锚链张力变化。典型的锚泊系统由直径 100 mm 的合成纤维绳索、钢或聚酯纤维缆，及海床处每节重达 200 kg 的钢锚链相连组成。而锚链又在海床中与锚固基础相连。对于传统海洋油气浮式工程平台，锚泊系统至少有 8 条独立的锚泊链，有些甚至多达 16 条。例如，位于 2200 m 水深中的 Na Kika FPS 共有 16 条独立的锚泊链，其中每条锚泊链由 3200 m 的合成纤维绳索和 580 m 的钢锚链组成（图 7-3）。其锚固点与 FPS 之间的距离可达 2.5 km。

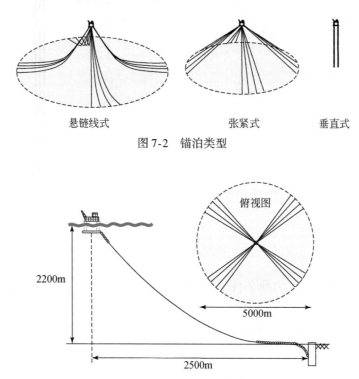

图 7-2　锚泊类型

图 7-3　Na Kika FPS 锚线

2. 张紧或半张紧式锚泊

在深水和超深水中，悬链线式锚链的重量是平台设计的限制因素。为解决该问题，合成纤维绳索（比传统的钢锚链或锚缆更轻）和张紧式（半张紧式）锚线被研发并成功应用于锚泊系统。悬链线式锚泊与张紧式锚泊的主要区别在于前者的锚链与海床水平接触，而后者的锚链与海床成一定角度。这意味着张紧式锚泊系统的锚固点必须能同时承受水平力和竖向力，而悬链线式锚泊的锚固点只承受水平力。

张紧式锚链的回复力由锚链的弹性提供，而悬链线的回复力主要来源于锚链的自重。由于张紧式锚链单位长度质量较轻，其在锚固点和浮式设施之间的水平方向夹角一般为 30°~45°，且沿长度方向角度变化不大。半张紧式锚链可应用的工作范围更广，但在极端设计工况中可以达到与张紧式锚链相似的最大角度值。相对于悬链线式锚泊系统，采用与海床呈一定角度相接触的张紧或半张紧式锚泊系统有许多优势，如可以更好控制稳定条件下的补偿量、船体移动引起的张力变化在平均锚线张力中所占的比例较小、相邻锚线之间能够更好地分担荷载，从而提高了系统的整体效率。此外，更短的锚链使锚泊系统整体覆盖面积更小，典型的锚链延伸直径可以从悬链线系统的四倍水深，减少到半张紧式锚泊系统的三倍水深和张紧式锚泊系统的两倍水深（图 7-4）。

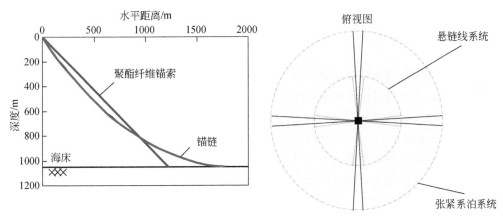

图 7-4　张紧式与悬链线锚泊的对比

3. 垂直锚泊

垂直锚泊是指在海底固定基础和浮式设施之间施加张力的张紧式钢缆或管线，主要用来锚定张力腿平台。例如 Ursa TLP 由 16 根筋腱支撑，每个角 4 根，筋腱直径 80 mm、壁厚 38 mm，每根长约 1266 m，16 根筋腱的总重约为 16000 t。每根筋腱的下端连接到直径 2.4 m、长 147 m、重约 380 t 的锚桩上。

7.1.4　锚的类型

各类锚泊系统是为了将锚链连接到海床中，海洋锚可以简单分为两大类：置于海床表面的锚（重力锚）、进入海床中的锚。

1. 海床表面重力锚

重力锚的承载力一部分来自锚的自重，另一部分来自于锚底面与海床之间的摩擦。重力锚主要用于浮式设施的锚固，也可用于为固定结构提供额外的稳定性。但受制于重力锚的实际尺寸与相应的有限承载能力，通常仅用于浅水项目。

1）箱式锚

最简单的重力锚是放置于海床上的固定重物。为了优化减小安装重力锚所需的起重机起吊能力，通常将重力锚设计为结构化组件，如一个空箱以及填充在箱中的散装颗粒物（石料，或铁矿石等更重的材料）。这种箱式锚通常具有可以贯入海床的肋板，因此剪切破坏拓展到海床内部，而非锚-土界面上。安装时，首先放置箱式构件，而后再装填松散填充物（通过 ROV 将输送管道从船只引导到海床上）。图 7-5 为箱式锚的原理示意图。

图 7-5　重力箱式锚示意图

案例：箱式锚为澳大利亚西北大陆架 North Rankin A 平台上的拉索式火炬支撑塔提供了额外稳定性。四个锚箱位于水深 125 m 处，每个锚箱的平面尺寸为 18 m×19 m，高 6 m，压舱重量为 4000 t（见图 1-7）。

2）格栅护堤锚

图 7-6 展示了一种新型重力锚，该重力锚由填石或铁矿石护堤以及下层的埋置格栅组成。格栅被设置在护堤的后部，因此在格栅失效时，必须移动整个护堤。在承载力一定的前提下，就所需钢材量而言，格栅护堤锚比普通箱式锚高效（因此可用更小的起重船安装）；但就所需压载量而言，格栅护堤锚比普通的锚箱低效得多。另一方面，因需要考虑多种失效模式，例如护堤整体滑动、格栅拉出、多种非对称机制的组合等，导致该类型锚的设计更加复杂。

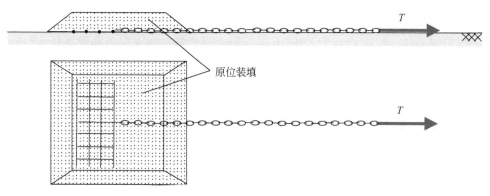

图 7-6　格栅护堤锚示意图

案例：澳大利亚 Apache Stag 油田的 CALM 浮标采用了这种格栅护堤锚（Erbrich & Neubecker，1999）。该锚位于水深 50 m 处，护堤截面积约为 27 m²，高 3.35 m，格栅尺寸为 20 m×10 m（见图 1-8）。

2. 埋入锚

当工程所需承载力超过重力锚的极限承载力时，则需采用埋入锚。

历史上，实践中主要采用了三种类型的埋入锚：

（1）预制打入或钻孔灌注桩；

（2）吸力锚；

（3）拖锚（传统固定锚爪或锚板）。

另外两种类型的埋入锚在过去的十年间被逐渐开发出来：SEPLA（负压贯入平板锚）和动力埋入锚。后者包括由巴西国家石油公司开发并应用于巴西海域项目的鱼雷锚，目前正在北海研发的 DPA（深度贯入锚）以及 2007 年在墨西哥湾首次使用的专利的 OMNI-Max 锚。不同种类埋入锚见图 7-7。

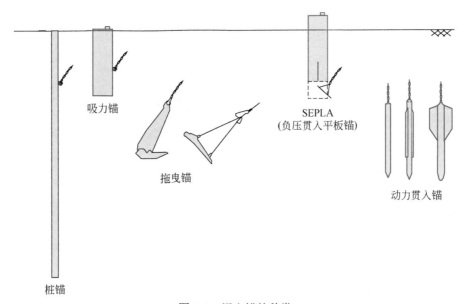

图 7-7　埋入锚的种类

1）桩锚

桩锚是一种空心钢管桩，它或被打入海床，或钻孔后灌浆固定于海床内，其模式与用于底部固定结构的基础桩相同。第 5 章中详细讨论了不同类型的桩及其安装方法。其锚链的布置方式有多种，可连接于桩身中段（尤其对于打入桩），也可以将锚链浇灌在钻孔灌注桩的上部，使锚链在拉紧时能够穿过固结的水泥。

在各类贯入锚中，桩锚能够给予最大的绝对承载力，且能够承受水平荷载和垂向荷载。桩的承载力是由桩（或水泥）–土界面的摩擦力以及侧向土压力产生的。通常情况下，需将桩安装在海底下较深的位置，以获得所需的承载力。墨西哥湾的 Ursa TLP 平台位于水深 1300 m 处，共由 16 根直径 2.4 m、打入深度 130 m 的桩锚固住。尽管已开发出额定功率较低的作业水深可达 3000 m 的打桩锤，但大多数打桩锤的实际作业极限水深仍然为 1500 m 左右。打桩作业的低效和高复杂性决定了在超深水域打桩并不是最理想的选择。

2）吸力锚

吸力锚由大直径的圆筒组成，其直径一般为 3~8 m，底部开口，顶部封闭，长径比 L/D 通常在 3~6 范围内，远小于长径比可达 60 的细长的海洋桩。位于墨西哥湾的 Na Kika 半潜式 FPS（如图 7-3 所示）由 16 个直径 4.7 m、长 26 m 的吸力锚固于水深达 2200 m 的海床。图 7-8 所示为长径比较小的吸力锚，用于 Timor Sea 中 Laminaria FPSO，其直径为 5.5 m，筒长 12.7 m，每个吸力桶重 50 t。

图 7-8　Timor 海 Laminaria 油田吸力锚原理图及照片（Erbrich and Herfer，2002）

吸力锚的安装方式与裙板式基础（见第 6 章）相同。首先，吸力锚利用自重初始贯入海床，此时顶部的阀门处于开启状态；之后，通过一个与吸力锚顶部阀门连接的泵将筒内部的水体抽出，导致筒内部压力低于外部压力，形成内外压差。吸力锚在净向下压力的作用下持续贯入海床。

假设筒盖是密封的，吸力锚的承载能力是由筒体投影面积上的土压力（对于水平阻力来说为纵切面，对于竖向抗拉承载力为横截面）以及沿筒体外壁的摩擦阻力共同作用的结果。竖向抗拉承载力依赖于土塞内部形成的被动吸力，因此需要谨慎考虑吸力的持续时间对承载力的影响。

虽然混凝土沉箱已投入使用，但绝大多数吸力锚为钢质，直径与壁厚比 D/t 在 100 ~ 250 之间。内部加强筋用于防止吸力锚在安装过程中和由于锚泊荷载和土体相互作用而引起的屈曲。与锚桩相比，吸力锚的贯入比低且刚度相对较高，因而容易发生刚体运动破坏，而锚桩在破坏过程中会形成塑性铰接变形（图 7-9）。锚泊系统荷载通过锚链施加到位于吸力锚一侧的锚眼上，而锚眼的设计深度要使筒体的承载力最大化。一般来说，这要求荷载的作用线通过轴线上的一个点，该点的深度是筒体埋深的 60% ~ 70%，且位于或接近深水中典型正常或轻微超固结细粒土侧向土压力的矩心附近。锚眼的位置由力矩平衡计算得出，要求使吸力锚仅发生水平移动，而不会在侧拉荷载的作用下发生旋转，从而获得最大的侧向承载能力。

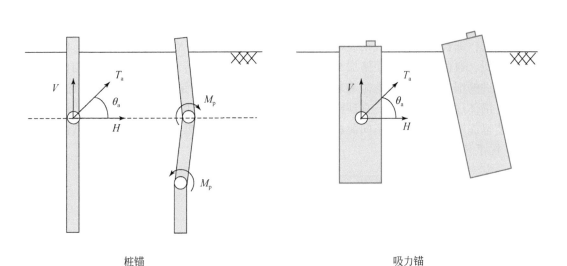

桩锚　　　　　　　　　　　　　　　　吸力锚

图 7-9　桩锚和吸力锚的破坏形式

3) 拖曳锚

高承载力拖曳锚从传统的船锚演变而来。传统的拖曳锚包括一个与锚柄刚性连接的宽锚爪，如图 7-10 所示。虽然锚柄和锚爪之间的角度是预先确定的，但是可以在锚安装贯入海床前进行调整。对于黏土条件（海底软弱土层），该角度通常约为 50°；当海底存在砂土或高强度黏土时，该角度约为 30°。安装时，借助 ROV 将其放置在海底正确的方向上，通过对锚链施加安装拉力使其贯入。传统固定爪形锚的标准尺寸由重量确定，最高可达 65 t，锚爪长度可达 6.3 m 左右。根据土体条件，一般通过拖曳 10 ~ 20 倍锚爪长度的距离来使其贯入 1 ~ 5 倍锚爪的深度，从而可将承载力提高到锚重的 20 ~ 50 倍。

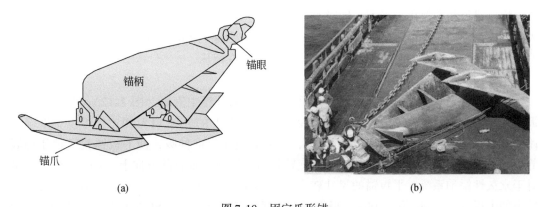

(a)　　　　　　　　　　　　　　　　　　(b)

图 7-10　固定爪形锚

（a）示意图；（b）32t Vryhof Stevpris Mk5（由 Vryhof 锚公司提供）

传统固定爪形锚的承载力来源于锚前部的土压力，可能超过 10 MN。传统固定爪形锚并非用来承受较大的垂向荷载，实际上这些锚是通过锚链施加垂向荷载回收。因此，它们适用于悬链线式锚泊，但不适用于使用张紧或半张紧式锚泊系统。

竖向承力锚（VLA），又称为拖入式平板锚，是为了克服传统固定爪形锚的局限性而发展起来的，细长的单锚柄或钢缆取代了宽锚柄（图7-11）。VLA的安装方式与传统固定爪形锚类似，通过在海床表面施加水平荷载以实现贯入。与传统的固定爪形锚相比，由于平板锚改进的细长构型受到的阻力较小，因此其贯入深度更深，可达7~10倍锚爪长度。贯入时，锚体逐渐受力旋转，直到施加的荷载垂直于锚爪（板），尽可能地调动最大土体阻力，使锚能够承受水平和竖向荷载。平板锚通常小于固定爪形平板锚，其锚爪面积可达 $20\ m^2$，锚爪长度可达6 m。

(a)　　　　　　　　　　　　　　(b)

图7-11　竖向承力锚（VLA）

（a）Vryhof Stevmanta；（b）Bruce DENNLA（由 Vryhof 锚公司和 Bruce 锚公司提供）

拖曳锚最初主要用于半永久性锚泊，例如用于海上移动式钻井装置，但也用于锚泊永久性浮式设施，例如位于巴西 Campos 海盆 1600 m 水深的 Roncador FPSO，采用张紧式锚泊系统，被 9 个 $14\ m^2$ 的 Vryhof Stevmanta VLA 固定在海床。

4）负压贯入平板锚

负压贯入平板锚（SEPLA）嵌固在负压锚底端的开槽中安装（图7-12），是为了将平板锚的经济效益与负压锚的安装精确性结合起来而开发的。与 VLA 相比，可以更准确地评估 SEPLA 的承载力。首先贯入负压锚，然后真空泵反向抽吸，使平板锚脱离负压锚底部沟槽。拉动锚链施加预荷载，使平板旋转到与锚链荷载垂直的方向上（图7-13）。通常对于永久性锚泊系统，平板锚的尺寸较大，可达 4.5 m×10 m，但临时性锚泊系统可采用较小的平板锚。Wilde 等（2001）报告了在墨西哥湾进行的多次 SEPLA 小比尺试验和一次足尺测试，水深最大 1300 m，贯入深度可达 25 m。此后，SEPLA 被广泛用于墨西哥湾和西非海域，以锚泊 MODU 等短期设施。

5）动力贯入锚

由于在深水中安装锚成本高昂，因此开发了通过自由下落获得动能从而贯入海床的锚，例如深贯锚（deep penetrating anchor，DPA）（Lieng 等，1999；2000）。该类锚状似火

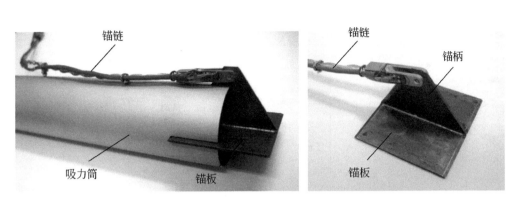

图 7-12　负压贯入平板锚构件（Gaudin et al., 2006）

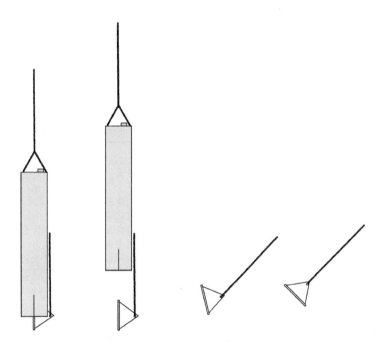

图 7-13　负压贯入平板锚安装部署过程示意图（O'Loughlin et al., 2006）

箭，直径 1~1.2 m，自重 500~1000 kN，高 10~15 m，设计释放高度在海床上方 20~50 m 处（图 7-14（a））。虽然该类锚尚未投入使用，但已经进行了多次现场测试。巴西国家石油公司在 Campos 海盆使用了一种不太复杂的鱼雷锚（Medeiros, 2001; 2002）。该锚直径 0.76~1.1 m，长 12~15 m，重量 250~1000 kN。有些型号的鱼雷锚在尾侧装有四个翼板，宽为 0.45~0.9 m，长为 9~10 m（图 7-14（b））。本文中将上述的深贯锚和鱼雷锚统称为动力贯入锚。动力贯入锚到达海底的设计速度为 25~35 m/s，锚端贯入深度可达两到三倍锚体长度，预计土体固结后的承载力可达三到六倍的锚自重。虽然这种锚的承载力低于其他类型锚，但制造成本低和安装方便可弥补这一不足。

　　表 7-1 总结了不同类型进入海床中锚的优点和缺点。

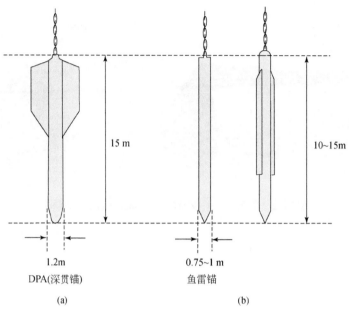

1.2m

DPA(深贯锚)

(a)

0.75~1 m

鱼雷锚

(b)

图 7-14　动力贯入锚

表 7-1　不同类型深水锚泊的优点和缺点（Ehlers et al.，2004）

锚泊	优点	缺点
负压 吸力锚	①安装简单，且安装位置，方向和贯入准确可充分利用打入桩的设计经验 ②完善的设计和安装程序 ③深水中应用经验最丰富的锚泊，适用于锚泊 MODU 和永久性设施	①自重大：可能需要大型起重船 ②尺寸大：将所有锚泊系统所需锚配置到位，需多次近岸运输 ③安装时需要 ROV ④需要高级土工试验测得岩土设计数据 ⑤需考虑成层土中的承载力 ⑥缺少安装后固结时间对于上拔阻力影响的数据
贯入式竖向承力平板锚	①重量较轻 ②尺寸较小：将全部的锚运输到现场的次数较少 ③完善的设计和安装步骤	①需要拖曳安装、旋转和预期安装拉力测试，受安装船极限拉力限制 ②需要 2～3 艘船和 ROV ③除巴西以外没有永久性浮动设施的使用经验 ④难以确保安装贯入方向和位置
负压贯入平板锚	①使用经过验证的吸力锚的安装方法 ②平板锚的成本是所有深海锚中最低的 ③安装贯入和定位准确 ④平板锚设计流程完善	①没有成熟或专利安装技术。安装时间比负压沉箱长约 30%，可能需要井架驳船 ②需要旋转和安装拉力测试：受安装船极限拉力限制，需要配置 ROV ③有限的原位荷载试验和仅限于锚泊 MODU
动力 贯入锚	①设计简单：传统的 API RP 2A 桩设计流程可用于预测承载力，因此承载力计算可能容易被各类审查机构接受 ②制造简单经济 ③设计坚固紧凑，安装简单经济，使用 1 艘船且无需 ROV 的操作就可以安装 ④定位准确，无需在安装过程中进行特定定位和安装拉力测试	①没有成熟或特有的设计方案 ②没有巴西以外的使用经验 ③审查机构并未推出标准化的安装和设计方法 ④需要验证垂直度

7.2 重力锚设计准则

重力锚与浅基础的设计原则类似（见第6章）。本节将对快速排水和缓慢排水土体上简单箱式锚的设计作简要介绍，而对于一些比较复杂的锚型，如格栅护堤重力锚，其设计应采用数值分析的方法。

7.2.1 砂土中的箱式锚（相对快速排水）

如图7-15（a）所示，重力箱式锚在砂土中主要发生水平滑动破坏，破坏机理与直剪试验相似。在单调荷载作用下，破坏剪应力比（τ_f/σ_v'）高达0.8，但设计时取值通常更保守。由于循环荷载是单向作用，所以对锚失效的影响低于固定底座结构。尽管循环荷载可以引起显著的增量位移积累，但却限制了土体中孔压累积和（局部）液化的可能性。在单调荷载作用下，重力箱式锚的承载力受峰值强度控制，剪应力比一般在0.5～0.7之间；在循环荷载作用下，尽管重力箱式锚受到的单向加载特性比平台设计更理想，但其循环承载力主要受屈服点控制，其典型循环剪应力比的设计值为0.3左右。

7.2.2 粉土或黏土中的箱式锚（相对缓慢排水）

如图7-15（b）所示，当重力锚作用在低渗透性土体（例如黏土和粉土）上时，锚与下覆土体间的极限摩擦力等于下覆土体的不排水抗剪强度（单剪试验测得）。在没有水平剪切的情况下，当压力为泥面抗剪强度的6～12倍时，会造成竖向承载破坏；存在滑动剪切时，最大竖向荷载降低一半。因此，最大剪应力比 τ/q 应限制不超过约1/3，当土体抗剪强度随深度增加时，最大剪应力比更低。循环荷载作用下，剪应力比的设计值可能进一步降低，所以现场特定试验测试数据对设计至关重要。

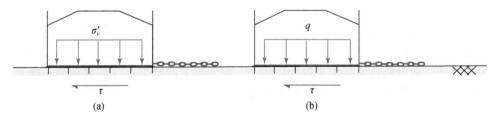

图7-15 重力锚破坏模式

（a）快速排水；（b）缓慢排水

7.2.3 格栅护堤锚

与简单的箱式锚相比，格栅护堤锚破坏模式多样，因此设计过程中的问题更加复杂多样。与箱式锚类似，格栅和护堤锚设计需确保在静力和循环荷载复合作用下的承载力和滑动稳定性。护堤的边坡稳定性、锚链荷载和水动力荷载作用下格栅从护堤底部滑出等问题也必须评估。除此之外，还须考虑护堤的冲刷和侵蚀。因此，防护硬层材料必须具有足够大的颗粒尺寸，以避免护堤在海流和波浪的剪切作用下受到侵蚀，海流和波浪也削弱护堤边坡的稳定性。海流引起的剪应力侵蚀海床，也需要进行保护。由于海床松散沉积物的颗粒大小可能不足以抵抗海流的侵蚀，所以需要一个足够长的防冲刷垫，以保证护堤破坏后产生的倾角不会引起护堤面边坡失稳。设计过程中对不同问题的考量依赖各种分析方法的结合，这些方法包括极限平衡法、塑性法和数值模拟等。如图 7-16 为用有限差分法得到的最大剪应变等值线图，显示了 Apache Stag 油田 CALM 浮标所用格栅护堤锚的整体破坏机制（Erbrich and Neubecker, 1999）。

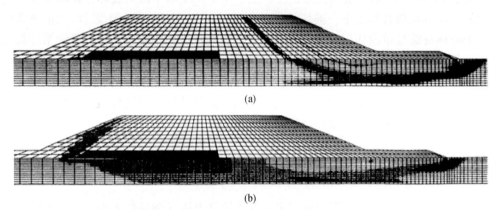

(a)

(b)

图 7-16 数值分析结果显示了格栅和护堤锚的整体破坏机制（Erbrich and Neubecker, 1999）
(a) 边坡稳定性破坏；(b) 滑动和承载联合破坏

7.3 贯入锚的锚线响应

在张力腿平台的垂直锚泊系统中，锚链将附着在桩或吸力锚顶部，因此锚链不与土体发生相互作用。而对于采用桩锚、吸力锚或拖锚的悬链线式和张紧式锚泊系统来说，锚链的最佳锚固点通常在海床泥线以下。因此，必须考虑锚链的行为及其与土体的相互作用，这决定了锚所受荷载的方向。水平拉力作用下，泥面以下的锚链不仅法向切割土体，而且在土体中滑移，导致很大的土抗力作用在锚链上。从泥线到锚固点之间的锚链形成反悬链线形状，从而引起两个重要条件：

（1）沿锚链分布的摩擦力使其在锚固点（称为锚眼）的拉力小于泥线处的拉力，由此可优化锚的尺寸；

（2）锚链在锚眼处与水平方向的夹角大于泥线处的夹角，使得锚向上提升。

以上内容决定着桩锚和负压锚的破坏模式以及拖锚的贯入性能，因此对锚的设计至关重要。我们将在下一节中介绍埋入锚的设计准则。埋入锚的适用水深决定了其所在土体主要为细粒土，因此以下将集中讨论埋入锚在不排水条件下的设计准则。

7.3.1 埋入部分锚线的平衡方程

图7-17以桩锚为例表示了锚线的基本构型及其所受荷载，但由于锚线的行为只取决于锚眼的位置，因此该图同样适用于吸力锚和拖曳锚。链型和荷载发展的控制方程由一组联立的偏微分方程组成，该方程描述了锚线拉张力 $\mathrm{d}T$ 在单位长度 $\mathrm{d}s$ 及相对应的夹角的变化值 $\mathrm{d}\theta$ 上的变化情况：

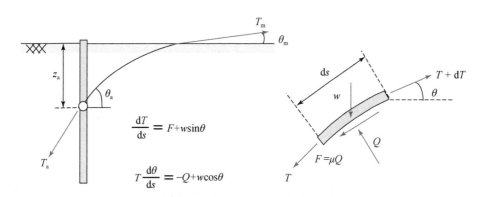

$$\frac{\mathrm{d}T}{\mathrm{d}s} = F + w\sin\theta$$

$$T\frac{\mathrm{d}\theta}{\mathrm{d}s} = -Q + w\cos\theta$$

图7-17 锚线上荷载的分布（Neubecker and Randolph，1995）

T_{m}—泥线处锚线张力；T_{a}—锚固点（锚眼）处锚线张力；θ_{a}—锚固点处锚线倾角（与水平方向间）；θ_{m}—泥线处锚线倾角（与水平方向间）；θ—锚线单元的方向（$\theta=0$ 即为水平方向）；Q—土体对锚线的法向力；F—单位土体对锚线的摩擦力（平行于锚线）；$\mu = F/Q$—锚链-土相互作用摩擦系数；z_{a}—孔眼深度（即锚固点）；w—锚链自重

$$\frac{\mathrm{d}T}{\mathrm{d}s} = F + w\sin\theta$$
$$\frac{\mathrm{d}\theta}{\mathrm{d}s} = \frac{-Q + w\cos\theta}{T} \tag{7-1}$$

式中，F 为作用于锚线上的局部摩擦力（单位长度，平行于锚线）；w 为锚线自重；θ 为锚线单元与水平方向的夹角（单位弧度）；Q 为单位长度上土体对锚线的局部法向力；T 为锚线拉力。

作用于锚线的土体摩擦力（平行于锚线）可由下式计算：

$$F = A_{\mathrm{s}}\alpha s_{\mathrm{u}} \tag{7-2}$$

式中，A_{s} 为单位长度锚线的有效表面积；α 为界面摩擦系数（黏土的 α 值取决于使用钢缆还是链条，一般为 $0.2\sim0.6$）；s_{u} 为该位置处的局部不排水抗剪强度（平均值或单剪试验测量值 s_{uss}）。

土体对锚线的极限法应力可由下式计算：

$$Q = A_{\mathrm{b}}N_{\mathrm{c}}\bar{s}_{\mathrm{u}} \tag{7-3}$$

式中，A_{b} 为单位长度锚线的有效承载面积；N_{c} 为承载力系数（基于条形基础，一般取7.6）。

对于钢丝绳或聚酯绳，单位承载面积等于绳的直径，即 $A_b = d$，比表面积 $A_s = \pi d$。对于标准链环，根据链的几何形状，其有效宽度 b 可用等效杆的直杆径表示，即 $b = 2.5d$；法向力作用面积 $A_b = b = 2.5d$；单位长度有效表面积 $A_s = 8 \sim 11\ d$。一般情况下，锚链在黏土中的 μ 取值为 $0.1 \sim 0.3$，在砂土中可达 0.5。

通过对控制微分方程式（7-1）进行数值积分，并迭代其中一个未知边界条件以匹配已知的锚眼位置，就可以预测锚链的形态和荷载转递情况（Vivatrat et al.，1982）。控制微分方程的复杂性主要来源于锚链的自重 w。一般情况下，锚链自重只有在浅埋时才会作用显著，因此只需简单调整端承力随深度的分布，即可将锚链自重 w 从初始控制微分方程中略去。下节将介绍以此假设为前提的一个解析解（Neubecker and Randolph，1995）。

7.3.2　埋入式锚线的简化分析法

将锚线的受力平衡方程进行简化，可得到锚线几何形状和受力分布的近似表达式。该解析方法不仅省去了繁琐的数值计算，还能帮助我们直接了解决定锚索性能的关键变量，为桩锚、吸力锚、拖锚等埋入式锚固系统的设计提供理论依据。

首先，锚线倾角 θ_m，θ_a 的变化情况与锚眼处锚线张力 T_a 和 $0 \leqslant z \leqslant z_a$（$z_a$ 为锚眼的深度）深度范围内的平均承载力 Q_{av} 有关。Neubecker 和 Randolph（1995）给出了较为严格的理论关系，但他们表示该经验关系只是相对准确的。其中，T_a 与夹角 θ 的关系可由下式表示：

$$\frac{T_a}{2}(\theta_a^2 - \theta_m^2) = z_a Q_{av} \tag{7-4}$$

式中，承载力为

$$z_a Q_{av} = b N_c \int_0^{z_a} s_u \, \mathrm{d}z \tag{7-5}$$

当锚线与泥线的夹角 $\theta_m = 0$ 时（即悬链线锚泊设施），锚线在锚眼处的夹角为

$$\theta_a = \sqrt{\frac{2 z_a Q_{av}}{T_a}} = \sqrt{\frac{2}{T^*}} \tag{7-6}$$

式中，T^* 为标准化锚线拉力：

$$T^* = \sqrt{\frac{T_a}{z_a Q_{av}}} \tag{7-7}$$

其次，泥线处的锚线张力 T_m 与锚眼处的锚线张力 T_a 相关：

$$\frac{T_m}{T_a} = \mathrm{e}^{\mu(\theta_a - \theta_m)} \tag{7-8}$$

当锚线与泥线的夹角 $\theta_m = 0$ 时，式（7-8）可简化为

$$\frac{T_m}{T_a} = \mathrm{e}^{\mu \theta_a} \tag{7-9}$$

锚线曲线可由标准化深度 $z^* = z/z_a$ 和标准化锚距 $x^* = x/z_a$ 表示。对于强度不随深度改变的

土体，锚线的标准曲线可用下式表示：

$$z^* = \left(1 - \frac{x^*}{\sqrt{2T^*}}\right)^2 \qquad (7\text{-}10)$$

而对于强度随深度线性增加的土体，锚线的标准曲线可用下式表示：

$$z^* = e^{-x^* \theta_a} \qquad (7\text{-}11)$$

考虑到锚线自重 w 的影响，定义有效承载力：

$$Q_{\text{eff}} = Q - w \qquad (7\text{-}12)$$

同样，锚眼的深度也应通过 δ 值来调整：

$$\delta = \frac{w}{k} \qquad (7\text{-}13)$$

式中，k 为承载力随深度变化的梯度。通常，锚眼的深度调整范围应小于 0.5 m，这样对计算出的锚链响应影响不大。承载力和锚眼调整深度关系如图 7-18 所示。

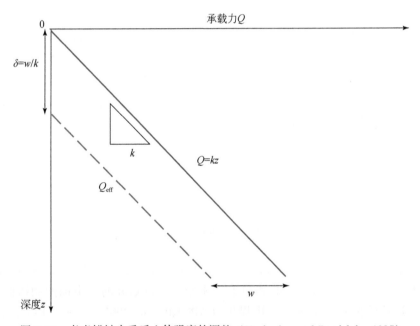

图 7-18　考虑锚链自重后土体强度的调整（Neubecker and Randolph, 1995）

　　同时求解两个核心解析方程（式（7.4）和式（7.8））可以求出给定锚眼深度时孔眼处的锚线倾角、泥线处的锚线张力和倾角、土体抗剪强度曲线以及锚链性质，继而可由两式中的任意一个求出孔眼处的锚线张力。该简化分析方法对于锚泊设计来说非常有用，它可以快速评估海床下锚链的长度、锚链所承担的荷载以及锚链在锚固点处的张力和倾角。

7.4　拖锚设计准则

7.4.1　简介

拖锚（即传统固定爪形锚或法向承力锚）的承载力都取决于其贯入能力和所达到目标安装深度。在原位安装过程中，拖锚最具挑战性的问题在于锚的安装以及到达最终位置的不确定性。与预测锚的轨迹相比，预测给定深度下拖锚的负荷和承载力则较为简单。单点单向锚杆极限承载力的预测与传统的承载力理论相吻合，但其安装预测较为复杂。拖锚的贯入路径和极限贯入深度受以下因素影响

（1）土质情况（土质分层情况以及不排水抗剪强度的变化）；

（2）锚的类型和尺寸；

（3）锚的爪–柄夹角；

（4）与锚相连接的前导锚索（缆或链）的类型和尺寸；

（5）锚线在海床面处（泥线处）的上拔角。

锚示踪器是由安装在锚上的一个小型推进器和倾斜传感器等组成。其中，小型推进器用于测量锚的移动距离，而倾斜传感器可以降低锚杆贯入深度的不确定性。而根据不同的装置则需要使用不同的系统。对于锚的测试来说，回收锚之后能够从追踪器上下载数据的系统就能够满足使用要求；然而对于永久性的现场应用来说，则需要其无线调制解调器必须能够将实时数据传回海面。锚示踪器是一种相对较新的发展方向，其在安装过程中很容易损坏；因此，仍然主要采用传统的分析设计方法来预测锚的运动轨迹。

在7.4.2中，我们将要介绍拖锚的传统设计方法以及几种逐渐得到广泛应用的分析方法。

7.4.2　拖曳贯入锚的传统设计方法

预测锚杆的贯入深度、拖曳距离以及承载力的传统方法主要依靠经验推导的设计图表，该设计图表是基于锚的净重 W 和简单土体分类进行划分的，由锚的制造商开发和提供，也可由美国石油协会等独立机构提供（API RP-2SK 2005）。图 7-19 表示了 Vryhof Anchors 为 Stevpris MK6 锚开发的在一系列土质条件下查找锚的贯入深度、拖曳距离和承载力的设计图表（Vryhof，2008）。

虽然设计图表是基于传统的锚净重 W，但是拖锚的性能更多地取决于其尺寸大小。然而，由于历史上所有的锚都是用类似的材料（钢）制成的，所以锚爪的尺寸与锚的重量具有密切的相关性。由于 VLA 的重量与面积之比较低，所以这种区别随着 VLA 的出现变得愈加重要。通用设计曲线是从模型试验数据库中推导出来的，因此受到数据局限性的影响；另外，在较小规模试验中测得的极限承载力简单地外推到较大锚杆的过程中存在着不

确定性，该误差同样会影响通用设计曲线的准确性。

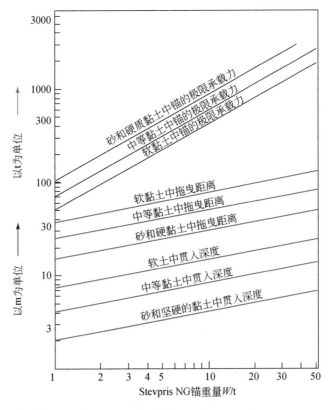

图 7-19　传统固定爪形拖锚——新一代 Stevpris NG 锚制造商设计图（Vryhof，2008）

　　此外，数据库中的大多数模型测试采用的是链式前导锚线，这会导致通过图表读出的锚固深度偏低，进而导致链式锚的锚固能力被低估。因此，需要预估导缆线的作用并将其纳入计算的范畴。进一步的限制来自于该方法土体分类太粗略/宽泛，如由通用设计曲线定义的极软黏土、中性强度黏土和硬黏土或砂土等。特定的土体性质，例如砂土的摩擦角和剪胀角、黏土的抗剪强度曲线以及土质分层情况也可造成行为上的显著差异，但由于设计图表土体分类较为粗略，导致无法在图表上观察到此类差异。进一步来讲，由该图表查到的锚固阻力与锚的极限贯入深度有关，因此该锚固阻力代表的是不保守的最大安全系数。但由于很少能够将锚安装在其极限贯入深度处，所以由此表查到的锚固阻力必须进行贯入深度以及移动距离的修正。

　　除此之外，前文提到的传统设计方法的限制因素证明了使用基于岩土技术原则的设计程序是合理的。Murff 等（2005）对 VLA 的现代设计方法进行了全面回顾，总结了工业资助研究的成果。Det Norske Veritas（DNV）RP-E301 和 E302（2000a，b）为黏土中固定爪形锚和板式锚的设计提供了推荐解析设计方法以及基于经验确定的设计图表；但是，我们仍然有必要根据高质量的模型试验校正该分析方法，并考虑尺度效应的影响。

7.4.3 拖锚安装的评估分析方法

拖曳贯入锚（以传统固定爪形锚为例）的安装过程如图 7-20 所示。该类型的锚通过拖曳，利用锚作用在海床上的水平分力埋入海床。首先将锚柄水平放置在海床上，随后，锚在锚线的拉力作用下将沿着一定的路径运动，运动过程中锚线与锚爪的夹角几乎不变。随着锚的埋入深度增加和土体阻力增大，锚重的作用逐渐变小，导致锚线与锚爪的夹角发生微小变化。当锚爪水平时，锚就达到了其最大贯入深度。

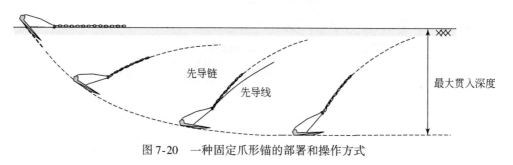

图 7-20　一种固定爪形锚的部署和操作方式

VLA 的贯入过程与传统的固定爪形锚相似。当锚达到设计埋深后，旋转锚（旋转）使锚线作用力近似位于锚爪法线方向。不同类型的 VLA 可以采用不同的贯入方法，当然，有时对于某种指定的 VLA 也可采用几种不同的贯入方法。图 7-21 描绘了 Vryhof Stevmanta VLA 和 Bruce Dennla VLA 的布放和操作方法。Vryhof Stevmanta VLA 的锁定与安装方向相同，导致锚前倾，锚尖向下，该方式可以通过拉动拴在背面卸扣或安全销上的第二根线来完成。Bruce Dennla VLA 是通过向后旋转来锁定锚，使得锚尖向上，也使锚线施加的力垂直作用在锚爪上。

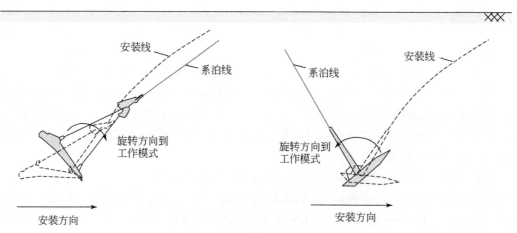

图 7-21　VLA 的布放和操作方法

无论传统固定爪形锚还是 VLA，拖锚的承载力均与埋入深度相关。但对于 VLA 而言，其最大埋深问题却更为复杂。因为当锚旋转至其目标位置时，锚会上移使埋深减小，使锚进入锚固区附近的软土和已扰动土体中。虽然扰动土的强度可以通过固结过程逐渐恢复，但是锚的埋入深度变小才是最大的影响因素。Wilde 等（2001）研究发现，SEPLA（吸力辅助安装板式锚）在旋转锁定过程中将上移 0.5~1.7 倍的平板锚的高度。

不同学者对于单独预测拖锚的埋深和承载力的结果差异很大；但是对于预测指定埋深处的锚固能力却达成了共识（Murff et al.，2005）。因此，准确预测锚的锚固性能需要准确模拟其安装过程。对于传统固定爪形锚或 VLA 来说，锚的运动轨迹和最终埋入深度均可以使用仿真模拟或基于理论基础的简化分析模型来模拟。

一旦锚贯入目标深度并完成旋转锁定使锚线与锚爪垂直，则 VLA 或其他平板锚的承载力可以用作用在其表面的法向荷载的塑性解求出（Martin and Randolph，2001）：

$$T_a = A_f N_c s_u \tag{7-14}$$

式中，T_a 为锚眼处的锚线张力；A_f 为锚爪承载面积；N_c 为深水"环流破环"承载力系数，通常取 12~13，与锚粗糙度有关；s_u 为锚爪贯入深度的不排水抗剪强度。

1. 拖曳爪形锚数值模拟过程

目前拖曳爪形锚模拟程序假设锚在土中以与锚爪平行且逐渐推进的形式运动，锚的动力学分析要素如图 7-22 所示（随后图 7-28 展示了一个土抗力系统的例子，该系统可用于模拟锚的力和力矩平衡）。

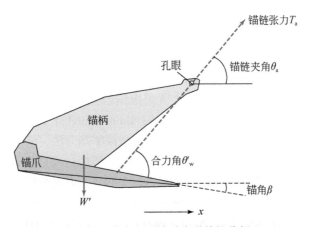

图 7-22　拖曳爪形锚动力学特性分析

每个步骤均用标准承载力方程计算作用在锚各单元上的土压力。每一步分析中锚的方向均发生变化，可根据中心点的土抗力的力矩平衡进行计算。每当锚发生运动时，都需要求解平衡方程来计算锚固点处锚链倾角（影响力矩平衡）和泥线处的锚链拉力。

爪形锚的贯入模拟程序可以总结如下：

（1）给定起始点（如埋入深度为 0 时锚柄水平放置），每次前进距离为水平增量 Δx；

（2）计算埋入深度时，假设运动方向与上一运动过程的锚爪平行或者呈较小的角度（预设角度）；

（3）从锚的几何特性和局部土体强度计算锚固阻力 T_a 和与锚杆的夹角 θ'_w；

（4）通过锚链穿过表层土的平均阻力计算锚链夹角 θ_a；

（5）计算泥线处的锚线张力 T_m；

（6）调整锚角 β 以满足平衡（见下面解释）；

（7）将锚位移增大 Δx，并重复步骤2。

锚的运动轨迹如图7-23所示，锚线与锚爪之间的角度几乎不变（随着锚的埋入深度增加和土体阻力增大，锚重的作用逐渐变小，导致锚线与锚爪的夹角发生微小变化）。当达到极限埋深时，锚爪呈水平姿态（实际工程上一般无法达到最大埋深）。上述总结中的步骤6对整个过程至关重要，经详细分析证实，它可通过作用在锚上的各种力和力矩平衡，或通过假设贯入过程中角度 $\theta'_w (= \theta_a + \beta)$ 不变来调节（Aubeny and Chi，2010）。

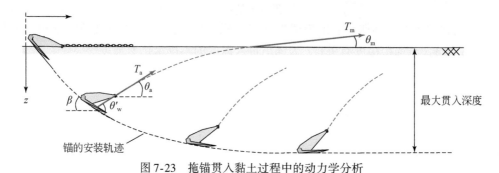

图7-23　拖锚贯入黏土过程中的动力学分析

2. 简化分析方法

模拟拖曳爪形锚贯入轨迹的整个过程需要进行大量的计算工作，为了简化工作，可以根据极限平衡法或塑性理论简化过程，以此预测拖锚轨迹和锚线受力情况（Neubecker and Randolph，1996；Thorne，1998；Dahlberg，1998；Bransby and O'Neill，1999；O'Neill et al.，2003）。Neubecker和Randolph（1996）提出了一种极限平衡方法，该方法基于传统的承载力理论，将锚固阻力作为与锚运动方向（假设近似平行于锚杆）成直角的锚投影面积的函数。

锚在上中被拖动时，假设阻力与锚爪之间的角度不变，但这个角度受土体平均抗剪强度的影响。将该简化分析方法与锚线简化分析方法（第7.3.2节）结合，便可以模拟锚在贯入过程中的完整响应过程。Bransby和O'Neill（1999）、O'Neill等（2003）分别提出了一种基于宏观塑性理论的替代方法，该方法使用相互作用图（组合荷载和弯矩空间中的屈服包络线）作为塑性屈服面，进而推导出锚在每个阶段的相对位移。下面将详细介绍这两种简化方法。

1）极限平衡法

为简化前文介绍的锚的完整安装过程，将作用在平行于运动轨迹方向上的锚杆上的锚阻力分力 T_p 表示为沿运动方向的投影面积 A_p 与土体局部承载力的乘积较为合理：

$$T_p = (fA_p)N_c s_u \tag{7-15}$$

式中，f 为锚的形状因子，可以看作是锚有效（投影）面积的一个因子或者是承载力系数 N_c 的修正系数（N_c 通常取9）。图7-24是传统固定爪形锚安装过程中的作用力示意图，该

过程同样适用于 VLA。

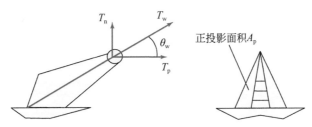

图 7-24 不考虑自重的锚安装过程中受到的力

　　因为该理论是建立在锚阻力与锚爪运动轨迹平行的基础上的，该理论假定土体的大部分阻力与锚爪平行，因此采用锚爪深度处的不排水抗剪强度预测锚固抗力 T_p 是可取的。与此相反，锚线简化分析方法取决于从海床面到锚眼整个深度范围内的平均承载力，因此使用不排水抗剪强度的平均值更为合适。实际上，采用锚的某种加权不排水抗剪强度则更加合适，一般锚的平均承载力为 s_u 的 80% ~ 90%，锚眼处的平均承载力是 s_u 的 10% 或 20%（投影区域以锚爪为主，锚柄影响较小）。

　　从力矩平衡可以看出，对于忽略自重的锚来说，存在与锚爪垂直的法向土应力 T_n。因此，在不考虑自重的情况下，锚的合阻力 T_w 会与锚爪呈一定角度 θ_w。因此，任意埋深处的锚抗力与土体抗剪强度成正比，可由下式计算：

$$T_w = \frac{T_p}{\cos\theta_w} = \frac{fA_p N_c s_u}{\cos\theta_w} \tag{7-16}$$

锚眼处合力方向与锚爪的夹角 θ_w 由锚的几何性质决定，当然该角度会随锚柄上覆土体强度不同而略有变化。但是，考虑到拖曳爪形锚的埋深差值较小，夹角 θ_w 通常取常数。

　　贯入过程中，锚爪与水平方向夹角为 β，锚的重力将导致产生与锚爪方向平行和垂直的修正阻力分量，则产生了一个修正角 θ_w'（如图 7-25 所示）。则锚眼处的角度 θ_a 可由以下公式求出：

$$\theta_a = \theta_w' - \beta \tag{7-17}$$

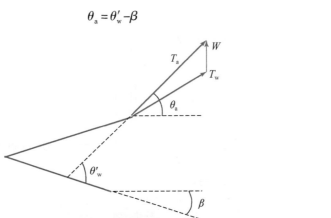

图 7-25 考虑自重的锚安装过程中的旋转

在极限埋深处，由于锚爪趋于水平，即 $\beta \rightarrow 0°$，$\theta'_w \rightarrow \theta_a$。锚链在锚固点处的合力 T_a 可以表示为

$$T_a = \frac{T_p}{\cos\theta'_w} = \frac{fA_pN_cs_u}{\cos\theta'_w} \tag{7-18}$$

所产生的总锚线张力与锚爪的夹角可以用三角函数表示：

$$\theta'_w = \tan^{-1}\frac{W+T_p\tan\theta_w}{T_p} \tag{7-19}$$

2）形状因子 f 与合力角 θ_w

每个拖锚都具有锚所固有的性质参数：形状因子 f 和合力角 θ_w，这些参数直接影响锚在任意黏性土层中的姿态，并可通过试验观测、原位数据校正、拖锚模拟程序或有限元分析获得。

图 7-26 所示装置能够使锚在固定埋深处水平移动并在锚眼处逐渐旋转，从而确定锚的形状因子 f 和合力角 θ_w，以及测得任一阶段的锚角和阻力的竖直和水平分量。在该实验中所选的模型锚是以 1∶80 缩尺的原重 32t 的爪形 Vryhof Stevpris MK3 锚，其锚爪–柄夹角为 50°。图 7-27（a）表示的是安装过程中不同的拖锚最终的合力角 θ_w 的大小，其中每个

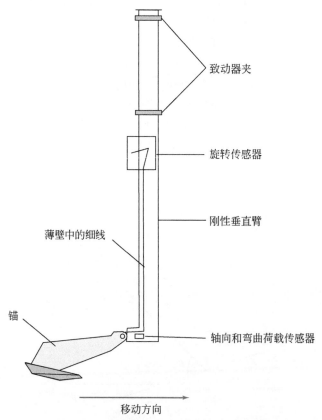

图 7-26　锚装载臂（O'Neill et al., 1997）

锚都是预先埋置在与上一个锚拖曳结束时相同的方向上（因此 θ_w 曲线为上升趋势）。经过多次试验，θ_w 可快速趋于稳定，多次测试的临界值平均为28°，此时锚眼处的合力 T_a 也达到稳定状态，经过多次试验，当拖曳距离为一个锚爪长度时，形状因子的平均值 f_{av} 约为1.4（见图7-27（b））。

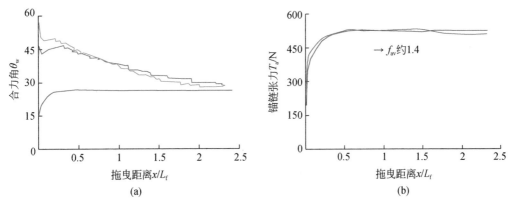

图7-27 32t Vryhof Stevpris 锚的合力角（a）与锚线张力随拖曳距离的变化曲线（b）
（O'Neill et al.，1997）

3）屈服包络面法

图7-28 表示了锚在贯入过程中受到的各种力。首先利用传统土力学方法评估沿锚柄方向的阻力，同时将锚眼处的锚线张力 T_a 与作用于锚柄上的力 F_{bn} 和 F_{bs}（即作用于图7-28中 b 点上的分力）转换为作用在锚爪中点（即图7-28中 d 点）上的法向力（F_{dn}）、平行于锚爪面的切向力（F_{ds}）和弯矩（M_d）。然后，利用有限元分析（采用简化锚爪形状）得出屈服包络线，用以分析①由屈服包络线确定锚爪的塑性运动条件和②由屈服包络线的局部梯度值确定锚板相对锚爪的法向、水平、旋转运动位移（Bransby and O'Neill，1999）。

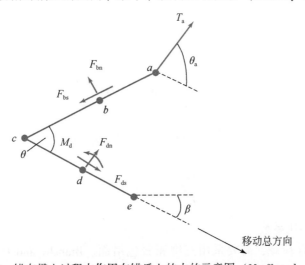

图7-28 锚在贯入过程中作用在锚爪上的力的示意图（Murff et al.，2005）

锚爪的典型屈服包络线如图 7-29 所示,锚爪形状被简化为二维条形基础(模型建立延基础宽度方向),其厚度比为 $L/t=7$(Murff et al.,2005)。

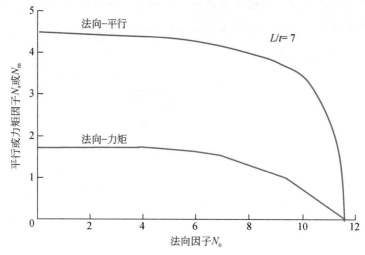

图 7-29　法向-平行和法向-力矩空间的相互作用曲线(Murff et al.,2005)

单位长度的法向力、水平力以及弯矩的荷载系数分别由以下公式确定:

$$N_{\mathrm{n}} = \frac{F_{\mathrm{n}}}{Ls_{\mathrm{u}}} \tag{7-20a}$$

$$N_{\mathrm{s}} = \frac{F_{\mathrm{s}}}{Ls_{\mathrm{u}}} \tag{7-20b}$$

$$N_{\mathrm{m}} = \frac{M}{L^2 s_{\mathrm{u}}} \tag{7-20c}$$

上述单轴荷载系数的最大值可通过上限分析获取(Bransby and O'Neill,1999;O'Neill et al.,2003):

$$N_{\mathrm{nmax}} = \frac{F_{\mathrm{nmax}}}{Ls_{\mathrm{u}}} = 3\pi 2 + \frac{t}{L}\left(\alpha + \frac{1-\alpha}{\sqrt{2}}\right) \tag{7-21a}$$

$$N_{\mathrm{smax}} = \frac{F_{\mathrm{smax}}}{Ls_{\mathrm{u}}} = 2\left(\alpha + N_{\mathrm{tip}}\frac{t}{L}\right) \approx 2\alpha + 15\frac{t}{L} \tag{7-21b}$$

$$N_{\mathrm{m}} = \frac{M_{\mathrm{max}}}{L^2 s_{\mathrm{u}}} = \frac{\pi}{2}\left[1 + \left(\frac{t}{L}\right)^2\right] \tag{7-21c}$$

式中,α 为界面摩擦比系数。

对于一般的组合荷载,需要采用三维屈服包络面。Bransby and O'Neill(1999)采用 Murff(1994)提出的一种形式:

$$\left(\frac{F_{\mathrm{n}}}{F_{\mathrm{nmax}}}\right)^{q}+\left[\left(\frac{M}{M_{\mathrm{max}}}\right)^{r}+\left(\frac{F_{\mathrm{s}}}{F_{\mathrm{smax}}}\right)^{s}\right]^{\frac{1}{p}}-1=0 \tag{7-22}$$

该式优化后的系数值与有限元计算结果吻合程度较好。由三维有限元分析（Elkhatib, 2006）推导出的系数汇总在表 7-2 中。

表 7-2 **Bransby-O'Neill 屈服包络面指数表**（式（7-22））

参数值	p	q	r	s
	1.1	4.0	1.1	4.2

利用屈服包络面确定锚固轨迹的过程可总结如下（Bransby and O'Neill，1999）：

（1）设定初始方向与锚的埋深；

（2）计算法向与沿锚柄方向的阻力 F_{bn} 和 F_{bs}；

（3）假设锚眼处的锚线张力为 T_{a}，并使用锚线简化分析方法（第 7.3.2 节）计算锚线在锚眼处的夹角 θ_{a}（Neubecker and Randolph，1995）；

（4）用静力平衡法计算 F_{n}、F_{s}、M，并通过调整 T_{a} 使 F_{n}、F_{s}、M 落在屈服面上；

（5）使用与 θ_{a} 的关系来确定锚的运动方向和相对转角；

（6）假设与锚爪面平行的位移增量为 δ_{h}，计算 δ_{v} 和 δ_{β}；

（7）移动锚至下一位置，重复步骤 1）~6）。

4）简化分析方法的比较

图 7-30 是利用上文所述的极限平衡法与屈服包络面法计算的运动学分析案例。该 Vryhof Stevpris 锚重 32 t，锚柄与锚爪的夹角为 50°，锚爪长度为 5 m，锚爪总面积 25 m^2，贯入 $s_{\mathrm{u}}=1.5\,z$ kPa 的软黏土中。在锚固效率 $\eta=UHC/W$ 与锚固轨迹相同条件下，利用上文所述的两种简化方法进行计算，获得如图 7-30 所示的结果。

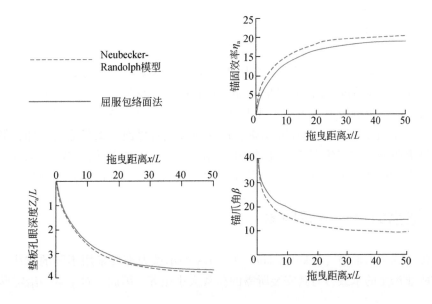

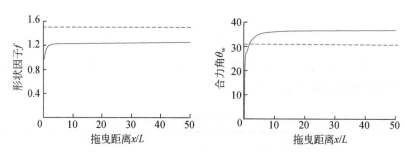

图 7-30　极限平衡法与屈服包络面法计算的爪形锚运动学分析案例比较（O'Neill et al., 2003）

该 Vryhof Stevpris 锚重 32 t，爪角 50°，爪长 5 m，锚爪总面积达 25 m^2，贯入 $s_u = 1.5z$ kPa 的软黏土中

Neubecker 和 Randolph（1995）的方法与包络面法在分析锚固轨迹时，设定的参数不同，前者形状系数 f 较大但合力与锚柄的夹角较大；又因为前者假设锚固轨迹平行锚板，后者假设锚固轨迹与锚板呈微小夹角，两种分析方法在极限埋深时的锚角相差 4°。换而言之，两种不同方法对同一锚的预测锚固能力不同。由于前者假设岩土参数，后者将包络面理想化，所以两种预测方法会产生合理的差异性。

5）简化分析方法与通用设计图法的比较

用通用设计图法（NCEL, 1987；Vryhof, 1990；API, 2005）与简化分析方法（Neubecker and Randolph, 1996；Bransby and O'Neill, 1999）分别对锚角为 50°的 Vryhof Stevpris MK3 锚的承载力和极限埋深（锚干重 W 的函数）进行分析，其结果如图 7-31 所示。无论锚的大小如何，两种简化分析方法得到的承载力均高于 API/NCEL 计算结果，但低于 Vryhof 曲线的预测结果。同样，利用两种简化分析方法计算得到的极限埋深比通用设计曲线得到的结果要深，特别对于中小型锚来说埋深差异更加明显。

6）界面摩擦效应

图 7-29 表示的是完全粗糙基础-土体界面对锚的影响，图 7-32 是当锚长厚比 $L/t = 7$ 和 20 时，分别利用有限元分析获得的粗糙基础-土体界面摩擦比 α 取 1 和 0.4 时的锚安装轨迹和锚线施加荷载情况。模型采用理想化为条状的基础，长 3.5 m，面积 10.5 m^2，锚柄长 4.2 m，并与锚爪呈 55°夹角，模型使用的土体为不排水抗剪强度 $s_u = 1.2z$ kPa（z 是以 m 为单位的深度）的软黏土（Elkhatib and Randolph, 2005）。界面摩擦对较厚的锚影响较大，对较薄的锚影响较小，如当 α 减小至 0.4 时，长厚比为 7 的锚最终埋深增加 75%，而长厚比为 20 的锚最终埋深仅增加 20%。锚线荷载随着界面摩擦降低而增加，但对于较厚的锚影响更明显。一般情况下，拖动 10 倍锚爪长度后，标准化荷载 T_a/As_u 达到稳定，这表明锚埋入过程已经达到稳定状态，锚链与锚爪之间的夹角（$\theta_a + \beta$）也保持不变。

7.4.4　拖锚的设计考虑因素

评估传统固定爪形锚（fluke anchor）和 VLA 的承载力需要采用不同的方法。传统固定爪形锚所能产生的承载力与其安装所需的荷载大小相等。因此，对于某一给定形式因子

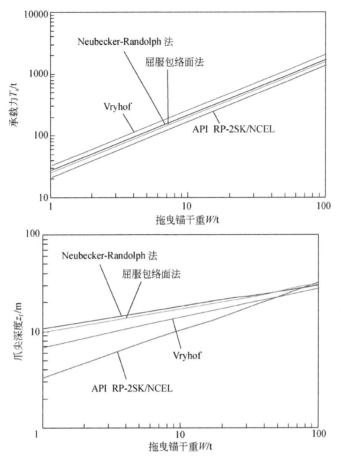

图 7-31　通用设计图法与简化分析方法的比较（O'Neill et al.，2003）

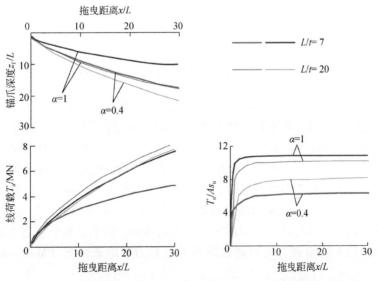

图 7-32　界面摩擦对拖锚性能的影响（Elkhatib and Randolph，2005）

f 和合力角 θ_w 的锚来说，其最终贯入深度和承载力可结合锚线分析方法（见第 7.3.2 节）和锚的安装分析方法来确定。通过将锚孔处锚线的张力与锚孔处锚线张力的锚链标准相等来确定最终埋置或锚孔的最终深度 z_f。

将锚眼处的锚线张力控制方程（式 7.4）变形得到：

$$T_a = \frac{2z_a Q_{av}}{\theta_a^2 - \theta_m^2} \tag{7-23}$$

考虑到最终埋入深度处的受力平衡，锚解析解（式（7-18））和锚链解析解（式（7-23））得出的锚眼处的锚线张力 T_a 必须相等。求解 T_a 的过程中可以得到锚爪的最终埋入深度 z_f。泥线处的锚线张力（即承载力）与控制方程（式（7-8））中锚眼处的张力有关。泥线处的链角 θ_m 是一个给定的参数，其值取决于锚泊系统的结构。这种关系可以用于直接估算软土沉积物中拖锚的极限承载力（Neubecker and Randolph, 1996）。

传统的固定爪形锚主要用于悬链线锚泊系统，其在海床上的上拔角为零，即 $\theta_m = 0$，只有在风暴荷载期间，即使用动力定位器也可能会产生非零的海床上拔角。适度的海床上拔角对锚的承载力不会产生不利影响，但角度必须明显小于锚眼处的锚线角度 θ_a。显著的海床上拔角会影响锚的力和力矩平衡，从而导致锚的承载力降低。图 7-33 说明了非零海床上拔角对预埋锚线形状的影响。可接受的海床上拔角仅在有限深度内影响反悬链线的形状（图 7-33 中的 A 点），从而使锚不受影响。

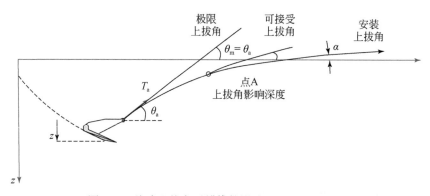

图 7-33　海床上拔角对锚线的影响（DNV, 2000a）

在锚的安装过程中应避免非零度的海床锚线角，尤其在拖曳开始时，上拔会阻碍锚贯入海底。随着埋深的增加，在不影响贯入轨迹、最终贯入深度和承载力的前提下，可以允许有较小的上拔角。DNV RP-E302（2000）建议，安装过程中最小埋深至少应达到锚爪长度的 2.5 倍后，方可允许一定的上拔角，但即使这样，泥线处的锚线角仍不能超过 10°。与安装时相比，在风暴荷载期间运行时，可允许上拔角偏大，但通常不应超过 15°～20°。

正如本节前面提到的，VLA 的埋置过程与传统的固定爪形锚的埋置过程相似。因此，VLA 的安装深度可以使用与前面类似的方法来进行预测。然而，对于垂直于其表面加载的贯入式平板锚，VLA 的承载力可以通过简单的承载力理论来预测（Martin and Randolph, 2001）：

$$T_a = A_f N_c s_u \qquad (7\text{-}24)$$

式中，T_a 为锚眼处的锚线张力；A_f 为锚爪承载面积；N_c 为深层"环流破环"承载力系数，通常取 $12 < N_c < 13$；s_u 为锚爪所在平面的不排水抗剪强度；承载力与安装荷载之比称为性能比，通常在 1.5~2 之间。

其他设计考虑因素

1）扰动和固结

拖锚在安装过程中会贯入海床土体，使锚周围的土体扰动，导致摩擦阻力由靠近锚局部区域内的扰动抗剪强度 s_{ur} 决定。扰动抗剪强度通常通过摩擦系数 α 或土体灵敏度 S_t 来计算，其中：

$$S_t = \frac{s_u}{s_{ur}} \qquad (7\text{-}25)$$

$$\alpha \approx \frac{1}{S_t} \qquad (7\text{-}26)$$

无论是安装后还是在安装的间断期内的土体再固结都会导致抗剪强度随时间逐渐增大，这个过程通常称为 set-up 或 soaking（对于桩或浅基础）。因此，安装期间的临时停工可能不利于锚达到最终贯入深度，进而影响承载力。相反，锚安装和其与浮式设施相连接之间的时间延迟对发挥锚的承载力有积极作用。VLA 在安装后会旋转到其工作模式，这意味着安装过程中土体的扰动区域对锚的承载力影响不大，尽管旋转本身会导致土体扰动。土体扰动后的强度恢复量取决于经过的时间、土体敏感度、锚的几何形状以及锚的埋深和方向。DNV RP-E301 建议，当固定爪形锚在土体敏感度 S_t 为 2~2.5 的土体中工作时，固结系数 U_{con} 在 1.25~1.55 范围内。

2）循环荷载

荷载总是以张力的形式通过锚线传递给锚，即锚会经历单向的拉伸循环，进而导致残余应变的积累（因而发生位移），并最终导致锚失效。但与涉及反向应力的循环荷载（即双向循环荷载）相比，该荷载对抗剪强度的不利影响较为有限（土的循环荷载详细信息见第 4 章）。在实践中，循环荷载潜在的负面影响很可能被锚前土体抗剪强度的增量所补偿抵消，该增量来自于锚泊荷载持续作用引起的土体固结。总而言之，考虑到锚泊系统对锚的（适度）移动敏感性较低，循环荷载的影响不太可能成为锚的一个关键设计因素。

7.5 负压沉箱的设计原理

7.5.1 简介

负压沉箱在悬链式锚泊系统和绷紧式锚泊系统中的应用情况见表 7-3。到目前为止，负压沉箱尚未应用于深水区的 TLP。表中所列举项目许多都是绷紧式、半绷紧式锚泊系统，这些锚泊系统自 2000 年起陆续完成安装，这也说明目前吸力锚的工程经验相对有限。

表7-3 负压沉箱的应用（Andersen et al., 2005）

设施名称	年份	位置	设施	深度/m	序号	宽度/m	长度/m	长径比
Gorm（Shell）	1981	North Sea	FPS	40	12	3.5	8.5	2.4
Nkossa（Elf）	1995	Gulf of Guinea	Barge	200	8	4.0	11.8	3.0
—	—	—	—	—	4	4.5	12.5	2.8
YME（Statoil）	1995	North Sea	Buoy	100	8	5.0	7.0	1.4
Harding（BP）	1995	North Sea	Buoy	110	8	5.0	10.0	2.0
Norne（Statoil）	1996	North Sea	FPSO	375	12	4.9	10.0	2.0
Aquila（Agip）	1997	Adriatic	—	850	8	4.5	16.2	3.6
—	—	—	—	—	—	5.0	—	3.2
Njord（Norsk Hydro）	1997	North Sea	FPS	330	12	5.0	8.0~10	1.4-
—	—	—	—	—	8	5.0	7.0~10	2.0
Marlim P19, 26	1997	Offshore Brazil	FPS	830	32	4.7	13.1	2.8
Schiehallion（BP）	1997	Shetlands	FPSO	400	14	6.5	12.0	1.8
Curlew（Shell）	1997	North Sea	FPSO	90	9	5.0~7.0	9.0~12.0	1.7~1.8
Visund（Norsk Hydro）	1997	North Sea	FPS	345	16	5.0	11.0	2.2
Aasgard A（Statoil）	1998	North Sea	FPSO	350	12	5.0	11.0	2.2
Laminaria（Woodside）	1998	Timor Sea	FPSO	400	9	5.0	12.0	2.4
Siri（Statoil）	1998	North Sea	Loading	60	1	4.3	4.6	1.1
Marlim P18（Petrobras）	1998	Offshore Brazil	Riser	900	2	18.0	16.2	0.9
Marlim P33（Petrobras）	1998	Offshore Brazil	FPSO	790	6	4.7	20.0	4.3
Aasgard B（Statoil）	1999	North Sea	FPS	350	16	5.0	10.0	2.0
Aasgard C（Statoil）	1999	North Sea	FPSO	350	9	5.0	12.0	2.4
Marlim P35（Petrobras）	1999	Offshore Brazil	FPSO	860	6	4.8	17.0	3.5
Troll C（Norsk Hydro）	1999	North Sea	FPS	350	12	5.0	15.0	3.0
Kuito（Chevron）	1999	West Africa	FPSO	400	12	3.5	11.0~14.0	3.1~4.2
Diana（ExxonMobil）	2000	Gulf of Mexico	SPAR	1,500	12	6.5	30.0	4.6
Girassol（TFE）	2001	West Africa	Riser	1,350	3	8.0	20.0	2.5
—	—	—	FPSO	—	16	4.5	17.0	3.8
—	—	—	Buoy	—	6	5.0	18.0	3.6
—	—	—	Buoy	—	3	5.0	16.1	3.2
Horn Mountain（BP）	2002	Gulf of Mexico	SPAR	1,650	9	5.5	27.4~29.0	5.0~5.3
Na Kika（Shell/BP）	2002	Gulf of Mexico	FPS	1,920	16	4.3	23.8	5.5
Wen-chang（CNOOC）	2002	South China Sea	FPSO	120	9	5.5	12.1	2.2
—	—	—	—	—	—		12.8	2.3
Barracuda（Petrobras）	2003	Offshore Brazil	FPSO	825	18	5.0	16.5	3.3

续表

设施名称	年份	位置	设施	深度/m	序号	宽度/m	长度/m	长径比
Caratinga（Petrobras）	2003	Offshore Brazil	FPSO	1,030	18	5.0	16.5	3.3
Bonga（Shell Nigeria）	2003	Offshore Nigeria	FPSO	980	12	5.0	17.5	3.5
—	—	—	—	—	—	5.0	16.0	3.2
Red Hawk（Kerr McGee）	2003	Gulf of Mexico	SPAR	1,600	8	5.5	22.9	4.2
Devils Tower（dominion）	2003	Gulf of Mexico	SPAR	1,700	9	5.8	34.8	6.0
Holstein（BP）	2003	Gulf of Mexico	SPAR	1,280	16	5.5	36.3	6.6
Panyu（CNOOC）	2003	South China Sea	FPSO	105	9	5.0	11.7	2.3
—	—	—	—	—	—	6.0	12.7	2.1
Thunder Horse（BP）	2004	Gulf of Mexico	FPS	1,830	16	5.5	27.5	5.0
—	—	—	Manifold	—	4	6.4	23.8	3.7
—	—	—	PLET	—	4	5.5	26.0	4.7
—	—	—	Injection	—	3	3.4	19.0	5.6
—	—	—	Injection	—	2	3.4	20.0	5.9
Mad Dog（BP）	2004	Gulf of Mexico	SPAR	1,600	11	5.5	11.0	2.0

　　负压沉箱的设计问题可以分为与安装相关的问题和与运行条件相关的问题，主要为承载力问题。这两方面都需要考虑负压桶的结构完整性，尽管这里没有进一步考虑。到目前为止，还没有正式推荐的负压沉箱设计规范或指南。Andersen 等（2005）提出了一份关于负压沉箱设计方法的综合报告，是美国石油协会（API）和 Deepstar 联合发起的一个合作项目的成果，该项目于 2003 年完成，且该报告目前已被纳入 API RP-2SK（2005）。

7.5.2　负压沉箱的安装

1. 预测流程

　　负压沉箱在贯入过程中的安装阻力包括沿轴向的和沿沉箱内所有肋板的内外摩擦力，以及沉箱刃角处和内外侧所有凸起部位（如锚眼或内部肋板）的端阻力。采用传统土力学原理预测该安装阻力，沉箱刃角处的端阻力系数 N_c 一般取 7.5（因为相比圆形基础，刃角部位更接近于深埋的条形基础），轴向摩擦力根据土体的扰动抗剪强度计算。在安装过程中，可以用有效应力法预测轴向摩擦力，当喷漆使沉箱表面光滑时（Colliat and Dendani，2002；Dendani and Colliat，2002）或异常土体条件下（Erbrich and Hefer，2002），此方法尤为适用。

　　第 6 章对浅裙式基础，给出了预测贯入阻力、所需和允许负压以及土塞安全系数的公式。同样的原理也适用于深裙式负压沉箱，但必须考虑内部肋板和外部锚眼对端阻力和摩擦阻力的影响，同时也要考虑流入或流出沉箱的土体。

2. 计算并评估贯入阻力

图 7-34 依据 Andersen 等（2005）详细描述的 6 个实际工程，比较了在两个不同软黏土场地中测得的负压沉箱的安装阻力。

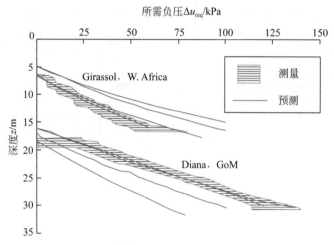

图 7-34　在两个软黏土场地测量和预测（C 类）负压沉箱的贯入阻力（Andersen et al.，2005）

这些预测值由四名具有国际经验的工程师提供，其结果范围表明了当前预测参数的不确定性（即使是 C 类预测）。例如，基于有效应力方法，采用界面摩擦角为 12°对 Diana 工程进行最低预测，界面摩擦角与塑性指数相关（无需直接测量）。水深 20 m 以下 δ 增加至 17°，土的塑性指数降至低于 35%，这两个值可以更好地匹配，并与墨西哥湾的其他数据相一致（Jardine and Saldivar，1999）。在 Diana 工程场地，自重贯入阶段与负压贯入阶段之间存在很长的时间间隔，在此期间土体固结导致了承载力的提高，在进一步贯入之前负压的跳跃增加就说明了这一点。相反，如果没有这种间隔，就只需要很小的负压，就像 Girassol 工程一样。在这个工程中，与 Diana 工程的预测相反，测量数据低于所有工程师的预测。

Andersen 等（2005）确定了实际工程中的两个主要变化区域，来预测负压沉箱的安装性能，而不是估计关键的土体参数。这个过程涉及如何考虑加筋环对土体流动的影响，内加筋板的端阻系数 N_c 的选择，以及该系数受加筋板上方摩擦力传递的影响程度。

3. 土体流动和土塞效应

沉箱贯入会引起内部土塞上升效应，以容纳（部分）沉箱壁和内加筋板的全部体积。在安装沉箱时，使用负压贯入（而不是自重或其他外力）将增加土塞隆起（图 7-35）。关于沉箱贯入挤出的土体流入沉箱内部和外部的比例一直存在争议。自重贯入过程中，习惯上采用 50：50 的比例，但一旦采用负压贯入，土体流入沉箱内部和外部的比例最高可达到 100：0（Andersen and Jostad，2002，2004）。负压安装和压入安装之间的径向应力变化及轴向承载力差异很小（Chen and Randolph，2007）。Newlin（2003）的现场数据表明土塞隆起的测量值小于由全部沉箱钢结构贯入引起的流入沉箱内部土体体积的25%（平均），这些数据可能受到沉箱裙边端部外倒角增厚部分的影响。在实际工程中，流入沉箱的土量很可能受到内部土塞破坏的强烈影响。在负压贯入的初始阶段，土塞破环的安全系数很高，沉箱刃角处的土体流动与自重贯入阶段相似。然而，在最后贯入阶段，土塞接近破坏，由于需要端阻力来保证沉箱稳定性，此时沉箱刃角挤出的大部分土体更可能向内流动。Chen 等（2009）详细考虑了土体流入负压沉箱内部的情况，以及对最终轴向承载力的影响。

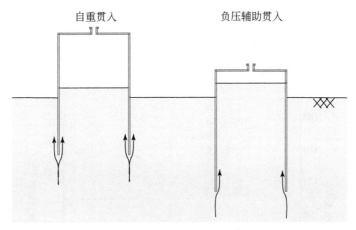

图 7-35　沉箱刃角周围的土体流动

　　流入沉箱的土可能不会完全流动到加筋环周围，但可能会被挤压成一个自承的内部土塞（图 7-36），直到土塞的自重应力引起其崩塌（Erbrich and Hefer，2002）。然而崩塌时（特别是对于间隔紧密的加筋板），积水将阻止沉箱内壁处土体倒塌。在这种情况下，内摩擦阻力可能非常低，靠近沉箱壁的软土与水的混合物提供润滑作用。

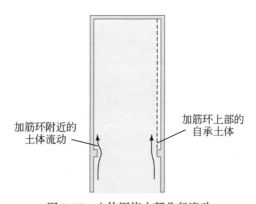

图 7-36　土体围绕内部凸起流动

4. 土塞稳定性

在负压沉箱安装过程中，内部土塞抵抗破坏的阻力包括内摩擦力（与用于预测沉箱的贯入阻力一样）和土塞的端阻力。Andersen 等（2005）提出，由于内摩擦力对贯入阻力和土塞稳定性具有同等贡献，用土体强度材料系数确定一个合适的设计流程，该系数大于单位外部沉箱阻力（代表最危险情况下所需的负压）且低于单位土塞端阻力（同样代表最危险情况的估计）。在负压沉箱安装过程中，业界一致认为，引起土塞破坏的最小材料系数为 1.5。

在指定条件下，可以绘制出负压及土塞稳定比与沉箱贯入深度的关系曲线（图 7-37）。土塞稳定比是指引起土塞破坏（沉箱贯入至任意深度）的压力与使沉箱贯入到该深度所需的压力之比。该比值受沉箱重量、土体非均质比 s_{um}/kD、内外摩擦系数 α_e 和 α_i 以及土体有效重度与强度梯度比值 γ'/k 的影响。对于正常固结土，其不排水抗剪强度为 $s_u = kz$，极限长径比可近似为

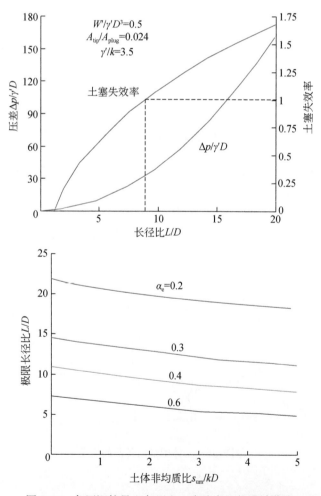

图 7-37　负压沉箱贯入负压和土塞稳定比的设计曲线

$$\left(\frac{L}{D}\right)_{\text{limit}} \approx \frac{1}{4\alpha_e}\left[N_c + \left(N_c{}^2 + \frac{32W\alpha_e}{\pi kD^3}\right)^{\frac{1}{2}}\right] \tag{7-27}$$

对于深水条件下典型的正常固结黏土，当负压沉箱的长径比 L/D 高达 8 左右时，土塞破坏不再作为设计问题考虑。

7.5.3　负压沉箱承载力

在负压沉箱设计中采用了多种基于极限平衡理论的预测方法，并且有时辅助以数值分析，例如有限元法。

1. 竖向承载力

负压沉箱的竖向抗拔承载力包含三部分：

（1）沉箱重量；

（2）沉箱筒壁摩擦力（特别是外壁，假设沉箱有密封顶盖）；

（3）向上或反向端部承载力（假设负压沉箱有密封顶盖，在上拔过程中会形成负压）。

沉箱的重量是三者中唯一具有确定值的部分。而摩擦阻力的计算并不像传统桩的设计那样简单，例如，锚链荷载的循环特性可能导致土体强度的降低。此外，安装时间（即安装过程中扰动土的抗剪强度随时间推移得到恢复）也具有不确定性，沉箱自重贯入阶段和负压贯入阶段所需时间不同。然而，Jeanjean（2006）的数据表明，墨西哥湾 90% 的负压沉箱所需安装时间在 30~90 天范围内。

在顶盖密封的情况下，反向端部承载力依赖于负压。反向端部承载力是沉箱深径比的函数，通常认为其值比在受压情况下的端阻力低。离心机试验（Clukey and Morrison，1993）表明，纯竖向受拉情况下的反向端阻力大约为受压情况下理论端阻力的 80%；但其他模型试验表明上拔和下压情况下的反向端部承载力值相近。当桩基础的深径比大于 2.5 时，通常取承载力系数 $N_c = 9$；而 Clukey 和 Morrison（1993）则建议负压沉箱的承载力系数取值低于 7。相比之下 Jeanjean 等（2006）指出在大位移条件下 N_c 取值 12，而当外壁摩擦力达到峰值时 N_c 约为 9。如果可以调节负压，则竖向抗拔力 V_{ult} 由筒裙外壁摩擦力和反向端部承载力组成，因此 $N_c = 9$ 较为合适。

如果筒顶板未密封，或施加持续载荷，则反向端部承载力要么不存在，要么会降低。在极端情况下，竖向抗拔力 V_{ult} 由外壁摩擦力、外加内壁摩擦力和筒内部土塞重量之间的较小值，以及沉箱浮重组成。图 7-38 描绘了密封和开口条件下的抗拔力类型。

竖向抗拔力等于下列公式之一：

1）有负压

（a）沉箱重力+外壁摩擦力+反向端部承载力：

$$V_{\text{ult}} = W' + A_{se}\alpha_e \overline{s}_{u(t)} + N_c s_u A_e \tag{7-28}$$

沉箱外部刃角处以上土层的上覆土压力与筒内土塞产生的土压力大小相等、方向相反，因

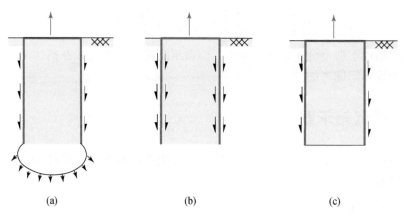

图 7-38   竖向抗拔力的失效类型

（a）反向端承力，即有负压而（b）（c）没有负压；（b）沉箱独立拉拔；（c）沉箱加土塞拉拔

此它们的作用相互抵消。

2）无负压

（b）沉箱重力+外壁摩擦力+内壁摩擦力：

$$V_{\text{ult}} = W' + A_{\text{se}}\alpha_o \overline{s}_{u(t)} + A_{\text{si}}\alpha_i \overline{s}_{u(t)} \tag{7-29}$$

或

（c）沉箱重力+外壁摩擦力+土塞重量：

$$V_{\text{ult}} = W' + A_{\text{se}}\alpha_e \overline{s}_{u(t)} + W'_{\text{plug}} \tag{7-30}$$

式中，A_{se} 为外壁表面积；A_{si} 为内壁表面积；A_e 为外壁横截面积；α_e 为外壁摩擦系数；α_i 为内壁摩擦系数；N_c 为反向端部承载力系数（约为 9）；s_u 为刃角处土体不排水抗剪强度；$\overline{s}_{u(t)}$ 为开始安装 t 时间段后整个贯入深度内土体的平均不排水抗剪强度；W'_{plug} 为土塞的有效重力；W' 为沉箱浮重力。

与负压贯入阶段相比，在计算重力贯入阶段的外壁摩擦力时采用较大的摩擦系数 α 是否合适这一问题在海洋岩土界一直存在争议。然而，近期研究表明，在压入阶段和负压贯入阶段 α 的差异可以忽略不计（Chen and Randolph，2007；Chen et al.，2009）。当贯入区扰动土体完全固结后，负压沉箱的 α 值通常比美国石油协会（API）给定的桩在正常固结黏土中的 α 推荐值低 15% ~ 20%。这可能与负压沉箱的高径比部分相关，导致其外部超静孔压（因为进入土体的钢量减少）和最终有效应力低于打入管桩的工况。还应该注意的是，双壁沉箱模型试验指出内壁摩擦系数比外壁摩擦系数小（Jeanjean et al.，2006）。

3）循环和持续荷载对抗拔能力的影响

循环荷载与振动荷载水平分量的组合效应使负压沉箱的抗拔承载力降低。图 7-39 展示了离心机试验中负压沉箱在拟静态竖向拉荷载作用下的疲劳强度（Clukey et al.，1995），试验结果与室内单元试验的数据趋势一致但强度偏高。在加载方向与法向相差至多为 6° 的试验中观察到，循环加载 100 次时承载力减少了约 50%。其他关于纯竖向荷载工况的研究数据显示循环荷载作用下承载力基本上没有降低，最高可达单调荷载的 75% ~ 80%。

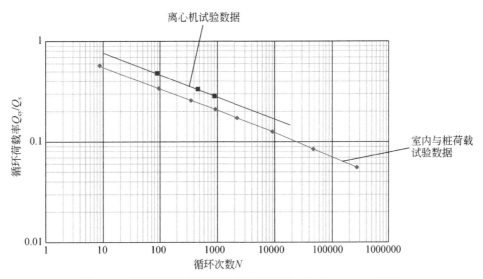

图 7-39 负压沉箱上拔过程中的循环荷载（Clukey et al., 1995）

Clukey 等（2004）研究了（密封顶盖）沉箱承受持续荷载（如墨西哥湾环流）的能力，将数据与物理和数值模型数据进行对比，结果表明在整个设计周期（小于八周）并没有发生明显的承载力降低；但持续一年或一年以上的循环荷载使其承载力降低至单调荷载的 75% ~ 80%（Chen and Randolph，2007）。

2. 水平承载力

早期的负压沉箱主要用于悬链线式锚泊系统，这种悬链线式锚泊系统所施加的链式荷载在海床面处近似水平，直至沉箱下深度为 z_a 的锚眼处增大为 $10° ~ 20°$。可以通过适当调节锚眼的位置使负压沉箱的水平承载力最大化，从而使沉箱在失稳时发生平移而不是旋转。本质上，这是由荷载 z^* 的作用线与中心线的交点决定的，如图 7-40 所示。对于正常或轻微超固结黏土来说，其强度梯度变化较为明显，z^*/L 的最优深度约为 $0.65 ~ 0.7$，并随荷载角度的变化而略有下降（Andersen et al.，2005）。Andersen 和 Jostad（1999）指出应将锚眼设置在最优深度之下，以此确保沉箱失稳时向后旋转，从而降低了在沉箱后缘与土脱开分离（即降低承载力）的可能性。

海底负压沉箱的破坏模式与侧向受压桩类似（Murff and Hamilton，1993）。该破坏模式表现为从深度 z_0 处的沉箱边缘向上延伸的锥形楔体，在海床处达到最大半径 R（图 7-41（a））。楔形体内的径向速度可由下式表示：

$$v_r = v_0 \left(\frac{r_0}{r} \right)^{\mu} \left(\frac{h-z}{h-z^*} \right) \cos\psi \tag{7-31}$$

式中，v_0 为深度 $z = z^*$ 处的水平速度；h 为旋转中心的深度；ψ 为平面图中的圆周角。

假定在锥形楔体的下方表现为约束流动机制，其净阻力由侧向受力桩的塑性解给出（Randolph and Houlsby，1984；Martin and Randolph，2006）。如图 7-41（b）所示，当荷

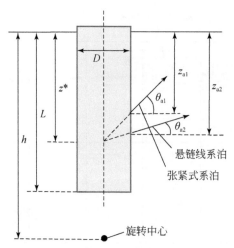

图 7-40　给定旋转中心，锚眼深度随加载角度的变化情况（Randolph and House，2002）

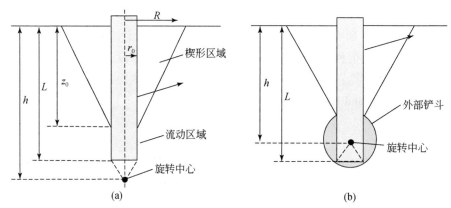

图 7-41　负压沉箱土体破坏机理（Randolph and House，2002）

（a）锥形楔体与约束流动；（b）底部外侧旋转勺形

载施加在沉箱最优深度以上时，旋转中心落在沉箱内部，则可以用一个底部外侧勺形旋转代替约束流动理论。图 7-42 给出了在最优加载（无旋转）和海床处自由旋转水平加载两种极端情况下，正常固结土和均质土中负压沉箱承载力随长径比的变化曲线。正常固结土（即抗剪强度随深度线性变化）允许自由旋转的承载力仅为最大承载力的 25%。

　　图 7-43 给出了在不同长径比情况下，保持荷载夹角恒定为 30°，正常固结土水平承载力随负压沉箱锚眼深度的变化曲线。锚链连接点（或锚眼）的最佳埋深 z_a 通常位于锚自身埋入深度的 60%～70% 处，从而保证负压沉箱水平移动，而不是向前或向后旋转。当链式荷载与水平方向成一定夹角时，需要考虑的关键问题是荷载的合力穿过沉箱中轴线的深度。该深度的最佳值应相当于沉箱埋设深度的 70% 左右，使其尽量避免在沉箱破坏时发生旋转（从而提供了最大水平承载力）。

　　一般认为，在正常固结黏土中沉箱后部不会出现裂缝，因此，在破坏过程中会形成主

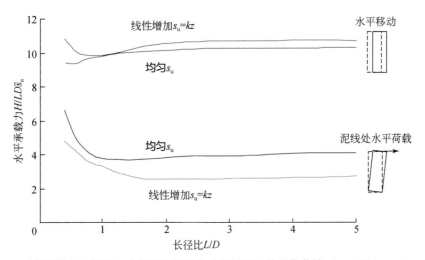

图 7-42　正常固结土和均质土中负压沉箱承载力随长径比的变化曲线（Randolph et al., 1998b）

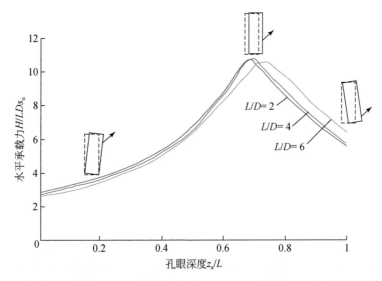

图 7-43　不同长径比情况下，保持荷载夹角恒为 30°，正常固结土水平承载力随负压沉箱
锚眼深度的变化曲线（Supachawarote et al., 2004）

动楔体和被动楔体。对于纯位移（即沉箱没有旋转）形式的破坏，锚眼必须设置在最佳深度处。这种情况下，最大水平承载力为

$$H_{max} \approx LD_e N_p \bar{s}_u \tag{7-32}$$

式中，L 为沉箱埋深；D_e 为沉箱外径；N_p 为水平承载力系数——随深径比 L/D 略有变化（见图 7-42）；$\bar{s}_u$ 为埋深范围内土体平均不排水抗剪强度。

3. 倾斜荷载

对于具有竖向和水平荷载组合的一般加载条件，存在正交荷载会降低纯竖向和纯水平向的承载力。由于沉箱会同时发生侧向移位或旋转，沉箱底部的相互作用会导致竖向端部反向承载力降低。因此可以通过在（V，H）荷载空间中建立破坏包络面来模拟竖向和水平荷载之间的相互作用（如第 6 章浅基础中介绍的）。

图 7-44 显示了在最佳深度施加倾斜载荷时，直径为 5 m、长径比为 $L/D=5$ 的负压沉箱破坏包络面；正常固结土的 $s_{uss}=1.25z$ kPa，$\gamma'=6$ kN/m³，界面摩擦力为 αs_{uss}，其中 $\alpha=0.65$。图中的线表示三维有限元分析，每个点都在有限元分析之前使用简化方法进行了预测，如 HVMCap（Norwegian Geotechhical Insititute，2000）、AGSPANC（AG，2001）以及 Murff 和 Hamilton（1993）的侧向阻力剖面理论。破坏包络面明显位于由单轴竖向和水平承载力限定的矩形边界内。

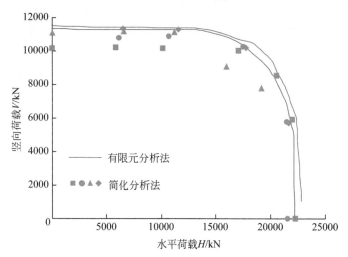

图 7-44　在最佳深度施加倾斜载荷时，直径为 5 m、$L/D=5$ 的负压沉箱的
破坏包络面（Andersen et al.，2005）

加载角度为 30°时，承载力与加载深度的关系如图 7-45 所示。在实际工程中，锚链以一定的深度固定在沉箱的一个锚眼上，但加载角度会在不同的设计情况下发生变化，导致施加荷载的中心线截距发生变化。如图 7-45 所示，虽然中心线深度为 0.7 L 时达到最佳承载力，但当加载深度变化±0.15 L 时，承载力显著下降 20%。更进一步的观点是，张紧式或半张紧式锚泊系统施加的典型加载角在 $V>0.58H$ 条件下一般超过 30°，沉箱承载力本质上取决于沉箱的竖向承载力。

负压沉箱破坏包络面的形状可以用椭圆公式进行表达：

$$\left(\frac{H}{H_{ult}}\right)^a+\left(\frac{V}{V_{ult}}\right)^b=1 \tag{7-33}$$

式中，H_{ult} 和 V_{ult} 分别为单轴水平承载力和单轴竖向承载力，指数 a 和 b 随沉箱长径比 L/D 的变化而变化（Supachawarote et al.，2004）：

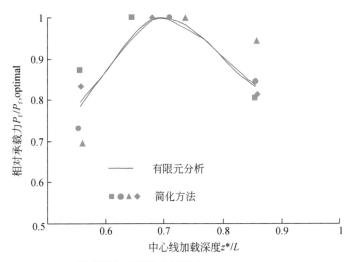

图 7-45 锚眼深度对承载力的影响 (Andersen et al., 2005)

$$a = \frac{L}{D} + 0.5$$

$$b = \frac{L}{3D} + 4.5$$

(7-34)

指数 b 较高意味着竖向承载力受水平荷载的影响较小,反之亦然。

　　负压沉箱在倾斜荷载下的承载能力取决于沉箱尾缘是否出现结构与土脱开现象。在超固结土中会产生持续的基础与土脱离现象,但该现象并不会在正常固结土中形成。图 7-46 在轻度超固结土、长径比 $L/D = 3$ 或 5、强度梯度 $s_u = 10 + 1.5 z$ kPa、$\gamma' = 7.2$ kN/m³、$K_0 = 0.65$ 条件下 (Supachawarote et al., 2005),对直径 5 m 的负压沉箱有无裂缝的情况进行三维有限元分析。将有限元结果与使用 AGSPANC 得到的结果进行比较,AGSPANC 法用双侧

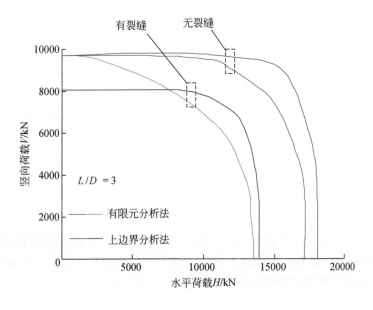

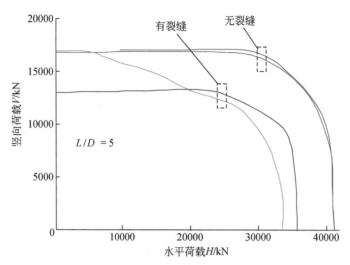

图 7-46　在轻度超固结土条件下有无裂缝的负压沉箱破坏包络线对比（Supachawarote et al.，2005）

破坏机制代表未破裂，用单侧破坏机制代表破裂。有限元得到的纯水平承载力偏低了 20% ~ 22%，$L/D = 3$ 和 $L/D = 5$ 的加载角分别保持在 45°和 30°左右。虽然竖向承载力不会因为缝隙的形成而降低，但在任何实际情况下，加载方向的范围都会偏离垂直方向几度。因此在设计中应谨慎地考虑该工况的存在，对任何加载角度，形成缝隙时，承载力将减少约 20%。比较图 7-45 和图 7-46，由于将锚眼埋在最佳深度以下，以迫使沉箱反向旋转，从而将潜在缝隙降到最小，导致承载力的降低在数值上与由于裂缝本身引起的承载力损失相似。

7.6　近年来不同类型锚设计的注意事项

7.6.1　负压贯入平板锚（SEPLA）

在安装和回收阶段，SEPLA 的设计可以依赖传统负压沉箱的设计原理，同时可采用与 VLA 相同的原则来预测平板锚的承载力。SEPLA 设计面临的关键挑战是预测由于嵌入过程引起平板锚埋深的降低，从而引起承载力的相应降低，以及在回收沉箱和旋转平板锚过程中扰动土所带来的影响。扰动土的强度降低可能会在固结阶段得到部分恢复，而嵌入过程造成的锚的埋深损失对其稳定性至关重要，尤其是在强度梯度较高的情况下。旋转引起的相关问题也与 VLA 相关，不过 SEPLA 的情况更为严重，因为负压贯入平板锚的初始方向是垂直的，而 VLA 的方向是近似水平的。

锚埋深的损失，以及超过所预测值的不确定性对于一般性随深度线性变化的软黏土尤为显著，因为埋深的减少会与承载力损失成正比。例如，在安装深度为板宽 B 的 5 倍时，$0.5B$ 的埋深损失会引起 10% 的承载力损失，对于 $2.5B$ 的埋深损失，承载力的损失会增加到 50%。在旋转过程中引起的竖向位移也导致平板锚承载力下降的可能性变高。

　　图 7-47 展示了平面应变条件下平板锚在两个锚眼上施加竖向偏心荷载的旋转位移路径，与通过有机玻璃观察到的离心机试验一致。图 7-48 显示了贯入过程中，不同锚眼偏心率条件下同一组离心机试验观察到的埋深损失。表明埋深损失随着贯入荷载偏心率的增加而减少，但在偏心率 $e/B > 1$ 时，该效应迅速衰减。在贯入过程中，由于锚链在锚眼处的倾斜度降低，埋深损失也会减少，如图 7-49 所示。在原位试验和离心机试验中，由旋转造成的埋深降低会在 $0.5 \sim 2.5\ B$ 范围内，埋深损失具有相当大的不确定性（Wilde et al., 2001；Foray et al., 2005；O'Loughlin et al., 2006；Gaudin et al., 2006）。

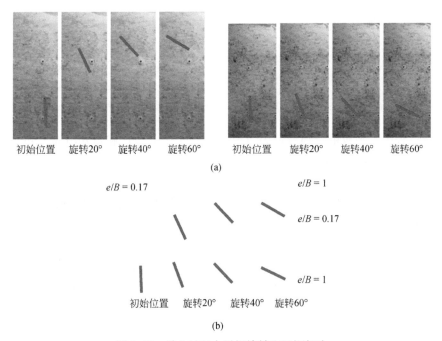

图 7-47　贯入过程中平板旋转和埋深损失

（a）试验过程中拍摄的数字图像（O'Loughlin et al., 2006）；（b）锚轨迹示意图

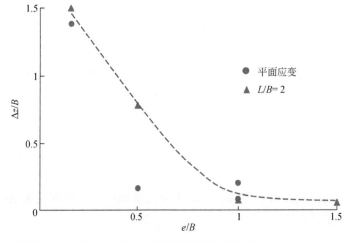

图 7-48　锚眼偏心率对贯入过程中平板锚埋深损失的影响（O'Loughlin et al., 2006）

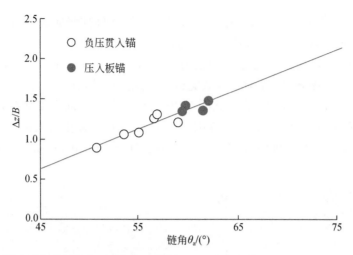

图 7-49　锚链在锚眼处的倾角对平板锚在旋转过程中埋深损失的影响（Gaudin et al., 2006）

在旋转过程中，平板锚受到剪切力（F_s）、法向力（F_n）和弯矩（M）的共同作用。基于塑性理论的破坏包络面法适用于复合加载问题，例如拖锚的安装（第 7.4.3 节）。图 7-50 展示了在旋转过程中平板锚在垂直荷载作用下，具有低偏心率和高偏心率时的典型荷载路径。考虑高偏心率荷载的贯入过程，平板锚在相对较低的拉拔荷载下承受很高弯矩并开始转动。由于最初平板锚和锚链是垂直的，法向力 F_n 将从零开始变化。对于高偏心率，破坏包络面上的起点承受相对较低的 F_s 和较高的 M。当平板持续旋转，有效偏心率和力矩 M 将减小。平板的旋转导致垂直于板的 F_n 增加、平行于板的 F_s 减小。对于在低偏心率下施加垂直荷载，需要较大的上拔荷载产生足够的弯矩来引发平板旋转，这导致荷载路径从高 F_s 和低 M 开始。在旋转期间，旋转缓慢增加导致弯矩 M 减小。同时，随着平板锚受到的主导力逐渐从剪切力向法向力转变，与平板平行的 F_s 将减小，与板垂直的 F_n 将增加。假设以法向为基准，则可以从法向到与荷载路径交点的破坏包络面处确定贯入过程平板锚的轨迹。

旋转过程中导致的埋深损失受诸多因素影响，如平板锚的几何形状、重量、加载倾角和加载偏心率（即锚眼与锚板的垂直距离）。大变形有限元分析方法是一种有效的工具，可以进行大量参数研究，以此来确定设计原则。在最近的一项研究中（Wang et al., 2010）利用三维大变形有限元分析方法，结合通用有限元软件 ABAQUS 研究了矩形锚的旋转过程的响应。矩形锚垂直安装在正常固结土中，然后通过一个（名义上的）锚链进行加载而被迫旋转。通过该项研究，确定了一种"锚链-土"相互作用的理论解，合理地模拟了在锚眼处的加载角变化。通过与现有试验数据的比较，验证了矩形锚旋转过程中埋深损失和抗拔力的数值结果。然后进行了一系列的数值分析，以评估影响嵌入损失的因素，包括平板锚几何形状、土体性质和受拉角度。

可利用量纲分析法确定影响埋深损失的主要无量纲参数。埋深损失 $\Delta z_u / L$ 是某些无量纲参数的函数，如下式：

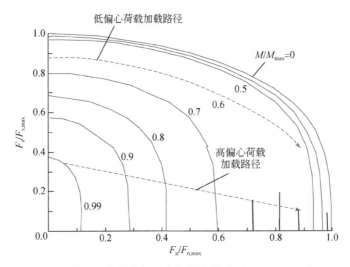

图 7-50　平板锚旋转过程中的复合加载路径（O'Loughlin et al., 2006）

$$\frac{\Delta z_u}{L} = f\left(\frac{e}{I}, \frac{B}{L}, \frac{t}{L}, \frac{kL}{s_{u0}}, \frac{\gamma'_a t}{s_{u0}}\right) \qquad (7\text{-}35)$$

式中，s_{u0} 为平板锚初始埋深处的土体强度；k 为土体抗剪强度梯度（假定以线性强度分布）；t 为锚板厚度；γ'_a 为锚在土体中的有效容重。式中最后一项对埋深损失有影响，它反应了锚的重量越大，作用于平板锚体净竖向力为零时所引起的弯矩就越大，其中，施加力的垂直分量等于平衡锚的重量。实际上，这导致荷载路径从较高的弯矩开始（如图 7-50 所示的高偏心路径），会减少给定旋转量的埋深损失。

当土体抗剪强度很高时，锚重的影响十分小（因为用来平衡竖向力所施加的弯矩远小于其抗弯刚度）。因此，埋深损失的最大值可表示为

$$\frac{\Delta z_{max}}{L} \approx a\left(\left(\frac{e}{L}\right)\left(\frac{t}{L}\right)^p\right)^q \qquad (7\text{-}36)$$

式中，三个系数可取 $a = 0.144$，$p = 0.2$，$q = -1.15$。

研究还发现，最终极限埋深可用无量纲因子组合 $s_{u0}/\gamma'_a\sqrt{te}$ 表示：

$$\frac{\Delta z_u}{L} = \frac{\Delta z_{max}}{L}\tanh\left(b\left(\frac{s_{u0}}{\gamma'_a\sqrt{te}}\right)^r\right) \qquad (7\text{-}37)$$

最佳拟合系数 $b = 5$，$r = 0.85$（图 7-51）。

该研究最后探索了不同泥面加载角度 θ_m 对旋转过程的影响。采用典型的锚链特性，垂直锚链以恒定的泥面角逐渐埋入到正常固结土中。结果表明，在 θ_m 从 0° 增加到 90° 的过程中，最终埋深损失随泥面角增大按比例增加。因此，对于典型的 40° 泥面加载角，埋深损失仅为垂直泥面加载角的 45% 左右。

7.6.2　动力贯入锚

动力贯入锚（DPA）高速贯入过程中的贯入阻力，是预测其贯入深度以及承载力的关

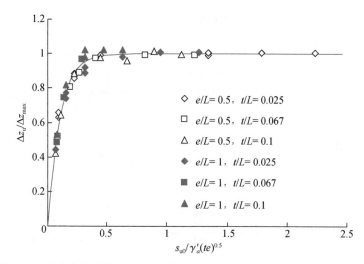

图 7-51　垂直拔出时锚重对方锚最终埋深损失的影响（Wang et al.，2010）

键因素。在浅表层，贯入阻力以流体阻力为主，随贯入深度增加，贯入阻力主要为黏滞剪切阻力。在正常固结软黏土中，对不同翼边结构的 DPA 进行离心机试验，得出了贯入速度、贯入深度与承载力之间的关系（O'Loughlin et al.，2004）。

图 7-52（a）是离心机试验测得的贯入速度与埋深及理论预测值的关系，试验中，用缩尺模型锚来反应直径 1.2 m、长 15 m、自重 100 t 的原型锚的性能。结果表明，在获得最小极限速度的情况下，埋深随贯入速度线性增加，最终埋深在 1.5 ~ 3 倍锚长范围内。埋深随表面积的减小（即较少的翼边）而增加，这是因为表面积越大，贯入过程中产生的摩擦阻力就越大。通过对钝头、尖头以及无翼锚的对比研究，发现锚头的几何形状也会影响埋深。

埋深的预测值基于一种流体阻力（在浅表层贯入中占主导地位）和黏滞剪切阻力相结合的方法。根据力平衡方程推导出锚加速度，用阻力项（True，1976）合理地表示土体阻力与贯入速度之间地关系：

$$m \frac{\mathrm{d}^2 z}{\mathrm{d}t} = W' - R_f (N_c s_{u,tip} A_{tip} + \alpha s_{u,side} A_{side}) - 0.5 C_d \rho_s A_{tip} v^2 \tag{7-38}$$

式中，W' 为有效锚重；R_f 为速率或速度相关项；C_d 为阻力系数，估计值为 0.24；ρ_s 为土体密度。

速率相关项 R_f 可以用对数函数或幂律函数表示，如：

$$R_f = \left(1 + \lambda \log \frac{v/D}{\dot{\gamma}_{ref}}\right) \text{或} R_f = \left(\frac{v/D}{\dot{\gamma}_{ref}}\right)^\beta \tag{7-39}$$

其中，λ 和 β 是常数，γ_{ref} 是参考剪切应变速率。λ 在高应变速率下的取值范围为 0.2 ~ 0.3，v/D 对应的 β 值为 0.06 ~ 0.09（O'Loughlin et al.，2009）。

图 7-52（b）是离心机试验中，以 45° 角拔出动力锚时其承载力的垂直分量，以及根据承载力基本原理和一些现场实测数据预测的抗拔承载力。研究发现离心机试验中测得的承载力高于现场测量值（O'Loughlin et al.，2004），这可能是因为与现场试验锚相比，模型锚模拟的原型锚具有更大的质量。锚杆和锚爪的承载力系数分别取 9 和 7.5，摩擦系数

取 $\alpha = 0.8$，可由下式预测垂直承载力：

$$F_V = W' + F_f + F_b \tag{7-40}$$

式中，W' 为埋入锚重；F_f 为沿锚杆和锚爪面分布的摩擦阻力；F_b 为沿锚杆以及每个锚爪的顶部和端部分布的端阻力。

承载力的理论预测与实测值吻合（图 7-52（b）），表明基于端阻力和摩擦阻力的简单承载力计算是合理的。

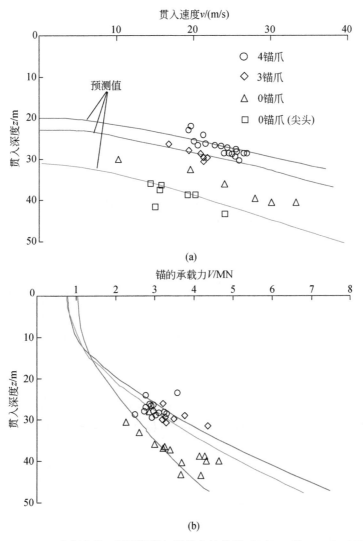

图 7-52　DPA 冲击速度、埋置深度与承载力的关系（O'Loughlin et al., 2004）

安装 DPA 过程中会对其周围土体产生较大的扰动，形成扰动土体。由于固结导致土体抗剪强度逐渐恢复，且超静孔压消散导致有效应力增加，湿锚或安装过程将导致承载力随时间增加。图 7-53 是离心机试验结果：随着时间的推移，锚的承载力逐渐提高，最终达到极限承载力（Richardson et al., 2009）。动力锚安装试验和从土体表面开始释放的

"等效"准静态锚安装试验结果被进行了比较。控制锚的质量，使较重的锚从土体表面释放（准静态安装）与较轻的锚从距土体一定高度处释放（动态安装）达到相同的埋置深度。这样，可以客观地比较动态安装和静态安装对动力锚承载力的影响。所有测试结果显示，锚以这两种方式安装后，土体固结程度随时间的变化过程具有相似性，但对于动力贯入锚，土体固结的速度略快一些。

图 7-53 是基于桩安装后土体固结分析（Randolph and Wroth, 1979）基础上，从径向固结的孔扩张解出发，对锚承载力提高进行的预测。该方法假定初始孔隙压力分布是土体刚度指数 I_r 的函数，I_r 的经验值在 50~500 范围内（Randolph and Wroth, 1979）。

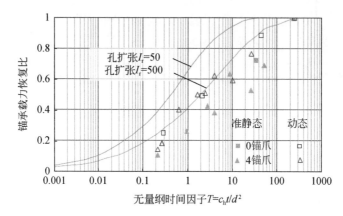

图 7-53　浸水对 DPA 承载力的影响（Richardson et al., 2009）

图 7-53 是 I_r 为 50 和 500 时，通过孔扩张解预测的土体固结程度。对于动力贯入锚，$I_r = 500$ 时，上界值的理论解可准确地反映承载力随时间变化的规律。不足的是，孔扩张解预测的固结时间比准静态试验中的固结时间短。尽管如此，解析解与试验数据（特别是动力贯入试验数据）之间的一致性表明，能决定 DPA 安装后土体固结时间的孔扩张技术适用于预测安装后的承载力恢复。根据图 7-53 所示的固结数据，对于径向固结系数 $c_h = 3~30$ m²/a，轴直径为 1.2 m 的原型动力锚，t_{50}（固结程度 50% 所需的时间）的范围约为 35~350d。同样，固结程度达到 90% 所需的时间 t_{90} 大约为 2.4~24a。

第8章 可移动自升式平台

8.1 简 介

8.1.1 自升式平台与桩靴基础

浅水至中等水深的钻井作业大多采用可移动的自升式平台，自升式平台也用于检修固定式平台，并越来越多地用作生产辅助平台。

典型的自升式平台为三根独立桁架桩腿支撑的三角形船体，甲板和设备的重量在船体大致均匀分布（图8-1）。借助齿条和齿轮系统，穿过甲板的桩腿可升降。

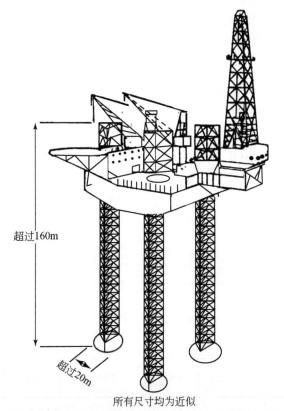

超过160m

超过20m

所有尺寸均为近似

图 8-1 当前典型的自升式平台（Cassidy et al., 2009；Reardon, 1986）

独立桩腿结构自升式平台的基础近似于一个大型的倒锥体，通常被称为"桩靴"。桩靴在水平面上的投影大致是圆形，底面一般为浅锥形（与水平面的夹角为 15°~30°）并配有一个突出的尖锐锥尖；如今的大型自升式平台，桩靴基础的直径可超过 20 m，形状取决于厂商和平台的型号。图 8-2 展示了一些典型桩靴形状的侧视和平面图。

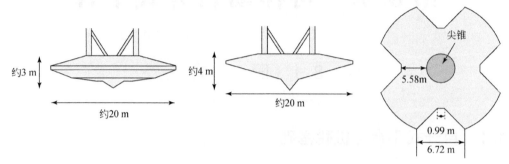

图 8-2　桩靴侧视形状和平面图示例

此外，部分自升式平台采用的是防沉板基础，防沉板将所有的桩腿连接为一个整体，其大小与自升式平台船体大致相当。这类自升式平台适用于极软海底土，因为在此条件下需优先考虑增加地基的承载面积。

自升式平台的尺寸因水深变化而有所不同，其中较大的自升式平台的桩腿长度在 100~170 m 范围内，船体长度在 50~70 m 范围内；现役自升式平台尺寸见表 8-1。

表 8-1　典型自升式平台尺寸（Bienen，2007）

平台型号	船体长度 /m	船体宽度 /m	船体高度 /m	前桩腿到后桩腿间距（桩靴中心与中心线距离）/m	后桩腿间距（中心）距离/m	桩腿长度 /m	桩靴直径 D/m
ENSCO (57，86，94)[1]	54.9~63.2	53.0~53.6	6.1~7.6	36.6~37.8	35.1~37.1	109.7~113.7	12.2~15.2
F&G (Alpha 350，JU-2000，Universal M class)[2]	67.1~70.4	71.8~76.2	8.2~9.5	39.6~47.2	43.3~54.6	140.5~166.9	17.0~18.3
GSF (High IslandI，Main Pass I，Rig 103，Rig127)[3]	54.9~63.1	51.2~53.6	6.1~7.6	—	—	106.7~126.8	12~14.0
Noble (Carl Norberg，Charles Copeland，Dick Favor，Ed，Noble，George McLeod)[4]	53.0~63.1	49.4~53.6	5.5~7.6	—	—	76.3~127.1	11.5~14.0
与桩靴直径的平均比值	4.51D	4.18D	0.52D	2.61D	2.71D	8.74D	1.00D

[1]http：//www.enscous.com/；[2]http：//www.fng.com/；[3]http：//www.globalsantafe.com/；[4]http：//www.noblecorp.com/。

1. 安装方法

自升式平台具备自行安装的能力，因而对海洋井场的开发和运营展现出良好的适应性和成本效益，在海洋油气行业中发挥着至关重要的作用。自升式平台在拖航时桩腿抬升出水面，依靠船体浮运（图 8-3（a））；到达指定作业位置后，首先将桩腿下沉至海床，然后持续下放桩腿直至承载力能够使船体平台抬离水面（图 8-3（b））；随后将海水泵入船体上的压载舱，对桩靴基础进行预压，预压的目的是让基础提前承受比其作业期间更高的竖向荷载，相当于预先对基础进行"安全测试"。通常情况下总预压荷载（即自升式平台自重加海水的重量）是平台自重的 1.3~2 倍。在平台正式作业前压载舱会被清空（图 8-3（c））。

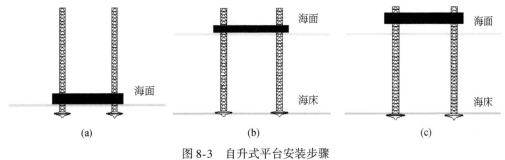

图 8-3　自升式平台安装步骤
（a）漂浮；（b）安装和预加载；（c）作业

2. 自升式平台发展历程

关于自升式平台的最早记载源于 Samuel Lewis 在 1869 年撰写的美国专利申请书（Veldman and Lagers，1997），但一直到 85 年之后的 1954 年，Delong McDermott 1 号平台才首次利用自升式原理进行海上钻探。该平台改造自可移动的、有多根管状桩腿、桩腿可在码头开孔处上下移动的 Delong 型码头。

仅仅两年后，前土石方运输装备承包商 R. G. LeTourneau 将自升式平台的桩腿数减少到 3 根，并创新性地引入一个电动齿条和齿轮顶升系统，从而彻底改变了自升式平台的设计。这两项突破性的改进如今广泛应用于自升式平台。Zepata 公司的"Scorpion"平台是 Marathon LeTourneau 公司运营的诸多自升式平台中的第一座，应用于墨西哥湾 25 m 水深的海域。

自升式平台自投入应用以来，使用范围持续扩大，进入了更深水域和更恶劣环境。这一发展趋势仍在继续，部分大型自升式平台的应用水深达到约 120 m。2009 年全球共有 485 座在役的自升式平台（Breuer and Rousseau，2009）。同时，自升式平台也常被用作生产单元，可在一个位置长时间作业（Bennett and Sharples，1987；Scot Kobus et al.，1989），生产案例包括西澳大利亚 Carnarvon 盆地的 Legendre 油田和丹麦的 Siri 油田。

8.1.2 自升式平台特有的设计内容

1. 特定场地评估

自升式平台在指定场地作业前，必须根据每个场地的条件提前评估平台运营；这种重复评估是自升式平台与传统固定式平台以及大多数陆地工程的主要区别。

对于新场地，需对三个不同的阶段进行评估：①自升式平台的安装；②作业过程中风暴荷载作用下的承载能力；③自升式平台的上拔移位。为使自升式平台的评估流程标准化，并提供相应设计指南，海洋工程界编写了 *Guidelines for the Site Specific Assessment of Mobile Jack-Up Units*（SNAME，2002），国际标准化组织（ISO）也于近期开始起草评估标准。尽管已有上述指南，自升式平台的可靠性仍被认为低于固定式海上平台，且多起事故都归因于地基基础的"失稳"。Hunt 和 Marsh（2004）提供了 1955 年以来的事故统计数据，Morandi（2007）和 Morandi 等（2009）补充了近期由墨西哥湾飓风 Katrina、Rita 和 Ike 造成的自升式平台损失的详细情况。

2. 岩土工程设计

表 8-2 列出了岩土工程师对自升式平台的安装、作业和移位阶段进行场地评估时需考虑的主要事项，其中多项内容是自升式平台和桩靴基础所特有的。循环和动力响应引起的强烈非线性和设计模型中输入参数的高度不确定性等因素，进一步造成自升式平台设计与传统陆上工程的不同。

表 8-2　自升式平台场地评估中的岩土工程设计内容

安装阶段	作业阶段	上拔阶段
坐底灾害	保证复合加载作用下基础安全的预压荷载大小的确定	深埋于软土中的桩靴基础的上拔回收（例如可能需要喷射注浆）
桩靴贯入的预测（以及波浪与船体底部之间的空隙高度预测）	平台在风暴荷载作用下的基础位移和承载力预测（桩靴基础刚度和阻尼的动态分析；波浪-结构-土体相互作用的整体分析）	—
"穿刺"破坏或桩腿快速贯入风险，桩靴不受控制地将硬土层压入下卧软土层（例如砂-黏土地层和硬-软黏土地层；由于预压延期可能发生的土体固结）	桩靴破坏模式预测：桩腿滑移或承载力不足	—
降低穿刺风险的措施，如"钻孔法"	环境风浪荷载对桩靴造成的往复循环荷载	—
多层土中的贯入	桩靴周围土体的冲刷	—
桩腿贯入深度差异	—	—

续表

安装阶段	作业阶段	上拔阶段
由于旧桩坑或海床不平造成的作用在桩靴和桩腿上的偏心载荷	—	—
坚硬海床造成的冲击荷载	—	—
桩靴贯入对周边设施（管线、固定式平台桩基础）的影响	—	—

在安装阶段，桩靴贯入分析的关键是桩靴最终贯入深度与平台在贯入过程中的稳定性预测，潜在的风险包括偏心荷载作用和"穿刺"破坏。精确预测桩靴的荷载–贯入深度响应，需获得准确的土体性质指标、桩靴几何尺寸和详细加载过程，这些内容将在第8.2节讨论。

如果自升式平台和桩靴的尺寸已经确定，则预压荷载的大小将决定场地评估中自升式平台抵抗风暴的能力。在风暴过程中，风、浪、流等环境荷载对桩靴施加水平力，有时也会造成力矩甚至扭矩荷载，同时改变桩靴所受竖向载荷的大小。基础承受的复合荷载作用如图8-4所示。由于平台作业前基础主要受竖向荷载作用，可建立一个与竖向预压载成比例的复合加载"破坏"包络面。第8.3节将介绍一些分析风暴荷载作用下自升式平台稳定性的简单方法；第8.4节介绍的评价方法则更为复杂，可考虑自升式平台响应过程中承载力包络面的扩大。

桩靴的上拔问题不做详细介绍，但会在第8.5节简单讨论。

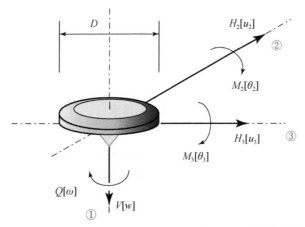

图 8-4 作用在桩靴基础上的复合荷载（对应位移如括号内的符号所示）

8.2 自升式平台桩靴的安装

8.2.1 简介

在安装过程中，自升式平台的自重是作用在桩靴基础上的主要竖向荷载，并且在大多数预压情况中假定自重直接作用在桩靴加载参考点上（锥形基础的平面中心）。现代自升式平台的最大桩腿荷载可超过 140 MN，对于完全埋入土体的桩靴，平均竖向承载压力将超过 400 kPa。在高强度的地基土中，桩靴贯入后与土的接触面积有限，所以承载压力高得多。需要准确预测安装和预压过程，以满足以下两个条件：

（1）桩靴的最终贯入深度需保证预测的波浪最高点与甲板下底面之间留有足够的空隙；

（2）保持整体稳定性，避免可能的穿刺以及由旧桩坑或海底洼地引起的偏心加载失稳。

8.2.2 均质土中的竖向荷载

均质土中桩靴基础极限竖向承载力的计算主要取决于以下因素：①基础的几何形状，需要注意的是桩靴通常简化为圆锥形基础；②土体强度参数；③合理的承载力系数；④基础不同贯入速度导致的不同排水条件。尽管适用于不同排水条件的通用设计方法正逐渐出现，但自升式平台行业在进行场地评估时，仍将黏土视为完全不排水，将砂土视为完全排水，将介于两者之间的粉土视为部分排水。一种更好的方法是采用归一化贯入速率。基于Finnie（1993）、House 等（2001）、Randolph 和 Hope（2004）以及 Chung 等（2006）建立的理论框架，贯入过程中基础周围土体的排水程度和固结效果可视为归一化速率的函数：

$$V = \frac{vD}{c_v} \tag{8-1}$$

式中，v 是贯入速率（桩靴通常为 1 m/h 左右）；c_v 是土体固结系数；D 是结构物（桩靴基础）的等效直径（指与桩靴截面面积 A 相等的圆形的直径）。

图 8-5 展示了自升式平台安装过程中，不同类型土体可能的排水条件及其对竖向预压荷载的影响（利用不排水条件下的承载力进行归一化）。归一化速率小于 0.1 时，土体表现为排水（对于等效直径 18 m、贯入速率 1 m/h 的桩靴来说，这代表 c_v>30000 m²/a 的砂土）；归一化速率大于 10 时，土体可能表现为不排水（c_v<100 m²/a 的黏土）。

然而，高加载速率可能引起速率效应，归一化速率 $V = vD/c_v$ 每增大一个对数周期，桩靴贯入阻力增大约 10% ~ 15%。c_v 在 100 ~ 30000 m²/a 范围内处于中间性质的粉土更容易受归一化速率的影响，如图 8-5 所示，这说明准确获取自升式平台安装场地的 c_v 值是非常重要的。

1. 桩靴形状的设计考虑

实际工程中使用的桩靴形状多种多样，为便于分析，通常将桩靴简化为轴对称倒锥形基础。在桩靴贯入分析中，通过体积等效计算桩靴在不同贯入深度处的等效圆锥角。等效圆锥的体积等于桩靴已埋入土体部分的体积（仅考虑桩靴最大截面以下部分），同时假定两者与土体接触面的面积一致（Osborne et al., 1991；Martin，1994）。一旦桩靴最大直径位置贯入土体中，等效圆锥的体积将不再变化。

2. 不排水条件

桩靴预压过程中，大部分黏土可以认为处于完全不排水条件，黏土地基中竖向极限承

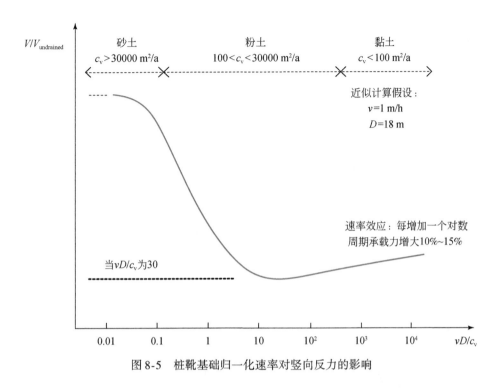

图 8-5 桩靴基础归一化速率对竖向反力的影响

载力的计算依然遵循经典承载力理论。通常，N_c 值采用均质黏土中条形基础的承载力系数，同时考虑 Skempton（1951）提出的形状与深度修正系数（见第 6.3.2 节）。然而，正如第 6.3.2 节讨论的，这些修正系数严重依赖抗剪强度随深度的变化梯度。为提高预压评估的精度，业界倾向于使用等效不排水抗剪强度。例如，基于平台安装工程实例的反演计算，Young 等（1984）提出当采用 Skempton 的承载力系数时，建议等效不排水抗剪强度为桩靴锥尖以下一半直径深度范围内土体的平均强度。然而，这种近似方法并不合理，已经有人提出轴对称圆形基础的精确塑性解，能够合理考虑地基土强度随深度的线性增加。特定深度处桩靴的承载力可表示为

$$V = (s_u N_c + \sigma'_{v0}) A \tag{8-2}$$

Houlsby 和 Martin（2003）以表格的形式总结了不同条件下 N_c 值的下限解，适用于不同强度梯度土体（kD/s_{um} 范围为 $0 \sim 5$，其中 k 为抗剪强度随深度的变化梯度，D 为基础直径，s_{um} 为泥线处的抗剪强度）中埋深为 $0 \sim 2.5D$、锥角在 $60° \sim 180°$（平底基础）范围内的圆锥形基础。Houlsby 和 Martin（2003）的表格中给出了 1296 个案例的 N_c 值，表 8-3 为总表中的一部分，表中的 N_c 值适用于土体强度不随深度变化的粗糙圆形平底基础。

表 8-3　均质土中粗糙圆形平底基础的承载力系数（Houlsby and Martin, 2003）

埋深 D	承载力系数 N_c
0	6.0
0.1	6.3

续表

埋深 D	承载力系数 N_c
0.25	6.6
0.5	7.1
1.0	7.7
≥ 2.5	9.0

这些评估桩靴贯入阻力的方法均基于预埋基础的地基破坏模式。因此，采用这些承载力系数时，应确保它们能够合理反映桩靴连续贯入过程中土体破坏机理的演化，并考虑回流土体对承载力的影响。Hossain 和 Randolph（2009a）通过土工离心机试验和大变形有限元分析研究了桩靴在黏土中的深埋贯入问题。示踪粒子图像测速（PIV）技术和近距离摄影测量方法已被应用于桩靴深埋贯入时的土体破坏模式研究。图 8-6 为基于 PIV 技术获得的单层黏土数字图像和解译后的土颗粒流动矢量图。可以看出，需要修正承载力理论来考虑土体流动机制随贯入深度的变化。

桩靴贯入过程中可以观察到三种不同的土体流动机制。图 8-6（a）展示了由于土体流动导致的土体表面隆起和桩靴上方形成的孔洞；图 8.6（b）和（c）则分别展示了土体

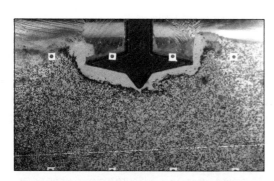
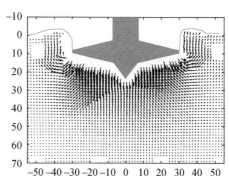

(a)表面隆起，z/D=0.16

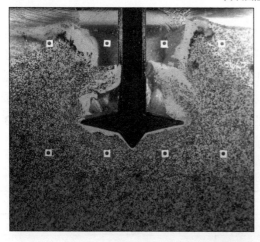
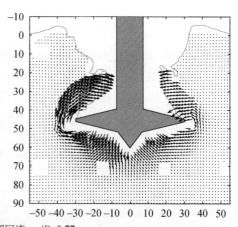

(b)开始局部回流，z/D=0.77

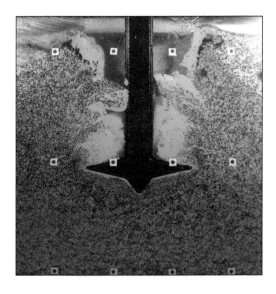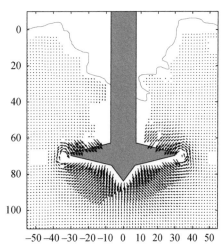

(c)完全局部回流，z/D=1.15

图 8-6 离心机试验的数字化图像与 PIV 分析的土体流动矢量（Hossain et al., 2004）

逐渐回流到孔洞的过程以及最终形成的局部回流机制。我们还可以观察到土体逐渐回流覆盖到桩靴上部，并限制了孔洞的继续发展，即随着桩靴的贯入，土体继续流入桩靴上部，且孔洞深度几乎不再发生变化。从图 8-6（c）可以看出，回流的土体并没有填满初始形成的孔洞。

桩靴的深埋破坏机理主要是土体的"流动破坏"，而不是业界过去认为的由桩靴上部开放孔洞失稳造成的"墙破坏"。土体的回流条件可简单表示为

$$\frac{h_{\text{cavity}}}{D} = \left(\frac{s_{\text{uh}}}{\gamma_c' D}\right)^{0.55} - \frac{1}{4}\left(\frac{s_{\text{uh}}}{\gamma_c' D}\right) \tag{8-3}$$

式中，h_{cavity} 是极限孔洞深度（也是回流开始时的深度）；s_{uh} 是该深度处的不排水抗剪强度。图 8-7 展示了预测极限孔洞深度的设计图表，并比较了 Hossain 等报道的土体流动破坏（有限元分析和离心机试验）结果和墙破坏结果。为更简洁地考虑土体强度随深度的变化，Hossain 和 Randolph（2009a）提出了一个更方便的预估孔洞最大深度的表达式，表示为 $S = (s_{\text{um}}/\gamma' D)^{(1-k/\gamma')}$ 的函数：

$$\frac{h_{\text{cavity}}}{D} = S^{0.55} - \frac{S}{4} \tag{8-4}$$

k 是不排水抗剪强度随深度的增长梯度，s_{um} 为泥面处的不排水抗剪强度。

Hossain 和 Randolph（2009a）提出的承载力设计方法直接考虑了土体的渐进式破坏与相关机理的演化，因此他们称其为"基于破坏机理的设计方法"。当桩靴贯入深度小于极限孔洞深度时（见式（8-3）和式（8-4）），可采用经典承载力系数（式（8-2）），这是因为此时土体是向地基表面流动的。Hossain 和 Randolph（2009a）也提出了直接计算 N_c 的公式，这些公式考虑了土体非均质性和基础归一化埋深的影响。当贯入深度大于极限孔洞深

— 341 —

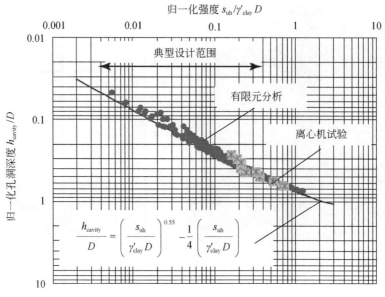

图 8-7　预测桩靴上部孔洞深度的设计图表

度时，土体逐渐向完全局部回流机制过渡，与之对应的承载力公式为

$$V = s_u N_{cd} A + \gamma' V_{spudcan} \tag{8-5}$$

式中，$V_{spudcan}$ 是埋入土中的桩靴体积；γ' 是黏土的有效重度。N_{cd} 定义为深基础承载力系数，其值由 Hossain 和 Randolph 通过有限元分析和离心机试验给出。他们发现土体强度及桩靴的粗糙程度对 N_{cd} 值没有显著影响，因此可表示为

$$N_{cd} = 10\left(1 + 0.065\frac{w}{D}\right) \leqslant 11.3 \tag{8-6}$$

式中，w 是桩靴埋深，11.3 代表土体完全局部流动机制对应的承载力系数。建议在浅埋和深埋机制间的过渡区域深度约为 $0.3D$。Hossain 和 Randolph（2009a）还提出了考虑土体强度应变率效应和应变软化的承载力系数修正方法。与墨西哥湾实测数据（Menzies 和 Roper，2008）的对比表明，未修正的承载力需减小约 20%（Hossain and Randolph，2009b）。

对土体回流的精确预测除了改善对贯入阻力的预测外，还有利于桩靴的复合承载力分析。当桩靴上部存在回流土体时，可在复合承载力设计中考虑瞬态负压形成的抗拉力及回流提供的额外水平和抗弯承载力。例如，Cassidy 等（2004a）开展正常固结黏土（完全回流）中的桩靴复合承载力试验，Springman 和 Schofield（1998）进行了桩靴和桁架式桩腿被完全覆盖的试验，他们均观察到了这部分额外的承载力。

3. 完全排水条件

桩靴预加载的速度一般较慢，因此海床中的砂性土一般表现为完全排水（见图 8-5）。圆形基础在均质摩擦材料上的排水竖向极限承载力（无有效上覆压力）可表示为

$$V = \gamma' N_\gamma \pi D^3 / 8 \tag{8-7}$$

其中，N_γ 是轴对称情况下的无量纲承载力系数。Cassidy 和 Houlsby（2002）以表格形式提供了不同情况下 N_γ 值的下限解，主要适用于锥角从 30°～180°（平底基础）和粗糙程度由光滑至完全粗糙的圆锥形基础，适用的土体内摩擦角上限为 50°（N_γ 值主要取决于内摩擦角大小）。Martin（2004）提出了粗糙圆形基础的 N_γ 值，Randolph（2004）在综述基础承载力时讨论了 Martin（2004）的建议值。表 8-4 总结了部分适用于桩靴基础分析的承载力系数。

表 8-4 粗糙平底圆形基础的承载力系数
（Randolph et al.（2004）使用 Martin（2003）的 ABC 软件计算值）

内摩擦角 φ/(°)	承载力系数 N_γ	承载力系数 N_q
20	2.42	9.61
25	6.07	18.4
30	15.5	37.2
35	41.9	80.8
40	124	193
45	418	521

基础在较厚的硅质砂层中贯入时，桩靴基础的贯入深度一般很小，桩靴最大直径处很少会与土体完全接触。因此通常不需要 N_q，除非桩靴已经埋入土层中（例如，软黏土覆盖在砂土层上）。Brinch Hansen（1970）和 Vesic（1975）提出的半经验公式适用于此种情况，Martin（2004）的一些理论解也适用于此情况。

采用式（8-7）计算承载力时，假定土体是只有一个破坏强度值的刚塑性材料，也没有考虑真实材料的强度激发和软化过程。这些影响可以通过修正式（8-7）来实现，包括根据桩靴排开的土体体积直接降低预测的承载力（如 Cassidy and Houlsby，1999），或将内摩擦角降低至某个预估设计值。部分业界人士推荐砂土承载力的计算采用折减的内摩擦角（Graham and Stewart，1984；James and Tanaka，1984；Kimura et al.，1985），一些行业指南也推荐使用此方法。然而，White 等（2008）提出了一种有效内摩擦角计算方法，该方法通过 Bolton 的应力-剪胀修正公式（Bolton，1986）与承载力方程之间的迭代计算得到有效内摩擦角。White 等（2008）重点强调了桩靴贯入过程中锥形底面（或锥尖）对砂土的软化作用。与平底基础承载力的对比表明，锥形桩靴承载力较低并不能完全归因于其承载力系数。

未胶结钙质砂通常比硅质砂更易压缩，但未胶结钙质砂的内摩擦角也较大。桩靴在此地层中贯入时，利用经典公式（8-7）计算的承载力将严重低估桩靴的实际贯入深度。如果利用式（8-7）计算承载力，应当采用远小于试验值的内摩擦角，以人为地考虑土体的高压缩性，但这种做法的预测精度较低。此外，还可以采用其他专门针对钙质砂的桩靴承载力评价方法，例如 Finnie（1993）、Randolph 等（1993）以及 Finnie 和 Randolph（1994）推荐的经验模量法。其他预测方法还包括 Islam（1999）、Islam 等（2001）、Houlsby 等（1988）以及 Yamamoto 等（2008，2009）。其中，最后一种方法是基于压缩变形机理和冲剪切破坏模式提出的。

4. 利用贯入仪数据预测桩靴承载力

直接使用贯入仪数据来预测桩靴的贯入是可行的。Erbrich（2005）在评估澳大利亚近海环境恶劣的场地时提出，直接利用贯入仪数据预测桩靴贯入可以更准确地考虑一些次要的土体特性，包括抗剪强度的应变率效应、粉质黏土的部分固结和土体灵敏度等。尽管利用孔压静力触探试验结果的直接设计方法早已在桩基设计中得到了应用（可追溯到1974年Heijnan的工作），但此方法最近才被应用于桩靴贯入阻力预测。

Erbrich（2005）在分析澳大利亚近海 Bass 海峡自升式平台 Yolla A 的安装实例时指出，桩靴的实际贯入深度远大于四个独立的前期预测深度，尽管与大多数自升式平台相比，Yolla A 平台安装前已经获取了极其高质量的地层信息。图8-8展示了土体排水条件对静力触探、T-bar 和桩靴贯入的影响。桩靴贯入过程中土体表现为不排水，CPT 和 T-bar 试验期间土体则表现为部分排水。

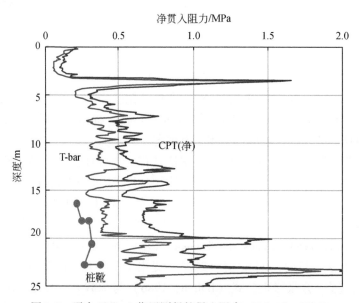

图8-8 平台 Yolla A 位置测得的贯入阻力 （Erbrich，2005）

针对利用贯入仪数据的直接设计方法，Erbrich（2005）提出了一些建议，包括如何处理贯入仪和较大的桩靴之间的速率相关性，以及两者之间几何形状和埋深比的不同。然而，任何新方法都需要进一步的研究和验证。工业界的广泛关注（例如，Quah et al.，2008）使得该方法有了进一步发展的空间。这类方法可以有效避免确定土层强度特性存在的困难，同时也避免了基于刚塑性理论的计算方法所存在的精度问题。

8.2.3 层状土中潜在的穿刺破坏

在成层土中，自升式平台在安装和预加载过程中存在着穿刺破坏的风险。当桩靴不受控制地将上部强度较高的土体带入到下层软土时，就会发生穿刺破坏（图 8-9）。穿刺使自升式平台的桩腿发生屈曲，致使平台暂时失去作业能力，甚至倾覆。有报道指出桩靴穿刺破坏事故平均每年发生一次，每次事故造成 100 万至 1000 万美元的损失，主要包括钻井设备的损坏以及开采工期的损失（Osborne and Paisley，2002）。较薄的砂土层覆盖在软弱黏土层上，或者硬黏土层覆盖在软黏土层上的地层条件是相当危险的，本章将讨论这两种地层条件。其他可能导致桩腿屈曲的土体条件包括土体强度随深度增加而降低的厚黏土地层、承载力的增长速度与加载速度不匹配的软黏土地层，以及带有砂土或粉土块的坚硬黏土层等（Osborne et al.，2009）。

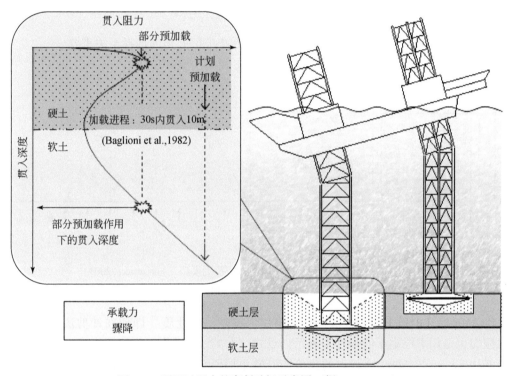

图 8-9　预压过程中的穿刺破坏示意图（据 Lee，2009）

1. "砂-黏土"地层

现行的行业规范（SNAME，2002）推荐使用 Hanna 和 Meyerhof（1980）提出的冲剪方法，计算基础在"砂-黏土"地层中的峰值贯入阻力。对于特定深度的平板基础（即假定其预埋在特定深度），规定的破坏模式为截锥形砂楔被压入下层黏土中。但为计算方便，常采用更简单的垂直剪切面（SNAME，2002），如图 8-10 所示。冲剪法计算峰值阻力 q_{peak} 的公式为

$$q_{peak} = N_c s_u + \frac{2H_s}{D}(\gamma'_s H_s + 2q_0) K_s \tan\varphi + q_0 \tag{8-8}$$

其中，冲剪系数 K_s 与 $\tan\varphi$ 的乘积与下部黏土层的归一化剪切强度有关，如下式：

$$K_s \tan\varphi = 3\frac{s_u}{\gamma_s' D} \tag{8-9}$$

其中，s_u 为下层黏土的不排水抗剪强度；γ_s' 为砂土有效重度。

"投影面积"法为 SNAME 规范推荐使用的另一种设计方法。该方法假设载荷通过上层砂土，以 α 角投影到砂-黏土边界处形成等效基础，投影产生的面积要比实际面积大，如图 8-10（b）所示。目前这种方法对扩展角（α）的取值仍存在争议，SNAME 中推荐扩展角 α 的取值在 $1:5\sim1:3$（水平向：竖向）范围内。峰值承载力可简单由下层黏土的承载力进行预测，其表达式为

$$q_{\text{peak}} = \left(1 + \frac{2H_s}{D}\tan\alpha\right)^2 (N_c s_u + p_0') \tag{8-10}$$

Lee 总结了以往所有不同扩展角的结果，发现该方法中扩展角的选择至关重要。

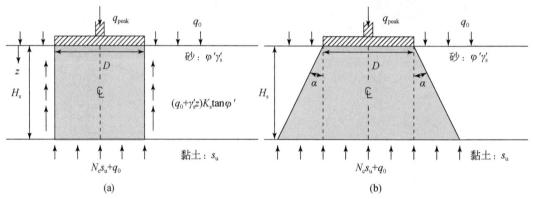

图 8-10 "砂-黏土"地层中峰值阻力的预测模型（Lee et al., 2009）

（a）冲剪法；（b）投影面积法

SNAME 所述的以上两种方法，均忽略了上覆砂土的性质（即使在冲剪法中，砂土的摩擦阻力也是用下层黏土的强度来表示，见式（8.9））。因此，他们提出了一种类似的方法，其中 q_{peak} 与下层黏土承载力的比值随着砂土层厚度与桩靴直径的比值（即 H_s/D）增加，两者呈简单二次函数关系。这导致了小比尺模型试验数据（Young and Focht, 1981；Higham, 1984）、离心试验数据（Teh, 2007；Lee, 2009）和现场数据（Baglioni et al., 1982；Osborne et al., 2009）拟合得到的参数存在差别。

冲剪法和投影面积法最初均是针对预埋浅基础的设计提出的（尽管 SNAME 已经做了修正，使其适用于桩靴基础）。Craig 和 Chua（1990）及 Teh 等（2008）通过离心机试验观测到土体的破坏区与上述两种破坏模式有显著差异。Teh 等（2008）利用半模型桩靴试验，通过透明窗口获得土体连续破坏的数字图像，采用 PIV 和近距离摄影测量相结合的分析方法，观察到土体的破坏模式随着桩靴贯入深度的增加而改变（试验中的应力条件与海上实际工况相同）。图 8-11 和图 8-12 展示了上述离心机试验达到穿刺破坏时土体的流动破坏模式，其中 $H_s/D=0.83$、黏土不排水抗剪强度为 10 kPa。Teh（2007）、Teh 等（2008）和 Lee（2009）全面描述了观测到的土体流动机制，下文将着重介绍其中的关键点。

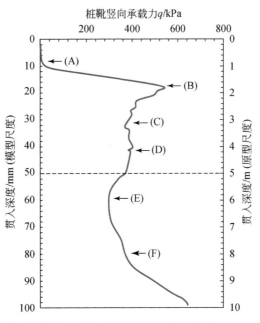

图 8-11　半模型桩靴贯入过程中测得的贯入阻力曲线（Teh et al.，2008）
对应的破坏模式如图 8-12 所示

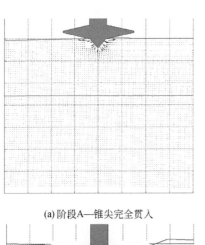

(a)阶段A—锥尖完全贯入

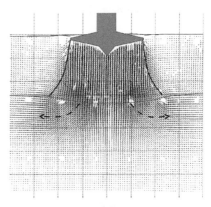

(b)阶段B—峰值阻力，q_{peak}

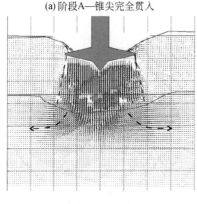

(c)阶段C—承载力减小

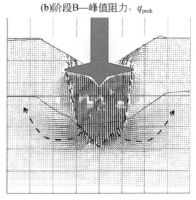

(d)阶段D—第二个较小的峰值

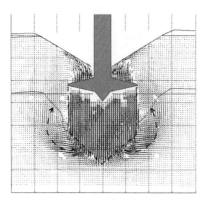

(e)阶段E—贯入到黏土层

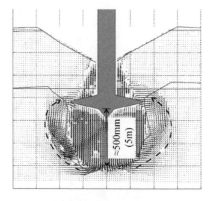

(f)阶段F—最终贯入深度记录

图 8-12　不同贯入深度下的土体破坏机理（图 8-11 所示的各阶段）（Teh et al.，2008）

（1）起初，土体从桩靴锥尖向外呈辐射状流动，土体流动范围非常有限，且集中在上层砂土中（图 8-11 和图 8-12 的阶段 A）。

（2）峰值阻力（阶段 B）出现在桩靴埋深较浅处，Teh（2007）和 Lee（2009）在桩靴贯入的全模型离心试验中均观测到，峰值阻力大约出现在 $0.12D$ 深度处。表现出的破坏机理为：桩靴将倒锥形砂楔竖直压入下部黏土层，桩靴底部的土体竖向垂直运动，而距离中心线较远的土体则水平向上轻微隆起。被压入黏土层的砂楔的扩展角反映了砂土剪胀性。

（3）穿刺后桩靴进入黏土层（阶段 E 和 F），桩靴下方捕获的砂楔接近于竖直，高度约为砂层初始厚度的 60% ~ 90%（Lee，2009）。

图 8-13 和图 8-14 总结了观测到峰值阻力时土体破坏面的几何形状，以及 H_s/D 增加对这些几何形状参数的影响。

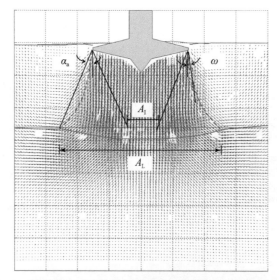

图 8-13　峰值阻力时土体破坏面的几何形状（Teh et al.，2008）

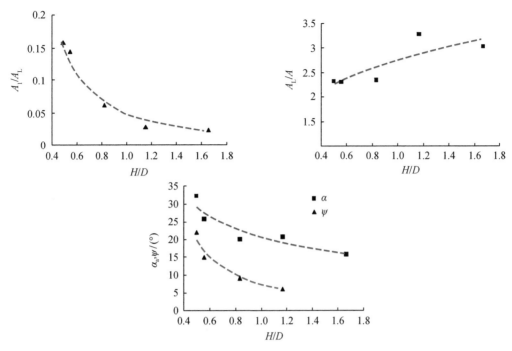

图 8-14 砂层厚度比（H_s/D）对几何形状参数的影响（Teh et al., 2008）

根据观测到的土体破坏机理，Teh（2007）和 Lee（2009）发展了另外两种新的预测方法。二者均提出简化的荷载–贯入深度曲线，包括表面、峰值阻力和黏土层中三个重要部分的承载力预测。图 8-15 展示了 Lee（2009）和 Lee 等（2009）提出的峰值阻力对应土体破坏机制的理论分析模型。在此机制中假定压入下卧黏土层中的砂楔的扩展角等于砂土的剪胀角。基础的压力和砂楔自身重力等于下层黏土承载力和砂楔提供的侧摩阻力（Lee et al., 2009）。采用一种筒仓分析方法，通过迭代可以计算砂土的应力水平和剪胀响应。Teh 等（2010）和 Lee 等（2009）报道了这两种新方法对 40 多个离心机试验数据的预测效果。

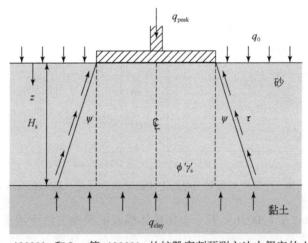

图 8-15 Lee（2009）和 Lee 等（2009）的桩靴穿刺预测方法中假定的土体破坏模式

2. 硬黏土覆盖软黏土

硬黏土壳层覆盖着软黏土是另一种存在穿刺风险的地层，该地层情况常见于东南亚近海地区（Castleberry and Prebaharan，1985；Osborne and Paisley，2002；Paisley and Chan，2006）。近几年，Edwards 和 Potts（2004）及 Hossain 和 Randolph（2009b）分别提出了新的设计方法来替代 SNAME（2002）规范中推荐使用的 Brown 和 Meyerhof（1969）及 Meyerhof 和 Hanna（1978）的方法。Edwards 和 Potts（2004）提出峰值阻力由下卧黏土层的承载力和上覆硬黏土层的一小部分承载力共同决定。在有限元分析的基础上，他们提出了上覆土层厚度比与强度比的关系系数，其中上覆土层厚度比为土层厚度与桩靴直径的归一化比值。另一方面，Hossain 和 Randolph（2009b）基于大变形有限元模拟以及结合数字成像和 PIV 分析方法的半模型桩靴离心机试验，获得了土体破坏机理，提出了新的设计方法。图 8-16 展示了桩靴在"硬-软"黏土地层中贯入时不断变化的土体流动机制。

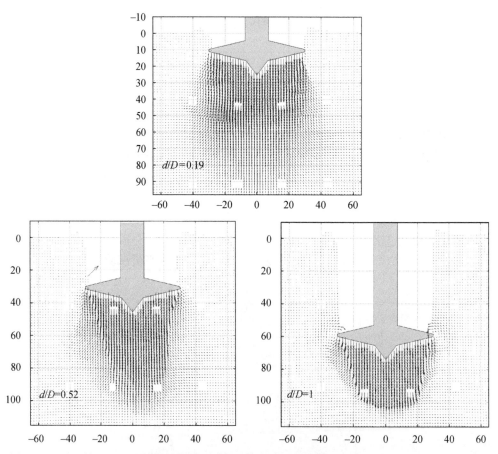

图 8-16　"硬-软"黏土地层中桩靴贯入时的土体流动机制变化（Hossain and Randolph，2010）

Hossain 和 Randolph（2009b）基于土体破坏模式的预测方法可用于计算桩靴穿刺的完整贯入阻力曲线，这是因为它考虑了不同贯入深度处土体破坏机制的演化。Hossain 和

Randolph 观察到以下四个阶段的土体流动：①最初上层土向下层垂直运动并使上下层交界面产生变形；②桩靴下方形成一个由上层硬黏土组成的土楔；③桩靴周围的土体随后回流到桩靴上方的孔洞内（与单层黏土进行相比，回流发生时刻较晚）；④最终下层软土环绕桩靴局部流动。如图 8-17 所示，截锥形的冲剪模型是 Hossain 和 Randolph 假定的穿刺破坏机制的核心。Hossain 和 Randolph（2009b）提出了桩靴贯入过程中所有阶段的承载力公式及修正后的极限孔洞深度公式（见式（8.4））。

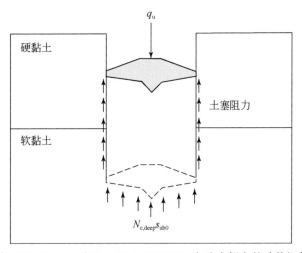

图 8-17　Hossain 和 Randolph（2009b）方法中假定的冲剪机制

为了降低成层黏土中的穿刺风险，有时采用一种名为"穿孔钻进（Perforation Drilling）"的行业做法，俗称为"瑞士奶酪"钻孔。原理是通过钻孔作业在上层硬土中形成穿孔，以降低其承载力。Hossain 等（2010）对穿孔钻进方法的有效性进行了分析讨论，文中报道了数个马来西亚 Sunda 大陆架成层黏土上的工程实例（Maung and Ahmad, 2000; Brennan et al., 2006; Kostelnik et al., 2007; Chan et al., 2008）。

3. 导致贯入增加的其他原因

正如 Osborne 等（2009）讨论的，安装过程中操作不当或波浪作用下产生的循环荷载，也可能导致桩靴的快速贯入。预压操作步骤的延期导致桩靴下方的土体固结，局部抗剪强度随之增加，因此也可能发生穿刺破坏。此外桩靴顶部土体逐渐坍塌进入孔洞中造成额外的竖向荷载，也可能导致桩靴产生额外的贯入（Menzies and Roper, 2008; Osborne et al., 2009）。

8.2.4　桩靴脚印和偏心荷载

移动自升式平台常需要返回同一点位进行二次钻孔作业或维修固定平台。将自升式平台定位安装在先前作业的位置存在很大风险，这是因为新的安装可能需要穿过先前作业平台留下的旧桩坑（见图3-13），被称为"踩脚印"。在软黏地层中，脚印的深度和宽度均有可能大于10 m，从新海床面向下至前序桩靴贯入深度处，土体强度分布也各不相同（Stewart and Finnie，2001；Gan，2010），图8-18展示了该种情况。

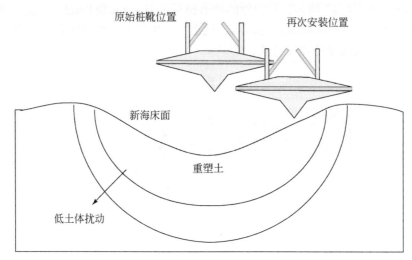

图 8-18　桩靴踩脚印问题示意图

在脚印区域附近的预压产生偏心荷载和倾斜荷载，进而可能导致桩靴在被扰动的软土地层中不受控制地贯入，或使桩靴滑入脚印。施工人员最关心的是相邻固定平台间的碰撞问题。随着较大的剪力和弯矩转移到平台桩腿上，可能出现结构损坏，最严重的时候造成整个平台的倾覆。Hunt 和 Marsh（2004）报告了一些平台事故，其中主要包括 Mod. V 型 Monitor 平台和 101 平台在北海中部旧桩坑旁的不平坦海床上安装时，发生的桩腿损坏事故。

自升式平台再次安装过程中，桩靴的行为表现相对复杂，其响应取决于脚印的几何形状、土体力学性质的变化、自升式装置本身的结构配置和朝向等。

试验研究为脚印旁桩靴的安装提供了一些借鉴和参考。例如，Stewart 和 Finnie（2001）及 Cassidy 等（2009）在轻微超固结黏土中进行的离心试验表明，平台安装时最不利偏移距离在 0.5～0.75 倍桩靴直径范围内，而偏移距离大于 1.5 倍直径后，桩靴安装几乎不受脚印的影响。表 8-5 总结了试验中量测的峰值荷载，荷载用桩靴贯入深度处测得的未扰动不排水抗剪强度归一化。试验条件和细节可参考原文。

表 8-5　既有脚印旁桩靴安装试验结果对比

项目	Stewart 和 Finnie（2001）[①]	Cassidy 等（2009）	Teh 等（2006）	Stewart 和 Finnie（2001）[①]	Cassidy 等（2009）	Teh 等（2006）
偏移距离	H/As_u	H/As_u	H/As_u	M/DAs_u	M/DAs_u	M/DAs_u
$D/4$	0.26	0.35	—	没有报告	0.35	—
$D/2$	0.38	0.57	—	没有报告	0.54	—
D	0.44	0.70	—	没有报告	0.67	—

续表

项目	Stewart 和 Finnie（2001）[①]	Cassidy 等（2009）	Teh 等（2006）	Stewart 和 Finnie（2001）[①]	Cassidy 等（2009）	Teh 等（2006）
偏移距离	H/As_u	H/As_u	H/As_u	M/DAs_u	M/DAs_u	M/DAs_u
$3D/2$	0.16	0.20	—	没有报告	0.14	—
桩坑坡度（30°）	—	—	0.070	—	—	0.222

①Stewart 和 Finnie 的归一化水平向结果，如 Teh 等（2006）所述。

Cassidy 等（2009）指出，桩靴初次安装的预压荷载越大、贯入深度越深，产生的脚印越大，从而导致再次安装时桩腿上产生更大的水平和弯矩荷载。这主要是由于更深的脚印形状及高预压荷载使土体发生了更大的扰动。Leung 等（2007）和 Gan 等（2008）通过离心试验研究了脚印周围土体力学性质的改变，结果表明脚印内土体不排水抗剪强度的变化与初始的不排水强度条件、土体与脚印中心的距离以及前后两次平台安装的时间间隔有关。Gan 等（2008）还指出，在硬黏土地层形成的脚印旁重新安装桩靴时，桩腿上会产生更大的水平和弯矩荷载。

桩靴在脚印附近安装时的承载力预测仍然是个难题，因此实际工程中可采取一定的预防措施。目前工业界寄希望于桩腿相位差（RPD）测量系统，该系统提醒操作员偏心荷载和桩靴平移的出现（Foo et al.，2003a，b）。RPD 系统测量的是任意一条桩腿结构上杆件的高差，以平台自升式系统所在位置为参考点，因此也直接反映了桩腿相对于平台船体的倾斜度。监测桩腿的 RPD 系统使操作员注意到桩靴偏心荷载的出现，操作员根据安装过程中转移到桩腿上的偏心力的影响来改变安装策略。

尽管对自升式平台桩腿和桩靴倾斜的早期警报可能会减弱桩腿杆件的屈曲和稳定性问题，但仍没有可用的操作指南来确保平台重新安装过程中的安全性（Dean and Serra，2004）。例如，SNAME 规范对桩靴重新安装仅提供了一些基本建议，要求桩靴重新安装时与脚印之间至少应保持一个桩靴直径的净间距（注意：更软的地层中可能需要更大的间距）。

数值研究也能为其他缓解不良影响的潜在手段提供参考：

（1）通过控制桩腿，进行桩靴"踩踏"操作，从而使海床表面变得平整；

（2）利用砂或砾石填充脚印（Jardine et al.，2001）；

（3）改变桩靴的结构外形，包括在桩靴侧面加裙板（Dean and Serra，2004）。

8.3　风暴期间的复合荷载

8.3.1　引言

风、波浪和海流等环境荷载作用于平台，并传递到桩靴上形成水平向、弯矩和扭矩荷载，同时环境荷载还改变桩靴所受竖向荷载的大小。图 8-4 展示了基础受到的复合荷载、复合荷载导致的桩靴下土体应力-应变的复杂变化。在自升式平台安全作业前，应确保桩靴基础能够承受上述条件。需进行完整的岩土工程原位勘察，充分了解土体力学性质，否则很难把海床离散为连续单元以进行有限元分析。

另一种方法是直接把桩靴以点单元的形式纳入自升式平台的结构分析中。这是工程实践中常用的设计方法，该方法将基础与土体视为整体，两者的整体响应仅表示为基础承受荷载（常被称为合成力）与位移的关系（图8-4）。该方法类似于在梁柱分析中使用的合成力（轴向力、弯矩和剪力）与节点的位移和旋转。其他简单替代方法主要包括销接约束基础模型、非耦合线性或非线性弹簧模型、最近提出的基于塑性理论框架的应变硬化模型等。

8.3.2 分析方法

如果平台及桩靴尺寸已定，自升式平台在设计荷载条件下的安装方法和预压载大小对平台的安全评估是至关重要的。在任何风暴发生前施加到基础上的竖向预压荷载，决定了复合承载力"破坏面"，破坏面的大小与竖向荷载成正比。第6.3.3节概述了浅基础的加载过程，图8-19也显示了该过程。理论上，每个桩靴的破坏面都由预压载 $V_{pre-load}$ 确定（破坏面随贯入深度增加而变大）。如第8.1.1节所述，预压载是向自升式平台压载舱中泵水并保持一段时间。预压载完成后将压载水排回海中，此时平台所受荷载处于破坏面（由 $V_{self-weight}$ 确定）内。在风和波浪荷载作用下，可以预测每条桩腿和桩靴上的荷载施加路径，并通过其与预压载时所获破坏面的接近程度来评价桩靴承载力。图8-19为典型的自升式平台工程案例，展示了风暴分析中迎风桩腿的设计荷载作用点（WL_d）与假定的破坏点，以及背风桩腿的设计荷载作用点（LL_d）与破坏点（LL_f）。

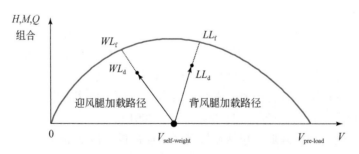

图8-19 预压载建立的复合承载力包络面

8.3.3 桩靴-土体相互作用（刚度简化假定）

1. 销接约束基础假定

为确定作用在桩靴上复合荷载的大小和自升式平台的整体响应，在自升式平台的结构分析和波浪荷载分析中必须假定桩靴基础的刚度。最简单的方法就是将桩靴-土体的相互作用考虑为一个销连接（无限大的平移刚度，无旋转刚度）。该方法应用较广也相对保守，然而并非所有情况都适用，因此应谨慎使用。桩靴-土体的销接假定也可能是非保守的，原因如下：在动荷载作用下，较高的旋转刚度使自升式平台的自振周期接近波浪荷载的谱成分，从而提高响应水平。此外，无限平移刚度假定迫使基础无差异运动；研究表明，上述方法对不允许产生额外贯入深度（及水平位移）的三根桩腿式自升式平台的分析并不保守。

2. 非耦合弹簧假定

相比销接约束基础假设，工程师更常使用非耦合弹簧假定（假设每个自由度的刚度）。这是因为对桩靴任一旋转自由度的约束都会降低平台桩腿和船体连接处关键杆件上的应力（图 8-20），同时还会减小其他响应，如船体的侧向挠曲等。尽管弹簧模型作为点单元易于结合到结构分析程序中，但这种简化方法并不能捕捉桩靴的一些真实的响应特征。例如，简单的弹簧模型不能捕捉到桩靴的失稳，如低竖向荷载下迎风向桩靴的浅滑或者背风向桩靴的"倾斜翘起"。因此，自升式平台的结构评价和岩土工程评估一般分开进行，在结构分析中计算作用在基础上的荷载，然后利用已建立的屈服面进行地基基础评价。另外，非耦合弹簧模型不能考虑土体的非线性力学行为，所以一些行业规范（如 SNAME）建议通过刚度折减公式来规避这一缺陷。在该方法中，根据最大复合荷载到承载力包络面的距离折减初始假定的刚度。不断重复计算，直至刚度减小至与 SNAME 中建议的刚度折减公式计算结果一致。另一种更好的方法是在时域分析中允许刚度随时间逐渐衰减，将在第 8.4 节的塑性理论模型中使用该方法。

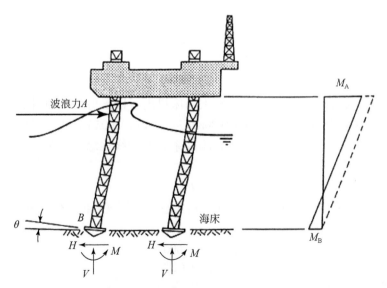

图 8-20　约束旋转自由度的影响（de Santa Maria, 1988）

3. 刚度的初始假定

分析计算需要在开始时假定土体中桩靴的弹性响应（线性弹簧模型或塑性模型将在第8.4 节介绍）。桩靴基础的弹性位移很小，室内试验中难以测量，因此，建议使用有限元分析获得无量纲刚度系数，并选择合适的剪切模量。六自由度条件对应的表达式为

$$
\begin{pmatrix}
dV \\
dH_2 \\
dH_3 \\
dQ/D \\
dM_2/D \\
dM_3/D
\end{pmatrix} = GD
\begin{bmatrix}
k_v & 0 & 0 & 0 & 0 & 0 \\
0 & k_h & 0 & 0 & 0 & -k_c \\
0 & 0 & k_h & 0 & k_c & 0 \\
0 & 0 & 0 & k_q & 0 & 0 \\
0 & 0 & k_c & 0 & k_m & 0 \\
0 & -k_c & 0 & 0 & 0 & k_m
\end{bmatrix}
\begin{pmatrix}
dw \\
du_2 \\
du_3 \\
Ddw \\
Dd\theta_2 \\
D\theta_3
\end{pmatrix}
\tag{8-11}
$$

式中，G 为剪切模量，k_v、k_h、k_m、k_q、k_c 为无量纲刚度系数。Doherty 和 Deeks（2003）报道了不同土层和基础形状条件下无量纲刚度系数的值。

合适的土体剪切模量是最难确定的参数之一。由于土体实际发挥的剪切刚度与剪应变有较强的相关性，故选定的剪切模量应能较好地反应桩靴下土体的典型状态。目前剪切模量的选取建议参考北海自升式钻井平台工程实例的反分析结果（Cassidy et al.，2002b；Noble Denton Europe and Oxford University，2005），这些工程实例包括 Santa Fe's Magellan、Monitor 和 Galaxy-1 三座自升式平台自 1992 年以来的平台动态行为和环境荷载条件的监测数据（Templeton et al.，1997；Nelson et al.，2000）。对 8 种不同土层条件（3 个黏土和 5个砂土）和不同水深（28~98 m）场地的反演分析表明，这 8 个地点都曾遭遇大风暴，且波高在 4.1~9.85 m 范围内（Nelson et al.，2000；Cassidy et al.，2002b）。

每次风暴过程中，对自升式平台甲板的水平运动、海况、风速和风向的记录均是有意义的（Nelson et al.，2000）。为比较自升式平台在最恶劣的风暴条件下的监测数据与数值模拟结果，对不同场地、不同土体刚度进行一系列的随机时域分析。图 8-21 是模拟结果与监测数据吻合较好的一个案例。

在上述分析的基础上，针对黏土与砂土海床提出了以下剪切模量计算公式（Cassidy et al.，2002b；Noble Denton Europe and Oxford University，2005）。从式（8-11）所示的弹性刚度矩阵可以看出，剪切模量是对所有刚度系数值的线性缩放。黏土的剪切模量表达式为

$$
G = I_r s_u
\tag{8-12}
$$

式中，s_u 为桩靴参考点以下 0.15 倍直径（取最大直径）深度处的土体不排水抗剪强度；I_r 为刚性指数，可由下式获得：

$$
I_r = \frac{G}{s_u} = \frac{600}{\mathrm{OCR}^{0.25}}
\tag{8-13}
$$

式中，OCR 为超固结比。

图 8-22 展示了 I_r 的建议取值以及由监测数据反演获得的刚性指数。图中还包括了 SNAME 规范的推荐值。

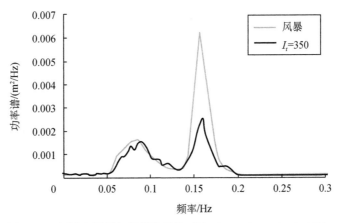

图 8-21　频域上风暴与模拟结果的对比（Cassidy et al., 2002b）

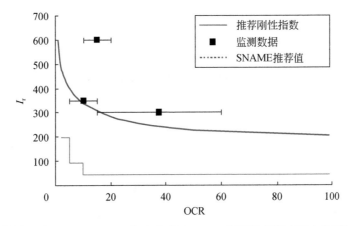

图 8-22　基于 Noble Denton Europe 和 Oxford University 研究的桩靴在黏土中刚度的推荐值

砂土中的剪切模量由下式估算：

$$\frac{G}{p_a} = g\left(\frac{V}{Ap_a}\right)^{0.5} \tag{8-14}$$

式中，V 是桩靴所受竖向荷载；A 为桩靴与土体接触面积；p_a 是大气压强。无量纲常数 g 取值与相对密度 D_R 有关：

$$g = 230\left(0.9 + \frac{D_R}{500}\right) \tag{8-15}$$

刚度的大小，特别是旋转刚度，影响平台整体结构响应，如图 8-20 所示：销接条件下的简化弯矩图（虚线）在弯矩 M 的作用下将偏移为实线所示的弯矩图。由于桩腿与船体连接处的应力状态是至关重要的设计条件，所以假定基础固定能够优化设计，同时还可以改变复合荷载的加载路径和动态响应。

8.3.4 桩靴基础复合承载力包络面

第6.3.3节介绍了浅基础排水和不排水条件下的复合承载力包络面。本节介绍复合承载力包络面在自升式平台桩靴基础设计中的应用。

在计算基础承载力时，可采用 Meyerhof（1951，1953）、Brinch Hansen（1961，1970）和 Vesic（1975）等提出的半经验方法来考虑竖向、弯矩和水平荷载同时作用对竖向承载力的不利影响。这些公式受许多可降低单轴竖向承载力因素的影响。近年来，这些半经验公式被直接荷载作用下的承载力（或"屈服"）包络面方程所取代。这些方程被认为更加精确且是桩靴研究领域的重要突破，因为相对于以竖向荷载为主的陆地工程浅基础，海洋中的桩靴基础受水平和弯矩荷载的影响更大。

对桩靴而言，多数公式建立在试验研究的基础上，试验主要包括致密和松散的硅质砂（Tan，1990；Nova and Montrasio，1991；Gottardi and Butterfield，1993，1995；Gottardi et al.，1999；Byrne，2000；Cassidy and Cheong，2005；Bienen et al.，2006，2007；Cassidy，2007）、未胶结的松散钙质砂（Byrne and Houlsby，2001）和强度随深度增加的黏土（Martin，1994；Martin and Houlsby，2000；Byrne and Cassidy，2002；Cassidy et al.，2004b）。这些试验主要采用 swipe 加载方法（Tan，1990）：桩靴基础首先竖直贯入到预定深度，然后施加径向位移作用（水平、旋转或扭转位移，或它们的组合）。对于桩靴基础，这种偏移导致水平（以及弯矩、扭矩）荷载的增加和竖向载荷的降低。Tan（1990）认为，荷载路径（对土体的弹性刚度和试验设备刚度进行了微小调整）可以假设为沿复合承载力包络面运动的轨迹线。图 8-23 展示了由桩靴 swipe 试验数据获得的荷载路径。

对于桩靴基础，六自由度条件下的复合承载力包络面表示为

$$\left(\frac{H_3}{h_0 V_0}\right)^2 + \left(\frac{M_2/D}{m_0 V_0}\right)^2 - 2a\frac{H_3 M_2/D}{h_0 m_0 {V_0}^2} + \left(\frac{H_2}{h_0 V_0}\right)^2 + \left(\frac{M_3/D}{m_0 V_0}\right)^2$$

$$+ 2a\frac{H_2 M_3/D}{h_0 m_0 {V_0}^2} + \left(\frac{Q/D}{q_0 V_0}\right)^2 - \left[\frac{(\beta_1+\beta_2)^{(\beta_1+\beta_2)}}{\beta_1{}^{\beta_1}\beta_2{}^{\beta_2}}\right]^2 \left(\frac{V}{V_0}\right)^{2\beta_1}\left(1-\frac{V}{V_0}\right)^{2\beta_2} = 0 \tag{8-16}$$

式中，V_0 确定了当前贯入深度处屈服面的大小，表征了基础在单向竖向荷载作用下的承载力。对自升式平台进行风暴分析时，V_0 等于桩靴基础承受的竖向预压载（图 8-19 中的 $V_{\text{pre-load}}$）。$\{V, H_2, H_3, Q, M_2, M_3\}$ 是图 8-4 阐述的荷载向量。包络面水平方向、弯矩方向和扭矩方向上的大小分别由 h_0、m_0 和 q_0 确定，在 $M_2/D：H_3$ 和 $M_3/D：H_2$ 平面上参数 a 表示偏心距（椭圆截面的旋转）。参数 β_1 和 β_2 决定了包络面在 $V/V_0 = 0$ 和 $V/V_0 = 1$ 端点处的形状。有趣的是，对于不同的土体类型和基础形状条件，定义包络面形状的参数变化并不大。因此，风暴加载分析中可直接使用通用参数，并不需要不断地进行特定场地评估（假设完全排水或不排水条件下的静荷载）。表 8-6 提供了包络面大小参数的推荐值。简单地假设 $H_2 = M_3 = Q = 0$，屈服面可简化为二维 VHM 情况，图 8-24 展示了包络面的一般形状。

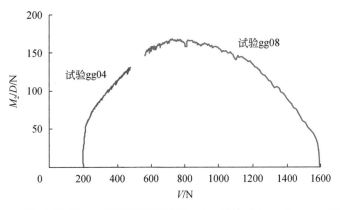

图 8-23　砂土中 100 mm 平底圆形基础的 swipe 试验（Gottardi et al., 1999）

表 8-6　定义包络面大小的参数

参数	SNAME（黏土/砂）	黏土	硅质砂	松散钙质砂
h_0	见注释/0.12	0.127	0.122	0.154
m_0	0.1/0.075	0.083	0.075	0.094
q_0	n. a.	0.05	0.033	0.033
a	0	见注释	−0.112	−0.25
β_1	1	0.764	0.76	0.82
β_2	1	0.882	0.76	0.82
参考文献	SNAME（2002）	Martin（1994） Martin 和 Houlsby（2001）	Gottardi 等（1999） Houlsby 和 Cassidy（2002） Bienen 等（2006）	Byrne 和 Houlsby（2001） Bienen（2007） Cassidy（2007）
注释	黏土中的峰值水平承载力表示为桩靴形状的函数 SNAME 仅包含二维荷载（V, H, M），因此 q_0 没有定义	Martin 和 Houlsby（2001）将偏心率 a 定义为 V/V_0 的函数 $a = e_1 + e_2\left(\dfrac{v}{v_0}\right)\left(\dfrac{v}{v_0}-1\right)$ $e_1 = 0.518$ $e_2 = 1.180$ q_0 没有从试验中获得，它来自于 Martin（1994）针对完全粗糙基础的估计	建议的参数值来自于 Bienen 等（2006）进行的六自由度试验 —	— —

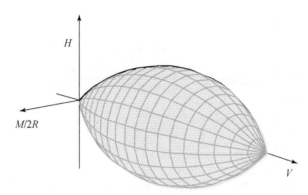

图 8-24　三维（VHM）复合加载包络面的一般形状（Houlsby and Cassidy，2002）

8.3.5　结构模型的注意事项

如图 8-1 所示，自升式平台由大量复杂结构单元组成。然而多数情况下，采用数学模型简化自升式平台的结构细节来进行分析，这是一种既方便又常用的方法。例如，桁架式桩腿通常等效为梁单元。此外，经常采用平面框架模型并沿假设的对称轴施加荷载，以此将模型简化为二维。采用两倍的结构参数值，以考虑迎风或背风位置有两条桩腿。

然而，考虑结构非线性十分重要。自升式单元在较深海域使用时，会对其结构响应产生一些不利影响：

（1）有效桩腿长度的增加导致柔度增加。这使得自升式平台的自振周期增长，多数情况下，导致结构的主自振周期接近控制性的波浪周期。这就要求在模拟自升式平台的响应时加入动态效应。

（2）小位移假定不再成立，甲板自重使得桩腿受到较大的轴向荷载，从而导致非线性结构响应（如 Euler 和 $P-\Delta$ 效应）。

因此，为精确地模拟环境荷载条件下自升式平台的响应，必须考虑结构非线性。

8.3.6　自升式平台承受的环境荷载

1. 波浪荷载和水流荷载

自升式平台承受的水动力荷载等于从自由水表面至海底的桩腿所受波浪力的积分（如图 8-25 所示）。可通过 Morison 方程（见式（8-17））实现上述计算。自由水表面的变化及其他非线性因素，如以拖曳力为主的荷载和相对运动效应，均可在时域内予以考虑。在自升式平台行业，线性 Airy 波和五阶 Stokes 波（在第 2.4.2 节有简要介绍）等规则波理论，被广泛运用于 Morison 方程运动学参数的确定。然而，这些理论仅基于一个频率分量，并没有考虑到海洋环境的随机性；这可能会造成问题，因为自升式平台结构的动态响应自振周期接近于海洋中常见的固有周期。对于更具代表性的响应，应通过随机时域模拟或谱波理论（如 NewWave 理论）来解释海洋中所有的频率分量（Tromans et al.，1991）。

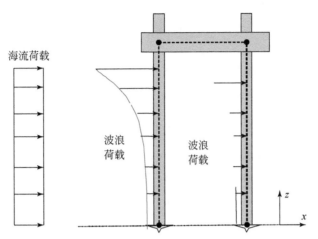

图 8-25　考虑波浪水流荷载作用的自升式平台分析

　　一旦确立了波浪和水流的运动学参数，就可以使用改进的 Morison 方程来计算自升式平台桩腿上的水动力荷载。该方程由一个拖曳力和一个惯性力分量组成，并考虑了结构和流体之间的相对运动。竖直杆件上单位长度的水平力表示为

$$F(x,z,t)=\frac{1}{2}C_{d}\rho D_{h}(u_{t}-\dot{s})\,|\,u_{t}-\dot{s}\,|+C_{m}\rho A_{h}\,\dot{u}-(C_{m}-1)\rho A_{h}\,\ddot{s} \qquad (8\text{-}17)$$

其中，D_h 和 A_h 分别为水动力作用的横截面直径和面积；u_t 为垂直于杆件轴线的水流和波的速度矢量分量之和；$\dot{u}$ 为波的加速度；$\dot{s}$ 和 $\ddot{s}$ 分别为位于水平位置 x、竖向高度 z 处的结构速度和加速度；C_d 和 C_m 分别是拖曳力系数和惯性力系数。其中拖曳力项完全是基于经验的，由水流通过杆件时产生的涡流造成，而惯性力项由加速流体中的压力梯度产生。C_d 和 C_m 值的合理选择存在很大不确定性，因为它们取决于诸多因素，如 K_c 数、雷诺数、相对粗糙度和采用的波浪模型等。自升式平台的极端响应分析预计伴临界雷诺数（$1.0\times10^{6}\sim4.5\times10^{6}$）和高 K_c 数，SNAME 推荐：粗糙管状桩腿使用 $C_d=1.0$，$C_m=1.8$；光滑管状桩腿使用 $C_d=0.7$，$C_m=2.0$。

　　建议考虑自升式平台结构与水体之间的相对运动。研究表明，如果忽视相对速度效应（即不考虑水动力中的阻尼），预测的响应显著增大（Chen et al.，1990；Manuel and Cornell，1996）。对于随机荷载响应的均方根水平，可能造成 40% 的结果差异（Manuel and Cornell，1996）。考虑相对速度的 Morison 方程将预测更强的非高斯行为，因此这种差异对极端条件下的响应评估并不是特别显著。

　　Barltrop 和 Adams（1991）以及 Williams 等（1998）提出了用于自升式平台分析的考虑相对运动的 Morison 方程的详细公式。Cassidy 等（2001）、Jensen 和 Capul（2006）总结了应用于自升式平台的不同波浪理论。

2. 风荷载

相比于水动力，船体和自升式平台桩腿上所受的风荷载一般较小，约占自升式平台总水平环境荷载的15%（Patel，1989；Vugts，1990）。然而，水平力作用于桩靴基础的力臂较大，因而风荷载可对弯矩产生很大影响。

由于风速随时间和高度而发生变化，SNAME（2002）建议使用平均水位（z_{ref}）以上10 m 处持续 1 分钟的风速作为参考风速 v_{ref}，通过下式推测不同高度的风速：

$$v_{zi} = v_{ref}\left(\frac{z}{z_{ref}}\right)^{\frac{1}{N}}$$ (8-18)

式中，z 为 i 点高出平均水位的高度，通常 $1/N$ 取 0.1。

使用 Morison 方程计算桩腿或船体投影面积上的风荷载 F_{wi}：

$$F_{wi} = \frac{1}{2}\rho_a C_s A_i v_{zi}^2$$ (8-19)

式中，ρ_a 是空气的密度；C_s 是投影面积的形状系数；A_i 是单元 i 垂直风向的投影面积。

8.4 基于塑性理论的合力模型

单独分析环境荷载、平台结构和土体等三个组分的传统方法具有局限性，表现为

（1）传统方法并不考虑土体复合承载力屈服面硬化，因此如果最初评估为破坏失稳，唯一的解决办法是施加更大的初始预压载；

（2）传统方法在分析整体系统响应时被证明是有缺陷的，高度非线性刚度和动态响应系统会同时影响所有分析组分。

最近，将土体、结构和环境荷载模型结合起来的统一方法受到广泛关注。研究重点为描述桩靴基础在塑性理论框架下的浅基础行为，并采用力和位移的关系表示。这种方法可以直接整合到传统的结构分析中，本节 8.4.3 将进行介绍。因此评估中可以考虑基础位移，并允许初始屈服面的扩展。

8.4.1 应变硬化塑性理论

单屈服面应变硬化塑性理论框架准确全面地描述了桩靴的行为。载荷–位移关系的确定方式与金属或土体本构中决定应力和应变关系的方法基本相同。加载过程是渐进的，并且塑性模型的数值分析可计算每个加载步后更新的切线刚度。

当前已有一系列合力模型用于描述桩靴行为，详细介绍见相关参考文献（Schotman，1989；Martin，1994；Dean et al.，1997a，b；Cassidy，1999；Van Langen et al.，1999；Martin and Houlsby，2001；Houlsby and Cassidy，2002；Cassidy et al.，2002a；Bienen et al.，2006；Vlahos et al.，2006）。这些模型有相似的结构，包括四个组成部分

（1）复合加载空间中的屈服面用来描述弹塑性状态边界（式（8-16））；

（2）联系塑性位移与屈服面大小演化的硬化定律（第 8.2.2 节的承载力）；

（3）弹性响应描述（式（8-11）至式（8-15））；

（4）在塑性加载步中，确定塑性位移各分量比例的流动法则。

硬化的概念是：对于基础在土体中的塑性贯入，塑性贯入深度对应复合加载空间中屈服面的大小。屈服面内的任何载荷变化仅导致可逆的弹性变形。当荷载状态达到屈服面时引起塑性变形，并根据流动法则计算不可逆的基础位移。在此过程中，屈服面的大小与桩靴塑性竖向贯入时的竖向承载力曲线的"主干"部分直接相关（由理论或经验确定）。VHM 三自由度屈服面在弹塑性阶段的扩张如图 8-26 所示。

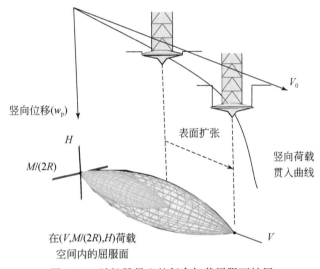

图 8-26　随桩靴贯入的复合加载屈服面扩展

Martin 和 Houlsby（2001）、Houlsby 和 Cassidy（2002）、Cassidy 等（2002a）和 Bienen 等（2006）提出了适用于桩靴基础的合力模型公式，表 8-7 总结了相关公式。为模拟试验观测结果，他们保留了硬化定律、屈服面形状、弹性关系和流动法则等四个组分的微小差异。这些模型都遵循一致性条件，因此可预测荷载–位移响应。

8.4.2　合力模型纳入到流体–结构–土体相互作用分析

这里描述的合力模型根据作用于基础上的复合荷载，获得基础的整体行为及位移结果。这其实是用结构力学术语来定义切向刚度矩阵，土体显著的非线性特征可直接嵌入标准的结构有限元程序，完成自升式平台结构的数值分析。实际上合力模型可视为一个节点单元，有限元程序每求解一个增量步（或平衡迭代），合力模型为给定增量位移的桩靴节点提供切向刚度矩阵并更新应力状态（保持与屈服面相容，并更新状态变量）。这里不再赘述如何在结构分析中实现上述操作细节，具体参阅 Martin（1994）、Martin 和 Houlsby（1999）、Williams 等（1998）、Cassidy（1999）、Vlahos（2004）和 Vlahos 等（2008）。

8.4.3 合力模型分析示例

1. 动态波浪分析

以下为随机波浪作用下自升式平台桩靴基础采用塑性合力模型的动力分析示例（Cassidy（1999）、Houlsby 和 Cassidy（2002）进行了深入介绍）。示例中自升式平台的结构及其性质如图 8-27 所示。桁架桩腿和船体采用等效截面，模拟为梁单元。所用砂土模型的概述参见表 8-7，并与表中传统的销接和线形弹簧假定进行了对比。自升式平台分析中，将桩腿与船体间的升降连接处假设为非线性是十分必要的（见 Grundlehner，1989；Spidsøe and Karunakaran，1993），但本例中未考虑它的影响，而假定桩腿与船体为刚性连接。所有分析中，自升式平台均为三条桩腿且属于典型尺寸，假定平台处于北海恶劣环境条件、平均水深为 90 m。桩靴直径为 20 m，预压荷载的大小是自升式平台自重的两倍。分析包括三个阶段：首先自升式平台竖向加载至预压载大小，接着卸载至自重，最终施加环境载荷。

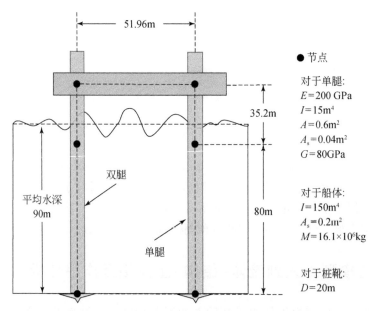

图 8-27　自升式平台和桩靴基础数值分析所用参数

这个例子中，环境波浪荷载采用 NewWave 理论中 Tromans 等（1991）提出的确定性方法。NewWave 理论考虑了海洋的波谱组成，可替代常规波和全时域中的长周期模拟。图 8-28 为迎风桩腿和背风桩腿处时域内波的表面高度。在参考时间点，波浪集中在迎风腿上（$t = 0$ s）。采用 Pierson Moskowitz 波能谱描述海况，有效波高（H_s）为 12 m，平均过零周期（T_z）为 10 s。利用扩展的 Morison 方程（式（8-17））计算自升式平台桩腿所受荷载。

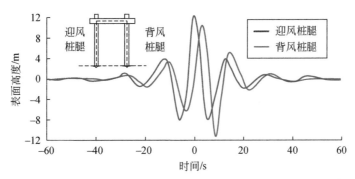

图 8-28　基于 NewWave 理论的迎风桩腿和背风桩腿处的波浪表面高度

图 8-29 展示了三种基础模型条件下波浪荷载导致的甲板水平位移, 三种模型为铰接约束模型、塑性理论合力模型 (表 8-7) 和线性弹簧模型。销接基础意味着水平和竖向刚度无限大, 但旋转刚度为零。砂土采用本章所述的塑性模型, 详细内容参阅 Houlsby 和 Cassidy (2002)、Bienen 等 (2006)。线性弹簧模型使用与塑性模型弹性区域相同的有限刚度值。当波浪通过后, 平台以固有模式振动。随着转动自由度约束的增加, 自振周期减小, 销接约束模型、塑性模型和线性弹簧模型的自振周期分别约为 9 s、5 s 和 5 s。由于本例中复合荷载组合完全包含在屈服面内, 因此, 塑性模型与线性弹簧模型的响应相同。

基础采用塑性模型模拟时, 将 NewWave 的振幅增加到 15 m, 然后增加到 18 m, 增加的荷载使基础产生塑性位移, 如图 8-30 所示。因此导致桩靴移位和旋转, 并使甲板产生永久偏移。当波浪荷载达到最大值时桩靴出现屈服失稳。桩靴使用弹塑性公式的主要优点是可以直接表示屈服。较大波浪经过后, 平台的自振周期也会受到塑性行为的影响。自升式平台在深水中使用时, 动力效应对平台整体响应的贡献也十分显著。这是因为自升式平台的自振周期与海况中最大波浪周期接近。因此准确预测地基刚度十分重要。

2. 准静力推覆 (pushover) 分析

本示例研究自升式平台的推覆承载力。示例中的自升式平台已进行静态分析, 分析中施加的荷载与水平方向夹角为 35° (图 8-31)。简化海洋环境: 平均海平面 (90 m) 以下的波浪和水流荷载均匀分布, 风荷载作用于桩腿顶部。荷载逐渐增大直至自升式平台出现失稳破坏。桩靴基础的直径为 20 m; 每个桩靴的预压载为 133 MN, 为自升式平台自重的 1.65 倍。

图 8-32 给出了所有桩靴 (编号如图 8-31 所示) 在推覆阶段的无量纲反力。自升式平台在预压后产生一个 $V_0 = 133$ MN 的初始屈服面, 图 8-32 中所有的结果都已经用初始的 V_0 值进行了归一化。平台自重分配到每个桩靴基础上仅有 80.6 MN, 施加的环境荷载 V/V_0 约为 0.605。持续增加荷载直至基础发生破坏。此次分析中, 最背风的桩靴 (S2) 首先屈服, 如图 8-32 所示, 表现为斜率的变化及随后连续的非线性行为 (意味着桩靴刚度的持续降低和永久位移)。当另外两个桩靴开始屈服时, 水平荷载逐渐由这些桩靴承担。作用

表 8-7　适用于自升式平台分析的应变硬化塑性模型

（典型值见 Martin and Houlsby, 2001; Houlsby and Cassidy, 2002; Cassidy et al., 2002a; Bienen et al., 2006）

模型组分	常数（量纲）	说明	核心方程	典型值 黏土	典型值 密砂	典型值 松散钙质砂	备注
几何	D (L)	基础半径		20 m			对于部分埋入的桩靴，定义为埋入部分的直径
	G (F/L^2)	剪切模量代表值	以式 8.11 为弹性矩阵，右侧为基础弹性位移增量的共轭对	式 8.12 和式 8.13	式 8.14 和式 8.15	式 8.14 和式 8.15	建议采用基于自升式平台监测数据校正的剪切模量代表值计算方法，见 Cassidy 等（2002b）
弹性关系	k_v (—)	弹性刚度因子（竖向）		见 Doherty 和 Deeks（2003）	2.65	2.65	这些无量纲弹性系数可以通过对地基基础的有限元分析得到。它们取决于基础的几何形状（如埋深和形状）以及土体的泊松比。砂土的参数值来源于 Bell（1991）的平板基础，土体泊松比为 0.2 的案例。Doherty 和 Deeks（2003）利用有限元法拓宽了参数的适用范围。Bienen 和 Cassidy（2006）提供了砂土的个别参数
	k_h (—)	弹性刚度因子（水平）			2.3	2.3	
	k_m (—)	弹性刚度因子（弯矩）			0.46	0.46	
	k_q (—)	弹性刚度因子（扭矩）			见 Doherty 和 Deeks（2003）		
	k_c (—)	弹性刚度因子（水平/弯矩耦合）			−0.14	−0.14	

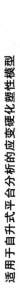

续表

模型组分	常数（量纲）	说明	核心方程	典型值			备注
				黏土	密砂	松散钙质砂	
屈服面	h_0（—）	屈服面尺寸	式8.16	0.127	0.116	0.154	屈服面方程如第8.3.4节和表8.6所示
	m_0（—）	屈服面尺寸		0.083	0.086	0.094	在该屈服面方程中，V_0决定了屈服面的大小并表示纯竖向荷载作用下基础的承载力。此外，V_0取决于竖向塑性贯入深度，并由应变硬化定律准确定（图8-26）。h_0、m_0、q_0代表着屈服面在水平、弯矩和扭矩方向上的屈服面尺寸，考虑了$M/2$ R: H平面上的偏心率（即椭圆截面的旋转幅度）。参数β_1和β_2控制着屈服面上$V/V_0=0$和$V/V_0=1$点的平滑程度。不同类型土体的屈服面形状变化不大
	q_0（—）	屈服面尺寸		0.05	0.033	0.033	
	a（—）	屈服面偏心率		见备注	−0.2	−0.25	
	β_1（—）	屈服面曲率因子（低应力）		0.764	0.9	0.82	
	β_2（—）	屈服面曲率因子（高应力）		0.882	0.99	0.82	

$$f=\left(\frac{H_3}{h_0 V_0}\right)^2+\left(\frac{M_2/D}{m_0 V_0}\right)^2-2a\frac{H_3 M_2/D}{h_0 m_0 V_0^2}$$
$$+\left(\frac{H_2}{h_0 V_0}\right)^2+\left(\frac{M_3/D}{m_0 V_0}\right)^2+2a\frac{H_2 M_3/D}{h_0 m_0 V_0^2}$$
$$+\left(\frac{Q/D}{q_0 V_0}\right)^2-\left[\frac{(\beta_1+\beta_2)^{(\beta_3+\beta_4)}}{\beta_1^{\beta_1}\beta_2^{\beta_2}}\right]^2$$
$$\left(\frac{v}{v_0}\right)^{2\beta_1}\left(1-\frac{v}{v_0}\right)^{2\beta_2}=0$$

续表

模型组分	常数（量纲）	说明	核心方程	典型值 黏土	典型值 密砂	典型值 松散钙质砂	备注
	ζ	非相关联法则参数	$-\omega_p = \zeta - \omega_{passociated}$	0.6			黏土和砂土试验表明相关联流动法则仅适用于偏平面上。针对偏平面上表现出的非关联特性的差异，发展了不同的流动法则。对于黏土，Martin（1994）用一个"相关参数"ζ来匹配竖向位移与旋转位移关联。假定竖向位移观测值。对于砂土，需要一个与屈服面不同的塑性势面（g），采用相似的表达式，但在与大小上按关联形状和大小 α 缩放。Cassidy 等（1999）和（2002a）提出的 α 的"最佳拟合"值与位移路径有关，因此该处的值代表该方向上的最佳方案。扭矩来源于 Bienen 等（2007）的试验
流动法则	$\beta_3\ (-)$	塑性势的曲率因子（低应力）	$g = \left(\dfrac{H_3}{\alpha_h h_0 V_0'}\right)^2 + \left(\dfrac{M_2/D}{\alpha_m m_0 V_0'}\right)^2 + \left(\dfrac{M_3/D}{m_0 V_0'}\right)^2 - 2a \dfrac{H_3 M_2/D}{\alpha_h \alpha_m h_0 m_0 V_0'^2} + 2a \dfrac{H_2 M_3/D}{h_0 m_0 V_0'^2} + \left(\dfrac{Q/D}{\alpha_q V_0'}\right)^2 - \left[\dfrac{(\beta_3+\beta_4)^{\beta_3+\beta_4}}{\beta_3^{\beta_3}\beta_4^{\beta_4}}\right]^2 \left(\dfrac{v}{v_0'}\right)^{2\beta_3}\left(1-\dfrac{v}{v_0'}\right)^{2\beta_4} = 0$		0.55	0.82	
	$\beta_4\ (-)$	塑性势的曲率因子（高应力）			0.65	0.82	
	$\alpha_h\ (-)$	相关因子（水平）			2.5	3.25	
	$\alpha_m\ (-)$	相关因子（弯矩）			2.15	2.6	
	$\alpha_q\ (-)$	相关因子（扭矩）			1.7	1.7	
硬化规律							

关于适用的硬化规律的讨论见第 8.2.2 节。更多关于砂土地基的详细情况可以参考 Cassidy 和 Houlsby（1999，2002）以及 Cassidy 等（2002a）

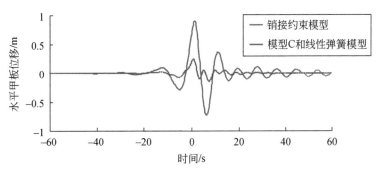

图 8-29　波浪荷载作用下甲板的水平位移

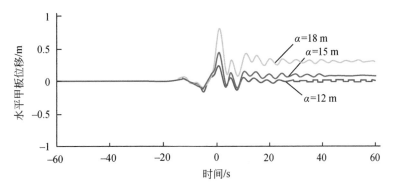

图 8-30　增加波浪振幅引起的甲板水平位移

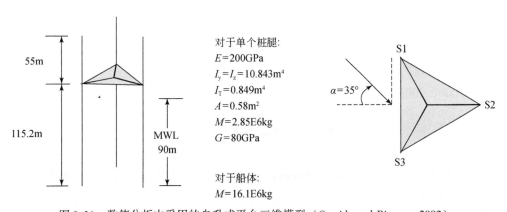

图 8-31　数值分析中采用的自升式平台三维模型（Cassidy and Bienen，2002）

在桩腿上的巨大倾覆力矩越来越多地被两桩靴间变化的竖向荷载所承担。这种竖向荷载从迎风基础转移到另外两个基础的衰减速度比弹性行为时大（见图 8-32）。基础达到初始屈服后能够承受相当大的荷载，这是因为随着桩靴的塑性贯入，屈服面不断扩大。自升式平台最终的失稳主要是由于迎风桩靴 S1 的滑动。

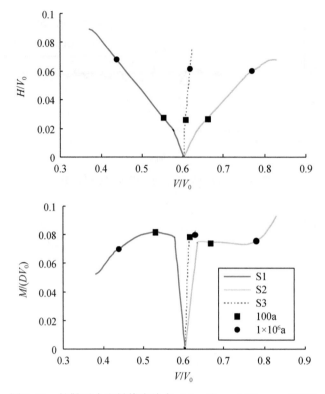

图 8-32　桩靴反力和最终失稳点（Cassidy and Bienen，2002）

3. 更多示例

自升式平台塑性合力模型的其他应用示例可以参见 Martin 和 Houlsby（1999）、Williams 等（1998）、Cassidy 等（2001，2002c）、Cassidy 和 Bienen（2002）、Bienen 和 Cassidy（2006，2009）以及 Vlahos 等（2008）。

8.5　桩靴上拔

自升式钻井平台通过拉动桩腿将桩靴拔出海床，此时船体部分没入水中提供浮力。然而，每个平台允许的超载吃水量是有限制的（一般为 0.6 m），所以最大的拉力仅为安装过程中施加在桩靴上初始压力荷载的约 20% ~ 50%。由于桩靴埋深和土体性质的影响，导致最大拉力不足以将桩靴立即拔出，使得桩靴上拔过程既困难又费时。

以下为影响上拔力的因素。

（1）桩靴埋深与土体抗剪强度的相对大小。这决定了土体破坏机制及桩靴上覆土体体积。对于深埋桩靴，初始上拔机制包括反向抗压承载响应和桩靴上覆土体的上升，如图 8-33（a）所示（Purwana et al.，2005，2008；Gaudin et al.，2010）；当达到最大抗拔力时，破坏机制转变为环绕桩靴边缘的土体流动，上覆土体继续上升，如图 8-33（b）。

Purwana 等（2005）和 Gaudin 等（2010）的试验以及 Zhou 等（2009）的数值模拟证明，桩靴上拔过程中会出现显著的负孔压。Gaudin 等（2010）基于上述机制提出了相应的计算方法。

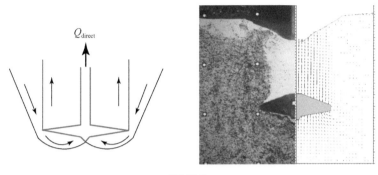

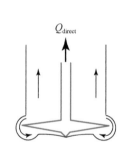

(a)早期阶段

(b)峰后阶段

图 8-33　桩靴基础不排水条件下的上拔机制

左侧示意图来自 Gaudin 等（2010）；右侧 PIV 图像来自 Purwana 等（2008）

（2）作业时长（相对于土体固结系数而言）与桩靴所受荷载大小。这些因素决定了桩靴下土体的有效应力状态，进而决定了土体不排水抗剪强度的提高幅度。由于桩靴上覆重塑土体仅在自重作用下完成固结，因此上述因素主要影响桩靴下方的土体。Purwana 等（2005）根据离心机试验提出了考虑平台作业时长和预压载大小的抗拔力预测方法。

（3）桩靴上拔过程是否喷水冲桩。现在大多数移动钻井平台桩靴上配有射水系统，用来帮助完成上拔过程。利用位于平台上的泵，通过桩腿上的软管向下输送喷射水；流速通常为 60 gal/min 或 4 L/s。在深埋黏土地层中，桩靴上拔时产生较大负压，冲桩可减小负压，降低桩靴反向抗压承载产生的抗拔力（Bienen et al.，2009；Gaudin et al.，2010）。然而，许多从业者仍然质疑射水系统的实用性。喷嘴过少和喷嘴堵塞等问题使喷射水无法扩散到整个桩靴，这限制了桩靴在实际工程中的应用。在条件可控的离心机中，近期试验已经证明了在桩靴底部喷水冲桩的有效性（Bienen et al.，2009；Gaudin et al.，2010）。试验结果表明，桩靴抗拔力的减小主要取决于射水系统的水量大小以及桩靴的上拔速率，而非喷射压力。冲桩性能可按桩靴上拔时产生的理论空洞中喷射水的体积与空洞体积之比表示。Bienen 等（2009）与 Gaudin 等（2010）提出了射水体积的实用指导意见。

其他拔出深埋桩靴的方法包括循环压拔桩以及挖去基础的上覆土体。

第9章 海底管道和立管

9.1 引　言

9.1.1 海底管道网络

海底管道是海上油气开发的大动脉。碳氢化合物和其他液体产品通过海底管道从采油井运输至现场或岸上进行加工。在油气行业内，经常使用不同的术语来区分海底管道，包括连接特定海上油气井的"出油管道"，以及将产品（通常经过一定程度的加工）运输至岸上的（外输）管道；收集邻近油气田碳氢化合物产品的大型管道常被称为"干线"，而输送电力信号与控制、液压动力或少量化学品的小型管缆被称为"脐带缆"。

"刚性"管道由钢管制成，具有内外涂层，可以用于防腐蚀、磨损、冲击防护与隔热，并增加了管道的重量以提高其稳定性，刚性管道的直径一般为 0.1~1.5m。"柔性"管道由金属和聚合物复合材料制成，直径为 0.1~0.5 m，由金属卷条夹于聚合物层之间构成。与刚性管道相比，柔性管道制造成本较高，但铺设效率也高。有些刚性管道由同心钢管形成"管中管"系统，在钢管之间的环状空间注水实现温度控制。

在油气田内场（除全海底开发情况外），开采的流体从海底输送至海面上的固定式或浮式设施，此时就需要用到"立管"。立管可以是垂直管道（如锚定在海床上的顶部张紧立管），也可以是悬浮于水中的悬链式管道；悬链线管道可以是柔性管道，也可以是传统的刚性管道，其中刚性管道通常被称为钢悬链线立管（SCR）。本书中，我们将铺设在海床上或埋设于海床中的所有管道统称为海底管道。一个完整的海底管道网络，还包括管道终端以及沿管道轴向的多种结构物，如图 9-1 所示。

随着海洋开发延伸到离岸更远的深水区，海底管道和立管在相关基础设施建设中扮演着越来越重要的角色。澳大利亚西北大陆架的天然气输出管道，每千米的成本现已超过 400 万美元，其中绝大部分用于维持海底管道的稳定。海底管道受到波、浪、流等水动力以及管内输送物质温度和压力升高产生热胀冷缩的联合作用，海底管道稳定性是其岩土工程设计的重点。

其他外部荷载还需要考虑船舶锚链、拖网捕捞设备、冰川移动以及海床土体运移，包括海底滑坡、碎屑流和浊流等与海底管道的相互作用。

合理的管道设计必须满足管道及其关联结构完整性要求的极限状态。极限状态设计需要考虑：极限和疲劳荷载作用下管道轴向力和弯矩引起的管壁应力；管道与管道终端结构

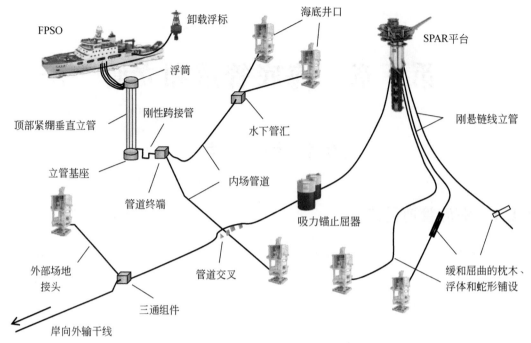

图 9-1　管道网络和相关的基础设施

（或内部任一连接结构）的相互作用。因此，控制管道内应力以及管道与附属结构间的相对运动是很有必要的。

　　与其他结构基础不同，允许管道在海床上有适度的变位移动而不超过其极限状态，除非受到海底井口、其他连接装置或障碍物的约束。因此，一个可行的设计可能不要求海底管道稳定在安装位置。然而，有必要评估运营期限内管道发生的预期变位是否会损害其结构完整性或正常使用。海底管道的变位包括管道逐渐填埋或暴露，或管道沿轴向或横向的滑移。

　　海底管道的铺设通常借助铺管船，有 S 型、J 型或卷筒型铺设方式。在某些情况下，管道可以在岸上组装，然后拖移到海上铺设。对于 S 型铺设，管道在船上水平组装，然后船向前行进的同时，一段段的管道在船尾离开船体。水平管道在船尾经过弯段装置从而趋近竖直，并由一个船上伸出的框架支撑，这个框架称为托管架。对于 J 型铺设，管道以接近竖直的姿态在船上组装，因此下放时无需使用弯段装置。小直径管道可以在岸上组装，然后缠绕在铺管船的卷筒上。船向前行进的同时以稳定的速率展开管道进行铺设，并使用滚轴系统消除卷筒上缠绕形成的残余曲率。采用卷筒型铺设方式时，管道离开卷筒的角度既可能类似于 J 型铺设，趋于竖直；也可能类似于 S 型铺设，由托管架支撑，因而较平缓。

　　土−结构物相互作用是管道分析的重要内容。管道的结构分析一般采用简化的荷载传递曲线来考虑管−土相互作用，这些曲线通常采用与桩基础设计中 p-y 或 t-z 模型类似的形式（见第 5 章）。管−土相互作用的岩土分析最终归结为可直接用于管道结构分析的简单模型。岩土分析和结构分析需要交叉检验，以确保前者的假定与后者的结果一致，例如岩土分析应考虑管道移动时周围土体排水条件显著影响管−土相互作用力，然而结构分析通常不考虑土体固结与排水条件的控制机理，仅根据预先确定的荷载传递曲线进行计算；有结果表明这种做法可能并不合适。因此，高效且全面的海底管道设计需要岩土工程师和管道工程师的密切合作。

9.1.2　管道的岩土工程设计

管道内径的大小一般取决于管道流动安全保障的相关要求。尽管管道的起点和终点由开采源和流体的输送目的地确定，但管道路由选择需考虑避免地质灾害的影响（见第9.2.1节）。同时管道路线可以被优化，以缓解运营期间由于水动力作用或管道"行走（walking）"造成的过度位移（见第9.2.2和第9.2.3节）。管道路由选择过程中岩土工程分析涉及的内容主要有：①铺设完成后的管道埋深；②运营期间管道埋深的变化；③海床能够为管道提供的轴向与横向阻力。

根据水动力荷载和土抗力的相对大小，可以选择给管道增添涂层，以增加其重量。降低作业期间管道位移的最优方案制定依赖管−土相互作用产生的抗力，例如管道受控侧向屈曲方法的选择（见第9.2.2节）。

如果管道在海床上无法保持稳定或者暴露于过大的外部荷载，则可能需要通过掩埋或管沟屏蔽措施来提供保护。此时岩土工程设计需评估上述措施提供的额外约束，同时优化管沟施工和管道埋设方案。图9-2说明了设计中需要考虑的一些问题。

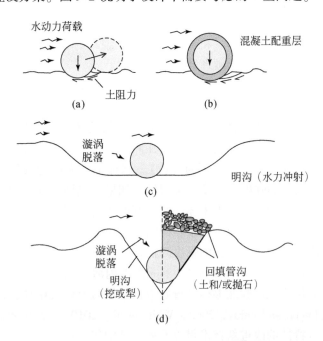

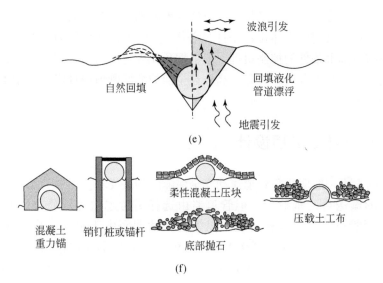

图 9-2　管道稳定性设计需要考虑的问题和解决方案

（a）底部失稳；（b）混凝土配重层；（c）水力冲射式明沟；（d）犁式挖沟机形成的明沟或回填管沟；

（e）管沟相关问题—自然回填、液化和悬浮；（f）间断式锚固技术

9.1.3　管道和立管相关的岩土工程问题

针对管道和立管的分析研究是海洋岩土工程中较为落后的一个领域。2005 年 ISFOG 会议上 Cathie 等（2005）对管道岩土工程研究的最新进展进行了综述，并且指出这是针对该领域的第一次综述。此外，Palmer 和 King（2008）编写的管道工程教材提到"管-土相互作用这一岩土工程问题刚刚开始被理解"。

管道岩土工程需考虑海床浅表地层的土体特性，与之相关的应力水平显著低于常规岩土工程分析。这一点至关重要，因为这样的低应力条件，经常不属于常规的土力学响应（见第 9.3.1 节）。管道岩土工程的另一个特点是土体的受扰动程度与管道-海床相互作用的情景依赖性。当管道铺设在海床表面或埋置在回填材料下，支撑管道的土体是经过重塑的（如果是砂性土，采用扰动来形容更为合适）。这种土不太可能具备现场勘察得出的未扰动土特性，特别是土体的强度或密度。类似地，如果冷热循环或水动力作用下管道在海床上往复移动，则会进一步重塑周围土体，并改变海床的局部地形。在循环运动的间歇阶段，即管道处于静止状态时，细粒土将重新固结至孔压平衡状态。重新固结过程中增加的土体强度在很大程度上抵消重塑导致的强度降低。

管道路由的现场勘察旨在评估浅表 1～2 m 深度内海床的特性，但往往受阻于软弱细粒土的取样困难。原位测试试验能够提供重要数据，但需认真解译，以合理考虑土层表面对结果的影响（Puech and Foray，2002；White et al.，2010）。近年来，为了辅助管道设计，获取浅表土工程特性的改进新技术得以发展。其中包括可布放在海床上的自带传感器的模型犁和模型管道（Noad，1993；Hill and Jacob，2008）、ROV 负载的全流动贯入仪

（Newson et al.，2004）和在箱式取样器中使用的微型全流动贯入仪（Low et al.，2008）。

土与海水之间的相互作用也非常重要，这体现在冲刷过程、沉积物输运过程、海洋生物对管道的影响等。岩土工程与沉积物输运以及水力学之间的学科交叉意味着，其他类型设计中大多单独考虑的因素应在管道分析中综合考虑。

9.2　设计内容

9.2.1　灾害避让

管道路由的确定通常受岩土防灾减灾需求的影响，路由选线中常见的地质灾害包括：

（1）海底地形不平，可能造成超出安全要求的管道悬跨；

（2）在风暴或地震中发生液化的不稳定海床条件，可能造成管道失稳；

（3）陡峭或不稳定边坡，可能造成管道下滑或海床坍塌；

（4）泥石流或浊流可能发生的地区，对管道会产生附加荷载；

（5）不稳定的流体逃逸地质构造（麻坑、泥火山），可能造成管道失稳；

（6）沙波，可能导致管道悬跨超出安全要求，并可能发生迁移；

（7）冰山龙骨，可能擦划海床，造成管道破坏。

海底地质灾害更详尽的讨论见第 10 章。

9.2.2　在位稳定性

早期对海底管道−海床相互作用力的研究，主要集中在风暴期间水动力作用下的管道稳定性。通过对管−土侧向阻力进行下限评估，并确保阻力大于施加的水平水动力荷载（需考虑水动升力造成的管−土竖向接触力的降低），可以保守地评估管道的在位稳定性。稳定性评估方法已在诸如 DNV（2007）等规范中提供，但关于失稳机制仍存在争议。有学者认为，在水动力荷载幅值足以使管道发生移动前，海床本身已经失稳并发生整体或局部液化（Damgaard and Palmer，2001；Teh et al.，2006）。在位稳定性计算表明管道可能是不稳定的，因为风暴最大波浪期间的水动力荷载足以克服海床为管道提供的阻力（计算时忽略了土内水动力效应的影响）。然而，风暴逐渐增加的过程中海床可能首先发生液化，造成土体强度降低，此时管道可能下沉，埋深的增加导致水动力荷载显著减小，从而使得之前的计算不具备代表性。同时，水动力作用可能使沉积物在海床上运移，导致管道埋深改变。一个简单的设计方法很难同时考虑这些问题。

可以通过增加管道重量（如在管道外添加混凝土配重层）直接提高管道的稳定性，或者采用间接方法，如将管道铺设在管沟中（包括有无回填土两种情况），然后用一层稳定的岩石覆盖或使用间断式固定锚。但这些措施的成本十分高昂，因此管道设计的目标是将此类稳定措施的使用程度降至最低。

增加海底管道的埋深具有双重优势：①激发周围土体提供额外被动土压力，从而提升侧向阻力；②降低管道须承受的水动力荷载。但通过犁沟等物理手段增加管道埋深的成本是十分高昂的，因而通常依赖管道自重、管道在铺设中的循环运动以及安装后可能发生的任何自埋机制来增加埋深。

9.2.3 内部压力和温度变化引起的管道响应

在海洋深水区域，水动力荷载通常较小，管道承受的控制性荷载来源于内部温度和压力引发的管道膨胀。管道膨胀导致管道和海床之间产生轴向阻力。在一定的土体阻力和管道重量条件下，过大的压力可能导致管道屈曲。一旦形成屈曲，管线延轴线向屈曲部位集中变形，导致轴向抗力大幅下降。低轴向抗力造成过度集中变形，使得屈曲段内产生过量的弯曲应变。

处理这种膨胀的一种常见方法是将管道下埋入海床中，并确保有足够的上覆土层，以防止管道在垂直面上发生屈曲（称为隆起屈曲）。然而，随着工作温度和压力的升高，更为简捷的做法是沿管道每隔一段距离提前设计一定限度的屈曲变形，以便将轴向应力保持在可接受的水平，并保证屈曲部位不产生过度的弯曲应变。

在深海，防止拖网造成损坏的管道埋设是不需要的，容许管道在水平面内屈曲是目前广泛采用的一种方案，以应对温度和压力引起的管道膨胀（图9-3）。然而，受控的侧向屈曲需要非常细致的设计，以确保屈曲按计划形成，并保证在整个输运管道的使用寿命内，屈曲部位的疲劳响应符合安全要求（Bruton et al., 2007, 2008）。热循环也会导致轴向位移的累积，这种现象被称为"轴向走管"（Carr et al., 2006）。走管由管道升温和关停过程的不对称性引起，管道的其他不对称因素也会引起走管，如管道一端连接立管处或管道经过海底边坡处的高拉力。在多次热循环后，走管导致管道出现显著的整体位移。对于管道自身来说，走管并不是设计需要考虑的极限状态，但可能造成管道中部或末端的连接设备发生破坏。

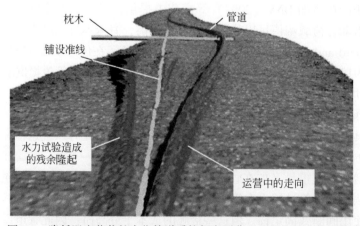

图9-3 降低温度荷载的在位管道受控侧向屈曲（Jayson et al., 2008）

为了控制管道内的应力以及管道与附属结构的相对运动，必须评估管道屈曲和走管。结构分析需要考虑管道与海床在竖向、轴向和侧向的相互作用力。类似于桩–土轴向和侧向相互作用分析的"t-z"和"p-y"模型，管道分析常用的方法是在每个方向建立独立的力–位移响应模型。此外，还存在更为复杂的模型，例如利用塑性理论考虑各个加载方向之间的耦合（Zhang et al.，2002a，b）。现有模型最初的目的是用于稳定性分析，适用于位移较小的情况，因此当前的挑战是扩展现有模型，以考虑几何条件的变化以及土体重塑和再固结效应对管道大幅度循环位移的影响。

9.2.4　立管的疲劳分析

疲劳损伤是钢悬链线立管（SCR）和竖向立管设计的一个关键问题，设计关心的临界区靠近立管与浮式设施的连接点以及立管与海床的交汇处。立管与海床交汇处（SCR 应用中称为触底段）疲劳，来源于：浮式设施传递的一阶和二阶运动造成立管上的轴向和弯曲应力；立管悬挂段的水动力载荷。

钢悬链线立管能在立管平面或垂直于立管的平面内运动。现场观测表明，立管在两个平面上的循环运动导致了大型冲沟的形成（图 9-4，据 Bridge and Howells，2007）。现有研究主要集中于立管的竖向运动，并且大多数商用软件仅限于线弹性海床响应分析，因此计算得到的疲劳寿命很大程度上取决于所假定的海床刚度的大小（Bridge et al.，2004；Clukey et al.，2007）。冲沟的形状也会影响疲劳损伤的累计速率，但设计时可采用的计算依据却十分有限。

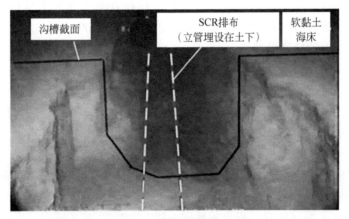

图 9-4　钢悬链线立管在触底段掩埋于沟槽内（Bridge and Howells，2007）

9.3　在位管线的管–土相互作用

对于海底在位管线，岩土工程对管道设计的贡献主要是评估管道与海床在竖向、轴向和侧向的相互作用力。后两个方向约束力的大小取决于管道的埋深。

由于以下四个原因，管-土相互作用力的评估十分困难：①由于管道铺设过程中的动力效应，管道埋深难以预测。②常规的现场勘察手段对海床表层约0.5 m的关键深度范围内土体强度的测试精度较差，符合管-土相互作用低应力水平条件的室内试验也极少。③设计允许管道在海床上移动一段相当长的距离，在如此大幅值位移条件下，管-土相互作用力的大小受到海底地形和土体状态变化的影响。④对于管道整体响应，通常不能仅对相互作用力进行保守估计，而需要同时评估上限和下限，以满足所有极限状态要求。而过量或不充分的管道运动均可能造成破坏。

9.3.1　低应力条件下的土体响应

原位抗剪强度是估算管道初始贯入深度与土体侧向阻力的重要参数，两者均可能涉及土体的重塑和重固结这一循环过程。浅层贯入仪试验——包括利用海床基支架或ROV（遥控无人潜水器）搭载进行的原位试验（Newson et al.，2004）、使用微型贯入仪在箱式取样器中进行的试验（Low et al.，2008）——是获取海床浅表地层初始和重塑抗剪强度的最佳方法。在这一方面，全流动贯入仪（如T形仪和球形仪）优于锥形探头的静力触探仪，因为全流动贯入仪可以进行循环插拔试验。

管道-海床的轴向摩擦阻力也是一个重要的设计参数。因此，室内试验需要符合管道设计的极低有效应力水平，恢复原位采集的扰动试样，评估界面摩擦角和重塑强度。目前已有专门为上述目的研制的设备，用于测量低应力水平下土体-土体以及管道-土体界面摩擦角。例如斜板仪（如Najjar et al.，2003），它包含一个带有铰链的板，板上放置只受竖向力作用的黏土试样，然后逐渐倾斜，直到黏土试样在重力作用下从板上滑下。除此之外，还可以使用改进的剪切盒试验（如Kuo and Bolton，2009），通过消除无关的摩擦力，实现对极低剪切阻力的精确量测。

利用上述设备进行试验，得出的一个主要结论是：在典型的有效应力水平（约为2 kPa）下，即便对高塑性黏土，合理的摩擦角大小也远高于预期值。在2～300 kPa法向有效应力作用下，西非海域高塑性黏土的斜板仪、剪切盒和环剪试验表明，残余摩擦系数的趋势大致可表示为

$$\mu \approx 0.25 - 0.3\log(\sigma_n'/P_a) \tag{9-1}$$

其中，法向有效应力σ_n'通过大气压强P_a进行归一化（White and Randolph，2007；Bruton et al.，2009）。法向应力为2 kPa时，上式计算得到的摩擦系数约为0.75（对应摩擦角为37°），这也与Bruton等（1998）报告的数据一致。

深水沉积物在泥面处的强度通常不为零，或在海床上部0.5 m深度范围内存在剪切强度高达10～15 kPa的硬壳层（例如，Randolph et al.，1998；Ehlers et al.，2005）。这导致非常高的强度比s_u/σ_v'与相应的剪胀行为（或在不排水条件下产生负孔隙水压力）。在非常低的应力水平下，脆弱的黏土结构相对稳健，足以引起土体剪胀和高摩擦力。管道设计所需的极低应力水平条件下黏土的力学行为，或许可借用中等应力水平下砂土的峰值强度和剪胀性等概念描述。例如，Bolton（1986）提出的关联砂土应力水平和峰值摩擦角的简单

表达式，该表达式与式（9-1）描述的趋势相同，但归一化处理中用颗粒强度参数代替大气压强。

虽然土体在管道铺设过程中受到扰动，并在管道重力作用下再次固结，但在随后管-土界面上的滑动中，尤其是对快速（不排水）剪切过程，观察到的响应也可能是脆性的。

9.3.2　竖向贯入

管道在海床中的埋置深度对其侧向稳定性和轴向阻力有很大影响。因此，尽可能准确地预估管道的埋深是极其重要的，但这是一个需要考虑众多因素的复杂问题。结合管道自重和地基承载力理论计算的贯入阻力能够估计埋深，但观测结果表明，管道铺设后的典型埋深通常大很多。上述差异来源于铺设过程中两种机制：触底点应力集中、铺设过程中管道循环运动造成的土体重塑或位移。铺管船的运动和管道悬挂段上的水动力作用都会导致管道在与海床接触时发生动态移动（Westgate et al.，2009）。在管道运营过程中，由于海床的移动性（冲刷和再沉积作用）与波浪流作用下海床的部分液化和固结，管道埋深也可能发生变化。

1. 静力条件下的贯入阻力——高渗透性土体

在高渗透性海床（即通常为粉砂、砂及粒径更大的土体）上铺设管道时，土体在管道贯入过程中通常处于排水状态，管道布放后的埋深较浅，通常小于管道直径的20%。根据Zhang 等（2002a）的研究，归一化埋深 w/D（其中 D 是管道直径）可通过下式估算：

$$\frac{w}{D} = \frac{V_{ult}/D}{k_{vp}} \tag{9-2}$$

其中，V_{ult}是单位长度管道所受的管-土竖向作用力；k_{vp}是塑性（割线）刚度。管道最大接触应力 V_{ult}/D 通常小于 10 kPa，而对于静力条件下管道的竖向贯入，k_{vp}值基本不小于 200 kPa，即使土体是较为松散或可压缩的材料（如钙质砂）。然而，管道的动态运动通常使k_{vp}的实际值较低，这是由于竖向贯入挤土造成管道埋深增加。因此，管道埋深同时受到铺设过程中管道运动，尤其是侧向循环运动，与土体强度的影响（Westgate et al.，2010）。

2. 静力条件下的贯入阻力——低渗透性土体

与管道的铺设速度相比，某些土体（即一些粉土、黏土或淤泥质土）来不及排水，在这类土体构成的海床上铺设管道时，可以按照不排水条件评估土体响应。均质或非均质土体上浅埋管道的不排水竖向承载力计算已有严格塑性解（Murff et al.，1989；Salençon，2005；Randolph and White，2008b）。有限元分析进一步扩展了这些理论（Aubeny et al.，2005；Merifield et al.，2008a，2009），并归纳为如下指数函数表达式：

$$\frac{V_{ult}}{s_{u,invert}D} = a\left(\frac{w}{D}\right)^b \tag{9-3}$$

其中，$s_{u,invert}$是管底土体的抗剪强度，参数 a 和 b 取决于管-土界面的粗糙度和土体剪切强度随深度的变化梯度。设计建议取值为 $a=6$，$b=0.25$（Randolph and White，2008c），但对于埋深很浅的情况（即当管道类似于宽度为 D' 的条形基础时，图9-5），此建议值高估贯入阻力。

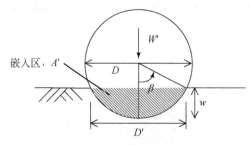

图9-5　部分埋置管道

对于强度极低的沉积物，特别是土体被重塑或发生液化（粉土和砂土）的情况下，浮力对贯入阻力的贡献可能变得显著。此时，总阻力的表达式为

$$\frac{V_{ult}}{s_{u,invert}D}=N_c+f_b\frac{A'\gamma'}{s_{u,invert}D}\tag{9-4}$$

式中，N_c 是式（9-3）的右半部分，A' 是海床以下管道的名义面积，γ' 是土体的有效重度。引入系数 f_b 用来考虑海床局部隆起造成的管道名义埋深与管道所受的浮力的增加。参考图9-5，管道埋入部分的面积由下式计算：

$$A'=\frac{D^2}{4}(\beta-\sin\beta\cos\beta)\tag{9-5}$$

管道埋深 w/D 和宽度 D'/D 按下式计算：

$$\frac{w}{D}=0.5(1-\cos\beta)\ ;\frac{D'}{D}=\sin\beta\tag{9-6}$$

贯入过程的大变形有限元分析可以确定隆起幅度和参数 f_b 的大小。图9-6 比较了基于两种有限元软件的大变形模拟结果（Randolph et al.，2008c）。接触点 A 的深度明显大于 $w/D=0.45$ 的名义深度，这不仅影响管道所受浮力的大小，也影响管道内的热传递过程。

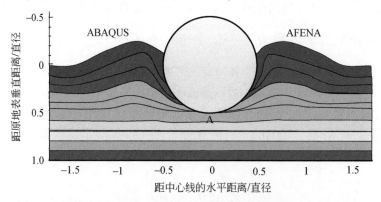

图9-6　管道贯入过程中土体变形的大变形有限元分析（$w/D=0.45$）

图 9-7 展示了一个贯入曲线示例，比较了大变形有限元分析与式（9-4）指数表达式的预测结果，得到 f_b 的最佳拟合值约为 1.5。这与大量的数值分析结果一致（Merifield et al., 2009）。

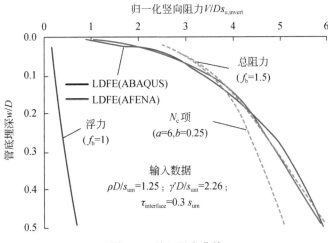

图 9-7　贯入阻力曲线

　　浮力的影响与重塑或局部液化造成的土体强度降低相关。对于浮力影响，最后需要说明的是一定比重的管道在零强度土体（因而无局部隆起）中的"中性"埋深。如图 9-8 所示，中性浮力下管道的埋深随管道比重和土体有效重度 γ' 变化。土体有效重度由水的重度 γ_w 归一化。对于典型的管道比重值 1.2 以及归一化有效重度 $\gamma'/\gamma_w = 0.7$，中性埋深约为管道直径的三分之一。

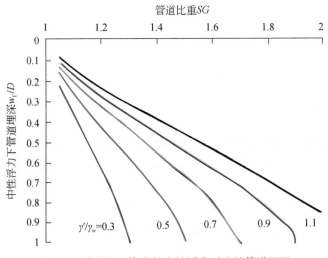

图 9-8　零强度土体内的中性浮力对应的管道埋置

3. 铺设时的应力集中

管道铺设过程中，无论是 J 型还是 S 型铺设，触底点附近管–土之间的接触力（或单位长度上的竖向力）超出管道及内部流体的水下自重。管道构型如图 9-9 所示，其中一个关键参数是沿悬挂段恒定的管道拉力水平分量 T_0。基于悬链线的解析解，水平张力可以用水深 z_w、悬挂角 ϕ 和单位长度管道的水下重量 W' 计算：

$$\frac{T_0}{z_w W'} = \frac{\cos\phi}{1-\cos\phi} \tag{9-7}$$

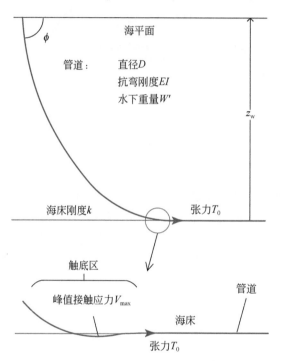

图 9-9　铺设过程中的管道构型

管道抗弯刚度 EI 对悬链线拉力的限制作用通过特征长度 λ 表示，$\lambda = (EI/T_0)^{0.5}$，代表发挥了抗弯刚度作用的管道长度。单位长度管道与海床的最大接触力 V_{max} 与局部应力集中系数 $f_{lay} = V_{max}/W'$，是 EI、T_0 和海床刚度 k 的函数（k 定义为单位长度管道上的力 V 与埋深 w 关系曲线的割线斜率）。V/W' 曲线的示例见图 9-10。应力集中系数随着水深的增加和海底刚度的降低而减小。

海床刚度用无量纲形式表示为（Pesce et al.，1998）

$$K = \frac{\lambda^2}{T_0}k = \frac{EI}{T_0^2}k \tag{9-8}$$

假定管道静力铺设，Randolph 和 White（2008b）提出了不同参数条件下管道受力的解析解，指出当水平拉力 $T_0 > 3\lambda W'$ 时（适用于大多数工况），解析解（Lenci and Callegari，2005）和 OrcaFlex 数值解（Orcina，2008）可按同一组曲线表示并用于设计。f_{lay} 的值可近

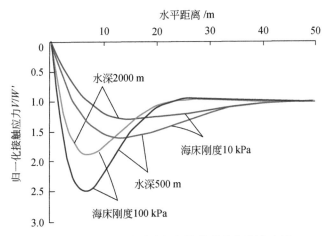

图 9-10　归一化管道接触力沿管道分布曲线示例

似表示为

$$\frac{V_{max}}{W'} \approx 0.6 + 0.4 K^{0.25} = 0.6 + 0.4 \left(\lambda^2 k/T_0 \right)^{0.25} = 0.6 + 0.4 \left(EIk/T_0^2 \right)^{0.25} \tag{9-9}$$

该表达式与 OrcaFlex 计算结果的比较见图 9-11。

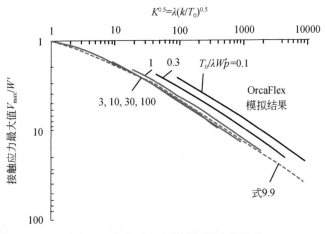

图 9-11　布设过程中管道的最大接触力

在考虑土体塑性变形的情况下，估算管道初始贯入过程中的海床等效刚度是计算 f_{lay} 值与管道静力贯入深度的关键步骤。k 值的确定需要迭代计算，满足不同计算结果之间的自洽，包括 V_{max} 值、管道的贯入深度 V_{max}/k、根据海床强度获得对应该贯入深度的竖向阻力等。对于泥面土体强度为零、强度沿深度变化梯度约为 1.5 kPa/m 的情况，k 的"塑性"值可低至 2~4 kPa，对应的管道贯入深度将大于等于管道的直径。然而，泥面土体只需数千帕的强度，k 值就可以达到 100~300 kPa，对应的管道贯入深度将小于 0.1D。还应注意的是，虽然对于非线性海床响应，建议选取割线刚度作为海床刚度计算值，但实际上触底区不同部位的海床刚度是不同的。在管道逐渐铺设中，最大接触力位置前方的海床随着力的增加而发生塑性变形，而最大接触力位置后方的管道将处于卸载状态，因而表现出更为刚性的响应（随 V/W' 减小至 1）。

在深水海域，铺设系数 $f_{lay} = V_{max}/W'$ 值较低，这意味着管道受到的最大静荷载可能出现在铺管完成后的水压试验过程中。然而，由于悬链线静力条件下的接触力和管道循环运动造成的动力效应共同作用，管道达到的埋深仍然可能由铺设过程来主导。

4. 铺设过程中动态运动引起的管道下沉

铺管船的运动与作用在悬吊管道上的水动力荷载将导致触底区的管道发生动态运动，从而增加管道埋深。这些荷载将引起海床管道的竖向和水平运动（Lund，2000；Cathie et al.，2005）。除了海面上涌浪和波浪引起的铺管船运动外，如果管道的下放与铺管船的前行不同步，管道张力可能发生周期性变化（取决于张紧器的精度）。张力的变化导致触底点的变化与管道在触底区海床上的循环竖向运动。管道铺设过程中的循环运动造成海底沉积物的局部软化，管道的侧向运动还将土体推到管道线路的一侧，从而使管道在形成的狭窄沟槽内下沉。最终结果可能是，即使考虑铺设过程中的应力集中效应，此时管道的埋深仍要比静力贯入估算的结果大一个数量级以上。

可以将静力贯入计算的埋深（基于 $V_{max} = f_{lay}W'$）乘以一个修正系数 f_{dyn} 来考虑管道铺设过程中的动力效应。对比管道埋深实测值和采用土体未扰动强度计算的静力贯入深度，较浅水域（水深 < 500 m）铺设的管道 f_{dyn} 的典型值在 2 ~ 10 范围内。

估算 f_{dyn} 值的另一种方法是使用完全扰动的抗剪强度计算"静力"贯入深度，无需进一步考虑动力效应的影响。管道铺设后有限的调查数据表明，该方法能够合理估算一般铺设工况条件下管道的埋深。对于管道运动可以忽略不计的工况（例如无风浪的天气条件或管道最后悬链线区段的铺设），它将高估管道埋深；而在极端天气或需要停工的情况下，它将低估管道埋深。该方法强调了精确估计完全扰动土体抗剪强度的必要性，例如采用全流动贯入仪的循环插拔试验（Westgate et al.，2009；Westgate et al.，2010）。

通过模型管道的离心机模型试验，可以准确地评估特定场地条件下，由动态运动引起的附加的管道下沉。试验的设计包括：首先评估铺设过程中设计天气条件下触底区管道的典型运动模式，并考虑管道铺设方式（特别是铺设张力）和铺管船动态响应的影响，然后在模型试验中将这些运动施加到模型管道上，运动的循环次数反映了单段（或多段）管道所需的焊接时间（Gaudin and White，2009）。如图 9-12 所示，通过对铺管船和管道系统的动力分析，可以得到竖向荷载比 V/W' 和循环（半幅）水平位移的典型变化规律。在平均触底点（TDP）位置附近存在一个区域，区域内的管道经历"抬升 - 与海床再接触"这一循环过程；在该区域外，竖向荷载保持正值，需重点考虑管道的水平循环位移。图中的连续曲线可被分为若干个不同的阶段，曲线分段长度与常见的 12.5 m 的单段管道长度对应。在模型试验中，可以按顺序施加不同阶段的工况；如果管道的组装过程涉及多个管段的焊接和下放，则可跳跃式地施加不同阶段的工况。

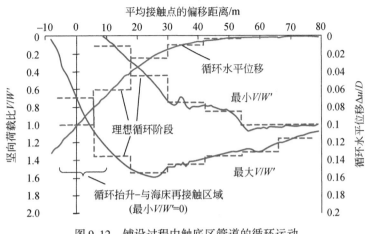

图 9-12　铺设过程中触底区管道的循环运动

5. 管道铺设后的土体固结

当管道铺设于细粒土海床时，管道底部土体完成固结的时间很长，因为在相关有效应力水平条件下土体的固结系数 c_v 非常低。当管道铺设在软弱海床时，施加的总应力导致初始超孔隙水压力的产生。随着孔压消散，土体固结，管-土界面上的有效应力与土体强度可能增大，从而增加管-土之间的抗力。这个过程类似于黏土中打入桩的"时效性"。

弹性计算表明，当管道埋深不超过 0.5 倍直径时，无量纲固结时间 T_{50} 和 T_{90} 分别约为 0.1 和 1，其中 T 定义为 $T = c_v t / D^2$（使用的是管道直径而不是接触面弦长）（Krost et al., 2010）。这意味着，粉土和砂土地基所需的固结时间相对较短，但对于 c_v 值约为 $1 \sim 10$ m^2/a 的细粒土，中型管道的固结时间可能是几天（t_{50}）到一年或更久（t_{90}）。

固结的时间尺度对于评价不同工况的管-土响应十分重要。例如，沿路由铺设管道时，需要考虑的是铺设后短时间内轴向和侧向管-土阻力的大小，这种情况下仅考虑未固结条件下的管-土阻力。而当同一根管道在运行期间承受加载时，可发挥的管-土阻力可能由于固结作用而增加。再例如，管道下方土体在水压试验期间所受竖向应力最高，但如果土体在水压试验期间的固结度很低，该过程对海床剪切强度可能几乎没有影响。

在水平荷载作用下，固结过程加快，典型值为快 5 倍，反映了该工况下较短的排水路径（Gourvenec and White，2010）。然而，即使在 c_v 值为 1×10^5 m^2/a 左右的粉砂中，t_{90} 的大小一般还是超过波浪荷载的作用周期。这导致超孔压的累积，海床存在发生局部液化的风险，同时还有可能降低管道的稳定性。

9.3.3　轴向阻力

温度变化引起的管道轴向膨胀导致轴向阻力的产生，类似于桩基础在竖向荷载作用下产生的侧摩阻力。管道的自由端轴向力为零，但需要吸收数米的膨胀变形。远离自由端部分的管道，其轴向压力等于从自由端起累积的轴向阻力之和。管道所受轴向力一般较大，例如，直径为 0.5 m、长为 20 km 的管线，当管道半周受 3 kPa 的轴向阻力时，在管线中点处产生约 50 MN 的轴向压缩力；这种情况下，需要控制侧向屈曲变形以限制管道所受轴向力的大小。

管道轴向阻力（或"t-z"荷载传递响应）的估算是一个复杂问题，并且不存在保守的设计方法，过高或过低的轴向阻力都可能对设计不利（Bruton et al.，2007）。对于软黏土，可以将轴向阻力联系到相应位置处黏土的剪切强度，类似于桩基础设计中采用的"alpha"（总应力）法。然而，管道设计中的更常用的做法是通过一个摩擦系数 μ（$=\tan\delta$，其中 δ 为管–土界面摩擦角），将单位长度的轴向阻力 T 与单位长度的竖向力 V（多数情况下等于管道的水下重量 W'）直接关联，并通过一个增强系数 ζ 考虑管道弯曲面周围土体的"楔"效应，表达式为

$$T = \mu N = \mu \zeta V \tag{9-10}$$

式中，N 为管–土界面的法向接触力。

当管道在黏性土以及粗粒土中轴向滑移时，管道运动速度较慢且周围剪切带的排水距离较短，因此土体可能处于排水状态。然而，在黏土中，轴向响应也可能处于不排水或部分排水状态，此时有必要考虑可能产生的超孔压，式（9-10）可用有效应力形式表示为

$$T = \mu N' = \mu \zeta V' = \mu \zeta (1-r_{\mathrm{u}}) V \tag{9-11}$$

式中，r_{u} 为超孔压比，其大小等于管–土交界面上超孔压平均值除以法向总应力平均值（忽略静水压力的作用）。

假设管道和土体之间的法向应力分布表示为 $\cos\theta$，其中 θ 为管道半径与竖直方向的夹角，可以证明上式中反映"土楔"效应的系数 ζ 的表达式为（White and Randolph，2007）

$$\zeta = \frac{2\sin\beta}{\beta + \sin\beta\cos\beta} \tag{9-12}$$

其中，β 等于管道与海床接触面弦长所对应圆心角的一半（见图 9-5）。根据上式计算得到，管道埋深为 $0.1D$ 时对应的系数大小为 1.1；而当 $w/D \geqslant 0.5$ 时，系数大小上升至 1.27。

基于弹性土体假设并考虑土体固结过程的数值模拟分析表明，ζ 值比上式计算的结果略高，但表现出相似的变化规律（Gourvenec and White，2010）。经过多次轴向循环往复运动，楔效应可能减弱。在反复剪切作用下，管道与土体的接触面减小，接触力可能逐渐集中于管底。

摩擦系数 μ 一般由低应力条件下土与管道表面材料之间的界面剪切试验估算。然而，试验数据表明，摩擦系数对位移速率和位移幅度非常敏感。典型的试验结果如图 9-13 所示。设计计算通常基于排水条件下的摩擦系数，该系数适用于运动速率较慢的情况，可由式（9-10）估算。然而，当管道位移速率足够大以至于产生超孔压，或者由于其他因素（例如管道铺设不久发生侧向运动）导致土体内存在超孔压时，排水摩擦系数可能高估轴向阻力。在细粒沉积物中，需要低至每秒几微米的位移速率才能保证排水条件。对于不排水条件，初始峰值后轴向摩擦系数的稳定值可低至 0.15，反映了持续的高孔压比 r_{u}。尽管

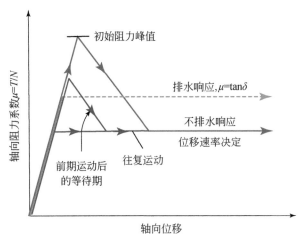

图9-13 管-土轴向响应的理想形式

模型试验表明轴向阻力存在初始峰值，但由于阻力在峰值后迅速降低且管道在运营过程中发生较大幅值的位移，因此峰值阻力在设计中往往并不重要。评估管-土轴向阻力与移动距离的关系可采用类似桩基础侧摩阻力的计算方法（见第5章）。

9.3.4 侧向阻力

由海床提供的管道侧向移动阻力通常表示为与管道当前所受竖向力（即管道水下重量与瞬时举升力之差）之比，即"摩擦"比。尽管如此，对于有一定埋深的管道，部分侧向阻力还来源于土体提供的被动土压力。DNV（2007）规范推荐的方法即是通过叠加库仑摩擦阻力和被动土压力计算管道的侧向阻力（Wagner et al.，1989；Brennodden et al.，1989；Verley and Sotberg，1994；Verley and Lund，1995）。近年来，提出了竖向力 V 和水平力 H 荷载空间的屈服包络面方法，这些方法在本质上类似于浅基础分析所采用的方法（见第6章）。利用包络面能够统一计算侧向阻力，无需人为划分摩擦阻力和被动土压力对侧向阻力的贡献。屈服包络面还可以表征管道继续下沉还是上浮至海床表面的运动趋势，这取决于 V 和 H 的相对大小以及当前屈服包络面的大小（与管道的埋深有关）。

Zhang 等（2002a）提出了排水条件下抛物线形式的屈服包络面表达式：

$$F = H - \mu\left(\frac{V}{V_{max}} + \beta\right)(V_{max} - V) = 0 \tag{9-13}$$

式中，μ 本质上是一个摩擦系数，代表 V 值较低时屈服包络面的梯度。V_{max} 是当前埋深条件下管道的贯入阻力，通过与塑性模量 k_{vp} 相关的硬化函数（即式（9-2）表示的竖向荷载-深度曲线）获得。β 项表示竖向荷载等于零时水平阻力的大小，反映了由于管道埋深而产生的被动土压力。将上式表示的屈服包络面与钙质砂中管道的离心机模型试验结果进行比较，结果表明，当荷载位于屈服包络面上时，需要采用非相关联塑性势函数来预测管道的位移。虽然当 V/V_{max} 约等于 0.5 时，管道能够承受的水平荷载最大，但当 V/V_{max} 大于

约 0.1 时，管道就向下运动。塑性势函数的表达式为

$$G=H-\mu_t\left(\frac{V}{V_{max}}+\beta\right)^m(V_{max}-V)-C=0 \tag{9-14}$$

图 9-14 举例展示了屈服包络面和塑性势函数之间的关系。

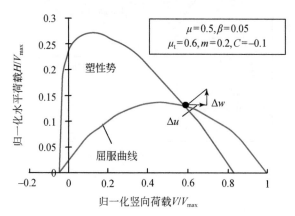

图 9-14　排水条件下部分埋入管道的屈服包络面和塑性势函数（Zhang et al.，2002）

Zhang 和 Erbrich（2005）讨论了上述排水条件的模型在设计中的应用与不排水条件下管道响应中需注意的问题，并建议最小极限摩擦比 H/V 为 0.37。利用多重屈服面（屈服包络线）和运动硬化理论，上述模型可扩展至排水循环加载工况（Zhang et al.，2002b）。上述模型也为分析管道整体响应时采用的力学模型提供了基础（Tian and Cassidy，2008）。

Randolph 和 White（2008b）以及 Merifield 等（2008a，b）利用上限解和有限元分析，建立了不排水条件下管道的理论屈服包络面，通用表达式为

$$F=\frac{H}{V_{max}}-\beta\left(\frac{V}{V_{max}}+t\right)^{\beta_1}\left(1-\frac{V}{V_{max}}\right)^{\beta_2}=0 \tag{9-15}$$

对于"无黏结"条件，即管道背面不能承受拉力的情况下，t 值等于零；对于管道和土体相互"黏结"的情况，t 值等于 1。对于无黏结条件的均质土，参数 β 表示为

$$\beta=\frac{(\beta_1+\beta_2)^{(\beta_1+\beta_2)}}{\beta_1^{\beta_1}\beta_2^{\beta_2}} \tag{9-16}$$

式中，$\beta_1=(0.8-0.15\alpha)(1.2-w/D)$，$\beta_2=0.35(2.5-w/D)$，$\alpha$ 是管-土界面摩擦比。对于不排水条件，塑性应变增量服从正交流动法则，屈服包络面即塑性势面，可以用来评估地基破坏时管道的移动方向。

不排水条件下屈服包络面的示例如图 9-15 所示。对于无黏结条件，$V-H$ 空间上的破坏包络线形状近似抛物线，最大水平荷载 H_{max} 对应的竖向荷载约为 $V/V_{max}=0.4$。完全黏结条件下的 H_{max} 值是无黏结条件的两倍，此时管道前后方土体的破坏模式相同，而管底以下的土体则几乎不发生变形。在无拉力的情况下，管道后方的破坏模式消失，阻力减半。试验结果表明，由于管道后方裂隙的产生，或者由于管道后方软弱重塑土薄层内的局部破坏，上述黏结机制很难完全形成。

SAFEBUCK JIP 工业联合项目（Bruton et al.，2008；Dingle et al.，2008）开展的离心

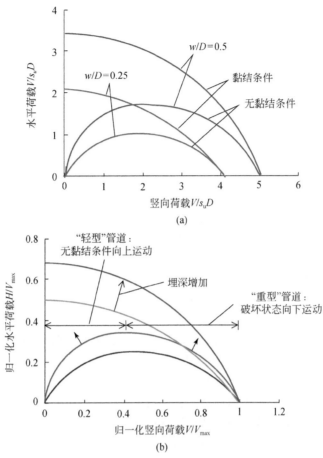

图 9-15　部分受埋管道在不排水条件下的屈服包络面示例

（a）无量纲荷载；（b）通过竖向承载力归一化的荷载

机模型试验揭示了管道贯入和侧向滑脱过程中土体的破坏机理。利用示踪粒子图像测速（PIV）分析平面应变试验中采集的图像，精准量化了土体变形机理（White et al., 2003）。图 9-16 展示了埋设在软弱高岭土中的管道在大幅值侧向滑脱过程中，土体变形模式的三个阶段。试验结果表明，当管道后方土体发生拉伸破坏时，侧向阻力同时达到峰值。在管道侧向滑脱瞬间（图 9-16（a）），可以观察到管道两侧土体均发生破坏，但管道后方土体

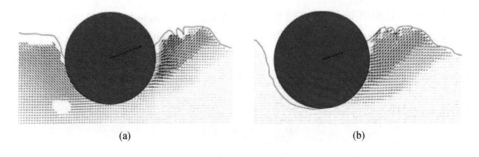

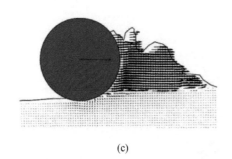

(c)

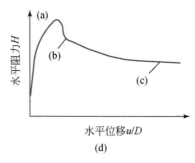

(d)

图 9-16　离心机模型试验中观察到的土体破坏模式（Dingle et al., 2008）

（a）峰值阻力对应时刻；（b）峰值后丧失拉力（无黏结）；（c）大幅值位移条件下管道前方形成的稳定隆起；
（d）水平阻力的变化

没有形成明显的完整滑移面，因此土体强度未得到充分发挥。管道侧向滑脱后（图 9-16（b）），管道前方土体产生明显的滑移面，这与塑性极限分析和有限元模拟得到的结果一致。随着管道位移的进一步增加，管道前方形成一定高度的隆起，阻力达到稳定值（图 9-16（c））。此时，阻力的大小受土坡尺寸（取决于管道的初始埋深）、土坡强度以及管道前方表层土强度的影响。

与小位移和大位移关联的水平阻力可以根据屈服包络面进行评估。对于典型的管道重量和铺设埋深，运营期间作用在管道上的荷载位于无黏结条件下屈服面的"干侧"（$V/V_{max}<0.4$）。在这种情况下，一旦管–土之间的黏结作用失效，荷载达到屈服面后管道将向上运动，随着管道向海床表面运动，管道与土体脱离后受到的阻力将减小。然而，在正常固结软黏土中，管道运营期间的荷载组合可能位于屈服面的"湿侧"，尤其是对于管中管系统。管中管的管道由两层壁构成，因而相对较重，侧向阻力将随着管道埋深的增加而急剧上升。

在侧向屈曲设计中，区分以下两种形式的响应十分重要。一种是"轻"管道背面与土体脱离后的软化响应，管道的大幅值位移往往伴随稳定的侧向阻力，且能得到较为合理的预测。此外，软化响应的脆性特点更可靠地保证了管道屈曲的形成。另一种则是"重"管道的硬化响应，该响应的研究相对较少，并且可能限制管道屈曲的形成。在大幅值侧向位移过程中，重管道受到的阻力显著高于轻管道。此外，重管道的"下潜"行为可能导致管道的进一步下埋，这将增加管道的局部隔热性能且妨碍管道的正常检修。

基于高岭土中光滑管道的离心模型试验，White 和 Dingle（2010）提出了一种估算轻管道残余水平阻力的方法。试验结果表明，管道背面的吸力导致了初始（脆性）峰值阻力的产生。峰值过后阻力表现出一定的延性，并随着位移的增加逐渐减小，在管道位移约等于直径大小时达到稳定的残余值。残余侧向阻力（或摩擦比，H/V）的表达式如下：

$$\frac{H_{res}}{V}=\mu+k\,\frac{w_i}{D}\sqrt{\frac{V}{V_{max}}} \tag{9-17}$$

建议参数取值为 $\mu=0.3$，$k=2$。式中，$w_{\rm i}/D$ 为管道初始埋深比，因此与 $V_{\max}$（造成初始埋深 $w_{\rm i}/D$ 所需的等效单调竖向荷载）和土体抗剪强度有关。对于 $0.3\sim0.5$ 的管道埋深比，上式计算得到的 $H_{\rm res}/V$ 值如表 9-1 所示。上述公式没有包含任何土体参数，因此无法反映管道前方土体在重塑作用下的强度降低或者土体强度随深度的变化。

表 9-1　不排水条件下管道的残余侧向摩擦比 （White and Dingle，2010）

初始埋深比 $w_{\rm i}/D$	垂直荷载比 $V/V_{\max}=0.1$	垂直荷载比 $V/V_{\max}=1$
0.3	$H_{\rm res}/V=0.49$	$H_{\rm res}/V=0.9$
0.5	$H_{\rm res}/V=0.62$	$H_{\rm res}/V=1.3$

9.3.5　循环响应

1. 小幅值侧向运动

前面的讨论中曾提到，管道铺设时的埋深受动力效应的影响。铺设或后续水动力加载过程中管道的循环运动，均会造成显著的管道下沉自埋。管道铺设期间，铺管船在下放管道前一般需要 $20\sim40$ 分钟的焊接时间，在这个过程中，触底区内的管段将经历数百次的循环运动。

Cheuk and White （2010） 开展了离心机模型试验，探索不排水条件下小幅值循环水平位移引起的管道下沉自埋，其中一组试验结果如图 9-17 所示。试验采用高岭土，灵敏度 $S_{\rm t}$ 为 $2\sim2.5$。尽管循环水平位移的幅值仅为直径的 $\pm5\%$，管道仍发生了显著的下沉。试验中竖向荷载的大小保持不变，但随着管道埋深的增加，归一化荷载 $V/Ds_{\rm u}$（其中 $s_{\rm u}$ 是管底土体的抗剪强度）将减小。管道的最终埋深是单调竖向荷载作用下管道埋深的六倍以上。

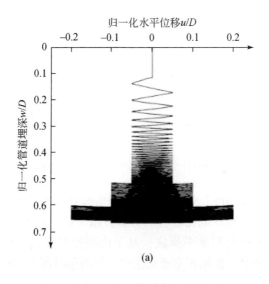

(a)

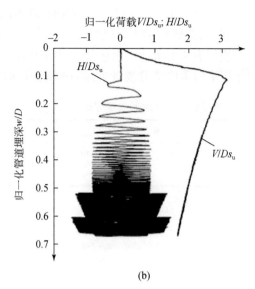

(b)

图 9-17　循环水平位移作用下的管道埋深（Cheuk and White，2010）

（a）循环水平位移；（b）对应的循环水平荷载

图 9-18 比较了高岭土和西非高塑性黏土的试验结果。有趣的是，尽管这两种黏土具有相似的灵敏度（通过循环 T 形仪试验测得），但高塑性黏土中管道在循环荷载作用下发生的额外沉降远大于高岭土，表明前者更易吸水。

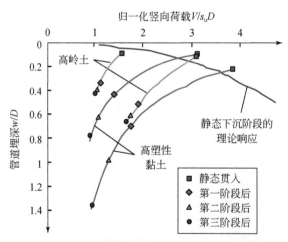

图 9-18　循环加载条件下管道的下沉路径（Cheuk and White，2010）

Cheuk 和 White（2010）介绍了一种估算小幅值循环水平位移作用下管道埋深的理论分析方法，该方法与循环 T 形仪弱化过程的分析方法类似。除了土体的软化外，该方法还允许通过施加在管道上的竖向和水平荷载，基于由理论屈服包络面（类似于图 9-15）确定的流动法则估算埋深增量。根据正交流动法则，屈服包络面上 $dH/dV=0$ 处意味着土体破坏时的位移增量比 $dw/du=0$，这是评估循环水平位移作用下管道最终埋深的关键点。该点称为平行点，对于无黏结情况，其横坐标 V/V_{max} 约为 0.4（图 9-15）。这一数值意味着，即使不考虑土体软化，管道将最终贯入到单轴贯入阻力（$H=0$）约为管道水下重量的 2.5 倍处。对于土体完全软化的情况，管道在最终埋深位置的原始贯入阻力（不考虑软化且 $H=0$）约为 $2.5\,s_u V$（忽略浮力的影响）。上述方法的预测结果与试验数据能够准确吻合。

大变形有限元分析技术的发展为循环荷载作用下管道响应的模拟提供了新方式。Wang 等（2009）介绍了一种基于有限元软件 ABAQUS 的数值方法，并采用该方法模拟了前述模型试验。模拟中采用的灵敏度为 4，稍高于试验值，模拟结果如图 9-19 所示。

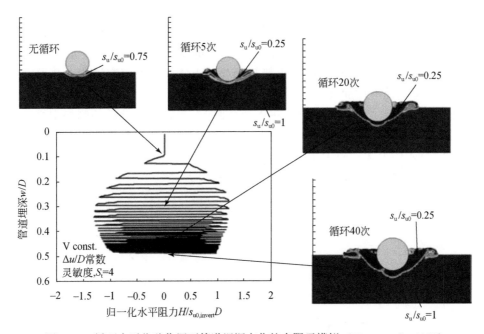

图 9-19　循环水平位移作用下管道埋深变化的有限元模拟（Wang et al.，2009）

在排水条件下，小幅值运动也会增加管道埋深，进而提高其稳定性。尽管前文介绍的塑性模型可以模拟排水条件下管道的循环响应（Tian and Cassidy，2008），但由于需要考虑土体剪胀性以及体积变化的影响，排水条件下的理论分析更困难。另外，Verley 和 Sotberg（1994）利用硅质砂中的模型试验建立了管道自埋的关联方法，该方法建立了管道埋深变化与位移幅值、管道自重（采用土体重度进行归一化）和当前埋深之间的关系。

对于实际工程中的粉质土，特别是具有剪缩性的钙质土，与波浪作用同频率的小幅值运动可能导致地基部分排水，从而造成土体中超孔压的累积。这一附加效应加剧了管道下沉，但同时也会降低液化区内土体的侧向阻力。

2. 大幅值侧向运动

管道设计中通常需要评估管道在海床上大幅值循环运动时的管-土阻力。管道开启和关闭操作可能导致管道在海床上发生侧向屈曲，设计允许的侧向屈曲最大位移可达数倍的管道直径。在管道服役期内，这样的操作可能多达数百次。此外，在风暴引起的水动力荷载作用下，设计允许的管道侧向位移可达数米，该过程可以在动力数值分析中进行模拟。在管道大幅值侧向移动过程中，被扫过的土体在管道前方形成一个隆起（见图9-16（c））。此时管道的行为不再类似于浅基础，而是由管道前方土体提供的被动土压力主导。

管道前方的隆起在下卧土层上滑动时所需的力取决于隆起的大小，而隆起大小又取决于管道的侧扫距离、管底埋深和土体的重塑程度。尽管被土体软化抵消，随着隆起的逐渐形成，管道受到的阻力也可能缓慢增加。当管道改变运动方向时，隆起被遗留在原地，如果管道在随后的循环运动中再次接近该位置，隆起将再次被推动。

上述管道行为可以通过一个典型的管道大幅值循环侧向位移模型试验说明，如图9-20所示（White and Cheuk, 2008）。模型试验中，管道循环位移的界限固定不变，模型管道在恒定竖向荷载作用下在高岭土地基上往返扫动，量测其水平阻力。管道响应通常表现为：管道与土的首次脱离（A），随后由侧扫刮起的土体在管道前方累积，并形成小型的"活动"隆起，阻力略有增加（B）。当管道变换扫动方向时，将重复上述响应（C），先前管道侧扫形成的隆起将遗留在原地，进入"休眠"。当管道在随后的侧扫中再次接近C点时，休眠的隆起将再次增大，阻力增加（D）。随着管道的循环运动，管道位移界限位置处的隆起尺寸不断增大，阻力也随之增大。由于管道在初始埋置深度时的有效隆起较大，因此管道初次侧扫时的阻力略高于之后的侧扫阻力。图9-21展示了由这种类型的大幅值管道运动造成的隆起。

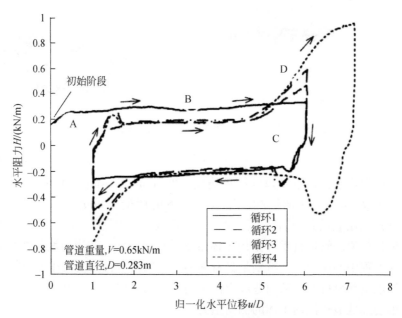

图9-20　大幅值管-土侧向相互作用试验中的现象（White and Cheuk, 2008）

在侧向屈曲设计中，模拟隆起的约束作用对管道疲劳评估十分重要。若假定管-土阻力为常数，且忽略隆起的作用，则在管道的循环膨胀收缩过程中，屈曲段将逐渐延长，从而降低了屈曲段顶部附近的最大弯曲应力（Cardoso et al., 2006；Bruton et al., 2007）。隆

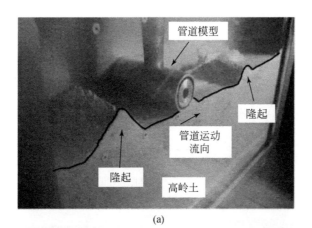

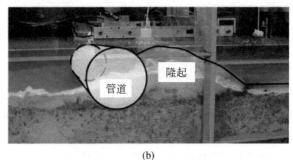

图 9-21　管道大幅值侧向运动产生的隆起（White and Cheuk，2008）

（a）土工离心机中进行的小比尺模型试验（Dingle et al.，2008）；（b）大比尺室内模型试验

起的存在抑制屈曲段的延长，导致屈曲时管道内高应力的产生和闭锁。尽管隆起对管道的约束作用也减小了管道循环运动时的位移幅值，从而减弱循环应力，但由于屈曲发生时管道产生并保留的平均应力相对更高，因此总体来说，隆起对管道疲劳存在不利影响（Bruton et al.，2007）。

基于图 9-22 所示的隆起累积和沉积过程，可以建立管道大幅值循环水平运动的分析模型。当前的隆起尺寸可以作为控制被动土压力的硬化参数。在不排水条件下，由于体积恒定，隆起随管道侧向移动距离的体积增长率等于被管道刮走的土体的深度（White and Cheuk，2008）。管道前方经过扰动和变位的土体，再次固结后将增加隆起提供的阻力。

管道在休眠隆起之间运动时的"残余"响应，可以用侧向阻力比 H/V 表示，其值通常是稳定或逐渐上升的，并且在最初的几个循环周期内，H/V 值在 0.2 ~ 0.9 范围内。该范围受管道"犁过"土体的深度、土体被重塑的灵敏度以及管道表面光滑程度的影响。此外，在黏性土中，管道的移动速度可能足够慢（且管道后方的排水距离足够短）以至于出现部分排水的情况，从而影响阻力的大小。阻力的大小还与管道运动间隔期间孔隙水压力的消散有关。受管道刮擦后的裸露土体也可能发生体积膨胀而强度降低。

在侧向屈曲段的设计寿命内，管道侧扫作用形成的沟槽深度可能十分显著。随着沟槽的不断加深，散落的土体聚集在沟渠底部从而提高残余阻力，甚至可能漫过管道屈曲段顶

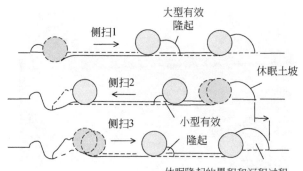

图 9-22　管道大幅值侧向移动过程中理想化的隆起运动过程（White and Cheuk，2008）

部，这两种效应都会提高其残余阻力。沟槽的存在还可能使荷载转移到相邻的管段，导致竖向管–土接触力减小。

根据计算的隆起高度，可以评估隆起提供的阻力。考虑到土体的软化效应，对隆起高度进行折减，再叠加折减后的隆起高度与初始海床面以下的管道埋深，从而提供一个"有效"埋深。最终，基于有效埋深估算相应的被动土压力（White and Dingle，2010）。

排水条件下管道响应的一般表现形式与上一节讨论的情况类似。砂性土中管道响应最主要的区别是：管道前方隆起下部不会形成软化的滑动面，隆起的最终稳定尺寸与管道初始埋深无关，因此第一次侧扫过程中的残余阻力不受初始埋深的影响（White and Gaudin，2008）。

在设计中，考虑前述章节介绍的响应机制的岩土工程分析，能够估算管道侧向阻力的变化。随后，可将估算结果转换为更为简单的关系，纳入整个管线的结构分析中。例如，土的阻力转化为残余阻力和隆起阻力的等效摩擦系数（H/W'），并表达为循环次数的函数（Bruton et al.，2009）。

9.3.6　管–土相互作用的模型试验

侧向屈曲过程中或风暴期间水动力荷载作用下的管–土相互作用，涉及复杂的海床几何形状变化，同时伴随着海床土体的强烈扰动。在某些阶段，土体可能表现为不排水或部分排水，其间穿插着一定周期的土体固结。与其他岩土工程分析相比，对这种复杂行为的评估自然更容易受到不确定性的影响。

模型试验是进行上述评估的常见手段，可以是大比尺模型试验（Langford et al.，2007）或是土工离心机试验（White and Gaudin，2008）。离心机试验中模型尺寸的减小缩短了土体固结所需时间，因此可以模拟多次管道开启关闭这一循环操作，以及二者之间阶段的土体固结过程。此外，还可以利用精密的控制系统施加任意荷载时程曲线，例如，模拟设计工况的风暴或模拟管道的动力铺设过程（Gaudin and White，2009）。

图 9-23 展示了离心机模型试验的典型结果，模拟了风暴期间管道单元在水动力荷载

作用下的响应。试验过程中，模拟风暴荷载对模型管道施加的抬升和拖曳作用，并观测管道的下沉自埋和侧向移动。在这个试验中，最初几个周期的风暴荷载循环就导致管道周围的土体液化，同时导致管道下沉自埋与一定幅度的侧向移动。当风暴荷载达到峰值时，尽管管道周围土体发生了局部液化，但此时管道的埋深已足以抵抗这一量级的荷载。两个荷载峰值之间，管道的移动距离约为一倍管径。S 形侧向荷载–位移响应具有局部液化的特征，且刚度随位移的增大而增大。

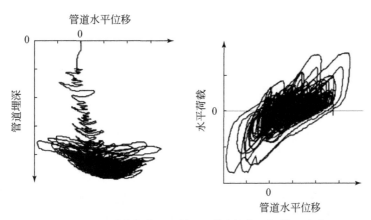

图 9-23　风暴荷载作用下管–土响应的离心机模型试验

9.4　间接稳定措施和管道埋设

9.4.1　间接稳定措施综述

与管道稳定性和管道埋设相关的设计考虑如图 9-2 所示。混凝土配重层用来增加管道的重量以提高其稳定性，这被称为直接稳定措施。在浅海，如果管道在海床上无法保持稳定，则需要采取额外的"间接"稳定措施。间接稳定措施的核心是降低水动力载荷和增加侧向阻力。开口沟槽对水动力荷载有一定的屏蔽作用，而掩埋管道则可以避免水动力荷载对管道的直接作用（尽管水动力荷载造成的土体液化会破坏被掩埋管道的稳定性）。其他间接稳定措施包括连续抛石，或沿管道按一定间隔布置局部侧向约束。后者可采取的解决方案包括：在管道上安装柔性混凝土压块、锚固墩或鞍式支座，或在管道一侧布置一系列小型桩基。这些对象的稳定性也必须在设计中评估，并额外考虑失稳的管道传递给它们的循环荷载。一种更彻底的管道稳定性解决方案是在管道上使用鳍片或扰流板，以促进泥沙沉积和管道自埋。

在一些地区，掩埋管道是为了避免捕鱼装置造成损坏，尤其是在重型捕鱼装置密集使用的北海。某些情况下，埋设有利于管道绝热，从而有利于管内物质的通畅流动，还可防止冰山倒塌对管道的冲刷作用。在海陆交汇处，管道通常埋设于回填的沟渠或微型隧道中，避免管道直接暴露于破浪带和强烈沉积物输送作用。

9.4.2　挖沟

　　管沟的施工可以在管道铺设前或铺设完成后进行。管道铺设后沟槽的开挖借助于一台跨在管道上的挖沟机器。过去管道沟槽开挖通常采用喷射法，但犁式或切割式挖沟已越来越普遍。不同的挖沟技术适用于不同的场地条件，在设计过程中，需要对每一种可能的挖沟方法进行可行性、工期、设备要求和风险评估。

　　喷射挖沟技术使用低于管道两侧海床面的喷嘴，喷出的高压水流破坏和侵蚀土体。喷射挖沟通过一个安装在水下滑橇上的机械系统进行，该系统由拖船、自行潜水履带式车辆或自航式的 ROV 拖行。常见的喷射机都配有多个喷嘴，在切割海床后，将切割下来的废土排放到机器的侧面或后方。

　　由拖船拖行的大型犁式挖沟机也能用来开挖管沟。典型的犁式挖沟机的犁铧前后装配有滑轨。犁铧的尖端将土体割开并向上推，然后通过犁壁将土体导向挖沟机两侧。犁式挖沟机还带有导轨，用于将预先铺设的管道提至犁铧上方，然后将其导向挖好的沟渠中。

　　沟槽的开挖也可以采用切割式挖沟机。切割式挖沟机是装配有多个旋转刀片的履带式车辆或水下滑橇，刀片尖端带有锯齿或镐头，通过调整其角度开挖不同形状的沟槽。开挖产生的废土则通过某种形式的喷射系统排出。犁式、切割式和喷射式三种挖沟技术经常在同一台挖沟机上组合使用。在浅水水域，可以利用疏浚设备挖沟，如绞吸式挖泥船、斗轮或链斗式挖泥船等。

　　对挖沟技术的可行性和施工效率进行评估时需要考虑以下几点：

　　（1）海床承载力：海床承载力必须能够支持设备的正常使用；

　　（2）开挖过程中海床由于切割或变形导致的土体强度：此时需要考虑应变率效应，砂土在如此高应变率条件下可能表现为不排水或部分排水。对于高度胶结或含有卵石的海床，除了切割式挖沟机外，大部分挖沟技术都不适用；

　　（3）海床的可蚀性：胶结土体和硬黏土在喷射作用下的可蚀性较差，而未胶结的砂土则很容易被分解。

　　上述要求存在着明显的矛盾，即强度高的海床可以支撑设备，但强度低的海床更容易切割。

　　通过对挖沟技术的评估，应确定可供选择的方法能否完成预定的挖沟深度。如果要在铺设管道之前开挖，必须保证管道铺设前管沟保持开口状态，这取决于管沟开挖完成后和管道铺设前沟壁的稳定性。在此期间，土体负孔压可能消散，并存在局部洋流和沉积物输运作用。

　　对于水下滑橇和犁式挖沟机，还需评估所需的拖曳力。估算拖曳力的关系式通常与挡土墙、锚或基础阻力的计算公式类似，本书其他章节介绍了这些公式。通常需要对公式进行修正，以考虑拖曳速度的影响（Cathie and Wintgens，2001）。对于剪胀性的砂土，如果土体主要表现为不排水或部分排水，则犁式挖沟遇到的阻力显著提高（Reece and

Grinstead，1986；Palmer，1999）。对于自行式挖沟机，海床必须具备足够的抗滑力和承载力，以抵抗挖沟机的自重和牵引力。Palmer 等（1979）介绍了犁式挖沟机的性能机制，最近的研究也已经检验了它在均质砂土（Lauder et al.，2008）和沙波中的性能（Bransby et al.，2010a，b）。

9.4.3　回填

管沟开挖期间或开挖完成后，可以通过机械手段回填，也可以借助悬浮泥沙的沉积作用自然回填。如果采用喷射法，开挖后的管沟可能已被喷射挖沟产生的废土填满，此时无需再回填。一些喷射式挖沟机的尾部也装配有喷射器，这些喷射器在开挖好的沟槽底部进行喷射切割，导致管沟坍塌。

如果沟槽仅需对水动力荷载提供一定的屏蔽作用，则允许保持开口（但仍然受到自然回填的作用），无需在开挖期间进行机械回填。对于需要掩埋管道的情况，自然回填仍然是一种可行的方案，但前提是自然回填过程足够快，以保证管道掩埋后的状态满足设计条件。

自然回填的速度取决于现场的沉积物输运情况。可以采用数值模拟方法评估沟渠的回填速度（Niederoda and Palmer，1986；Zhao and Cheng，2008）。

犁式挖沟机利用开挖产生的废土进行机械回填，但需要装配额外的犁壁。管道被重新下放到管沟中后，这些额外的犁壁将开挖产生的废土填回管沟。如果开挖产生的废土不适合用作回填土，则需要利用砂或石料进行回填。石料的开采和回填施工成本很高，而砂料则更有可能直接从附近的产地获取。

回填过程可能导致管道脱离管沟底部向上浮起，特别是当回填土的密度大于管道的密度时，管道上浮更有可能发生，这对管道设计十分不利。管道上浮有多种触发机制，包括回填土的液化、回填土沿管沟两侧边坡向下产生的瞬时流、由喷射或犁式挖沟造成的纵向流（Cathie et al.，2005）等。如果土体在波浪或地震作用下液化，管沟自然回填完成后管道仍有可能发生上浮（Bonjean et al.，2008）。

回填砂土在水下快速沉积后一般处于非常松散的状态，因此初期极易液化。然而，在能量足够高的环境中，波浪作用使回填土逐渐密实，达到不可液化的状态（Clukey et al.，1989）。

回填黏土的状态取决于沟槽的开挖过程。开挖过程中，黏土受到切割和重塑作用，随后被卸放至管沟旁并体积膨胀。当这些黏土回填并覆盖管道时，管道周围将形成一个由未受扰动的黏土块基质、水以及欠固结的弱化黏土构成的地基。地基随时间推移逐渐固结，最终回填土拥有的最低强度等同于正常固结状态下的强度，未受扰动土块还能继续提升回填土强度。因此，管道的抗隆起性在回填刚完成时较低，但随着时间的推移逐渐升高。

抛石材料具有很高的渗透性，因此不发生液化，并在管道抗浮时表现为排水状态，但前提条件是设计有适当的过滤层，避免回填材料堵塞。

9.4.4　埋地管道的阻力

　　管-土在轴向、侧向和竖向存在相互作用力，用以抵抗被掩埋管道的自重（或上浮力）以及由管内温度和压力变化引起的管道反复膨胀收缩。其中竖向抬升荷载最为关键，抬升荷载一般存在于两种情况下：①管道处于悬浮状态且周围土体较为软弱或部分液化；②管道由于自身膨胀而存在竖向屈曲的趋势。后者也称为隆起屈曲，相关的研究和工程实例可以参见 Pedersen and Jensen（1988）、Neilsen 等（1990）和 Palmer 等（1990）。

　　管道抬升时受到的土抗力大小取决于加载速率，而加载速率是相对回填土排水条件而言。无论在砂土还是黏土中，均有可能表现为排水、不排水或部分排水。即使在黏性回填土中，管道的缓慢升温也可能导致土体在管道抬升过程中处于排水状态（Bolton and Barefoot，1997），而隆起屈曲沿管道轴向的快速传播可能使得松砂处于不排水条件（Byrne et al.，2008）。

　　不排水和排水抗力的相对大小取决于土体状态，即土体在剪切时具有剪胀或剪缩的趋势。砂性回填土最初较为松散，但在波浪作用下逐渐变密实。在黏性回填土中，尽管存在部分未受扰动的黏土块，但初期总体上处于欠固结状态。欠固结的泥浆逐渐转变为正常固结状态，强度得到增强。研究表明，即使是正常固结黏土，在管道抬升问题涉及的低应力水平下仍表现为剪胀，导致其不排水抗力超过排水抗力（Bolton and Barefoot 1997；Cheuk et al.，2007）。

　　基于回填土的重量与延伸至土体表面的破坏面上的剪切阻力，可以估算抬升抗力的大小。对于排水条件，假定破坏面的倾角等于土体剪胀角，可以利用极限平衡法估算（White et al.，2008）。该方法优于塑性极限分析，这是因为塑性极限分析假定土体服从关联流动法则，因此过分高估剪胀性。对于不排水条件，可使用平板锚塑性极限分析解析解（Rowe and Davis，1982；Merifield et al.，2001），但需考虑管道的横截面形状。

　　当管道位于某一临界深度以下时，土体沿管道的局部流动破坏机制更易发生，而不是被抬升至海床表面，对于松散土尤其如此（Schupp et al.，2006）。当管道向上移动的距离足以使管底和土体之间形成间隙时，也可能发生局部流动破坏（Cheuk et al.，2008）。

　　由于管道的临界屈曲力与土体的约束刚度有关，因此抗浮力完全发挥所需要的管道位移是隆起屈曲分析的一个重要参数。多次循环加载导致的棘轮效应造成管道上浮过程中土体的渐进破坏，这也是需要考虑的问题。相比于管道的直径，达到管道抗浮力峰值所需的位移更依赖于上覆土层的厚度（Bransby et al.，2001；Thusyanthan et al.，2010）。土体发生渐进破坏的前提条件是管道产生塑性位移，造成塑性位移所需的管道移动距离取决于土体的颗粒粒径和土体是否流入管道下方的间隙（Cheuk et al.，2008）。

　　地震或波浪作用产生的正超孔压也会导致掩埋管道失稳。超孔压增加管道的上浮力并导致回填土强度降低，所以即使土体未完全液化，比土体轻的管道仍有可能处于悬浮状态。超孔压产生和消散的计算模型可与排水条件下抗拔力的计算公式进行耦合，据此评估管道在完全液化或部分液化土体中发生悬浮的可能性。通过这种类型的分析可确定合适的工程回填土（Bonjean et al.，2008）。

　　冰山龙骨刮擦或海底滑坡冲击引起管道响应，评估时也需要考虑掩埋管道受到的侧向和轴向抗力。排水和不排水条件下管道极限侧向抗力的研究已很丰富，包括 Audibert 和 Nyman（1977）、Trautmann 和 O'Rourke（1985）、Popescu 等（2002）、Phillips 等（2004）、Yimsiri 等（2004）、Vanden Berghe 等（2005）、Hsu 等（2006）。这些研究成果可用于建立竖向–侧向–轴向荷载空间中的破坏包络面，包络面形式参见 Calvetti 等（2004）、Guo（2005）以及 Cochetti 等（2009）。第 10 章将进一步讨论海底滑坡作用下的管道响应。

9.5　立　管　设　计

9.5.1　钢悬链线立管：岩土相关问题

　　采用钢悬链线立管（SCR）连接浮式设施与海底管道的经济成本较低。在使用寿命期间，SCR 的状态与铺设过程中的管道基本相似，如图 9-9 所示。SCR 在（平均意义上的）固定位置接触海床，因此作用在立管支撑设施上的波浪或海流引起的涡激振动造成循环运动，导致海床沉积物软化，并造成立管在"触底区"埋深的增加。实际工程中曾观测到，在立管工作数月后，便形成了深达数倍立管直径的沟槽（Bridge and Howells，2007）。

　　触底区内，立管弯矩和弯曲应力的循环变化导致结构损伤累积，因此触底区立管结构的疲劳损伤是 SCR 设计最关键的内容之一。损伤的程度与立管中剪力的分布密切相关，图 9-24 展示了以 SCR 触底点作为参考位置的最大疲劳损伤曲线与立管的剪力分布图（Shiri and Randolph，2010）。

　　立管–海床相互作用是 SCR 设计中主要的岩土工程问题，其中尤为重要的是立管竖向运动响应的刚度与沟槽的扩展程度。上述两点都将影响立管剪力的分布，从而影响疲劳损伤的演化。立管的疲劳分析需要对船舶、立管和海洋构成的整体系统进行复杂的动力分析。这项工作通常使用专业软件进行，但多数软件仅能考虑海床为理想弹性体的情况。因此，工程师关注的问题在于如何选取合适的刚度值。归一化的刚度值可表示为

$$K=\frac{k}{V_{\max}/D}=\frac{k}{N_c s_u} \tag{9-18}$$

式中，$V_{\max}=N_c s_u D$ 是当前埋深条件下的极限贯入阻力，$k=V/w$ 为海床刚度。

　　试验研究表明：对于非常小的循环位移，K 的最大值约为 200~250（Bridge et al.，2004；Clukey et al.，2005）；当循环位移幅值超过 10% 的立管直径时，K 值将降低至 10 以下（Clukey et al.，2008）。模拟上述现象必须采用非线性的立管–海床相互作用模型。

　　图 9-25 展示了不同复杂程度的立管–海床相互作用模型。单个循环周期内立管的实际响应具有图 9-25（b）所示的形式，包括：①立管贯入时克服极限贯入阻力的过程；②刚

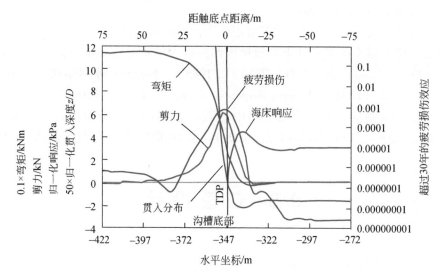

图 9-24　触底区内 SCR 疲劳损伤分布图（Shiri and Randolph，2010）

性卸载阶段；③立管进一步向上抬升，吸力产生；④当立管最终抬离海床时吸力的释放过程。模型试验结果表明，随着海床土体在循环位移作用下的软化，浮力成为立管贯入阻力的重要组成部分，此时立管的响应将表现为图 9-25（c）所示的"香蕉"形状（Hodder et al.，2008）。

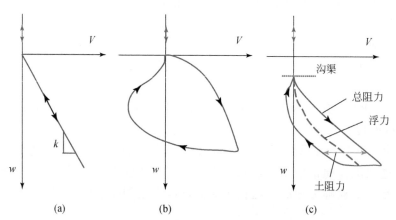

图 9-25　软黏土中立管-海床相互作用响应的理想形式
（a）线弹性响应；（b）考虑土体吸力的非线性响应；（c）考虑浮力作用的非线性响应

Hodder 等（2009）利用模型试验模拟了立管的循环运动。循环运动分为数个阶段，并且允许土体在各个阶段之间发生固结。图 9-26 展示了循环位移范围为 $\Delta w/D = 0.025$ 的典型结果。试验数据表明，每个阶段的循环运动都会促进沟槽逐渐发育，并伴随卸载割线刚度的逐渐降低；但随着土体的重新固结，响应刚度在下一阶段得到恢复，且下一阶段的最小刚度较前一阶段也有所增加。

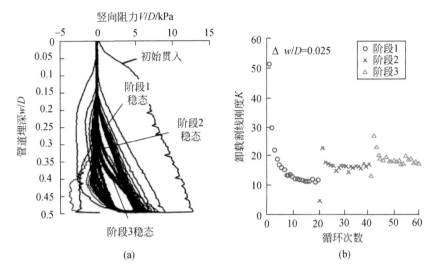

图 9-26　多阶段循环荷载作用下立管−海床的竖向响应（Hodder et al.，2009）

（a）循环作用下的竖向阻力；（b）卸载时的割线刚度比

立管分析软件 OrcaFlex 内嵌的滞回模型（Randolph and Quiggin，2009）能够捕捉立管−海床循环响应的部分特点，包括立管静态贯入时的极限贯入阻力、立管抬升时吸力的产生、立管发生反向位移时刚度的双曲线变化规律等（图 9-27）。该模型曾被用于研究沟槽深度对疲劳损伤的影响，在施加立管设计寿命内遭受的典型波浪序列前，考虑的最大沟槽深度为五倍的立管直径。如图 9-28 所示，由于沟槽的存在，疲劳寿命降低了 50%（即疲劳损伤增加了一倍）（Shiri and Randolph，2010）。

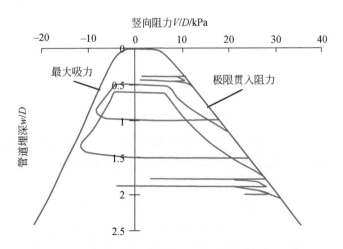

图 9-27　立管在复杂运动下的响应实例

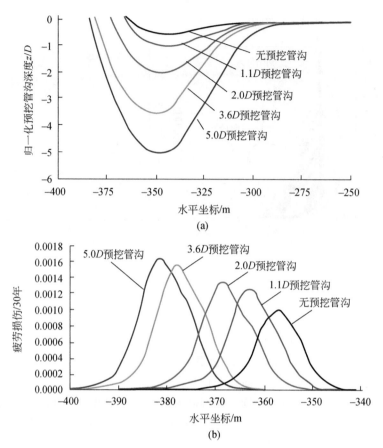

图 9-28　沟槽深度对 SCR 疲劳损伤的影响（Shiri and Randolph，2010）
（a）触底区 SCR 的位置曲线；（b）疲劳损伤

9.5.2　垂直立管

立管的另一种形式为直接连接在井口套管上的垂直立管。由于立管或套管内弯曲应力的循环，垂直立管也存在与 SCRs 类似的疲劳设计问题。最严重的疲劳损伤一般发生在海床面上下，通常由大量的小幅值循环运动而非极端工况的循环运动主导。因此，小幅值位移条件下的立管–土相互作用响应特性分析尤为重要。

立管响应的分析可采用与桩基侧向响应相同的常规分析方法。然而，用于基础设计的 $p\text{-}y$ 曲线趋向于低估极小位移条件下地基的侧向刚度。这既可能导致设计过于保守，也可能导致设计不安全，取决于最危险的循环弯矩是发生在海床面之上还是之下。试验和数值模拟获得的 $p\text{-}y$ 响应与 API RP2A（2000）规范推荐的 $p\text{-}y$ 曲线如图 9-29 所示（Jeanjean，私人通讯）。可以看出，API RP2A 推荐的曲线远远低估了土体的实际刚度和极限抗力。

对于小幅值循环位移，侧向 $p\text{-}y$ 响应的刚度应当以小应变条件下的模量 G_0 为基础。弱

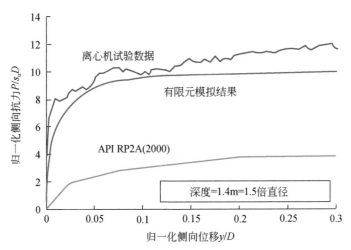

图 9-29　试验和数值模拟获得的 $p\text{-}y$ 响应与 API RP2A（2000）
规范推荐 $p\text{-}y$ 曲线对比（Jeanjean，私人通讯）

超固结黏土的 G_0 值可关联到单剪试验测得的不排水抗剪强度（Andersen，2004）：

$$\frac{G_0}{s_{\mathrm{uss}}} \approx \frac{300}{PI/100} \tag{9-19}$$

$p\text{-}y$ 曲线的梯度 $k_{\mathrm{p\text{-}y}}$ 约等于 4 G_0（见第 5 章）。

第 10 章 地 质 灾 害

10.1 简 介

10.1.1 概述

地质灾害是指土、岩石、液体或气体在突发性或缓慢渐进变形过程中发生运动的地质和流体动力条件或过程。对于海上油气资源开发，地质灾害可能——即有一定的发生概率——造成人员伤亡、破坏环境或基础设施、迫使项目额外增加大量费用来减轻其危害。

许多地质灾害都与海底工程建设相关，而且深水情况下地质灾害经常更普遍、后果更严重。地质灾害大致可分为两类：

（1）灾害事件——指自然界中非经常发生的偶然的事件，例如地震及其相关现象、海底滑坡、浊流和气体喷出；

（2）灾害场地条件——指缓慢渐进的自然过程，例如土体蠕变、非构造断裂蠕变、泥或盐构造。

与特定地质灾害相关的风险取决于基础设施所处位置、事件严重程度与发生频率。一些场地条件在被人类活动触发前只造成低水平危害，而其他场地上的频繁地质活动可能引起较高程度的危害，但如果附近没有工程建设，则风险很小。因此，不仅需要评估地质灾害是否存在及对潜在破坏事件进行确定性分析，而且需要评估项目寿命周期内发生破坏事件的概率及其对开发的风险。

本章讨论海洋地质灾害相关的一些地质和岩土工作，包括识别、触发机制、破坏模式、后果和风险评估。特别关注海底斜坡的失稳和滑动，因为大规模土体运动可对海洋开发造成灾难性的影响。实际上，边坡失稳是众多大陆坡上深水项目所面临地质灾害风险的控制驱动因素。

10.1.2 海洋地质灾害类型

近海可能发生的地质灾害包括斜坡失稳、构造断裂、非构造断裂、强烈地震动、液化、盐底辟、泥火山、浅层气、天然气水合物和海流冲刷。来自海啸或波浪的水动力作用和海底沉积物类型也可能危及近海开发。图 10-1 为几种近海地质灾害示意图。

海底边坡存在天然的地质灾害风险，因有不稳定和失稳的可能，滑坡伴随顺坡向的大

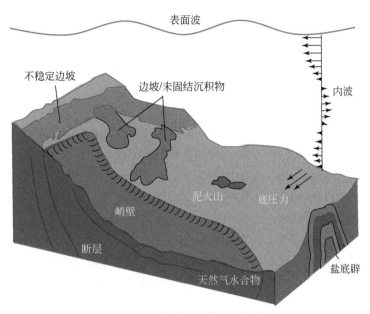

图 10-1 部分近海地质灾害示意图

规模重力流和初始滑动陡坎后逆坡向的渐进破坏。海底边坡失稳证据广泛存在，即使在坡度低至 0.5°的缓坡上也是如此。

两种类型的断裂造成潜在灾害。地震断裂是地壳构造变形的结果，是潜在地震（强烈的大地震动）和地表断裂的来源。地震过程中产生的强烈震动导致海床液化，进而使海底沉积物产生较大剪应变。非构造断裂不造成地震灾害，但可以引起缓慢的渐进蠕变变形或突发的短暂运动，这两种非构造性变形都能造成各种基础设施的大应变。非构造断裂常见于泥火山附近的三角洲（生长断层）和存在下卧盐层的区域。

形成下卧盐层的区域易因盐体移动发生变形。盐类沉积物由蒸发岩矿物（盐岩）组成，低比重、软弱、可移动。因此，当上覆压力施加时，盐类发生迁移，该运动可引起上覆沉积物的褶皱和非构造断裂。移动的盐类经常以盐底辟形式上升穿过覆盖层，形状一般为拱形或柱状，长度为 1~10 km 不等，可在海床下延伸数千米。盐底辟在碳氢化合物生成区普遍存在，因为盐底辟形成圈闭，使碳氢化合物在圈闭中聚集。盐体运动引起上覆沉积物中的高剪应力。

泥火山指在浅层沉积物中积累的甲烷气的喷发或排出，并伴有稀泥浆和大量岩石。泥火山碎屑，尤其当碎屑来自于直径数千米的大型泥火山时，可在水体中上升数十或数百米，在海床上移动数千米或数十千米。甲烷气体可能溶解于孔隙水中；温度升高或压力降低导致气体的析出和膨胀，从而使孔压增大。天然气水合物是由天然气（通常是甲烷）和水组成的固体混合物，在特定的压力和温度范围具有物理稳定性。温度升高或压力降低导致天然气水合物转换成气相（甲烷）和液相（水），使体积膨胀。天然气水合物中气体和水的析出可使体积增加一倍，导致沉积物中孔压突然增大、有效应力降低。

海洋气象条件影响海底沉积物中的有效应力。海洋表面传播的波浪在海床表面施加循环水压力和剪应力，导致浅层沉积物中产生超孔压。循环水压力的幅值取决于波高、波长和水深（见第 2 章），压力幅值随水深的增加而减小，因此表面波浪引起的压力变化在水深小于 150 m 的浅水中最明显。然而，飓风或气旋期间形成的暴风浪，能影响更深水的海底沉积物。1969 年，飓风 Camille 在墨西哥湾形成的波浪使海床失稳，是最早被报道的此类事故之一（Focht and Kraft，1977）。35 年后，飓风 Ivan 在同一区域引发了泥流（Hooper and Suhayda，2005）。

内波或孤立波对海底沉积物有效应力的影响与浅海波相似。内波是水体温盐变化导致密度改变而产生的波动，因此在水体中而不是在海面上振动。内波引起的底部压力随水深的增加而减小，与表面波一样，底部压力在浅水区最显著。

海床沉积物的微观结构和矿物构造也可能危及海洋开发。例如，高灵敏土受剪时强度大幅下降，从而使剪切破坏强度远低于破坏前。土体灵敏度是评价渐进型和溯源型滑坡过程的关键所在。高碳酸盐含量的沉积物对海洋开发也有潜在危害，由于颗粒间和颗粒内部的高孔隙比以及组成颗粒的软弱碳酸钙材料破碎，沉积物体积变化很大。碳酸盐沉积物也极易在沉积后变质，因为生物和物理化学过程形成不规则、不连续的高度胶结物质透镜体。

10.1.3　地质灾害区域

绝大多数深水开发项目都受到不同类型地质灾害影响，既可能发生在开发场区内，也可能沿着输送管线。本节稍后将涉及墨西哥湾 Sigsbee 陡坡和北海北部 Storegga 滑坡形成的地质灾害风险。这两个案例被广泛研究，首要风险都是海底滑坡，古滑坡的存在提供了潜在风险的图像证据，因此地质灾害评估必须聚焦于触发未来滑坡的机制、引起碎屑流和浊流的潜在路径与流动距离。

其他海上开采区，包括东南亚海域（马来西亚和印度尼西亚海域处于地震活动频繁区）、里海、埃及近海尼罗河三角洲和西非（尼日利亚海域）等，也识别出了复杂地质灾害条件。本质上，大陆坡上的任何海洋开发，尤其是上游大陆架的泥沙沉积速率较高时，都存在地质灾害风险。潜在地质灾害的典型海床特征包括断层、古滑坡的滑痕、泥火山和气体排出留下的麻坑等表层喷发特征、河流系统或碎屑流路线形成的冲沟和两侧陡峭峡谷等。地球物理调查是确定地质灾害的关键，因为不仅可绘制海底地形，也能提供沉积物剖面内地层分层受到任何扰动的证据。

10.1.4　土体破坏的触发机制

海洋环境中的土体可能由于一系列过程进入失稳和破坏，但大多数土体破坏都与某种形式的触发事件有关。这些触发因素可能是突发性的或渐进的自然过程，也可能来自人类活动。无论是自然还是人为因素，都趋向于造成土的应力增加或强度降低，从而导致土体破坏。理解孔压条件与超静孔压的产生过程和机理对评估潜在地质灾害触发机制至关重

要。Kvalstad 等（2001）识别了一系列触发机制。

1. 自然过程

（1）快速沉积，导致超孔压累积、欠固结和斜坡剪应力增加；

（2）坡脚侵蚀或顶部沉积，导致边坡倾斜度增加、沿潜在破坏面的重力和剪应力增加；

（3）温度升高或压力降低引起天然气水合物分解，导致孔压上升和土体强度降低；

（4）活跃的液体或气体流动与排出；

（5）泥火山爆发和盐底辟，产生大量堆积物并增加土体位移；

（6）构造断层位移，引发地震、近场位移突增和地表破裂；

（7）地震时强烈地面震动造成短期惯性力和孔压升高；

（8）长波波浪荷载；

（9）高灵敏度（剪缩性的）和塌陷性土，增加了溯源型滑动的风险和破坏区面积；

（10）冰期海平面下降，导致静水压力降低、游离天然气膨胀和天然气水合物析出；

（11）海流状态变化引起的海底水温升高，导致土体温度升高和水合物析出。

2. 人类活动

（1）钻井工程，在海床上制造了井喷和坑洞；

（2）地下井喷，改变了浅层土中的孔压状态，并可能在海底斜坡区造成失稳；

（3）石油开采，增加了井周的热流和温度，导致水合物析出、孔压增大和附近土体强度丧失；

（4）储层压力的损耗，引起储层沉降和上覆应力变化；

（5）构筑物安装，导致重力增加；

（6）锚泊安装和系泊力，引起短期和长期的侧向力。

单一诱发条件可能引发孤立的地质灾害，也可能形成数个相互关联的事件。例如，管线运营带来的温度变化可导致水合物分解或游离气析出，从而造成孔压上升并引起边坡失稳。失稳滑坡体又在下游快速沉积，在欠固结土中产生超静孔压并再次引发土坡失稳。最初的土坡失稳也可能引发溯源型滑动，导致滑裂面下的压力减小、水合物分解或游离气析出，从而进一步破坏该区域的稳定性。

10.1.5　地质灾害后果

海洋地质灾害一般涉及海床和浅层沉积物的移动，沉积物的移动可能直接冲击基础设施或将其掩埋，或导致基础丧失承载力。所涉土体从几立方米到几千立方千米不等，其后果小到海底设施局部应力过大，大到设施完全破坏，并伴随人员伤亡及对经济和环境的影响。巨大的海床位移可能引发海啸，从而造成巨大的人员、经济和环境损失。

下文将讨论不同类型的海洋地质灾害可能造成的各种后果。边坡失稳导致未滑动部分丧失了地基支撑，如果发生溯源型滑坡，滑坡体上游也丧失了地基支撑。滑坡或重力流流动路径上的设备或构筑物可能被冲击力损坏或摧毁，或者被掩埋。沿断层的海床运动或地震活动导致地表断裂，在海底沉积物中产生循环剪应力和大剪应变。这些由地震引起的应力诱发边坡失稳或海床液化，进而使得结构物中应力过高甚至破坏。盐底辟塑性变形、泥火山喷发、流体渗透和海床侵蚀造成海底附近沉积物变形，引起海底设施中的附加应力，影响井口、管汇和管线等设施的结构完整性和安全运行。温度或压力变化引起的浅层气析出和天然气水合物分解导致孔隙中流体体积膨胀，产生超孔压，从而降低有效应力和抗剪强度使海床失稳。表面波浪和内波在海底施加的循环应力也产生超孔压，导致抗剪强度降低，引发失稳或液化。边坡失稳、重力流或设施安装实际上剪切和重塑了灵敏土，使其强度显著降低，危及海床稳定性。

鉴于海洋开发遇到的灾害范围之广，有必要识别可能发生地质灾害的位置，以及触发机制、运动严重程度和事件发生频率。一旦确定了这些风险参数，项目就可以评估针对特定灾害工况的一系列降低或管控风险策略。

虽然灾难性事件，例如地震引发的大规模海底滑坡，可能影响整个区域的开发，但多数情况下能将开发区块内的设施（如锚定浮式生产系统）布设在地质灾害风险较低的地点。然而，对于外输管线（少数时候甚至是场内生产管线），情况并非如此，因为这些管线经过海底更大范围，必须跨越大陆架边缘带。因此，地质灾害评估通常主要关注管道路由选线及管线可能遭受的巨大土体作用，包括管道穿越断层、经过持续蠕变的边坡等潜在海底不稳定区、穿过碎屑流和浊流的潜在运移路径。

10.2　地质灾害识别

海上开发项目通常涉及面积广大且复杂的地理分布。由于其规模，某些海上项目跨越一系列不同环境：从大陆隆深水区，向上延伸至大陆坡，穿过大陆架的浅水区再到达海岸线。虽然一些设施，如单个固定式平台，可能只覆盖一个小区域，但包含群井、锚固系统、采集管线和外输管线的深水项目可能延伸 1000 km 以上，因而面临多种类型的地质与岩土条件。由于主要开发工程的复杂特性，项目随时间演变，并可能历经多个设计概念和工程阶段。

按照最简单定义，项目包括从一般到具体的三个主要阶段：油气勘探前对潜在场地条件的初步解译（阶段 1）、发现油气田后的初步工程评估（阶段 2）、支持详细设计与工程分析的综合场地评估（阶段 3），总结见表 10-1。每个主要阶段都涉及若干子任务和一系列不同领域的专业人员。项目过程中获得的地质和岩土工程信息需要充分服务项目各步骤，所以要求从一般到具体，分阶段推进的方法通常能最有效地满足海上开发的工程要求。为确保规划、实施和设计阶段充分考虑各类信息，调查中与工程团队的协调非常重要。

第 1 阶段调查的目的是为开采场地选址、路由选线和施工可行性提供粗略的约束条件。该阶段本质上属于桌面研究，用于评估极端地形、地震和断层活动、边坡不稳定性和大概的岩土性质等一般约束。此初始工作的范围可能涉及多项任务，但一般包括：汇编和审查已发表或未发表的数据和报告，解释地震勘探数据；建立项目地理信息系统（GIS），识别关键工程问题和工程支持。前期研究的主要成果是一张区域地质灾害图或标识易受地质灾害影响的系列地图，如滑坡、断层交叉、液化、盐丘、泥火山活动和天然气水合物等灾害。这些地图提供了与设施规划有关的灾害位置和分布的总体评估，为评价概念设计提供了基准地质灾害条件，同时确定了需要详细现场调查的特定区域。第一阶段的调查结果还有较大的不确定性，故不适合详细设计。

表 10-1 一般调查要素总结（修改自 Campbell et al., 2008）

阶段 1 钻井前工作	阶段 2 储量确定后	阶段 3 综合场地调查
区域地质灾害筛选	初步工程评估	地震数据反演和制定最终岩土标准
目的区域地质灾害评价	规划高分辨率地球物理调查方案	详细的地质灾害评估，特殊工程问题分析
特定井位的灾害评估	实施高分辨率地球物理调查方案	风险评估
团队会议和报告	准备和处理高分辨率地球物理数据 完成现场特征初步评估 规划岩土工程现场调查 进行岩土工程勘察 土样准备并分送至各实验室 室内地质试验 室内土工试验 团队会议和报告	建立具有综合场地特征的模型 准备综合报告 团队会议及报告

下一阶段工作（阶段 2）在资源探明之后，以第 1 阶段基准地质灾害评估为基础，确定可能影响预建系统特定部分的地质灾害问题。第 2 阶段的调查将包括详细的地球物理和岩土数据采集方案的制定和实施、初步的场地特征描述，内容如下：

（1）获取高分辨率的成套地球物理和岩土数据；

（2）建立预测性土体模型；

（3）建立项目的地理信息系统（GIS）并描绘地基基础或管线路由区的地质条件；

（4）进行详细的地形分析和高分辨率地球物理数据解译，识别项目区域内的特定灾害；

（5）构建初步的灾害易发性评价图，显示崎岖地形、断层、滑坡、可液化地形和海底峡谷跨越等；

（6）确认需要调查以提供最终设计参数的特定对象；

（7）与工程团队互动，讨论地质灾害对设计的限制和影响；

（8）为解决特定技术问题的专项研究提供建议。

第 2 阶段工作结束后，不应简单地提交报告，而应与设计团队一起举办地质灾害研讨会，审查具体调查结果，并确定是否需要进行额外调查。通过团队的持续沟通和互动，可以解决许多地质灾害、岩土工程和设计问题，或就如何规避、控制或接受潜在风险做出决策。如需进一步调查，互动团队研讨会可为场地调查制定优先顺序，或考虑与其他工作联合进行，从而降低对成本和进度的影响。

第3阶段的工作包括各套数据的最终详细整合。这是所有项目中的一个高度集中阶段，涉及地质学家、岩土工程师和业主代表的密切互动。在此阶段，进行额外的地球物理数据处理（如地震反演），建立最终的浅地层土体模型，并为场地（震动）放大、液化和边坡稳定性分析等专项研究确定土体参数。此外，还需详细评估地质灾害，以明确地质灾害的分布、严重性和发生频率，如针对海底边坡失稳、重力流、断层、强烈地震、液化、冲刷、天然气水合物和流体喷发等灾害。第3阶段详细调查结果的报告形式应适于纳入经济损失估算、最终选址和地基基础设计。

地质灾害评价需要一个由岩土工程师、工程地质和海洋地质学家、地球化学家、地球物理学家和海洋气象学家组成的跨学科团队。每个学科都是一个专门领域，但本节只考虑地质灾害评价中岩土工程师工作的相关内容。地质灾害评价必须考虑比项目本身范围更大的区域，因为项目周围的地质灾害可能影响计划的开发活动，项目边界内的地质灾害同样可能影响第三方的利益。

完成深水开发调查需要两种类型的数据获取手段：地球物理调查、岩土/地质取样与原位试验。

10.2.1　地球物理调查

海上项目应首先用三维地震勘探数据进行评估（Campbell et al., 2008）。该信息与其他数据源相结合，可揭示项目区的主要地质特征。三维勘探数据的分辨率相对较低：数据点中心距 12.5 ~ 25 m，垂直分辨率为 8 ~ 10 m。三维勘探数据的再加工能提供更详细的浅地层剖面信息。三维勘探地震分析适用于项目早期阶段，尤其是计划井位的初始选址。

一旦探明资源，应进行项目特定的地球物理调查，以提供详细信息用于地质灾害初步评价和岩土工程勘察方案规划。第3章讨论了一系列可用的地球物理技术。详细的地球物理调查包括获取详细的高分辨率水深、海床和浅地层数据。许多地球物理技术可供选用，包括使用自动水下航行器（AUV）或拖航调查。典型的 AUV 调查包括：①多波束回声测深仪（MBES）、条带测深和后向散射（海底反射率）数据，采样点中心距约 2 m；②侧扫声纳，提供类似航空摄影的图像，数据点中心距约 1 m；③浅地层剖面数据提供海底以下 70 m 的详细信息，垂直分辨率受近表层条件的影响、小于 0.5 m。有的深拖系统同样可以收集类似的数据，但效率较低，崎岖地形还可能损害数据质量。与拖曳系统相比，AUV 调查更受欢迎，它提供了更高质量的水深测量、侧扫声纳和地震剖面数据，这些数据参考同一组坐标位置，从而避免了不同类型数据使用不同地理参考点造成的潜在混淆（Jeanjean et al., 2005）。

AUV 或深拖系统收集的数据提供了用于评估海底和浅基础影响范围的信息，然而，某些基础形式的影响深度超出了 AUV 所能获取数据的极限。当需要数据来支持这些基础设计，或描述更深层的地质条件或危害时，可使用其他勘察技术。这些技术包括超高分辨率二维（UHR2D）、高分辨率二维（HR2D）或高分辨率三维（HR3D）地震调查。

UHR2D 测量可以收集到海床下 200～500 m 深处的数据，垂直分辨率可达 1～1.5 m。HR2D 调查可收集 1500 m 深度内的数据，垂直分辨率约 3 m。UHR2D 测量为地基区域调查提供最详细的信息。HR3D 测量提供三维"立体"数据，而非沿单个二维测线的数据。因为 HR3D 在三维中评估浅地层条件，与 HR2D 测量数据相比，使用 HR3D 测量数据可以更快、更可靠地进行解译。然而，HR3D 调查的成本明显高于 HR2D。因此，通常只在存在较高风险的复杂地质区域采集这些数据（Campbell et al., 2008）。

AUV 勘测数据提供了海床和浅地层条件，这些信息对评估地质和岩土条件特别有用。例如，基于 AUV 数据评估现有边坡、陡坎（标志之前的边坡失稳）、先前碎屑流的流动路径、泥火山和先前喷发的掉落物、标志存在胶结碳酸盐沉积物的分层或透镜体。适用更深地层的 UHR2D、HR2D 和 HR3D 调查对评价断层、深层边坡失稳和底辟等特征更有用。图 10-2 是里海 Shah Deniz 油田的 AUV 海底图实例。

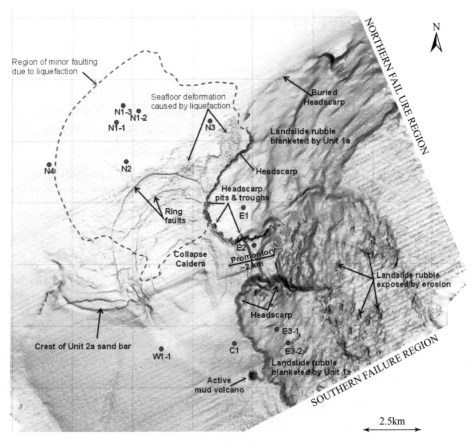

图 10-2　里海 Shah Deniz 油田海床绘制（Mildenhall and Fowler, 2001）

Crest of Unit 2a sand bar：2a 单元砂坝顶；Region of minor faulting due to liquefaction：液化造成的小断层地区；Seafloor deformation caused by liquefaction：液化引起的海底变形；Ring faults：环状断层；Collapse Caldera：塌陷破火山口；Active mud volcano：活泥火山；Buried Headscarp：埋藏陡坎；Landslide rubble blanketed by Unit 1a：1a 单元滑坡碎石；Headscarp：陡坎；Landslide rubble exposed by erosion：因侵蚀而暴露的滑坡碎石；Headscarp pits & troughs：陡坎凹坑和槽

一系列井下地球物理技术可用于评价特定地点的土体条件（Campbell et al.，2008）。将带有各种传感器的工具放入钻孔中收集数据，这些工具提供了一系列地层土体性质的连续数据。搜集的数据包括：

（1）自然伽马辐射线—显示矿物成分变化的地层测井；

（2）伽马密度—地层岩石的化学成分、体积密度和推导的孔隙度；

（3）中子孔隙度—地层孔隙度；

（4）电阻率—天然气水合物、土体类型变化和矿物成分变化的指标；

（5）声波波形—由地震数据相关性进行地层解译；

（6）卡尺—钻孔直径；

（7）垂直地震剖面—地震波速，用于场地响应分析以及建立测井数据与地震记录的相关性。

10.2.2　场地岩土工程勘察

获取现场特定的物探数据、建立初步土体模型和完成初步地质灾害评估后再开展的岩土工程场地勘察效率最高。这样可以收集特定目标的岩土工程数据与土样，服务项目的基础工程设计阶段，同时还获得了评估特定海床特征的数据。岩土工程勘察通过钻孔记录、现场试验、取样、地质和岩土工程实验室分析等手段，获取海底沉积物具体的土体性质和孔压条件。

岩土工程场地调查有两种主要方法：海床模式和钻孔模式（Campbell et al.，2008）。海床模式用于调查深度小于 50 m 的浅层海床，所用方法常包括大直径活塞取心与现场试验、孔压静力触探试验、十字板剪切试验、T 形及球形贯入仪试验（Peuchen and Rapp，2007）。张力腿平台、顺应式平台、独柱平台/半潜式平台/浮式生产储油卸油船（FPSOs）的系泊系统等设施需要打入桩基础，调查地层的深度超过海床模式所能达到的深度。在这些情况下需使用钻孔模式：借助钻井船的旋转钻井技术成孔，钻杆操纵取样器的推进与回收。取样器类型包括：活塞式、压入式、旋转式、振动式、针对天然气水合物的加压式。

应采用现场试验确定孔压条件、温度分布、土的重塑和残余抗剪强度。在地质灾害评价中准确确定孔压条件十分重要。应采用高质量的取样技术获取室内土工试验所用的土样，室内试验方案应包括：①分类试验，用于确定土的结构性和矿物学性质、黏土矿物含量、地质年代、孔隙水盐度和热学性质；②强度测试，用于确定土的峰值、临界、重塑和残余抗剪强度；③应力试验，用于研究应力依赖性、应变速率、强度各向异性和循环荷载的影响。各种岩土工程现场勘察技术详见第 3 章。

10.3　风　险　评　估

主要建设项目（如深水油气开发）的地质灾害识别包括确定潜在地质灾害的位置、灾害事件的规模和这些事件的发生频率。地质灾害识别中得到的"规模–频率"关系可用于评估给定结构物或系统的风险。所谓"风险"，表示给定时期内某种类型的破坏可能造成的经济、生命或环境损失。破坏可以是结构物的、操作的、岩土或地质的，并且与物理的灾害、过程或条件以及系统脆弱性的组合相关。风险也是破坏导致后果的总和，例如，相对不敏感的环境中的轻微泄漏造成后果较弱，而敏感环境中的重大泄漏可能造成严重后果。

地质灾害风险评价可以是确定性的，其中风险是对单个场景的事件进行计算；也可以是或然性的，其中风险为给定时期内具有特定发生概率的损失。确定性分析得出输入参数组合下抵抗破坏的安全系数和破坏后果，例如，某边坡在给定的边界条件下是否失稳，如果失稳，滑坡体的流动范围多大，以及初始失稳是否触发溯源型滑动。为了确定破坏的可能性，需要评估事件的发生频率。这涉及概率分析，通常用年失效概率来表达。

量化风险的方法可以用贝叶斯法表示，给定破坏事件的概率用条件概率的乘积表示（以海底滑坡为例）：

$$P(破坏事件) = P(滑动) \times P(冲击 | 滑动) \times P(破坏 | 冲击) \tag{10-1}$$

尽管上述过程可定量评估不同程度经济损失的发生概率，但该过程本身具有一定的定性特征，需要采用专家建议来评估多种事件的概率。

评估过程通常受低频灾难性事件控制，如穿越开发区域的大型深层滑坡。至少在初期阶段需要投入很大部分的精力来确定低频事件发生的概率是否小到忽略不计。此后，风险评估集中到可能影响开发项目各组成部分的事件上，确保对于任何给定损失的发生概率与经济成本的乘积都在可接受的风险水平之内。

对各种概率分析的深入讨论超出了本书的范围，读者可借鉴其他书籍（McGuire，2008）。

岩土工程分析中最常见的一种不确定性是土体抗剪强度的恰当取值，包括其现场空间变异、随深度变化、项目寿命周期内孔压变化造成的时间相关变异等。进行参数（敏感性）研究来确定不同土体强度的影响是非常简明易懂的，如土体强度变化范围对边坡安全系数的影响，但设计者还必须评估项目寿命周期内发生破坏的可能性。这些因素被称为不确定性。

不确定性分为偶然的和认知的。偶然不确定性是由于随机性，例如场地条件，而认知不确定性是由于知识的缺乏（Christian，2003）。额外信息不会降低偶然不确定性，但可以减少认知不确定性，尽管不能完全消除。

图 10-3 为原位静力触探测试（CPT）的锥尖阻力剖面图，试验地点为深水区，在该区域规划的锚泊系统跨越了大陆架边缘处土坡失稳遗留的陡坎。在规划的 3 个群锚系统（每群 4 个锚）中，锚群 1 和锚群 3 位于坡顶后大陆架上基本未受干扰的区域，锚群 2 位于陡坎底部。坡顶后未扰动区的两组锚（锚群 1 和 3）处的锥尖阻力分布相似，但明显不同于陡坎底部锚群 2 处 CPT 记录的锥尖阻力，且锚群 2 处的锥尖阻力自身表现出很大的变异。如果整个现场调查仅任意选定一个锚位布设单个 CPT，认知不确定性会非常大，而增加额外的多个 CPT 记录了一系列抗剪强度剖面，减少了认知不确定性，并最终降低失事风险。每组锚位置上只布设单个 CPT 也可能存在很大的认知不确定性，而锚群 1 和 3 处的多个CPT 确定了坡顶部整个土体的变化，锚群 2 处的多个 CPT 确定了陡坎底部抗剪强度剖面的差异。锚群 2 处的第二个 CPT 已揭示了土体的变异性，且其不确定性中部分为偶然性的，

再增加 CPT 数目只能更加确认此变异性。当然，确定设计抗剪强度剖面的上下限时仍存在认知不确定性。实际的现场调查在坡顶后的八个锚处进行了三个 CPT（一个位于锚群 1 处，两个位于锚群 3 处），陡坎内（锚群 2）每个锚位置上进行了一个 CPT。

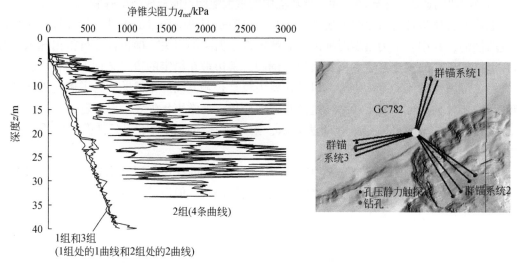

图 10-3 跨越陡坎的地基系统各位置的 CPT 结果（Jeanjean et al., 2005）

地质灾害风险评估的目的是针对选定的设施布设方案，确定与地质灾害相关的风险水平。最终风险水平表述为某一特定地质灾害发生的概率及其造成损失的乘积。一般来说，发生概率和损失呈相反方式变化：造成灾难性后果的灾害发生几率低，而造成较小损失的灾害发生几率高。如果风险接受标准已提前确定，业主就可以决定是否接受已存在的风险，通过降低风险的发生概率或风险对设施影响来减小风险，或者将设施搬迁到其他位置来规避风险。

目前还没有正式的地质灾害风险评价的行业标准。Kvalstad（2007）充分回顾了海上地质灾害调查最佳方法，并建议地质灾害风险的量化评估应基于：

（1）理解区域和局部地质条件，正在发生的地质过程，异常条件的类型、位置和范围。以量化正在发生的自然过程的潜在影响、次数或频率；

（2）现场调查以确定局部海床坡度、地层剖面、土体和孔隙流体性质、原位应力、孔隙压力和温度；

（3）评估勘探、开发和生产活动对土体条件的潜在影响，以评估人为干扰风险。

10.4 海底边坡失稳和滑坡

10.4.1 简介

海床不稳定性是主要的海洋地质灾害威胁，可对海洋开发活动造成灾难性影响。即使是在大陆架上坡度低至 0.5° 的海床，边坡不稳定性也是一个隐患。海底滑坡的规模从小于 1 km³ 的相对较小的海岸滑坡到包含数千立方千米物质的巨型滑坡。挪威大陆坡上的 Storegga 滑坡可能是研究最彻底的巨型海底滑坡。由于 Ormen Lange 天然气区位于其滑坡侧壁上，Storegga 滑坡的研究非常有意义（Bugge et al., 1998；Bryn et al., 1999）。据估计，Storegga 滑坡发生在距今 8000 年前，报告称其包括 5600 km³ 的物质，发生在平均坡度小于 2° 的区域。滑坡影响面积超过 30000 km²，滑动距离达 800 km（Kvalstad et al., 2001）。

　　海底滑坡的滑动情况可以通过滑移比 L/H 来进行几何定性，其中 L 是从起始位置到沉积处的水平距离，H 是沉积处与碎屑流源头的高差，如图 10-4 所示。该比值最初由 Heim（1932）提出，后来被 Scheidegger（1973）引用，可以通过考虑净物质沿斜坡下滑时的能量平衡来预测滑移比。图 10-5 表示了多种海底滑坡及陆上滑坡包含的物质体积及滑移比。从汇编的数据看来，海底滑坡的规模可远大于陆上滑坡，具有相同体积的滑动物质时，海底滑坡往往滑得更远。这说明水在滑坡体运动中起着特殊的作用。

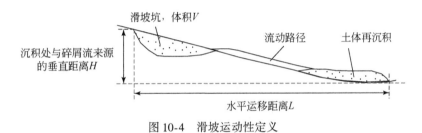

图 10-4　滑坡运动性定义

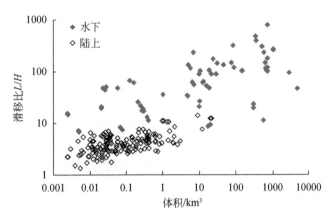

图 10-5　比较海底和陆上滑坡的体积和滑移比

（Scheidegger, 1973；Edgers and Karlsrud, 1982；Hampton et al., 1996；
Dade and Huppert, 1998；De Blasio et al., 2006）

　　海底滑坡包含一个起始事件，通常是浅层或深层的边坡破坏，常伴有溯源型滑动，随后是重力流，包括黏塑性碎屑层流（或流动滑移体）和含松散悬浮颗粒的浊流。边坡失稳和重力流必须作为地质灾害评估的一部分进行分析。接下来的几节将介绍几种边坡稳定性和重力流的分析方法，并以墨西哥湾 Sigsbee 陡坡上的 Mad Dog 和 Atlantis 开发项目为例进行分析。

10.4.2 边坡失稳

1. 概述

常规的边坡稳定分析方法为：针对浅层失稳的无限长边坡分析方法、针对深层失稳的圆弧滑动法。这两种方法的基础理论可以在标准的土力学教材中找到，故仅在本节简要概述，本书还将介绍另一种基于滑块机制的深层边坡失稳分析方法。对于几何形状或海床特征复杂的场地条件，有必要进行数值分析以获得运动机制和破坏时的极限状态。

无论分析的破坏模式如何，在边坡稳定性评估中应考虑三个主要条件：

（1）不排水条件，如果触发机制足够快以至于来不及排水；

（2）完全排水条件，不产生超孔压；

（3）部分排水条件，部分孔压消散，但仍存在超孔压。

不排水条件与地震产生的超孔压有关，而排水条件则因海底边坡下滑足够慢以至于各处孔压为静水压力且没有渗流。部分排水条件由许多地质、地球物理和岩土过程造成的超孔压引起，这些过程中固结和孔压产生同时存在且处于动态平衡中。例如，超孔压可能存在于快速沉积的区域（理论上应形成正常固结沉积物，但常称之为欠固结沉积物）或由孔隙气体析出和天然气水合物分解造成，其大小取决于消散和形成的相对速率。关键问题是评估残余超孔压水平，这有助于探究相关的触发机制。

斜坡稳定性用安全系数 F 表示，为土体极限抗剪强度 τ_{ult} 与抵抗滑动所需抗剪强度 τ_{mob} 的比值：

$$F = \frac{\tau_{ult}}{\tau_{mob}} \tag{10-2}$$

极限抗剪强度可以分别用不排水条件下的总应力破坏准则 $\tau_{ult} = s_u$ 和排水条件下的有效应力破坏准则 $\tau_{ult} = \sigma' \tan\varphi$ 确定。对于边坡的首次失稳，边坡的长期稳定性由土体的临界状态强度决定。如果先前发生过滑动，则使用残余强度来确定边坡稳定性更合适，至少在破坏面与已有滑动面或残留表面发育层理处的重合部分使用残余强度（Mesri and Shahien，2003）。

2. 浅层边坡破坏

浅层边坡破坏是指滑动面位于地表以下几米、且滑动面平行于边坡表面的失稳过程（图 10-6）。在浅层边坡失稳问题中，可采用无限斜坡分析理论。滑动面的深度受地质或地下水条件的控制，例如地质条件为：边坡表面下相对较浅处有一软弱层，其下为硬土

图 10-6　浅层滑坡破坏机制

层。无限长边坡分析适用于非常浅的平移滑动，也适用于许多平缓且面积大的海底边坡，这些边坡滑动面往往是平面，并大致与边坡表面平行。

3. 无限长边坡稳定性分析

对于无限长且与水平方向保持恒定角度的边坡，破坏机理由平行于坡面的滑动面控制，在上限解和下限解重合时即得到不排水或排水条件下临界坡度的精确解。部分排水条件，即存在超静孔压的情况，会降低临界坡度，故必须明确考虑。

考虑无限长斜坡中长度为 L 的土体发生破坏，将其受力沿垂直和平行边坡方向分解。平行边坡表面深度为 z 的土体，法向力 N 和切向力 S 由土体重量 W（$= \gamma z L \cos\alpha$）和坡角 α 确定（图 10-7）。对于无限长的斜坡，除了从右向左水平向的净孔压造成的力 $\gamma_w z L \sin\alpha\cos\alpha$，任何块体上的受力都相同，因此块间力 F_1 和 F_2 大小相等、反向抵消。滑动面上的有效法向力 N' 和剪切力 S 可表示为

$$N' = W\cos\alpha - \gamma_w z L\cos^2\alpha = \gamma z L \cos^2\alpha - \gamma_w z L \cos^2\alpha = \gamma' z L \cos^2\alpha \tag{10-3}$$

$$S = W\sin\alpha - \gamma_w z L\sin\alpha\cos\alpha = \gamma z L\sin\alpha\cos\alpha - \gamma_w z L\sin\alpha\cos\alpha$$
$$= \gamma' z L\sin\alpha\cos\alpha \tag{10-4}$$

其中，γ 和 γ' 是土体的总容重度与浮容重，$\gamma' = \gamma - \gamma_w$。

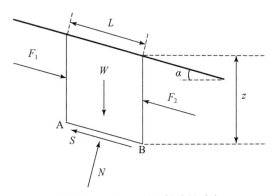

图 10-7　一段无限长斜坡的受力

作用于滑动面上的名义有效法向应力 σ'_s（假设只有静孔压）和剪应力 τ_s 等于滑动面上的力除以沿坡的面积 A：

$$\sigma'_s = \frac{N'}{A} = \gamma'_z\cos^2\alpha \tag{10-5}$$

$$\tau_s = \frac{s}{A} = \gamma' z\sin\alpha\cos\alpha \tag{10-6}$$

对于不排水分析，安全系数 F 由总应力破坏准则，$\tau_{ult} = s_u$，和上述滑动剪应力表示：

$$F = \frac{2s_u}{\gamma' z\sin\alpha\cos\alpha} = \frac{2s_u}{\gamma' z\sin2\alpha} \tag{10-7}$$

当 $F = 1$ 时，由式（10-7）计算临界坡角 α_{ult}，α_{ult} 为不排水抗剪强度和有效上覆压力的函数：

$$\alpha_{\text{ult}} = \frac{1}{2}\arcsin\left(\frac{2s_{\text{u}}}{\gamma'z}\right) \tag{10-8}$$

用不排水抗剪强度比 $k = s_{\text{u}}/\sigma'_{\text{v0}}$ 重新表示式（10-7）和式（10-8），得到：

$$F = \frac{2k}{\sin 2\alpha} \tag{10-9}$$

$$\alpha_{\text{ult}} = \frac{1}{2}\arcsin(2k) \tag{10-10}$$

据此可推算抗剪强度比 k（$k = s_{\text{u}}/\sigma'_{\text{v0}}$）为 0.2 的正常固结海洋沉积物的临界坡角为 12°，发生过破坏的斜坡抗剪强度更低，因此其临界坡角更小。

不排水条件下斜坡的临界坡度由滑动面的深度 z 决定（对应于局部的最小强度比）。如果深度相对较大，滑动面平行于海床表面的破坏条件不再成立，此时应考虑深层破坏情况。

只存在静孔压的完全排水条件下，按有效应力破坏准则 $\tau_{\text{ult}} = \sigma'\tan\varphi_{\text{cr}}$ 得出安全系数 F：

$$F = \frac{\gamma'z\cos^2\alpha\,\tan^2\varphi_{\text{cr}}\tan\varphi_{\text{cr}}}{\gamma'z\sin\alpha\cos\alpha\qquad\tan\alpha} \tag{10-11}$$

因此，没有超孔压时海底边坡在完全排水条件下的极限坡角为

$$\alpha_{\text{ult}} = \varphi_{\text{cr}} \tag{10-12}$$

由于 φ_{cr} 通常大于 20°，许多海底边坡仅在重力作用下不太可能在完全排水条件下发生破坏。在先前滑动过的边坡中，滑动区相关的有效摩擦角应为残余值，并可能降至 10° 以下。

无论超孔压是新近产生的还是未完全固结中残留的，都会降低边坡稳定性，所以必须在计算中加以考虑。即便破坏将以不排水方式发生，通常还是采用有效应力分析方法，实质上代表抗剪强度与当前有效应力成正比。这对沉积速率大于孔压完全平衡所需速率的边坡当然是合理的，对地震活动或天然气生成等因素引起的孔压增加情况则偏保守。

在海底下深度 z 处，作用于破坏面上的（真实）法向有效应力，由于超孔压 u_{e} 降为

$$\sigma'_{\text{n}} = \gamma'z\cos^2\alpha - u_{\text{e}} \tag{10-13}$$

当超孔压由所谓的欠固结（即高沉积速率）引起时，极限剪应力可以表示为

$$\tau_{\text{ult}} = k\sigma'_{\text{n}} = k(\gamma'z\cos^2\alpha - u_{\text{e}}) \tag{10-14}$$

其中 k 为不排水抗剪强度比 $k = s_{\text{u}}/\sigma'_{\text{v}}$，对于一般的新近（仍在固结）沉积物，范围为 0.2~0.3。因此，不排水破坏的安全系数为

$$F = \frac{k(\gamma'z\cos^2\alpha - u_{\text{e}})}{\gamma'z\sin\alpha\cos\alpha} \tag{10-15}$$

另一种方法是基于有效应力破坏准则，用 $\tau_{\text{ult}} = \sigma'_{\text{n}}\tan\varphi_{\text{cr}}$ 表示，给出安全系数：

$$F = \frac{(\gamma'z\cos^2\alpha - u_{\text{e}})\tan\varphi_{\text{cr}}}{\gamma'z\sin\alpha\cos\alpha} \tag{10-16}$$

假设超孔压比 $r_{\text{u}} = u_{\text{e}}/\gamma'z$ 恒定，剪切面上法向应力（式（10-3））可重新表示为

$$\sigma_{\text{s}} = \gamma'z\cos^2\alpha - \gamma'zr_{\text{u}} = \gamma'z(\cos^2\alpha - r_{\text{u}}) \tag{10-17}$$

这使得总应力和有效应力破坏准则下安全系数的表达更简洁：

$$F = \frac{k(\gamma' z \cos^2\alpha - u_e)}{\gamma' z \sin\alpha\cos\alpha} = k\frac{\cos^2\alpha - r_u}{\sin\alpha\cos\alpha} \tag{10-18}$$

$$F = \frac{\gamma' z(\cos^2\alpha - u_e)\tan\varphi_{cr}}{\gamma' z \sin\alpha\cos\alpha} = \frac{(\cos^2\alpha - r_u)\tan\varphi_{cr}}{\sin\alpha\cos\alpha} \tag{10-19}$$

图 10-8 为不排水和排水条件下安全系数与坡度及超孔压比 r_u（$= u_e/\gamma' z$）的关系，其中不排水抗剪强度比 k（$= s_u/\sigma_v'$）$= 0.25$、临界内摩擦角 $\varphi_{cr} = 25°$。注意，排水条件下的安全系数大约是不排水条件下的两倍。

考虑部分排水条件下土单元的力平衡时，极限坡度几乎随超孔压比线性变化，表示为

$$\alpha_{ult} = \varphi_{cr}(1 - r_u) \tag{10-20}$$

其中，r_u 是超孔压比。

无限长坡分析适用于长且均质的斜坡，但许多斜坡不能如此理想化。调查坡顶或坡脚局部稳定性降低通常也很重要，例如，建设平台或挖沟铺设管线时。此时无限长坡分析方法不能考虑足够的细节，所以采用深层破坏分析更适宜。

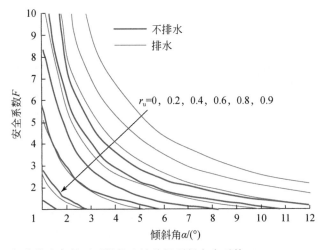

图 10-8　部分排水条件下无限长边坡分析所得安全系数（Kvalstad et al., 2001）

在长坡某一部位出现的诱发因素可导致局部破坏，然后沿斜坡向上和向下传播，在滑动面上造成软化。Puzrin 等（2004，2005）考虑了剪切带的扩展条件和潜在的灾难性破坏。渐进型破坏将有助于解释坡度较缓时发生的海底滑坡现象。

4. 深层滑坡

1）圆弧滑动法

如图 10-9（a）所示，深层滑坡的发生往往伴随着弧形（或圆形）滑动面的旋转运动。圆形滑动面一般出现在均质沉积边坡中，非圆形滑动在非均质边坡中更常见。如果存在硬层或软弱层，则可能形成由平面和弯曲段组成的复合破坏面，如图 10-9（b）和（c）所示。

极限平衡法通常用于分析深层失稳。认为破坏发生在假定或已知的滑动面上，比较维持极限平衡状态所需的抗剪强度与土的实际抗剪强度，得出滑动面的平均安全系数。对于总应力法，情况是静定的，求解相对简单。对于有效应力方法，问题非静定，需要补充简化假定。根据不同的假设形成了若干不同解法（例如，Fellenius，1927；Bishop，1955；Morgenstern and Price，1965；Janbu，1973）。边坡稳定的极限平衡分析大多针对不同滑动机制重复计算，才能确定最危险（即最低）安全系数。因此，这些计算通常借助极限平衡软件进行。任何一本好的土力学基础教材（例如，Powrite，2002；Atkinson，2007 等）都介绍了圆弧滑动法理论，此处不再重复。

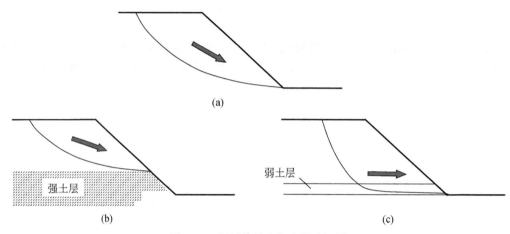

图 10-9　深层旋转和复合滑动机制

2）块体机制分析

许多工况中，圆形或曲线形的滑动面可能不是最危险的。尤其是有水平分层的边坡，或者底部存在软弱层的边坡，块体破坏机制可能起到控制作用。挪威岩土工程研究所（NGI）（Nadim et al.，2003）提出了一种简单的双楔机制，作为分析深层圆形滑动的替代方法。双楔机制尤其适合渐进滑动破坏，且优点之一是具有相当简单的闭合解。不管怎样，必须进行多个不同滑动面分析才能得到最危险滑动面。双楔机制的形状和尺寸如图 10-10 所示，包括后楔（楔1）和趾楔（楔2）。假设边坡的上方和下方海床倾角相同，并且规定了趾楔基滑面的倾角，但坡角不必等于后楔滑动面的角度。后楔的滑动面（楔1的 s_1 和 s_2）互相垂直，使得下滑动面（s_2）的延伸线与坡顶海床面的延伸线相交，从而形成直角三角形。坡顶后楔体滑移面起始点的距离由参数 a 确定。垂直坡高（海床面到经过坡趾的平行面的距离），或软弱层深度（海床面到软弱层顶面的距离），定义为参数 z。

图 10-11 显示了这两个楔体的力平衡。N_1'、N_2' 和 N_3' 是垂直于滑动面的有效法向力；S_1、S_2 和 S_3 是沿滑动面的剪切力，等于不排水抗剪强度 s_u 乘以各滑动面的长度 s_i，即 s_u (s_i)，$i = 1$，2，3；W_1' 和 W_2' 是楔体 1 和楔体 2 的有效重量，等于容重乘楔体的面积；P 描述坡脚处任何（有效的，即扣除静孔压的）被动水平阻力。考虑两个楔体平衡并假设各滑动面上的安全系数 F 相同，则安全系数的理论解为

$$F = \frac{S_1^{\max} + S_2^{\max}\sin(\beta-\alpha) + S_3^{\max}\cos(\beta-\alpha) + P\cos\alpha}{W_1'\sin\alpha + W_2'\sin\beta\cos(\beta-\alpha)} \tag{10-21}$$

滑动面上的法向力（如图 10-11 所示）相互抵消，因此计算中不出现。公式分子给出了滑动面上所能发挥的平行于海床的最大剪切阻力分量，分母给出了楔体自身重量造成的平行于海床的剪力分量。

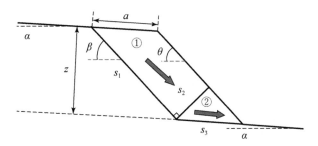

图 10-10　深部破坏的双楔机制（Nadim et al., 2003）

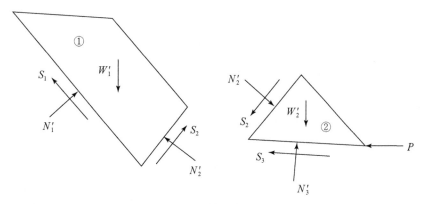

图 10-11　双楔机制中的楔体平衡（Nadim et al., 2003）

对于后滑移面的角度 β 等于坡面倾角 θ 的简单情况，滑移面长度和楔形区域的表达式由下式给出：

$$\begin{cases} s_1 = a \\ s_2 = a\sin(\beta-\alpha) \\ s_3 = \dfrac{z}{\sin(\beta-\alpha)} \end{cases} \tag{10-22}$$

$$\begin{cases} A_1 = \dfrac{s_2^2}{2\sin(\beta-\alpha)} \\ A_2 = az - A_1 \end{cases} \tag{10-23}$$

如图 10-12 所示，动能相容性限定了双楔机制的极限状态（参数 a 的最大和最小值）。

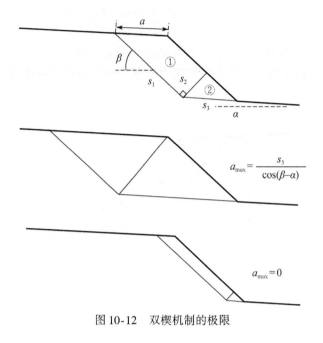

图 10-12　双楔机制的极限

5. Mad Dog 和 Atlantis 案例研究

前文概述了一些可以用来评估海底边坡稳定性的方法。本节通过墨西哥湾中沿 Sigsbee 陡坡的 Mad Dog 和 Atlantis 油田开发案例，展示这些方法的使用。

Mad Dog 和 Atlantis 油田分别位于陡坡上方及下方，平均水深分别为 1350 m 和 2150 m。一个单柱式平台为靠近陡坡顶部边缘处的 Mad Dog 油田提供服务，一个半潜式生产平台在陡坡底部为 Atlantis 油田提供服务，采用湿式采油树的海底油井网络回接到半潜式平台。一条外输管线从 Atlantis 油田一直延伸到 Sigsbee 陡坡上方，与 Mad Dog 油田的输送管道相连。图 10-13 为该项目场地规划和海床条件的海底渲染图。距离 Mad Dog 系泊处最近的边坡高约 200 m，平均坡度为 20°。Atlantis 生产平台距坡脚约 2 km，最近的边坡高约 235 m，平均坡角为 20°。Mad Dog 和 Atlantis 附近的局部陡坡坡度超过 35°（Jeanjean et al.，2005），有证据显示 Mad Dog 和 Atlantis 附近发生过多次滑坡、坍塌和重力流事件。海底也显示出复杂断层迹象，这些断层在目前海床处仍有明显错位（Orange et al.，2003）。

鉴于这些危害的存在，项目开展了全面的地质灾害评估，以确定运营商是否可接受这些地质灾害带来的投资和人员安全风险。以下将重点讨论作为地质灾害评估一部分的边坡稳定分析，当然，边坡分析需要高质量的抗剪强度和孔隙水压力数据。项目进行了全面的岩土工程现场调查（例如，Al-Khafaji et al.，2003；Jeanjean et al.，2005）。综合岩土调查结果显示，大陆坡下部，也就是陡坎以上，表层沉积物为均匀的高塑性全新世黏土，之下是较老、较硬且塑性较差的更新世黏土。陡坡由硬黏土组成，由于滑坡和坍塌这些黏土已显露出来，而滑坡和滑塌伴随下卧盐底辟造成的沉积物抬升和海底洋流造成的侵蚀。大陆隆上部由均匀的高塑性黏土沉积物和全新世黏土薄覆层组成。在边坡最陡处接近坡面位置

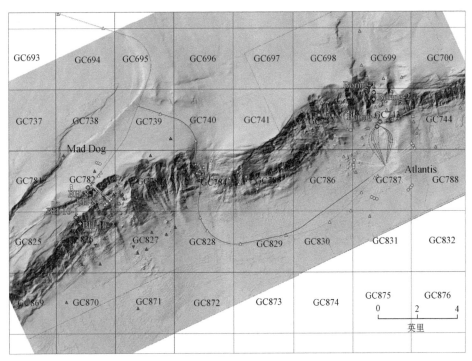

图 10-13　墨西哥湾 Sigsbee 陡坡 Mad Dog 和 Atlantis 油田 （Jeanjean et al., 2005）

发现了超静孔压，但由于超静孔压足够小，不会对稳定性构成重大威胁。Atlantis 处的孔压触探量测指明了静孔压。

对 Mad Dog 油田和 Atlantis 油田的边坡稳定性进行了排水和不排水的无限长边坡分析、极限平衡圆弧滑动分析和有限元分析。

图 10-14 为陡坡顶部 Mad Dog 油田的某边坡安全系数与坡度之间关系，边坡表层为 8 m 厚的新近均匀沉积。无限长边坡不排水稳定分析结果表明，当坡度小于 22° 时，表层的均匀沉积物是稳定的。陡坎底部 Atlantis 油田后部的一个边坡采用各向同性强度参数进行不排水圆弧滑动稳定分析，图 10-15 显示安全系数在 1.32 ~ 1.38 范围内，并且对圆弧滑动面的位置不太敏感。另外进行了更多分析，评估了 Atlantis 处将来受超静孔压的影响。根据目前的几何形状，孔隙水压力比 $r_u = u_c / \sigma'_v$ 达到 0.5 时才能触发不排水破坏。

Mad Dog 的海床沉积层中存在相当多的断层，主要是盐底辟运动的结果（Orange et al., 2003）。简单求解方法如极限平衡圆弧滑动法不适用于复杂场地，所以实施有限元分析以研究断层对边坡稳定性的影响。顺 Mad Dog 斜坡一个横剖面的平面应变有限元模型如图 10-16 所示。

通过敏感性分析进一步理解断层的重要性：对沿图 10-16 标出的准垂直断层和准水平断层（即软弱面）的抗剪强度按任意选定的系数折减，然后计算每个强度折减系数组合对应的安全系数，所得结果如图 10-17 所示。结果表明，沿断层面抗剪强度的降低对边坡整体安全系数的影响严重依赖断层面的倾角；相对于准垂直面，安全系数对沿准水平面的强

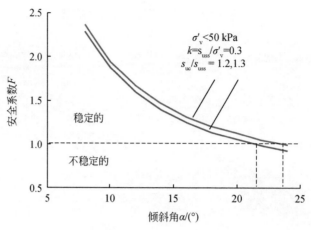

图 10-14　Mad Dog 处 8 m 表层沉积物（上覆应力 50 kPa）无限长坡不排水稳定分析
（Nowaki et al.，2003）

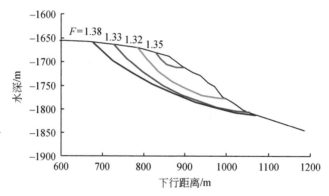

图 10-15　Atlantis 油田后临界边坡的不排水圆弧滑动分析（Nowaki et al.，2003）

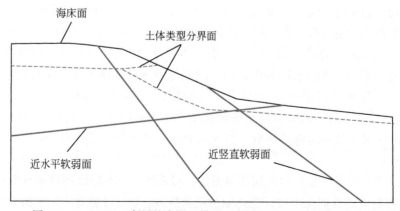

图 10-16　Mad Dog 断层的有限元模型示意图（Nowaki et al.，2003）

度折减更敏感。例如，当准水平面的抗剪强度大于其全值的约 70% 时，即使存在光滑的准垂直面，斜坡仍然是稳定的（$F>1$）。相反地，在准水平断层中，剪切强度至少要达到其全值的 30%，才能使整体安全系数大于 1。当强度降低程度小于以上极端情况时，其对稳定性的影响也变小。例如，要保持稳定，当准水平面上强度降低 50% 时，准垂直面的强度只需为全值的 20%，而当准垂直平面上强度降低 50% 时，准水平面的强度至少要达到全值的 35%。

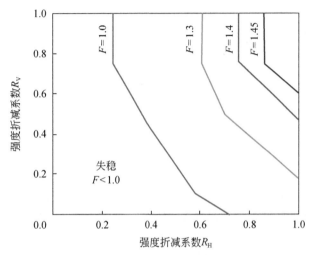

图 10-17　准垂直和准水平面上抗剪强度降低对斜坡
稳定性的影响（Nowacki et al.，2003）

　　通过有限元分析，研究了斜坡的渐进失稳。图 10-18 为无断层条件下边坡失稳的运动学机理，表明圆弧滑动机制控制初始和后续的渐进式失稳。分析发现这种情况下发生的是有限的渐进式破坏，因为在两次或三次失稳后边坡已趋于稳定。图 10-19 给出了同一边坡但靠近坡脚处存在水平软弱面的分析结果，此时破坏机制明显不同，由类似双楔形的块体失稳控制。在这种情况下，渐进破坏是将边坡破坏为楔块，失稳延展范围仅受软弱面范围的限制。

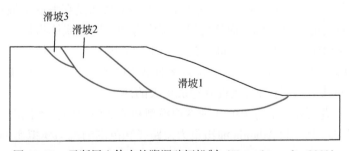

图 10-18　无断层土体中的溯源破坏机制（Nowacki et al.，2003）

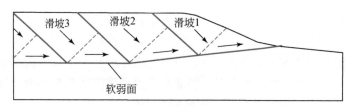

图 10-19　存在水平断层的土体溯源破坏机制（Nowacki et al., 2003）

10.4.3　重力流

1. 综述

边坡失稳引起土体以流动滑移或重力流的形式沿坡向下运动。滑移物质最初时是固态，由于滑动过程中水分增加而发生重塑和软化，逐渐转变为流体状态。海底边坡失稳后的重力流一般被描述为碎屑流和浊流，当然，这些现象的相关术语还没有统一标准。Niedoroda 等（2003）提出了以下分类：①碎屑流是失稳源头沉积物沿边坡向下的大规模运移，当初始势能被摩擦力完全消耗后停止滑移。在碎屑流动过程中，源头沉积物被不断地扰动和重构，扰动和重构程度（包含进入土中水量的影响）决定了碎屑流的流变性和流动性。此时土以黏塑性材料的状态运动，具有明显的应力-应变速率特性，流动一般为层流。②浊流是碎屑流后续的富含泥沙的重力流。悬浮沉积物在湍流中形成不同于周围水体的密度，从而产生了驱动浊流的重力能。当浊流沿斜坡向下时，可能携带更多的泥沙，密度变得更大并加速运动，流动形式变为湍流。浊流的密度通常比周围水体大 2%～4%，流速从小于 1 m/s 到大于 10 m/s 不等。

失稳土体顺坡滑动的不同阶段受不同的机理或流态控制，需要不同的本构模型来研究。在失稳时，滑移体特性取决于定义应力-应变关系的岩土指标。介质在流滑过程中经过重塑和软化，转变为具有黏塑性材料特性的碎屑流。随着进一步流动，滑坡体转变为最适于按流体性质描述的重力流。这对滑动体本构研究提出了严峻挑战：从无显著变形即可抵抗剪应力的固体，到易于发生大变形的、与流体类似的固-水混合物，本构模型必须能够模拟整个范围的应力-应变或密度-流速关系。典型的做法是在海底滑坡被触发后，就不再使用描述土体行为的岩土指标，而代之以屈服应力和黏度等流体指标。重力流的分析侧重于屈服应力为 10 Pa 左右的高含水量（远高于土的液限）泥浆的行为，但不关注滑移体从抗剪强度为 10 kPa 左右的完整固态不断弱化的早期过渡阶段，尽管强度较高物质可能比较弱（虽然移动更快），流体对海底设施造成更大的冲击力。

接下来的章节概述分析重力流的几种本构模型和流变模拟的技术路线及计算方法，然后介绍墨西哥湾 Mad Dog 和 Atlantis 油田重力流路径和范围的流动模拟实例。

2. 流动模型

重力流的行为取决于颗粒特性（如类型、级配、与水的相互作用模式）、含固率和剪切速率。从土力学和流体力学原理导出的许多本构模型和流动模型可应用于重力流分析。

1）土力学架构

临界状态土力学（Schofield and Wroth，1968，见本书第 4 章）非常适合在高含水量碎屑流情况下将重塑土的抗剪强度与含水量定量联系起来。该架构也适合定性评估给定有效应力和含水量条件下的土体，发生剪胀从而引起负超静孔压和最终的软化，或发生剪缩导致正超静孔压和硬化响应。

将土力学模型用于碎屑流时，应考虑天然土体的灵敏度和应变率的影响。大多数自然状态下的土体表现出一定程度的灵敏性，导致重塑后抗剪强度降低。灵敏度 S_t 定义为峰值抗剪强度 $s_{u,p}$ 与完全重塑后（仍为初始含水量）抗剪强度 $s_{u,r}$ 的比值：

$$S_t = \frac{s_{u,p}}{s_{u,r}} \tag{10-24}$$

海洋土的灵敏度一般在 2 ~ 6 范围内。

土体抗剪强度也取决于剪应变速率，一个量级的应变率变化引起抗剪强度按比例变化，当剪应变率为 $\dot{\gamma}$ 时的抗剪强度为

$$s_u = s_{u,ref}\left(1 + \mu \log \frac{\dot{\gamma}_{ref}}{\dot{\gamma}_{ref}}\right) \tag{10-25}$$

式中，$s_{u,ref}$ 是参考剪应变率 $\dot{\gamma}_{ref}$ 所对应的抗剪强度。当剪应变率小于参考剪应变率时，常假定其最小值为 $s_{u,ref}$。系数 μ 通常取 0.1 ~ 0.2，即每一个对数循环的剪应变率变化导致 10% ~ 20% 的强度变化。实例数据如图 10-20 所示（Koumoto and Houlsby，2001）。

除了对数模型，也可采用幂律模型表达应变率效应，如：

$$s_u = s_{u,ref}\left(\frac{\dot{\gamma}_{ref}}{\dot{\gamma}_{ref}}\right)^\beta \tag{10-26}$$

幂律模型倾向于在大的应变率范围内给出更好的数据拟合，并且在非常低的应变率范围内仍然有界。β 值通常在 0.05 ~ 0.1 范围内，在高剪应变率条件下可达 0.15（Zakeri，2009）。

从未扰动状态到完全重塑状态的抗剪强度降低可以用一个简单的指数衰减函数描述（Einav and Randolph，2006）：

$$s_u = (\delta_{rem} + (1 - \delta_{rem})e^{-3\xi/\xi_{95}})s_{u,p} \tag{10-27}$$

式中，δ_{rem} 是灵敏度的倒数；ξ 是累积塑性剪应变，其中 ξ_{95} 是重塑程度达到 95% 时的累积塑性剪应变。

虽然土力学方法显然适用于模拟碎屑流，但从历史上看，流体力学方法的应用更广泛。

2）流体力学架构

含有一定比例固态物的流体称为非牛顿流体①，其特征是剪应力与剪应变率呈非线性关系，屈服应力为 τ_y，低于 τ_y 时剪应变率很小。碎屑流一般按非牛顿流体——通常是

---

① 常规流体服从牛顿黏性定律，剪应力 τ 正比于剪应变率 $\dot{\gamma}$，动力黏性系数为 μ，即 $\tau = \mu\dot{\gamma}$。不遵守牛顿定律的流体称为"非牛顿流体"。

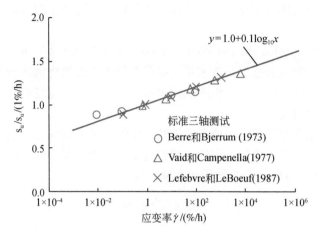

图 10-20　不排水抗剪强度的剪应变率效应（Koumoto and Houlsby，2001）

Bingham 流体——进行分析。Bingham 模型与土的不排水抗剪强度模型相似，在达到材料屈服强度之前应变率为零，但在超过屈服强度后，强度随剪应变率线性增加：

$$\dot{\gamma} = \begin{cases} 0 & |\tau| < \tau_y \\ \dfrac{1}{\mu}\text{sgn}(\tau)(|\tau| - \tau_y) & |\tau| \geq \tau_y \end{cases} \tag{10-28}$$

剪应变率与剪应力之间的非线性关系已被用来模拟碎屑流，从而实现黏度随剪切速率的变化（Elverhoi et al.，2005；Huang and Garcia，1999）。这些模型被称为 Casson 模型（Locat and Demers，1988），或者更一般地称为 Herschel-Bulkley 模型。对于 Herschel-Bulkley 模型，剪应变率表示为

$$\dot{\gamma} = \begin{cases} 0 & |\tau| < \tau_y \\ \text{sgn}(\tau)\left(\dfrac{|\tau| - \tau_y}{\mu}\right)^{\frac{1}{n}} & |\tau| \geq \tau_y \end{cases} \tag{10-29}$$

式中，指数 n 区分了所谓的"剪切变薄"（n 小于 1）和"剪切增厚"（n 大于 1）。Huang 和 Garcia（1998）指出，通过选择不同的参数，该式可以简化为牛顿流体（$\tau_y = 0$，$n = 1$）、Bingham 流体（$\tau_y > 0$，$n = 1$）或幂律流体（$\tau_y = 0$，$n \neq 1$）。

可以建立一个双线性流体模型，去掉一定剪应力阈值下剪应变率为零的假设，从而表述为（Imran et al.，2001；Huang and Garcia，1998）

$$\frac{\tau}{\tau_{ya}\text{sgn}(\dot{\gamma})} = \left(1 + \frac{|\dot{\gamma}|}{\dot{\gamma}_r} - \frac{1}{1 + r\dfrac{|\dot{\gamma}|}{\dot{\gamma}_r}}\right) \tag{10-30}$$

式中，常数 τ_{ya} 是表观屈服强度（假设为非零值），$r = \dot{\gamma}_r / \dot{\gamma}_0 \gg 1$，应变率 $\dot{\gamma}_r$ 和 $\dot{\gamma}_0$ 分别提供流体在高、低应变率下的行为信息。在高、低应变率下的行为可近似为

$$\begin{cases} \tau \approx \left[\tau_{ya} + \mu_{dh} \mid \dot{\gamma} \mid \right] \mathrm{sgn}(\dot{\gamma}), \ \mu_{dl} = \dfrac{\tau_{ya}}{\dot{\gamma}_r}, \ \dot{\gamma} \gg \dot{\gamma}_0 \\[3mm] \tau \approx \mu_{dl} \dot{\gamma}, \ \mu_{dl} = \dfrac{\tau_{ya}}{\dot{\gamma}_r}(1+r), \ \dot{\gamma} \ll \dot{\gamma}_0 \end{cases} \tag{10-31}$$

这些不同模型的比较如图 10-21 所示。

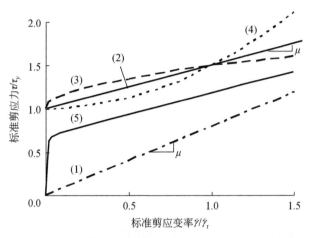

图 10-21　不同流变模型公式的应力与应变率的关系

（1）牛顿（黏性）；（2）Bingham（线性黏塑性）；（3）Herschel-Bulkley（剪切变薄的非线性黏塑性）；
（4）剪切增厚黏塑性；（5）双线性黏塑性

　　任何一种描述碎屑流的流体模型都需要与应变软化和重塑模型耦合，以涵盖从准静态剪切、超过抗剪强度、发展到残余强度直到完全重塑的土体行为。通常利用计算流体动力学（CFD）技术将浊流模拟为重力流（即牛顿流体）。碎屑流的特征、沉积物颗粒大小和可侵蚀沉积物的深度，可一起用来预测浊流的流动路径和速度。

3. 碎屑流计算方法

　　岩土工程的计算方法是从固体和结构分析领域发展起来的。有限元法已经得到了广泛的发展和完善。拉格朗日描述假定网格与材料区域一致并跟随材料一起运动，因其在描述边界条件方面的便利性被普遍采用。由于大多数岩土工程应用涉及破坏点之前或稳定塑性流动的情况，尽管动力分析也得到了广泛应用，但是数值编程更侧重于准静态分析。

　　有限元法被广泛应用于边坡稳定性分析，以确定何时发生破坏以及破坏面的形态，但并不用于描述破坏发生后土体运动如何发展。一般情况下不模拟涉及大变形破坏过程的演化，这很大程度上是由于拉格朗日分析中大变形时网格单元变得过度扭曲（畸变），也因为计算过程变得不稳定，无法收敛得到准静态解。为了解决这些限制，人们提出了若干种数值方法。以下将介绍三种方法：网格重新划分与小应变插值技术、任意拉格朗日–欧拉有限元法以及拉格朗日积分点有限元法。

1）网格重新划分与小应变插值技术（RITSS）

Hu 和 Randolph（1998a，b）在传统的小应变有限元公式的基础上，发展了一种求解土体二维大变形问题的数值方法，该方法包括坐标的更新、网格重新划分、材料和应力参数的插值等技术，称为 RITSS 法。RITSS 法采用了小应变格式，以便于纳入标准的复杂本构模型，并可利用大多数有限元软件。该方法避开了大应变格式，因为除了作为损伤参数之外，小应变分析之间不积累应变。每个增量计算完成后，更新节点的位置。在最初版本中，使用自动网格生成方案，通常每 10~20 个增量步就要重新划分整个域的网格。为了使数值离散最小化，发展了一种局部网格重划分技术，从而只对发生大应变的区域重新生成网格（Barbosa-Cruz，2007；Zhou et al.，2008）。当有限元网格更新后，根据旧网格节点上的已知值，在新网格的高斯点上进行应力和材料参数插值。通过最新一次网格划分后的累积位移更新旧网格节点，并形成参考域。

新高斯点上的插值由其所在参考域的三个高斯点得到。线性插值利用距离逆加权函数对参考域高斯点上的值求和。另一种插值方法是对旧高斯点进行三角剖分，确定新高斯点所在的旧高斯点三角形，新高斯点上的场变量值由旧高斯点三角形线性插值得到。插值后，检查新高斯点的屈服状态，如果违反屈服准则，则将应力投影回屈服面。RITSS 已在二维有限元软件 AFENA（Carter and Balaam，1995）中实现，并与商业软件 ABAQUS（Dassault Systèmes，2007）结合，以便用于三维问题。多种涉及大变形的岩土工程问题都利用 RITSS 得到了模拟（Randolph et al.，2008）。

2）任意拉格朗日–欧拉有限元法

拉格朗日有限元分析用于碎屑流时会受到限制，因为当碎屑流发生大变形时网格严重畸变；单元变形大造成的另一个限制是增量步的步长减小，从而使计算时间过长。替代方法是采用固定网格的欧拉描述，只有物质在网格内流动。由于控制方程描述了材料的运动，当类似欧拉用于固定网格时，需要一个输运过程将物理量映射回固定网格。欧拉格式是描述物质流动的首选格式，然而，在模拟自由表面流动和流体–结构相互作用时会出现困难。一种更通用的方法被称为"任意拉格朗日–欧拉"（ALE）格式，它是基于一个参考域的任意运动，而不一定跟随物质运动。该方法通过平滑算法确定节点新位置，考虑边界和自由表面的运动以保持相对均匀的网格。网格的拓扑结构在最初的 ALE 方法中是固定的，现在这个术语也适用于每隔一段时间完全重新划分网格的解决方案（如 RITSS 方法）。输运方案是以一种类似于完全欧拉的方法将物理量映射（或用一个更普遍的方法插值）到移动网格上。Konuk 等（2006）、Konuk 和 Yu（2007）介绍了使用 LS-DYNA 程序中的 ALE 方法处理土体大变形问题。

3）拉格朗日积分点有限元法

Moresi 等（2003）和 O'Neill 等（2006）开发了一种粒子网格有限元法，专门用于解决材料性质依赖历史的黏弹性或塑性材料的大变形问题。与标准的有限元方法一样，该方法是基于质量平衡和动量平衡方程的变分形式，但是标准有限元方法并不包括惯性项。这是因为所考虑的材料具有高黏性，并假定应变速率与边界条件和内部力（蠕变）瞬间平衡。代表控制方程的全局积分表示为各单元上的积分之和，然后使用插值函数离散近似节点值，替换单元积分。控制方程的离散形式用矩阵表示，其中整体刚度矩阵由单元刚度矩阵构成。

Moresi 等（2003）方法的特点在于选择计算单元刚度矩阵的积分点。该方法不是以优化数值积分精度为目标来选择积分点，而是将积分点作为材料粒子的位置，这些粒子相对于固定网格移动。由于粒子可在任意位置，每个单元需要多几倍的粒子才能保证与有限元法中的高斯积分精度相当。然而，粒子网格有限元法在实际物质点上积分材料特性，有助于提高计算精度。为达到合理的精度，特别是对于极端大应变问题，需要一个迭代过程来确定数值积分中使用的粒子权重（Moresi et al, 2003）。

基于流体力学原理建立碎屑流模型的计算方法主要针对 Bingham 流体。Jiang 和 LeBlond（1993）利用固定网格的有限差分法开发了 BING 模型，以求解层内平均的控制方程，方程离散中使用时间上的向前差分和空间上的向后差分。该模型采用两层非稳定变形体表示碎屑流，包括下部剪切层和上部塞流层，如图 10-22 所示。塞流层中的物质代表碎屑流中未超过屈服强度的部分，因此以刚性块体的形式在剪切层上运动。剪切层物质代表碎屑流中超过屈服强度、已转变为 Bingham 流体的部分。利用该方法，可以确定流滑体表面形状、屈服界面形状（塞流层与剪切层之间）、塞流层速度分布等随时间的变化。这种方法适用于各种剪切强度值，包括对应纯黏性流体的逐渐消失的剪切强度。通过调整模型参数，如 Bingham 黏度和屈服强度，可以估算或反演计算流滑体的厚度和滑动距离。修改该模型，也能用于 Herchel-Bulkley 流变或双线性流变（Imran et al., 2001）。

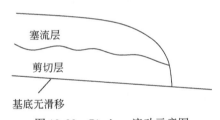

图 10-22　Bingham 流动示意图

DeBlasio 等（2004）和 Elverhoi 等（2005）使用 BING 模型反演了挪威 Storegga 滑坡的两个典型流滑体。用此模型预测了滑动距离和沉积剖面，并与现场数据对比，结果如图 10-23 所示。其中图 10-23（a）为垂直放大 1∶20 的分析结果输出图，图 10-23（b）为真实比例输出结果，显示滑坡发生时边坡坡度很小。在岩土工程可接受的范围内调整剪切强度，使滑动距离能较好吻合实际情况。计算结果没有很好地表述沉积厚度，因为现场数据显示较陡的斜坡上具有较厚沉积物，而平缓边坡上沉积物厚度较薄，这与假设恒定剪切强度的 Bingham 模型所得结果相反。

BING 模型的几种扩展形式也被陆续提出（DeBlasio et al., 2004；Elverhoi et al., 2005）。一种扩展形式探索了流体中存在块体，这些块体与流体混杂在一起，块体与底床交界面处的行为由库仑摩擦定律确定。另一种是采用摩尔-库仑定律定义抗剪强度随深度线性增加。第三种则根据 Froude 条件，将流动状态更新，可进一步增加滑动距离。在滑动状态下，一般认为碎屑与海床之间存在一滑水层，并假设碎屑中的剪切应力小于抗剪强度，使得碎屑以塞状运动。在滑水层中，认为速度剖面为抛物线型，并且假设动态压力从碎屑流前端的滞压到尾端的零压力之间是线性变化。修正后的模型还能考虑水不断掺入碎屑流造成屈服强度降低。

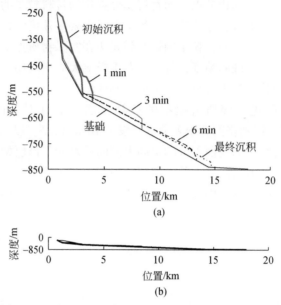

图 10-23　应用 BING 模型预测 Storegga 滑坡的流动演化

（a）垂直放大约 1∶20；（b）真实尺度（De Blasio et al.，2004a）

4. 重力流分析说明

确定适当的输入参数来描述黏性或流体流动特性，是将任何模型应用于海底流动分析的主要困难。由于直接测量碎屑流和浊流的流速及其他流动特征参数不切实际，常用的做法是根据观察到的流滑遗迹（当前为静态）反分析过去的滑动事件。这样做的目的是对过去发生的各种重力流进行分类，分析发生原因，描述流动的运动状态（速度、规模等），然后通过获得的信息预测未来的重力流活动（Niedoroda et al.，2003a）。

5. Mad Dog 与 Atlantis 案例分析

位于墨西哥湾 Sigsbee 陡坡（图 10-13）上的 Mad Dog 和 Atlantis 区域历史上经历了大量导致碎屑流和浊流的边坡失稳。作为地质灾害评估的一部分，Mad Dog 与 Atlantis 开发项目利用地球物理方法和 ROV 视频观测，绘制了该区域各种重力流沉积（Niedoroda et al.，2003a）。根据地球物理量测的滑坡坑数据和圆弧滑动面假设，近似计算以往边坡失稳的体积，然后将所得体积与坡趾和标识的碎屑流区中的物质体积进行比较。几个有代表性的坡趾体积约占破坏区总体积的 25%（图 10-24）。许多已经标识的流滑区内碎屑缺失，表明浊流对原区域中的侵蚀和搬运发挥了较大作用。海床上深沟和峡谷的侵蚀也清楚展示出浊流的作用。

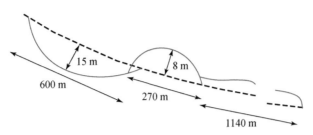

图 10-24 绘制滑坡与碎屑流区，Atlantis 油田（Niedoroda et al., 2003）

利用 BING 模型（Jiang and LeBlond, 1993）模拟了工程区内多个已确认范围的碎屑流，试图反演以前的海底地形，确定滑坡破坏的可能触发因素，以及滑坡形成重力流的运动状态。图 10-25 比较了观察与反演分析得到的某滑坡事件的碎屑流流动形状（包括初始和最终流滑体剖面）。图中虚线"驼峰"是碎屑流发生的起点，即初始土体失稳造成的变形从整体位移转变为不稳定隆起之后的 Bingham 流滑体连续变形。对数个划定的大型碎屑流进行了重复模拟，期间通过改变输入参数（Bingham 黏度与屈服强度），直到输出（滑动距离与沉积物厚度）与认定碎屑流的观察结果一致。反演计算得到的参数再用来预测该区域未来重力流的的滑动速度、覆盖范围和厚度。浊流的流动不能用与碎屑流一样的方法进行对比分析，因为不存在校核模型的浊流沉积物。取代方法是采用实测的沉积物粒度与可蚀土体的深度、水槽试验预测的侵蚀参数等。图 10-26 为 Mad Dog 和 Atlantis 浊流的预测路径和代表性流速，其中采用了碎屑流模型结果作为浊流分析的输入参数。

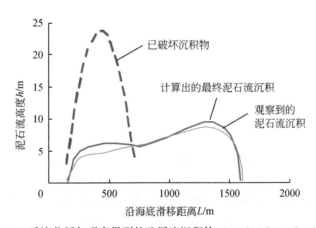

图 10-25 反演分析与观察得到的碎屑流沉积体（Niedoroda et al., 2003a）

过去在 Mad Dog 和 Atlantis 项目区内发生的一些重力流是巨大的，具有超过 7 km 的行进距离和反算得到的高达 100 km/h 的流速，其间裹挟的一些完整块体甚至有足球馆大小。如果在两个项目服役期间发生类似规模的重力流，可能对生产设施造成严重的损坏，威胁人员安全、业主投资和环境（Niedoroda et al., 2003a）。未来重力流在油气项目运行期间的发生概率另行通过概率分析得到，结果表明重力流发生的概率较低，项目可以接受（Nadim et al., 2003a）。

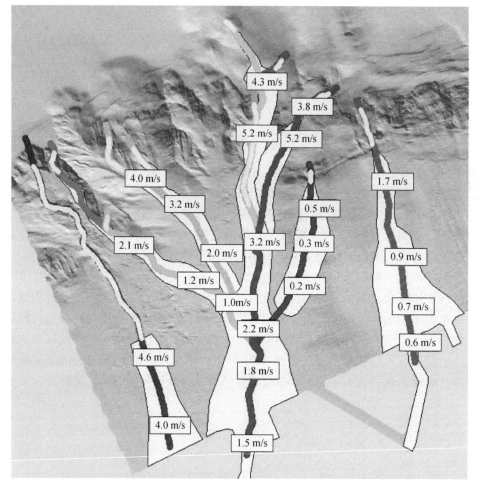

图 10-26　Atlantis 区浊流路径与流速预测结果（Niedoroda et al., 2003a）

10.4.4　对基础设施的影响后果

评估海底物质输运造成地质灾害的最后一步是量化海底基础设施受冲击的后果。在评估过程中必须考虑以下两方面：①评估某一冲击产生的荷载；②评估由此引起的设施响应和潜在危害。这些评价步骤适用于各种不同的基础设施，包括开采井、管汇和锚泊系统等，且尤其适用于管线，因为管线覆盖范围大故受冲击概率更高。

1. 流体力学法评价对管道冲击力

物质输运事件分析常采用流体力学方法，因而计算冲击力时倾向于应用流体力学模型。对于管道，浊流产生的力用 C_d 和 C_f 表述，C_d 代表垂直方向的拖曳力系数，C_f 表示轴向摩擦系数，通过以下公式计算力：

$$\begin{cases} F_d = C_d \left(\dfrac{1}{2} \rho v_n^2 \right) D \\ F_f = C_f \left(\dfrac{1}{2} \rho v_a^2 \right) \pi D \end{cases} \tag{10-32}$$

式中，ρ 为浊流密度。当雷诺数 $R_e \leq 4 \times 10^5$ 时，$C_d = 1.2$；当 $R_e \geq 6 \times 10^5$ 时，$C_d = 0.7$；二者之间可用对数坐标进行线性插值。摩擦系数则为

$$C_f = \frac{0.075}{(\log_{10} R_e - 2)^2} \tag{10-33}$$

对于浊流，雷诺数应基于水的雷诺数，表示为 $R_e = v_n D / v$，动力黏度 $v = 1.6 \times 10^6 \, \mathrm{m^2/s}$。

目前已提出类似的公式用于碎屑流（Zakeri，2009），式中拖曳系数和摩擦系数为非牛顿流体的等效雷诺数（也称为 Johnson 数，给出拖曳力与物质抗剪强度的相对大小）的幂函数，此等效雷诺数表示为

$$R_{e,\mathrm{non\text{-}Newtonian}} = \frac{\rho v_n^2}{\tau} \tag{10-34}$$

2. 岩土工程法评价管道冲击力

另一种方法更侧重于根据碎屑流的土力学性质计算冲击力，以高应变率条件下的修正抗切强度表示法向力和摩擦力。因此：

$$\begin{cases} F_n = N_p \beta_n s_u D \\ F_f = \alpha \beta_f s_u \pi D \end{cases} \tag{10-35}$$

式中，β_f 为应变率系数；N_p 为土体流经圆柱形物体的承载力系数，大小约为 11（详见第 9 章），α 为摩擦系数，式中一般取 1。在最初阶段，应变速率可首先取为 v_n/D 或 v_a/D。

对于法向力，流体和岩土方法可以结合起来：

$$F_n = C_d \left(\frac{1}{2} \rho v_n^2 \right) D + N_p s_{u,\mathrm{nom}} D \tag{10-36}$$

式中，$s_{u,\mathrm{nom}}$ 是按法向应变速率 v_n/D 修正后的抗剪强度。式中右侧两项的相对大小是无量纲比值 $\rho v_n^2 / s_{u,\mathrm{nom}}$ 的函数，无量纲比值小于 10 时岩土阻力占主导地位。对于这种组合方法，拖曳力系数一般为 0.8 左右。

对于轴向荷载，一般假设粗糙管–土界面，此时摩擦力可以表示为

$$F_f = f_a s_{u,\mathrm{nom}} \pi D \tag{10-37}$$

式中，f_a 可表示为（Einav and Randolph，2006）

$$f_a = \left[2 \left(\frac{1}{\beta} - 1 \right) \right]^\beta \tag{10-38}$$

引入典型的 β 值，可得到的 f_a 值介于 $1.2 \sim 1.4$ 之间，这表明管道附近的应变速率明显高于表观数值 v_a/D。

3. 管道响应分析

受滑坡冲击时管道的总体响应评估可将管道视为能够抵抗弯曲和轴向应变的结构元

件，管道既承受来自一定宽度流滑体施加的主动载荷，又受到流滑体两侧区域中海底土体施加的被动阻力（图 10-27）。此外，随着管道的变形，轴向运动还形成摩擦阻力。对于给定的管道，流滑体几何形状，假定的主动载荷、被动阻力和摩擦力大小，该问题可以解析求解。由参数分析获得的解析解可用来评估弯曲和拉伸引起的管道应力和应变（Randolph et al.，2010）。

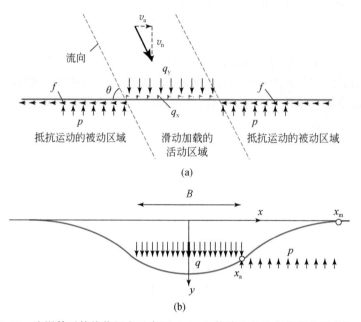

图 10-27　流滑体对管线作用力示意图（a）和管线上的法向荷载分析参数（b）

10.5　总　　结

岩土工程师和工程地质学家的工作是识别地质灾害、潜在触发因素、破坏模式、事故严重程度、事故发生频率、破坏结果和破坏发生概率。地质灾害评估和分析必须以适当的技术和工具为基础。Kvalstad 等（2001）展望了以下待研究领域，以改善地质灾害领域的岩土设计。

（1）建立含气土和含天然气水合物土的本构模型；

（2）通过现场调查、监测和分析技术，对深水海床足够深度与面积范围内的土体进行原位测试，以充分评估土体强度、孔隙压力和有效应力条件等；

（3）发展边坡失稳评价技术，以解释在缓坡上观测到的滑动现象，并建立可靠的方法预测溯源式滑坡活动、延展面积以及滑动体积；

（4）对于评估直接和间接滑坡后果（包括滑动距离、流速、流动冲击力、海啸的产生和冲击力等）的相关技术与分析方法，调查它们的精度与不确定性。

参 考 文 献

Aas, P. M. and Andersen, K. H. (1992) 'Skirted foundations for offshore structures'. *Proc. Offshore South East Asia Conf.*, Singapore.

Abbs, A. F. (1983) 'Lateral pile analysis in weak carbonate rocks'. *Proc. Conf. Geotech. Practice in Offshore Eng.*, ASCE, Austin, Texas, 546-556.

Abbs, A. F. (1992) 'Design of grouted offshore piles in calcareous soils'. *Proc. ANZ Conf. Geomech.*, Christchurch, New Zealand, 128-132.

AG (2001) *Suction Pile Analysis Code: AGSPANC Users' Manual*, Version 3. 0. Advanced Geomechanics Internal Report, Perth, Australia.

AG (2003) *CHIPPER: Analysis for Laterally Loaded Piles in Soft Rock, Users' Manual*. Advanced Geomechanics Internal Report, Perth, Australia.

AG (2007) *Cyclops—Software for Cyclic Axial Loading of Piles*. Advanced Geomechanics Internal Report, Perth, Australia.

Al-Khafaji, Z., Young, A., Degroff, B., Nowacki, F., Brooks, J. and Humphrey, G. (2003) 'Geotechnical Properties of the Sigsbee Escarpment from Soil Borings and Jumbo Piston Cores'. *Proc. Annu. Offshore Tech. Conf.*, Houston, Texas, Paper OTC 15158.

Alm, T., Snell, R. O., Hampson, K. M. and Olaussen, A. (2004) 'Design and installation of the Valhall piggyback structures'. *Proc. Annu. Offshore Tech. Conf.*, Houston, Texas, Paper OTC 16294.

Amante, C. and B. W. Eakins (2009) 'ETOPO1 1 Arc-Minute Global Relief Model: Procedures, Data Sources and Analysis'. *Nat. Oceanic Atmos. Administration (NOAA) Tech. Memo. NESDIS* NGDC-24, 19, March.

Andenaes, E., Skomedal, E. and Lindseth, S. (1996) 'Installation of the Troll Phase 1 Gravity Base Platform'. *Proc. Annu. Offshore Tech. Conf.*, Houston, Texas, Paper OTC 8122.

Andersen K. H. (2004) 'Cyclic clay data for foundation design of structure subjected to wave loading. Invited keynote lecture'. *Proc. Int. Conf. Cyclic Behav. Soils Liquefact. Phenom. (CBS04)*, Bochum, Germany, 371-387.

Andersen K. H. (2009) 'Bearing capacity under cyclic loading—offshore along the coast and on land', 21st Bjerrum Lecture. *Can. Geotech. J.* 46: 513-535.

Andersen, K. H. and Jostad, H. P. (1999) 'Foundation design of skirted foundations and anchors in clay'. *Proc. Annu. Offshore Tech. Conf.*, Houston, Texas, Paper OTC 10824.

Andersen, K. H. and Jostad, H. P. (2002) 'Shear strength along outside wall of suction anchors in clay after installation'. *Proc. Int. Symp. Offshore Polar Eng. Conf. (ISOPE)*, Kitakyushu, Japan, 785-794.

Andersen, K. H. and Jostad, H. P. (2004) 'Shear strength along inside of suction anchor skirt wall in clay'. *Proc. Annu. Offshore Tech. Conf.*, Houston, Texas, Paper OTC 16844.

Andersen, K. H., Brown, S. F., Foss, I., Pool, J. H. and Rosenbrand, W. F. (1980) 'Cyclic and static laboratory tests on Drammen clay'. *J. Geotech. Eng.*, ASCE, 106(GT5): 499-529.

Andersen, K. H., Dyvik, Lauritzsen, R., Heien, D., Harvik, T. and Amundsen, T. (1989) 'Model tests of gravity platforms II; Interpretation'. *J. Geotech. Eng.*, ASCE, 115(11): 1550-1568.

Andersen, K. H., Dyvik, R. Kikuchi, Y. and Skomedal, E. (1992) 'Clay behaviour under irregular cyclic loading'. *Proc. Int. Conf. Behaviour of Offshore Structures*, London, 2: 937-950.

Andersen, K. H., Dyvik, R., Schroeder, K., Hansteen, O. E. and Bysveen, S. (1993) 'Field tests of anchors in clay. II: Predictions and interpretation'. *J. Geotech. Eng.*, ASCE, 119(10): 1532-1549.

Andersen, K. H., Murff, J. D., Randolph, M. F., Clukey, E., Erbrich, C. T., Jostad H. P., Hansen, B., Aubeny, C. P., Sharma, P. and Supachawarote, C. (2005) 'Suction anchors for deepwater applications'. *Proc. Int. Symp. Front. Offshore Geotech.* (*ISFOG*), Perth, Australia, 3-30.

Andersen, K. H., Lunne, T., Kvalstad, T. J. and Forsberg, C. F. (2008) 'Deep water geotechnical engineering'. *Proc. XXIV Nat. Conf. of the Mexican Soc. of Soil Mechanics*, Aguascalientes, Mexico, 1-57.

Angell, M., Hanson, K., Swan, B. and Youngs, R. (2003) 'Probabilistic fault displacement hazard assessment for flowlines and export pipelines, Mad Dog and Atlantis field developments, deepwater Gulf of Mexico'. *Proc. Annu. Offshore Tech. Conf.*, Houston, Texas, Paper OTC 15202.

API (2000) *Recommended Practice for Planning, Designing and Constructing Fixed Offshore Platforms—Working Stress Design*, API RP-2A. American Petroleum Institute, Washington, USA.

API (2005) *Recommended Practice for Design and Analysis of Station Keeping Systems for Floating Structures*, API RP-2SK. American Petroleum Institute, Washington.

API (2008) *Recommended Practice for Planning, Designing and Constructing Fixed Offshore Platforms—Working Stress Design*, API-RP-2A. 21st edition, errata and supplement 3, March 2008, American Petroleum Institute, Washington.

ASTM-D5778-07 (2007) *Standard Test Method for Performing Electronic Friction Cone and Piezocone Penetration Testing of Soils*. ASTM International, West Conshohocken, Pennsylvania, www. astm. org.

Atkinson, J. H. (2007) '*The mechanics of soils and foundations*'. Second Edition, Spon Text, London.

Aubeny, C. P. and Chi, C. (2010) 'Mechanics of drag embedment anchors in a soft seabed'. *J. Geotech. Geoenv. Eng.*, ASCE, 136(1): 57-68.

Aubeny, C. P., Shi, H. and Murff, J. D. (2005) 'Collapse loads for a cylinder embedded in trench in cohesive soil'. *Int. J. Geomech.*, ASCE, 5(4): 320-325.

Audibert, J. M. E. and Nyman, K. J. (1977) 'Soil restraint against horizontal motion of pipes'. *J. Geotech. Eng. Div.*, ASCE, 103(10): 1119-1142.

Baglioni, V. P., Chow, G. S. and Endley, S. N. (1982) 'Jack-up rig foundation stability in stratified soil profiles'. *Proc. Annu. Offshore Tech. Conf.*, Houston, Texas, Paper OTC 4408.

Baguelin, F., and Frank, J. (1979) 'Theoretical studies of piles using the finite element method'. *Proc. Conf. Numer. Methods Offshore Piling*, London, 83-91.

Baguelin, F., Frank, R. and Said, Y. H. (1977) 'Theoretical study of lateral reaction mechanism of piles'. *Géotechnique*, 27(3): 405-434.

Barltrop, N. D. P. and Adams A. J. (1991) *Dynamics of Fixed Marine Structures*. Butterworth Heinemann, 3rd ed., Oxford.

Barbosa-Cruz, E. R. (2007) *Partial Consolidation and Breakthrough of Shallow Foundations in Soft Soils*. PhD Thesis, University of Western Australia.

Barbour, R. J. and Erbrich, C. (1995) 'Analysis of soil skirt interaction during installation of bucket foundations using ABAQUS'. *Proc. ABAQUS Users Conf.*, Paris, France.

Barton, Y. O. (1982) *Laterally Loaded Model Piles in Sand: Centrifuge Tests and Finite Element Analyses.* PhD Thesis, University of Cambridge.

Bea, R. and Audibert, J. (1979). 'Performance of dynamically loaded pile foundations'. *Proc. 2nd Int. Conf. Behav. Offshore Struct.*, London, 3: 728-745.

Bea, R. G. (1992) 'Pile capacity for axial cyclic loading'. *J. Geotech. Eng.*, ASCE, 118(1): 34-50.

Been, K. and Jefferies, M. G. (1985) 'A state parameter for sands'. *Géotechnique*, 35(2): 99-112.

Been, K., Jefferies, M. G., Crooks, J. H. A and Rothenberg, L. (1987) 'The cone penetration test in sands: Part II, general inference of state parameter'. *Géotechnique*, 37(4): 285-299.

Bell, R. W. (1991) 'The analysis of offshore foundations subjected to combined loading.' *M. Sc. Thesis*, University of Oxford.

Bennett, W. T. and Sharples, B. P. M. (1987) 'Jack-up legs to stand on?.' *Mobile Offshore Structures*, Elsevier, London, pp. 1-32.

Berre, T. and Bjerrum, L. (1973) 'Shear strength of normally consolidated clays'. *Proc. Int. Conf. Soil Mech. Found. Eng.* (*ICSMFE*), Moscow, Russia, 1(1): 39-49.

Bienen, B. (2007) 'Three-dimensional physical and numerical modelling of jack-up structures on sand'. PhD Thesis, The University of Western Australia.

Bienen, B. and Cassidy, M. J. (2006) 'Advances in the three-dimensional fluid-structure-soil interaction analysis of offshore jack-up structures'. *Mar. Struct.*, 19(2-3): 110-140.

Bienen, B. and Cassidy, M. J. (2009) 'Three-dimensional numerical analysis of centrifuge experiments on a model jack-up drilling rig on sand'. *Can. Geotech. J.* 46(2): 208-224.

Bienen, B., Byrne, B. W., Houlsby, G. T. and Cassidy M. J. (2006) 'Investigating six-degree-offreedom loading of shallow foundations on sand'. *Géotechnique*, 56(6): 367-379.

Bienen, B., Gaudin, C., and Cassidy, M. J. (2007) 'Centrifuge tests of shallow footing behaviour on sand under combined vertical torsional loading'. *Int. J. Phys. Modell. Geotech.*, 7(2): 1-22.

Bienen, B., Gaudin, C. and Cassidy, M. J. (2009) 'The influence of pull-out load on the efficiency of jetting during spudcan extraction'. *Appl. Ocean Res.*, 31(3): 202-211.

Biot, M. A. (1935) 'Le problem de la consolidation des matieres argileuses sous une charge'. *Annaies de la Societe Scientific de Bruxelles*, Series B, 55: 110-113.

Biot, M. A. (1956) 'General solutions of the equations of elasticity and consolidation for a porous material'. *Trans. J. Appl. Mech.*, ASME, 78: 91-96.

Bishop, A. W. (1955) 'The use of slip circle in the stability analysis of slopes'. *Géotechnique*, 5(1): 7-17.

Bishop, A. W. and Lovenbury, H. T. (1969) 'Creep characteristics of two undisturbed clays'. *Proc. Int. Conf. Soil Mech. Found. Eng.* (*ICSMFE*), Mexico City, Mexico, 1: 29-27.

Bjerrum, L. (1973) 'Geotechnical problems involved in foundations of structures in the North Sea'. *Géotechnique*, 23(3): 319-358.

Bogard, J. D., and Matlock, H. (1990) 'In-situ pile segment model experiments at Empire, Louisiana'. *Proc. Annu. Offshore Tech. Conf.*, Houston. Texas, Paper OTC 6323.

Bolton, M. D. (1986) 'The strength and dilatancy of sands'. *Géotechnique*, 36(1): 65-78.

Bolton, M. D. (1991) *A Guide to Soil Mechanics.* M. D. and K. Bolton, Cambridge.

Bolton M. D. and Barefoot A. J. (1997) 'The variation of critical pipeline trench back-fill properties'. *Proc.*

Conf. Risk-Based Limit State Des. Oper. Pipelines, Aberdeen, Aberdeen City, UK, p. 26.

Bonjean, D., Erbrich, C. T. and Zhang, J. (2008) 'Pipeline flotation in liquefiable soil'. *Proc. Annu. Offshore Tech. Conf.*, Houston, Texas, Paper OTC 19668.

Booker, J. R. (1974) 'The consolidation of a finite layer subject to surface loading'. *Int. J. Solids Struct.*, 10: 1053-1065.

Booker, J. R. and Small, J. C. (1986) 'The behaviour of an impermeable flexible raft on a deep layer of consolidating soil'. *Int. J. Num. Anal. Methods Geomech.*, 10(3): 311-327.

Booker, J. R., Balaam, N. P. and Davis, E. H. (1985a) 'The behaviour of an elastic non-homogeneous half space: Part I. Line and point loads'. *Int. J. Num. Anal. Methods Geomech.*, 9(4): 353-367.

Booker, J. R., Balaam, N. P. and Davis, E. H. (1985b) 'The behaviour of an elastic non-homogeneous half space: Part II. Circular and strip footings'. *Int. J. Num. Anal. Methods Geomech.*, 9(4): 369-381.

Borel, D., Puech, A., Dendani, H. and de Ruijter, M. (2002) 'High quality sampling for deep water geotechnical engineering: the STACOR® Experience.' *Ultra Deep Eng. Tech.*, Brest, France.

Boulanger, R. W., Curras, C. J., Kutter, B. L., Wilson, D. W. and Abghari, A. (1999) 'Seismic soilpile-structure interaction experiments and analyses'. *J. Geotech. Geoenv. Eng.*, ASCE. 125(9): 750-759.

Boulon, M. and Foray, P. (1986) 'Physical and numerical simulation of lateral shaft friction along offshore piles in sand. *Proc. Conf. on Num. Methods Offshore Piling*. Nantes, France, 127-147.

Boussinesq, J. V. (1885) *Application des Potentials à l' Étude de l' Équilbre et du Mouvements des Solides Élastiques*. Gauthier-Villars, Paris, France.

Bransby, M. F. and O' Neill, M. P. (1999) 'Drag anchor fluke-soil interaction in clays'. *Proc. Int. Symp. Num. Models Geomech.*, (*NUMOG*), Graz, Austria, 489-494.

Bransby, M. F. and Randolph, M. F. (1998) 'Combined loading of skirted foundations'. *Géotechnique*, 48(5): 637-655.

Bransby, M. F. and Randolph, M. F. (1999) 'The effect of embedment depth on the undrained response of skirted foundations to combined loading.' *Soils and Foundations*, 39(4): 19-33.

Bransby, M. F. and Yun, G. (2009) 'The undrained capacity of skirted foundations'. *Géotechnique*, 59(2): 115-125.

Bransby, M. F., Newson, T. A., Brunning, P. and Davies, M. C. R. (2001) 'Numerical and centrifuge modeling of the upheaval resistance of buried pipelines'. *Proc. Int. Conf. Offshore Mech. Arctic Eng.* (*OMAE*), Rio de Janeiro, Brazil, Paper OMAE-PIPE4118.

Bransby, M. F., Brown, M. J., Hatherley, A. J. and Lauder, K. D. (2010a) 'Pipeline plough performance in sand waves. Part 1: model testing'. *Can. Geotech. J.*, 47(1): 49-64.

Bransby, M. F., Brown, M. J., Lauder, K. and Hatherley, A. (2010b) 'Pipeline plough performance in sand waves. Part 2: kinematic calculation method'. *Can. Geotech. J.*, 47(1): 65-77.

Brennan, R., Diana, H., Stonor, R. W. P., Hoyle, M. J. R., Cheng, C. P., Martin, D. and Roper, R. (2006) 'Installing jackups in punch-through-sensitive clays'. *Proc. Annu. Offshore Tech. Conf.*, Houston, Texas, Paper OTC 18268.

Brennodden, H., Lieng, J. T., Sotberg, T. and Verley, R. L. P. (1989) 'An energy-based pipe-soil interaction model'. *Proc. Annu. Offshore Tech. Conf.*, Houston, Texas, Paper OTC 6057.

Breuer, J. A. and Rousseau, J. H. (2009) 'Stability of jack-ups: Top ten questions from industry to class'. *Proc. Int. Conf. Jack-up Platform*, City University, London.

Bridge, C., Laver, K., Clukey, E. C. and Evans, T. R. (2004) 'Steel catenary riser touchdown point vertical interaction model'. *Proc. Annu. Offshore Tech. Conf.*, Houston, Texas, Paper OTC 16628.

Bridge, C. D. and Howells, A. H. (2007) 'Observations and modelling of steel catenary riser trenches'. *Proc. Int. Offshore Polar Eng. Conf.*, Lisbon, Portugal, 803-813.

Brinch Hansen, J. (1961a) 'The ultimate resistance of rigid piles against transversal forces'. *Geoteknish Institute Bulletin*, No. 12, Copenhagen, Denmark.

Brinch Hansen, J. (1970) 'A revised and extended formula for bearing capacity'. *Danish Geotech. Inst.*, Copenhagen, Denmark, 98: 5-11.

Broms, B. B. (1964a) 'Lateral resistance of piles in cohesive soils'. *J. Soil Mech. Found. Div.*, ASCE. 90 (SM2): 27-63.

Broms, B. B. (1964b) 'Lateral resistance of piles in cohesionless soils'. *J. Soil Mech. Found. Div.*, ASCE. 90 (SM3): 123-156.

Brown, J. D. and Meyerhof, G. G. (1969) 'Experimental study of bearing capacity in layered clays.' *Proc. 7th Int. Conf. on Soil Mech. and Found. Eng*, 2, 45-51.

Bruton, D. A. S., White, D. J., Cheuk, C. Y., Bolton, M. D. and Carr, M. C. (2006) 'Pipe-soil interaction behaviour during lateral buckling, including large amplitude cyclic displacement tests by the Safebuck JIP'. *Proc. Annu. Offshore Tech. Conf.*, Houston, Texas, Paper OTC 17944.

Bruton, D. A. S., Carr, M. C. and White D J. (2007) 'The influence of pipe-soil interaction on lateral buckling and walking of pipelines: the SAFEBUCK JIP'. *Proc. Int. Conf. on Offshore Site Invest. Geotech.*, Soc. Underwater Tech., London, 133-150.

Bruton, D. A. S., White D. J., Carr M. C. and Cheuk C. Y. (2008) 'Pipe-soil interaction during lateral buckling and walking: the SAFEBUCK JIP'. *Proc. Annu. Offshore Tech. Conf.*, Houston, Texas, Paper OTC 19589.

Bruton, D., White, D. J., Langford, T. L. and Hill A. (2009) 'Techniques for the assessment of pipe-soil interaction forces for future deepwater developments'. *Proc. Annu. Offshore Tech. Conf.*, Houston, Texas, Paper OTC 20096.

Bryn, P. Ostmo, S. R., Lien, R., Berg, K., and Tjelta, T. I. (1999) 'Slope stability in deep water areas off mid Norway'. *Proc. Annu. Offshore Tech. Conf.*, Houston, Texas, Paper OTC 8640.

Budhu, M. (1985) 'The effect of clay content on liquid limit from fall cone and British cup device'. *Geotech. Testing J.*, ASTM, 8(2): 91-95.

Bugge, T., Belderson, R. H., and Kenyon, N. H. (1998) 'The Storrega slide'. *Phil. Trans. Royal Soc.*, A, 325 (1586): 357-388.

Burland, J. B. (1990) 'On the compressibility and shear strength natural clays'. *Géotechnique* 40(3): 329-378.

Burns, S. E. and Mayne, P. W. (1998) 'Monotonic and dilatory pore-pressure decay during piezocone tests in clay.' *Canadian Geotech. J.* 35(6): 1063-1073.

Bustamante, M. and Gianeselli, L. (1982) 'Pile bearing capacity by means of static penetrometer CPT'. *Proc. Eur. Symp. on Penetration Testing*. Amsterdam. 493-499.

Butterfield, R. and Ticof, J. (1979). 'Design parameters for granular soils (discussion contribution)'. *Proc. European Conf. Soil Mech. Found. Eng. (ICSMFE)*, Brighton, 4: 259-261.

Bye, A., Erbrich, C., Rognlien, B. and Tjelta, T. I. (1995) 'Geotechnical design of bucket foundations'. *Proc. Annu. Offshore Tech. Conf.* Houston, Texas, Paper OTC 7793.

Byrne, B. W. (2000) *Investigations of Suction Caissons in Dense Sand*. DPhil Thesis, University of Oxford.

Byrne, B. and Cassidy, M. J. (2002). 'Investigating the response of offshore foundations in soft clay soils'. *Proc. Int. Conf. on Offshore Mech. Arctic Eng. (OMAE)*, Oslo, Norway, OMAE 2002-28057.

Byrne, B. W. and Houlsby G. T. (2001) 'Observation of footing behaviour on loose carbonate sand'. *Géotechnique* 51(5): 463-466.

Byrne, B. W. and Houlsby, G. T. (2003) 'Foundations for offshore wind turbines.' *Phil. Trans. Roy. Soc. A*, 361(1813): 2909-2930.

Byrne, B. W., Schupp, J., Martin, C. M., Oliphant, J., Maconochie, A. and Cathie, D. N. (2008) 'Experimental modelling of the unburial behaviour of pipelines'. *Proc. Annu. Offshore Tech. Conf.*, Houston. Paper OTC 19473.

Calvetti, F., di Prisco, C., and Nova, R. (2004) 'Experimental and numerical analysis of soilpipe interaction'. *J. Geotech. Geoenv. Eng., ASCE.* 130(12): 1292-1299.

Campbell, K. J., Humphrey, G. D. and Little, R. L. (2008) 'Modern deepwater site investigation: getting it right the first time'. *Proc. Annual Offshore Tech. Conf.*, Houston, Paper OTC 19535.

Carr, M., Sinclair, F., and Bruton, D. (2006) 'Pipeline walking—understanding the field layout challenges, and analytical solutions developed for the SAFEBUCK JIP'. *Proc. Annu. Offshore Tech. Conf.*, Houston, Texas, Paper OTC 17945.

Carter, J. P, and Balaam N. P. (1995) *AFENA User Manual* 5.0. Geotechnical Research Centre, University of Sydney, Australia.

Cardoso C. O., da Costa A. M. and Solano R. F. (2006) 'HP-HT pipeline cyclic behaviour considering soil berms effect'. *Proc. 25th Int. Conf. on Offshore Mechanics and Arctic Engineering*, Hamburg, Germany, Paper OMAE2006-92375.

Cassidy, M. J. (1999) *Non-linear analysis of jack-up structures subjected to random waves*. DPhil Thesis, University of Oxford.

Cassidy, M. J. (2007) 'Experimental observations of the combined loading behaviour of circular footings on loose silica sand'. *Géotechnique*, 57(4): 397-401.

Cassidy, M. J. and Bienen, B. (2002) 'Three-dimensional numerical analysis of jack-up structures on sand'. *Proc. Int. Symp. Offshore Polar Eng. (ISOPE)*, Kitakyushu, Japan, **2**: 807-814.

Cassidy, M. J. and Cheong, J. (2005) 'The behaviour of circular footings on sand subjected to combined vertical-torsion loading'. *Int. J. Phys. Model. Geotech.*, 5(4): 1-14.

Cassidy, M. J. and Houlsby, G. T. (1999). 'On the modelling of foundations for jack-up units on sand'. *Proc. Annu. Offshore Tech. Conf.*, Houston, Texas, OTC 10995.

Cassidy, M. J. and Houlsby, G. T. (2002) 'Vertical bearing capacity factors for conical footings on sand'. *Géotechnique*, 52(9): 687-692.

Cassidy, M. J., Eatock Taylor, R. and Houlsby, G. T. (2001) 'Analysis of jack-up units using a Constrained NewWave methodology'. *Appl. Ocean Res.*, 23: 221-234.

Cassidy, M. J., Byrne, B. W., and Houlsby, G. T. (2002a) 'Modelling the behaviour of circular footings under combined loading on loose carbonate sand'. *Géotechnique*, 52(10): 705-712.

Cassidy, M. J., Houlsby, G. T., Hoyle, M. and Marcom, M. (2002b) 'Determining appropriate stiffness levels for spudcan foundations using jack-up case records'. *Proc. Int. Conf. on Offshore Mech. Arctic Eng. (OMAE)*, Oslo, Norway, OMAE 2002-28085.

Cassidy, M. J., Taylor, P. H., Eatock Taylor, R. and Houlsby, G. T. (2002c) 'Evaluation of longterm extreme response statistics of jack-up platforms'. *Ocean Eng.* 29(13): 1603-1631.

Cassidy, M. J., Byrne, B. W., and Randolph, M. F. (2004a). 'A comparison of the combined load behaviour of spudcan and caisson foundations on soft normally consolidated clay'. *Géotechnique*, 54(2): 91-106.

Cassidy, M. J., Martin, C. M. and Houlsby, G. T. (2004b) 'Development and application of force resultant models describing jack-up foundation behaviour'. *Mar. Struct.*, 17(3-4): 165-193.

Cassidy, M. J., Quah, C. K. and Foo, K. S. (2009) 'Experimental investigation of the reinstallation of spudcan footings close to existing footprints'. *J. Geotech. Geoenv. Eng.*, ASCE, 135(4): 474-48.

Castleberry II, J. P. and Prebaharan, N. (1985) 'Clay crusts of the Sunda Shelf—a hazard to jackup operations.' *Proc. 8th Southeast Asian Geotechnical Conf*, Kuala Lumpur, 40-48.

Cathie, D. N. and Wintgens, J. F. (2001) 'Pipeline trenching using plows: performance and geotechnical hazards'. *Proc. Annu. Offshore Tech. Conf.*, Houston, Texas, Paper OTC 13145.

Cathie, D. N., Jaeck, C., Ballard, J. C. and Wintgens, J.-F. (2005) 'Pipeline geotechnics—state of-the-art'. *Proc. Int. Symp. Front. Offshore Geotech.* (*ISFOG*), Perth, Australia, 95-114.

Cauquil, E., Stephane, L., George, R. A. T. and Shyu, J. P. (2003) 'High-resolution autonomous underwater vehicle (AUV) geophysical survey of a large, deep water pockmark offshore Nigeria'. *Proc. EAGE 65th Conf. Exhibition*, Stavanger, Norway.

Chakrabarti, S. K. (2005) *Handbook of Offshore Engineering*. Elsevier.

Chan, N. H. C., Paisley, J. M. and Holloway, G. L. (2008) 'Characterization of soils affected by rig emplacement and Swiss cheese operations—Natuna Sea, Indonesia, a case study'. *Proc. Jack-up Asia Conf. Exhib.*, Singapore.

Chandler, R. J. (1988) 'The in-situ measurement of the undrained shear strength of clays using the field vane. Vane Shear Strength Testing of Soils: Field and Laboratory Studies'. *ASTM STP*, 1014: 13-45.

Chen, W. and Randolph, M. F. (2007) 'Axial capacity and stress changes around suction caissons'. *Géotechnique*, 57(6): 499-511.

Chen, W. and Randolph, M. F. (2007) 'Uplift capacity of suction caissons under sustained and cyclic loading in soft clay'. *J. Geotech. Geoenv. Eng.*, ASCE, 133(11): 1352-1363.

Chen, W., Zhou, H. and Randolph, M. F. (2009) 'Effect of installation methods on external shaft friction of caissons in soft clay'. *J. Geotech. Geoenv. Eng.*, ASCE, 135(5): 605-615.

Chen, Y. N., Chen, Y. K. and Cusack, J. P. (1990) 'Extreme dynamic response and fatigue damage assessment for self-elevating drilling units in deep water.' *SNAME Transactions*, Vol. 98, pp. 143-168.

Cheuk, C. Y. and White D. J. (2010) 'Modelling the dynamic embedment of seabed pipelines'. *Géotechnique*, DOI: 10.1680/geot.8.P.148.

Cheuk, C. Y., Take, W. A., Bolton, M. D. and Oliveira, J. R. M. S. (2007) 'Soil restraint on buckling oil and gas pipelines buried in lumpy clay fill'. *Eng. Struct.*, 29(6): 973-982.

Cheuk C. Y., White D. J. and Bolton M. D. (2008) 'Uplift mechanisms of pipes buried in sand'. *J. Geotech. Geoenv. Eng.*, ASCE, 134(2): 154-163.

Chiarella, C. and Booker, J. R. (1975) 'The time-settlement behaviour of a rigid die resting on a deep clay layer.' *International Journal of Numerical and Analytical Methods in Geomechanics*, 8: 343-357.

Christian, J. T. (2003) 'Geotechnical engineering reliability: how well do we know what we are'. *J. Geotech. Engng*, ASCE, 130(10): 985-1003.

Christophersen, H. P. (1993) 'The non-piled foundation systems of the Snorre field'. *Proc. Offshore Site Invest.*

Found. Behav., *Soc. Underwater Tech.*, 28: 433-447.

Chung, S. F. and Randolph, M. F. (2004) 'Penetration resistance in soft clay for different shaped penetrometers'. *Proc. Int. Conf. Site Characterisation*, Porto, Portugal, 1: 671-678.

Chung, S. F., Randolph, M. F., Schneider, J. A. (2006) 'Effect of penetration rate on penetration resistance in clay.' *J. Geotech. and Geoenv. Engng*, ASCE, 132(9): 1188-1196.

Clausen, C. J. F. (1976) 'The Condeep story'. *Proc. Offshore Soil Mech.*, Cambridge University. Ed. George. P. and Wood, D., 256-270.

Clausen, C. J. F., Dibiagio, E., Duncan, J. M. and Andersen, K. H. (1975) 'Observed behaviour of the Ekofisk oil storage tank foundation'. *Proc. Annu. Offshore Tech. Conf.*, Houston, Texas, Paper OTC 2373.

Clukey, E. C. and Morrison, J. (1993) 'A centrifuge and analytical study to evaluate suction caissons for TLP applications in the Gulf of Mexico'. In: *Design and Performance of Deep Foundations: Piles and Piers in Soil and Soft Rock*, *ASCE Geotechnical Special Publication*, 38: 141-156.

Clukey, E. C., Vermersch, J. A., Koch, S. P. and Lamb, W. C. (1989) 'Natural densification by wave action of sand surrounding a buried offshore pipeline'. *Proc Annu. Offshore Tech. Conf.*, Houston, Texas, Paper OTC 6151.

Clukey E. C., Morrison, M. J., Garnier, J. and Corté, J. F. (1995) 'The response of suction caissons in normally consolidated clays to cyclic TLP loading conditions'. *Proc. Annu. Offshore Tech. Conf.*, Houston, Texas, Paper OTC 7796.

Clukey, E. C., Templeton, J. S., Randolph, M. F. and Phillips, R. A. (2004) 'Suction caisson response under sustained loop-current loads'. *Proc. Annu. Offshore Tech. Conf.*, Houston, Texas, Paper OTC 16843.

Clukey, E. C., Haustermans, L., and Dyvik, R. (2005) 'Model tests to simulate riser-soil interaction effects in touchdown point region'. *Proc. Int. Symp. Front. Offshore Geotech.* (*ISFOG*), Perth, Australia, 651-658.

Clukey, E. C., Ghosh, R., Mokarala, P. and Dixon, M. (2007) 'Steel catenary riser (SCR) design issues at touch down area'. *Proc. Int. Symp. Offshore Polar Eng.* (*ISOPE*), Lisbon, Australia.

Clukey, E. C., Young, A. G., Garmon, G. S. and Dobias, J. R. (2008) 'Soil response and stiffness laboratory measurements of SCR pipe/soil interaction'. *Proc Annu. Offshore Tech. Conf.*, Houston, Texas Paper OTC 19303.

Cocchetti, G., di Prisco, C., Galli, A. and Nova, R. (2009) 'Soil-pipeline interaction along unstable slopes: a coupled three-dimensional approach. Part 1: Theoretical formulation'. *Can. Geotech. J.*, 46: 1289-1304.

Colliat, J-L. and Dendani, H. (2002) 'Girassol: Geotechnical design analyses and installation of the suction anchors'. *Proc. Int. Conf. Offshore Site Invest. Geotech.*, *Soc. Underwater Tech.*, London.

Cox, A. D., Eason, G., and Hopkins, H. G. (1961) 'Axially symmetric plastic deformation in soils'. *Phil. Trans. Royal Soc.*, A, 254(1036): 1-45.

Craig, W. H. and Chua, K. (1990). 'Deep penetration of spudcan foundation on sand and clay'. *Géotechnique*, 40(4): 551-563.

Cryer, C. W. (1963) 'A comparison of the three dimensional consolidation theories of Biot and Terzaghi'. *Quart J. Mech. Appl. Math.*, 16: 401-412.

Dade, B. W. and Huppert, H. E. (1998) 'Long-runout rockfalls'. *Geology*, 26(9): 803-806.

Dahlberg, R. (1998) 'Design procedures for deepwater anchors in clay'. *Proc. Annu. Offshore Tech. Conf.*, Houston, Texas Paper OTC 8837.

Damgaard, J. S. and Palmer, A. C. (2001) 'Pipeline stability on a mobile and liquefied seabed: a discussion of

magnitudes and engineering implications'. *Proc. Int. Conf. on Offshore Mech. Arctic Eng. (OMAE)*, Rio de Janeiro, Brazil, Paper OMAE-PIPE4030.

Dassault Systèmes (2007) *Abaqus analysis users' manual*, Simula Corp, Providence, RI, USA.

Davis E. H. and Booker J. R. (1971) 'The bearing capacity of strip footings from the standpoint of plasticity theory'. *Proc. Australia-New Zealand Conf. Geomech.*, Melbourne, Australia, 276-282.

Davis, E. H. and Booker, J. R. (1973) 'The effect of increasing strength with depth on the bearing capacity of clays'. *Géotechnique*, 23(4): 551-563.

Dean, E. T. R., and Serra, H. (2004). 'Concepts for mitigation of spudcan-footprint interaction in normally consolidated clay'. *Proc. Int. Symp. Offshore Polar Eng. (ISOPE)*, Toulon, France.

Dean, E. T. R., James, R. G., Schofield, A. N., Tan, F. S. C. and Tsukamoto, Y. (1992) 'The bearing capacity of conical footing on sand in relation to the behaviour of spudcan footing of jack-ups'. *Predic. Soil Mech.*, Oxford, UK, 230-253.

Dean, E. T. R., James, R. G., Schofield, A. N. and Tsukamoto, Y. (1997a). 'Theoretical modelling of spudcan behaviour under combined load'. *Soils Found.*, 37(2): 1-15.

Dean, E. T. R., James, R. G., Schofield, A. N. and Tsukamoto, Y. (1997b) 'Numerical modelling of three-leg jackup behaviour subject to horizontal load'. *Soils Found.*, 37(2): 17-26.

Dean, R. G. and Dalrymple, R. A. (1991) *Water Wave Mechanisms for Engineers and Scientists*. World Scientific, Singapore.

de Blasio, F. V., Elverhoi, A., Engvik, L. E., Issler, D., Gauer, P. and Harbitz, C. B. (2006) 'Understanding the high mobility of subaqueous debris flows'. Norw. J. Geol., 86: 275-284.

de Blasio, F. V., Elverhoi, A., Issler, D., Harbitz, C. B., Bryn, P. and Lien, R. (2004) 'Flow models of natural debris flows originating from overconsolidated clay materials'. *Mar. Geol.*, 213: 439-455.

de Cock, F., Legrand, C. and Huybrechts, N. (2003) 'Overview of design methods of axially loaded piles in Europe—Report of ERTC3-Piles, ISSMGE Subcommittee'. *Proc. Eur. Conf. Soil Mech. Geotech. Eng. (ECSMGE)*. Prague, Czech Republic, 663-715.

de Groot, M. B., Bolton, M. D., Foray, P., Meijers, P., Palmer, A. C., Sandven, R., Sawicki, A. and Teh, T. C. (2006) 'Physics of liquefaction phenomena around marine structures'. *J. Waterw. Port Coastal Ocean Eng.*, ASCE, 132 (4): 227-243.

de Jong, J. T., Randolph, M. F. and White D. J. (2003) 'Interface load transfer degradation during cyclic loading: a microscopic investigation'. *Soils Found.*, 43(4): 81-93.

de Mello, J. R. C. and Galgoul, N. S. (1992) 'Piling and monitoring of large diameter closed-toe pipe piles'. *Proc. Conf. Appli. Stress Wave Theor. Piles*. Balkema, 443-448.

de Mello, J. R. C., Amarai, C. D. S., Maia da Costa, A., Rosas, M. M., Decnop Coelho, P. S. and Porto, E. C. (1989) 'Closed-ended pipe piles: testing and piling in calcareous sand'. *Proc. Annu. Offshore Tech. Conf.* Houston, Texas, Paper OTC 6000.

Dendani, H. and Colliat, J-L. (2002) 'Girassol: design analyses and installation of the suction anchors'. *Proc. Annu. Offshore Tech. Conf.*, Houston, Texas, Paper OTC 14209.

de Nicola, A. and Randolph, M. F. (1993) 'Tensile and compressive shaft capacity of piles in sand'. *J. Geotech. Eng. Div.*, ASCE, 119(12): 1952-1973.

de Santa Maria. (1988) 'Behaviour of footings for offshore structures under combined loads'. D. Phil Thesis. University of Oxford.

Digre, K. A., Kipp, R. M., Hunt, R. J., Hanna, S. Y., Chan, J. H. and van der Voort, C. (1999) 'URSA TLP: tendon, foundation design, fabrication, transportation and TLP installation'. *Proc. Annu. Offshore Tech. Conf.*, Houston, Texas, Paper OTC 10756.

Dingle, H. R. C., White D. J. and Gaudin C. (2008) 'Mechanisms of pipe embedment and lateral breakout on soft clay'. *Can. Geotech. J.*, 45(5): 636-652.

Divins, D. L. (2009) *National Geophysical Data Centre (NGDC) Total Sediment Thickness of the World's Oceans and Marginal Seas*. http://www.ngdc.noaa.gov/mgg/sedthick/sedthick.html.

DNV (1992) *Classification Notes No. 30.4, Foundations*. Det Norske Veritas, Oslo, Norway.

DNV (2000a) *Recommended Practice for Design and Installation of Fluke Anchors in Clay*. DnV RP-E301, 1-32, Det Norske Veritas, Oslo, Norway.

DNV (2000b) *Recommended Practice for Design and Installation of Drag-in Plate Anchors in Clay*. DnV RP-E302, 1-32. Det Norske Veritas, Oslo, Norway.

DNV (2007) *On Bottom Stability Design of Submarine Pipelines*. DNV-RP-F109, October 2007, Det Norske Veritas, Oslo, Norway.

Doherty, J. P. and Deeks, A. J. (2003a) 'Scaled boundary finite element analysis of a nonhomogeneous axisymmetric domain subjected to general loading'. *Int. J. Num. Anal. Methods Geomech.*, 27: 813-835.

Doherty, J. P. and Deeks, A. J. (2003b) 'Elastic response of circular footings embedded in a nonhomogeneous half-space'. *Géotechnique*, 53(8): 703-714.

Doyle, E. H., Dean, E. T. R., Sharma, J. S., Bolton, M. D., Valsangkar, A. J. and Newlin, J. A. (2004) 'Centrifuge model tests on anchor piles for tension leg platforms'. *Proc. Annu. Offshore Tech. Conf.*, Houston, Texas, Paper OTC 16845.

Dutt, R. and Ehlers, C. (2009) 'Set-up of large diameter driven pipe piles in deepwater normally consolidated high plasticity clays'. *Proc. Conf. Offshore Mech. Arctic Eng.*, Paper OMAE2009-79012.

Duxbury, A. B., Duxbury, A. C. and K. A. Sverdrup (2002) *Fundamentals of Oceanography*. McGraw Hill, New York.

Dyson, G. J. and Randolph, M. F. (2001) 'Monotonic lateral loading of piles in calcareous sediments'. *J. Geotech. Eng. Div.* ASCE, 127(4): 346-352.

Dyvik, R., Andersen, K. H., Hansen, S. B. and Christophersen, H. P. (1993) 'Field tests of anchors in clay'. *J. Geotech. Eng.* ASCE, 119(10): 1515-1531.

Edgers, L. and Karlsrud, K. (1982) 'Soil flows generated by submarine slides—case studies and consequences'. *Proc. Int. Conf. Behav. Offshore Struct. (BOSS)*, Cambridge, Massachusetts, 2: 425-437.

Edwards, D. H. and Potts, D. M. (2004) 'The bearing capacity of a circular footing under "punch through" failure'. *Proc. Int. Symp. Num. Models in Geomech., (NUMOG)*, Ottawa, 493-498.

Ehlers, C. J., Young, A. G. and Chen, J. H. (2004) 'Technology assessment of deepwater anchors'. *Proc. Annu. Offshore Tech. Conf.*, Houston, Texas, Paper OTC 16840.

Ehlers, C. J., Chen, J., Roberts, H. H. and Lee, Y. C. (2005) 'The origin of near-seafloor 'crust zones' in deepwater'. *Proc. Int. Symp. Front. Offshore Geotech., (ISFOG)*. Perth, Australia, 927-933.

Eide, O. and Andersen, K. H. (1984) 'Foundation engineering for gravity structures in the northern North Sea.' *Proc. Int. Conf. Case Histories in Geotechnical Engineering*, St. Louis, MO, 5: 1627-1678.

Einav, I. and Randolph, M. F. (2006) 'Effect of strain rate on mobilised strength and thickness of curved shear bands'. *Géotechnique*, 56(7): 501-504.

Elkhatib, S. (2006) *The behaviour of drag-in plate anchors in soft cohesive soils*. PhD Thesis, The University of Western Australia.

Elkhatib, S. and Randolph, M. F. (2005) 'The effect of friction on the performance of drag-in plate anchors'. *Proc. Int. Symp. Front. Offshore Geotech.*, (*ISFOG*), Perth, Australia, 171-177.

Elton, D. J. (2001) Soils Magic. Geotechnical special publication GSP 114, GeoInstitute, American Society of Civil Engineers (ASCE).

Elverhøi, A., Issler, D., De Blasio, F. V., Ilstad, T., Harbitz, C. B. and Gauer, P. (2005) 'Emerging insights into the dynamics of submarine debris flows'. Nat. Hazards Earth Syst. Sci., 5: 633-648.

ENISO 22476-1 (2007). Geotechnical Investigation and Testing—Field Testing—Part 1: Electrical Cone and Piezocone Penetration Tests'. ISO/CEN, Geneva, Switzerland. Erbrich, C. T. (1994) 'Modelling of a novel foundation for offshore structures'. *Proc. UK ABAQUS Users' Conf.*, Oxford, September 1994.

Erbrich, C. T. (2004) 'A new method for the design of laterally loaded anchor piles in soft rock'. *Proc. Annu. Offshore Tech. Conf.*, Houston, Texas, Paper OTC 16441.

Erbrich, C. T. (2005) 'Australian frontiers—spudcans on the edge.' *Proc. Int. Symp. on Frontiers in Offshore Geotechnics* (*ISFOG*), Perth, 49-74.

Erbrich, C. and Hefer, P. (2002) 'Installation of the Laminaria suction piles—a case history'. *Proc. Annu. Offshore Tech. Conf*, Houston, Texas, Paper OTC 14240.

Erbrich, C. T. and Neubecker S. R. (1999) 'Geotechnical design of a grillage and berm anchor'. *Proc. Annu. Offshore Tech. Conf.*, Houston, Texas, Paper OTC 10993.

Erbrich, C. T. and Tjelta, T. I. (1999) 'Installation of bucket foundations and suction caissons in sand-Geotechnical performance'. *Proc. Annu. Offshore Tech. Conf.* Houston, Texas, Paper OTC 10990.

Erickson, H. L. and Drescher, A. (2002) 'Bearing capacity of circular footings'. *J. Geotech. Geoenviron. Eng.*, ASCE, 128(1): 38-43.

Etterdal, B. and Grigorian, H. (2001) 'Strengthening of Ekofisk platforms to ensure continued and safe operation'. *Proc. Annu. Offshore Tech. Conf.* Houston, Texas, Paper OTC 13191.

Eurocode 7 (1997) *Calcul Geotechnique*. AFNOR, XP ENV 1997-1, 1996. Fahey, M., Jewell, R. J., Khorshid, M. S. and Randolph, M. F. (1992) 'Parameter selection for pile design in calcareous sediments'. *Predict. Soil Mech.*: *Proc. Wroth Memo. Symp.*, Thomas Telford, London, 261-278.

Fellenius, W. (1927) *Erdstatische Berechnungen mit Reibung und Kohasion (Adhasion) und unter Annahme Kreiszylindrischer Gleitflachen (Earth stability calculations assuming friction and cohesion on circular slip surfaces)*. W. Ernst, Berlin.

Fellenius, B. H. and Altaee, A. A. (1995). 'Critical depth: how it came into being and why it doesn't exist'. *Proc. Inst. Civil Eng. Geotech. Eng.*. 113(1): 107-119.

Finnie, I. M. S. (1993) *Performance of Shallow Foundations in Calcareous Soil*. PhD Thesis, University of Western Australia.

Finnie, I. M. S. and Randolph, M. F. (1994) 'Punch-through and liquefaction induced failure of shallow foundations on calcareous sediments'. *Proc. Int. Conf. Behav. Offshore Struct.* (*BOSS*), Boston, Massachusetts, 217-230.

Fisher, R. and Cathie, D. (2003) 'Optimisation of gravity based design for subsea applications'. *Proc. Int. Conf. Found.*, (*ICOF*), Dundee, Scotland.

Fleming, W. G. K., Weltman, A. J., Randolph, M. F. and Elson W. K. (2009). *Piling Engineering*. 3rd ed.,

Surrey University Press, Halstead Press.

Focht, J. A. and Kraft, L. M. (1977) 'Progress in marine geotechnical engineering'. *J. Geotech. Eng.*, ASCE, 103(GT10): 1097-1118.

Foo, K. S., Quah, M. C. K., Wildberger, P. and Vazquez, J. H. (2003a) 'Rack phase difference (RPD)'. *Proc. Int. Conf. Jack-Up Platform Des. Constr. Oper.*, City University, London, UK.

Foo, K. S., Quah, M. C. K., Wildberger, P. and Vazquez, J. H. (2003b) 'Spudcan footing interaction and rack phase difference'. *Proc. Int. Conf. Jack-Up Platform Des. Constr. Oper.*, City University, London, UK.

Fookes, P. G., KLee, E. M. and Milligan, G. (2005) *Geomorphology for Engineers*. Whittles Publishing, Scotland, UK.

Foray, P. Y., Alhayari, S., Pons, E., Thorel, L., Thetiot, N., Bale, S. and Flavigny, E. (2005) 'Ultimate pullout capacity of SBM's vertically loaded plate anchor VELPA in deep sea sediments'. *Proc. Int. Symp. Front. Offshore Geotech. (ISFOG)*, Perth, Australia, 185-190.

Frydman, S. and Burd, H. J. (1997) 'Numerical studies of bearing-capacity factor N_γ'. *J. Geotech. Geoenv. Eng.*, ASCE, 123(1): 20-29.

Gan, C. T. (2010). '*Centrifuge model study on spudcan-footprint interaction.*' PhD Thesis, National University of Singapore.

Garnier, J., Gaudin C., Springman, S. M., Culligan, P. J., Goodings, D., Konig, D., Kutter, B., Phillips, R., Randolph, M. F. and Thorel, L. (2007) 'Catalogue of scaling laws and similitude questions in centrifuge modelling'. *Int. J. Phys. Model. Geotech.*, 7(3):1-24.

Gaudin, C. and White, D. J. (2009) 'New centrifuge modelling techniques for investigating seabed pipeline behaviour'. *Proc. Int. Conf. on Soil Mech. Geotech. Eng.*, (ICSMGE). Alexandria, Egypt.

Gaudin, C., Bienen, B. and Cassidy, M. J. (2010) 'Mechanisms governing spudcan extraction with water jetting in soft clay'. *Géotechnique*.

Gaudin, C., O'Loughlin, S. D., Randolph, M. F. and Lowmass, A. C. (2006) 'Influence of the installation process on the performance of suction embedded plate anchors'. *Géotechnique*, 56(6): 381-391.

Geer, D. A., Douglas Devoy, S. and Rapoport, V. (2000) 'Effects of soil information on economics of jackup installation'. *Proc. Annu. Offshore Tech. Conf.*, Houston, Texas, Paper OTC 12080.

George, R. A., Gee, L., Hill, A., Thomson, J. and Jeanjean, P. (2002) 'High-Resolution AUV Surveys of the Eastern Sigsbee Escarpment'. *Proc. Annu. Offshore Tech. Conf.*, Houston, Texas, Paper OTC 14139.

Georgiadis, M. (1985) 'Load-path dependent stability of shallow footings'. *Soils Found.*, 25(1): 84-88.

Gerwick, B. C. (2007) '*Construction of marine and offshore structures*'. 3rd ed. CRC Press, Taylor and Francis group, Florida, USA.

Gibson, R. R., Schiffman, R. L and Pu, S. L. (1970) 'Plane strain and axially symmetric consolidation of a clay layer on a smooth impervious base'. *Quart. J. Mech. Appl. Math.*, 23(4): 505-519.

Gilbert, R. B., Nodine, M., Wright, S. G., Cheon, J. Y., Coyne, M. and Ward, E. G. (2007). Impact of hurricane-induced mudslides on pipelines. *Proc. Annu. Offshore Tech. Conf.*, Houston, Texas Paper OTC 18983.

Golightly CR, Hyde AFL (1988) 'Some fundamental properties of carbonate sands'. *Proc. Int. Conf. on Calcareous Sediments*, Perth, Australia 1: 69-78.

Gottardi, G. and Butterfield, R. (1993) 'On the bearing capacity of surface footings on sand under general planar loads'. *Soils Found.*, 33(3): 68-79.

Gottardi, G. and Butterfield, R. (1995) 'The displacement of a model rigid surface footing on dense sand under general planar loading', *Soils Found.*, 35(3): 71-82.

Gottardi, G., Houlsby, G. T. and Butterfield, R. (1999). 'The plastic response of circular footings on sand under general planar loading', *Géotechnique*, 49(4): 453-470.

Gourvenec, S. (2007a) 'Shape effects on the capacity of rectangular footings under general loading'. *Géotechnique*, 57(8): 637-646.

Gourvenec, S. (2007b) 'Failure envelopes for offshore shallow foundation under general loading'. *Géotechnique*, 57(9): 715-727.

Gourvenec, S. (2008) 'Undrained bearing capacity of embedded footings under general loading'. *Géotechnique*, 58(3): 177-185.

Gourvenec, S. and Jensen, K. (2009) 'Effect of embedment and spacing of co-joined skirted foundation systems on undrained limit states under general loading'. *Int. J. Geomech.*, ASCE, 9(6): 267-279.

Gourvenec, S. and Randolph, M. F. (2003) 'Effect of strength non-homogeneity on the shape and failure envelopes for combined loading of strip and circular foundations on clay'. *Géotechnique*, 53(6): 575-586.

Gourvenec, S. and Randolph, M. F. (2003) 'Failure of shallow foundations under combined loading.' *Proc. Eur. Conf. Soil Mech. and Geotech. Engng (ECSMGE)*, Prague, Czech Republic, 2: 583-588.

Gourvenec, S. and Randolph, M. F. (2009) 'Effect of foundation embedment and soil properties on consolidation response'. *Proc. Int. Conf. on Soil Mech. and Geotech. Eng. (ICSMGE)*, Alexandria, Egypt. 638-641.

Gourvenec, S. and Randolph, M. F. (2010) 'Consolidation beneath skirted foundations due to sustained loading'. *Int. J. Geomech.*, ASCE, 10(1): 22-29.

Gourvenec, S. and Steinepreis, M. (2007) 'Undrained limit states of shallow foundations acting in consort'. *Int. J. Geomech.*, ASCE, 7(3): 194-205.

Gourvenec S. and White D. J. (2010) 'Elastic solutions for consolidation around seabed pipelines'. *Proc. Annu. Offshore Tech. Conf.*, Houston, Texas, Paper OTC 20554.

Gourvenec, S., Randolph, M. F. and Kingsnorth, O. (2006) 'Undrained bearing capacity of square and rectangular footings'. *Int. J. Geomech.*, ASCE, 6(3): 147-157.

Gourvenec, S., Acosta-Martinez, H. E. and Randolph, M. F. (2007) 'Centrifuge model testing of skirted foundations for offshore oil and gas facilities'. *Proc. Int. Conf. Offshore Site Invest. Geotech.*, *Soc. Underwater Tech.*, London, 479-484.

Gourvenec, S., Acosta-Martinez, H. E. and Randolph, M. F. (2008a) 'Experimental study of uplift resistance of shallow skirted foundations in clay under concentric transient and sustained loading'. *Géotechnique*, 59(6): 525-537.

Gourvenec, S., Govoni, L. and Gottardi, G. (2008b) 'An investigation of the embedment effect on the combined loading behaviour of shallow foundations on sand'. *BGA Int. Conf. Found.*, Dundee, Scotland, 873-884.

Govoni, L., Gourvenec, S., Gottardi, G. and Cassidy, M. J. (2006) 'Drum centrifuge tests of surface and embedded footings on sand'. *Proc. Int. Conf. on Phys. Model. Geotech.*, Hong Kong, 1: 651-657.

Govoni, L., Gourvenec, S. and Gottardi, G. (accepted 2010) 'A centrifuge study on the effect of embedment on the drained response of shallow foundations under combined loading'. Géotechnique.

Graham, J. and Houlsby, G. T. (1983) 'Elastic anisotropy of a natural clay'. *Géotechnique*, 33(2): 165-180.

Graham, J. and Stewart, J. B. (1984) 'Scale and boundary effects in foundation analysis'. *J. Soil Mech. Found. Div.*, ASCE, 97(SM11): 1533-1548.

Green, A. P. (1954) 'The plastic yielding of metal junctions due to combined shear and pressure'. *J. Mech. Phys. Solids*, 2(3): 197-211.

Grundlehner, G. J. (1989) *The Development of a Simple Model for the Deformation Behaviour of Leg to Hull Connections of Jack-up Rigs*. M. Sc. Thesis, Delft University of Technology.

Gunasena, U., Joer, H. A. and Randolph, M. F. 'Design approach for grouted driven piles in calcareous soil'. *Proc. Annu. Offshore Tech. Conf.* Houston, Texas, Paper OTC 7669.

Guo, P. J., (2005) 'Numerical modelling of pipe-soil interaction under oblique loading'. *J. Geotech. Geoenv. Eng.*, ASCE, 131(2): 260-268.

Hambly, E. C. and Nicholson, B. A. (1991) 'Jackup dynamic stability under extreme storm conditions'. *Proc. Annu. Offshore Tech. Conf.*, Houston, Texas, Paper OTC 6590.

Hamilton, J. M. and Murff, J. D. (1995) 'Ultimate lateral capacity of piles in clay'. *Proc. Annu. Offshore Tech. Conf.* Houston, Texas, Paper OTC 7667.

Hampton, M. A., Lee, H. J., and Locat, J. (1996) 'Submarine landslides'. *Rev. Geophys.*, American Geophysical Union, 34(1), 33-59.

Hanna, A. M. and Meyerhof, G. G. (1980). 'Design carts for ultimate bearing capacity of foundations on sand overlaying soft clay'. *Can. Geotech. J.*, 1: 300-303.

Hansbo, S. (1957) 'A new approach to the determination of the shear strength of clay by the fall cone test'. *Proc. Royal Swedish Geotech. Inst.*, 14, 1-49.

Hansen, B., Nowacki, F., Skomedal, E. and Hermstad, J. (1992) 'Foundation design, Troll Platform'. *Proc. Int. Conf. Behav. Offshore Struct.* (*BOSS*), London, England, 921-936.

Head, K. H. (2006) *Manual of Soil Laboratory Testing*. 3rd ed., Pentech Press, London. Heerema, E. P. (1980) 'Predicting pile driveability: Heather as an Illustration of the "Friction Fatigue" Theory'. *Ground Eng.* 13: 15-37.

Higham M. D. (1984) 'Models of jack-up rig foundations.' MSc dissertation. Manchester University.

Heijnen, W. J. (1974) 'Penetration testing in the Netherlands.' *Proc. of Eur. Symp. On Penetration Testing*, Stockholm, Vol. 1, 79-84.

Heim, A. (1932) *Bergsturz und Menschenleben*. Fretz und Wasmuth, Zurich, Switzerland. Hill A. J. and Jacob H. (2008) 'In-situ measurement of pipe-soil interaction in deep water'. *Proc. Annu. Offshore Tech. Conf.*, Houston, Texas, Paper OTC 19528.

Hodder, M. White, D. J. and Cassidy, M. J. (2008) 'Centrifuge modelling of riser-soil stiffness degradation in the touchdown zone of an SCR'. *Proc. Int. Conf. Offshore Mech. Arctic Eng.* (*OMAE*), Portugal, Paper OMAE2008-57302.

Hodder, M. White, D. J. and Cassidy, M. J. (2009) 'Effect of remolding and reconsolidation on the touchdown stiffness of a steel catenary riser: observations from centrifuge modelling'. *Proc. Annu. Offshore Tech. Conf.*, Houston, Texas, Paper OTC 19871-PP.

Holhjem, A. (1998) 'Introduction-Why redevelopment at Ekofisk'. *Proc. Annu. Offshore Tech. Conf.* Houston, Texas, Paper OTC 8653.

Hooper, J. R and Suhayda, J. N. (2005) 'Hurricane Ivan as a geologic force: Mississippi Delta Front seafloor failures'. *Proc. Annu. Offshore Tech. Conf.*, Houston, Texas, Paper OTC 17737.

Hossain, M. S. (2008) '*New mechanism-based design approaches for spudcan foundations on clays*'. PhD Thesis, University of Western Australia.

Hossain, M. S. and Randolph, M. F. (2008) 'Overview of spudcan performance on clays: current research and SNAME'. *Jack-up Asia Conf. Exhibition*, Singapore.

Hossain, M. S. and Randolph, M. F. (2009a) 'New mechanism-based design approach for spudcan foundations on single layer clay'. *J. Geotech. Geoenv. Eng.* , ASCE, 135(9): 1264-1274.

Hossain, M. S. and Randolph, M. F. (2009b) 'New mechanism-based design approach for spudcan foundations on stiff-over-soft clay'. *Proc. Annu. Offshore Tech. Conf.*, Houston, Texas, Paper OTC19907.

Hossain, M. S. and Randolph, M. F. (2010) 'Deep-penetrating spudcan foundations on layered clays: centrifuge tests'. *Géotechnique*, 60(3): 157-170.

Hossain, M. S., Hu, Y. and Randolph, M. F. (2003) 'Spudcan foundation penetration into uniform clay'. *Proc. Int. Symp. Offshore Polar Eng.* (*ISOPE*), Hawaii, USA, 647-652.

Hossain, M. S., Hu, Y. and Randolph, M. F. (2004) 'Bearing behaviour of spudcan foundation on uniform clay during deep penetration'. *Proc. Int. Conf. Offshore Mech. Arctic Eng.* (*OMAE*), Vancouver, Canada, OMAE 2004-51153.

Hossain, M. S., Hu, Y., Randolph, M. F. and White, D. J. (2005) 'Limiting cavity depth for spudcan foundations penetrating clay'. *Géotechnique*, 55(9): 679-690.

Hossain, M. S., Randolph, M. F., Hu, Y. and White, D. J. (2006) 'Cavity stability and bearing capacity of spudcan foundations on clay'. *Proc. Annu. Offshore Tech. Conf.*, Houston, Texas, Paper OTC 17770.

Hossain, M. S., Cassidy, M. J., Daley, D. and Hannan, R. (2010) 'Experimental investigation of perforation drilling in stiff-over-soft clay'. *Appl. Ocean Res.* , 32(1): 113-123.

Houlsby, G. T. (2003) 'Modelling of shallow foundations for offshore structures'. *Proc. Int. Conf. Found.* , Dundee, Thomas Telford, 11-26.

Houlsby, G. T. and Byrne, B. W. (2005) 'Calculation procedures for installation of suction caissons in sand'. *Geotech. Eng.* , 158(3): 135-144.

Houlsby, G. T. and Cassidy, M. J. (2002) 'A plasticity model for the behaviour of footings on sand under combined loading'. *Géotechnique*, 52(2): 117-129.

Houlsby, G. T. and Martin, C. M. (1992) 'Modelling of the behaviour of foundations of jack-up units on clay'. *Proc. Wroth Memorial Symp.* Predictive Soil Mechanics, Oxford, 339-358.

Houlsby, G. T. and Martin, C. M. (2003) 'Undrained bearing capacity factors for conical footings on clay'. *Géotechnique*, 53(5): 513-520.

Houlsby, G. T. and Puzrin, A. M. (1999) 'The bearing capacity of a strip footing on clay under combined loading'. *Proc. Royal Soc.*, A, 455(1983): 893-916.

Houlsby, G. T. and Wroth, C. P. (1983) 'Calculation of stresses on shallow penetrometers and footings'. *Proc. Int. Union Theor. Appl. Mech. /Int. Union Geodesy Geophys.* (*IUTAM/ IUGG*) *Symp. Seabed Mech.* , Newcastle, UK, 107-112.

Houlsby, G. T., Evans, K. M. and Sweeney, M. (1988) 'End bearing capacity of model piles in layered carbonate soils'. *Proc. Int. Conf. Calcareous Sediments.* Perth, Australia, Balkema, 1: 209-214.

House, A. R., Oliveira, J. R. M. S. and Randolph, M. F. (2001) 'Evaluating the coefficient of consolidation using penetration tests'. *Int. J. Phys. Model. Geotech.* , 1(3): 17-25.

Hsu, T. -W., Chen, Y-J and Hung, W. C. (2004) 'Soil restraint to oblique movement of buried pipes in dense sand'. *J. Transport. Eng.* , ASCE, 132(2): 175-181.

Hsu, T-W, Chen, Y-J and Hung, W-C (2006) 'Soil restraint to oblique movement of buried pipes in dense sand.

J. Transportation Engineering, ASCE, 132(2):175-181.

Hu, Y., and Randolph, M. F. (1998a) 'A practical numerical approach for large deformation problems'. *Int. J. Num. Anal. Methods Geomech.*, 22(5): 327-350.

Hu, Y., and Randolph, M. F. (1998b) 'H-adaptative FE analysis of elasto-plastic non-homogeneous soil with large deformation'. *Compu. Geotech.*, 23(1): 61-83.

Huang, X., and Garcia, M. H. (1998) 'A Herschel-Bulkley model for mud flow down a slope'. *J. Fluid Mech.* 374: 305-333.

Huang, X. and Garcia, M. H. (1999) 'Modeling of non-hydroplaning mudflows on continental slopes'. *Mar. Geol.*, 154: 131-142.

Humpheson, C. (1998) 'Foundation design of Wandoo B concrete gravity structure'. *Proc. Int. Conf. Offshore Site Invest. Found. Behav.*, *Soc. Underwater Tech.*, 353-367.

Hunt, R. J. and Marsh, P. D. (2004) 'Opportunities to improve the operational and technical management of jack-up deployments'. *Mar. Struct.*, 17(3-4): 261-273.

Imran, J., Harff, P., and Parker, G. (2001) 'A numerical model of submarine debris flow with graphical user interface'. *Compu. Geosci.*, 27: 717-729.

International Standardization Organization (2000) *Petroleum and Natural Gas Industries: Offshore Structures: Part 4, Geotechnical and Foundation Design Considerations*. ISO/ DIS 19901-4, International Standards Office, British Standards Institute, London.

Islam, M. K. (1999) *Constitutive models for carbonate sand and their application to footing problems*. PhD Thesis, University of Sydney, Australia.

Islam, M. K., Carter, J. P. and Airey, D. W. (2001) 'A study of surface footings on carbonate soils'. *Proc. Conf. on Eng. of Calcareous Sediments*, Darassulam, Brunei.

ISSMGE (International Society for Soil Mechanics and Geotechnical Engineering) (1999) 'ISSMGE Technical Committee TC16: Ground Property Characterisation from In-situ Testing (1999): International Reference Test Procedure (IRTP) for the Cone Penetration Test (CPT) and the Cone Penetration Test with pore pressure (CPTU).' *Proc. Eur. Conf. Soil Mech. Geotech. Eng.* (*ECSMGE*), Amsterdam, The Netherlands, Balkema, 2195-2222.

James, R. G. and Tanaka, H. (1984) 'An investigation of the bearing capacity of footings under eccentric and inclined loading in sand in a geotechnical centrifuge'. *Proc. Symp. Recent Adv. Geotech. Centrifuge Model.*, University of California, Davis, 88-115.

Jamiolkowski, M. B., Lo Presti, D. C. F. and Manassero, M. (2003) 'Evaluation of relative density and shear strength of sands from cone penetration test (CPT) and flat dilatometer (DMT)'. In: *Soil Behaviour and Soft Ground Construction*, J. T. Germain, T. C. Sheahan and R. V. Whitman, (eds.), ASCE, GSP 119, 201-238.

Janbu, N, (1973) *Slope Stability Computations in Embankment Dam Engineering: Casagrande Memorial Volume.* R. C. Hirschfeld and S. J. Poulos (eds.). John Wiley, New York.

Jardine, R. J. and Chow, F. C. (1996) *New Design Methods for Offshore Piles.* MTD Publication 96/103.

Jardine, R. J. and Saldivar, E. (1999) 'An alternative interpretation of the West Delta 58a tension-pile research results'. *Proc. Annu. Offshore Tech. Conf.*, Houston, Texas, Paper OTC 10827.

Jardine, R. J. and Standing, J. R. (2000) *Pile Load Testing Performed for HSE Cyclic Loading Study at Dunkirk.* Report OTO2000 007. Health and Safety Executive, London. Two volumes, p. 60 and p. 200.

Jardine, R. J., Kovecevic, N., Hoyle, M. J. R., Sidhu, H. K. and Letty, A. (2001). 'A study of eccentric jack-

up penetration into infilled footprint craters'. *Proc. Int. Conf. Jackup Platform*, City University, London.

Jardine, R. J., Chow, F. C., Overy, R. and Standing, J. (2005) *ICP Design Methods for Driven Piles in Sands and Clays*. Thomas Telford, London. ISBN 0 7277 3272 2.

Jayson, D., Delaporte, P., Albert, J. -P., Prevost, M. E., Bruton, D. A. S. and Sinclair, F. (2008) 'Greater Plutonio Project-Subsea Flowline Design and Performance'. *Offshore Pipeline Tech. Conf.*, Amsterdam, The Nertherlands.

Jeanjean, P. (2006) 'Set-up characteristics of suction anchors for soft Gulf of Mexico clays: Experience from field installation and retrieval'. *Proc. Annu. Offshore Tech. Conf.*, Houston, Texas, Paper OTC 18005.

Jeanjean, P. (2009) 'Re-assessment of p-y curves for soft clays from centrifuge testing and finite element modelling'. *Proc. Annu. Offshore Tech. Conf.*, Houston, Texas, Paper OTC 20158.

Jeanjean, P., Liedtke, E., Clukey, E. C., Hampson, K. and Evans, T. (2005) 'An operator's perspective on offshore risk assessment and geotechnical design in geohazard prone areas'. *Proc. Int. Symp. Front. Offshore Geotech. (ISFOG)*, Perth, Australia, 115-144.

Jeanjean, P., Znidarcic, D., Phillips, R., Ko, H. Y., Pfister, S. and Schroeder, K. (2006) 'Centrifuge testing on suction anchors: Doublewall, stiff clays, and layered soil profile'. *Proc. Annu. Offshore Tech. Conf.*, Houston, Texas, Paper OTC 18007.

Jensen, J. J. and Capul, J. (2006) 'Extreme response predictions for jack-up units in second order stochastic waves by FORM'. *Probab. Eng. Mech.*, 21: 330-337.

Jewell, R. J. and Khorshid, M. S. (1988) *Proceedings of the Conference on Engineering of Calcareous Sediments*. Perth, Australia, Volumes 1 and 2, Balkema.

Jiang, L. and LeBlond, P. H. (1993) 'Numerical modelling of an underwater Bingham plastic mudslide and the water wave which it generates'. *J. Geophys. Res.*, 8: 10303-10317.

Joer, H. A. and Randolph, M. F. (1994) 'Modelling of the shaft capacity of grouted driven piles in calcareous soil'. *Proc. Int. Conf. Des. Constr. Deep Found.*, FHWA. Orlando. 2: 873-887.

Joer, H. A., Randolph, M. F. and Gunasena, U. (1998) 'Experimental modelling of the shaft capacity of grouted driven piles'. *ASTM Geotech. Test. J.*, 21(3): 159-168.

Joer, H. A., Erbrich, C. T. and Sharma, S. S. (2010) 'A new interpretation of the simple shear test', *Proc. 2nd Int. Symp. On Frontiers in Offshore Geotechnics*, Perth.

Johnston, I. W., Lam, T. S. K. and Williams, A. F. (1987) 'Constant normal stiffness direct shear testing for socketed pile design in weak rock'. *Géotechnique*, 37(1):83-89.

Karlsrud, K. and Haugen, T. (1985) 'Behavior of piles in clay under cyclic axial loading— results of field model tests'. *Proc. Int. Conf. Behav. Offshore Struct.*, Delft. 2: 589-600.

Karlsrud, K. and Nadim, F. (1990) 'Axial capacity of offshore piles in clay'. *Proc. Offshore Tech. Conf.* Houston, Texas, Paper OTC 6245.

Karlsrud K., Kalsnes, B. and Nowacki, F. (1993) 'Response of piles in soft clay and silt deposits to static and cyclic axial loading based on recent instrumented pile load tests'. *Proc. Conf. Offshore Site Invest. Found. Behav., Soc. Underwater Tech.*, London, 549-584.

Keaveny, J. M., Hansen, S. B., Madshus, C. and Dyvik, R. (1994) 'Horizontal capacity of large scale model anchors'. *Proc. Int. Conf. Soil Mech. Found. Eng. (ICSMFE)*, New Delhi, India, 2: 677-680.

Kellcher, P. J. and Randolph, M. F. (2005) 'Seabed geotechnical characterisation with the portable remotely operated drill.' *Proc. Int. Symp. Front. Offshore Geotech. (ISFOG)*, Perth, Australia, 365-371.

Kimura, T., Kusakabe, O. and Saitoh, K. (1985) 'Geotechnical model tests of bearing capacity problems in centrifuge'. *Géotechnique*, 35(1): 33-45.

Kolk, H. J. and van der Velde, E. (1996) 'A reliable method to determine friction capacity of piles driven into clays'. *Proc. Annu. Offshore Tech. Conf.* Houston, Texas, Paper OTC 7993.

Kolk, H. J., Baaijens, A. E., and Senders, M. (2005) 'Design criteria for pipe piles in silica sands'. *Proc. Int. Symp. Front. Offshore Geotech.*, Perth, Australia, 711-716.

Konuk, I., and Yu, S. (2007) 'Continuum FE modeling of lateral buckling: study of soil effects'. *Proc. Int. Conf. Offshore Mech. Arctic Eng.* (*OMAE*), San Diego, California.

Konuk, I., Yu, S., and Evgin, E. (2006) 'Application of the ALE FE Method to debris flows'. *Proc. Int. Conf. Monit. Simul. Prev. Rem. Dense Debris Flows*, Rhodes, Greece.

Kostelnik, A., Guerra, M., Alford, J., Vazquez, J. and Zhong, J. (2007). Jackup mobilization in hazardous soils. *SPE Drilling and Completion*, 22(1): 4-15.

Koumoto, T. and Houlsby, G. T. (2001) 'Theory and practice of the fall cone test'. *Géotechnique*, 51(8): 701-712.

Krost, K., Gourvenec, S. and White, D. (2010) 'Consolidation around partially embedded submarine pipelines'. *Géotechnique*, DOI: 10.1680/geot.8.T.015.

Kulhawy, F. H. (1984) Limiting tip and side resistance: Fact or fallacy? *Proc. Symp. on Anal. Des. Pile Found.*, ASCE. 80-98.

Kullenberg, B. (1947) 'The piston core sampler'. *Svensk Hydrografisk-Biologiska Komm. Skr. ser. 3*, Hydrofrafi, 1(2).

Kuo, M. Y-H. and Bolton, M. D. (2009) 'Soil characterization of deep sea West African clays: Is biology a source of mechanical strength?' *Proc. Int. Symp. Offshore Polar Eng.* (*ISOPE*), Osaka. 488-494.

Kvalstad, T. J. (2007) 'What is current "Best Practice" in offshore geohazard investigations? A state-of-the-art review'. *Proc. Annu. Offshore Tech. Conf.*, Houston, Texas, Paper OTC 18545.

Kvalstad, T. J., Nadim, F. and Harbitz, C. B. (2001) 'Deepwater geohazards: Geotechnical concerns and solutions'. *Proc. Annu. Offshore Tech. Conf.*, Houston, Texas, Paper OTC 12958.

Ladd, C. C. (1991). Stability evaluation during staged construction (22nd Terzaghi Lecture). *J. Geotech. Eng.*, ASCE, 117(4): 540.

Ladd, C. C. and DeGroot, D. J. (2003) 'Recommended practice for soft ground site characterization'. The Arthur Casagrande Lecture, *Proc. Pan-Am. Conf. Soil Mech. Geotech. Eng.*, Boston, Massachusetts, 3-57.

Langen, H. V. and Hospers, B. (1993) 'Theoretical model for determining rotational behaviour of spud cans'. *Proc. Annu. Offshore Tech. Conf.*, Houston, Texas, Paper OTC 7302.

LangfordT. E., Dyvik R. and Cleave R. (2007) 'Offshore pipeline and riser geotechnical model testing: practice and interpretation'. *Proc. Conf. Offshore Mech. Arctic Eng.* (*OMAE*), San Diego, California, Paper OMAE2007-29458.

Lauder, K., Bransby, M. F., Brown, M., Cathie, D. N., Morgan, N., Pyrah, J. and Steward, J. (2008) 'Experimental testing of the performance of pipeline ploughs'. *Proc. Int. Symp. Offshore Polar Eng.* (*ISOPE*), Paper TPC-174.

Lee, K. K. (2009) *Investigation of Potential Spudcan Punch-Through Failure on Sand Overlaying Clay Soils*. PhD Thesis, University of Western Australia.

Lee, K. K., Randolph, M. F. and Cassidy, M. J. (2009) 'New simplified conceptual model for spudcan foundations on sand overlying clay soils'. *Proc. Annu. Offshore Tech. Conf.*, Houston, Texas, Paper OTC 20012.

Lee, K. L. and Focht, J. A. (1975)'Liquefaction potential at Ekofisk tank in North Sea'. *J. Geotech. Eng.*, ASCE, 100(GT1): 1018.

Lefebvre, G. and Leboeuf, D. (1987)'Rate effects and cyclic loading of sensitive clays'. *J. Geotech. Eng.*, ASCE, 113(5): 476-489.

Leffler, W. L., Pattarozzi. R. and Sterling, G. (2003) *Deepwater Petroleum Exploration and Production.* PenWell, Oklahoma, Texas.

Lehane, B. M. and Jardine, R. J. (1994a)'Displacement pile behaviour in a soft marine clay'. *Can. Geotech. J.*, 31(2): 181-191.

Lehane, B. M. and Jardine, R. J. (1994b)'Shaft capacity of driven piles in sand: a new design method'. *Proc. Int. Conf. Behav. Offshore Struct.*, Boston, Massachusetts, 1: 23-36.

Lehane, B. M. and Randolph, M. F. (2002)'Evaluation of a minimum base resistance for driven pipe piles in siliceous sand'. *J. Geotech. Geoenv. Eng.*, ASCE., 128(3): 198-205.

Lehane, B. M., Jardine, R. J., Bond, A. J. and Frank, R. (1993)'Mechanisms of shaft friction in sand from instrumented pile tests'. *J. Geotech. Eng. Div.*, ASCE, 119(1): 19-35.

Lehane, B. M., Chow, F. C., McCabe, B. A. and Jardine, R. J. (2000)'Relationships between shaft capacity of driven piles and CPT end resistance'. *Proc. Inst Civil Engineers Geotech. Eng.*, 143(2): 93-101.

Lehane, B. M., Schneider, J. A., and Xu, X. (2005a)'The UWA-05 method for prediction of axial capacity of driven piles in sand'. *Proc. Int. Symp. Front. Offshore Geotech.*, Perth, Australia, 683-689.

Lehane, B. M., Schneider, J. A. and Xu, X. (2005b) *A Review of Design Methods for Offshore Driven Piles in Siliceous Sand.* University of Western Australia, Geomechanics Group, Report No. GEO: 05358. p. 102.

Lenci, S. and Callegari, M. (2005)'Simple analytical models for the J-lay problem'. *Acta. Mechanica.*, 178: 23-39.

Leroueil, S., Kabbaj, M., Tavenas, F. and Bouchard, R. (1985)'Stress-strain rate relation for the compressibility of sensitive natural clays'. *Géotechnique*, 35(2): 159-180.

Leung, C. F., Gan, C. T., Chow, Y. K. (2007)'Shear strength changes within jack-up spudcan footprint.' *Proc. 17th International Offshore and Polar Engineering Conf.* (ISOPE), Lisbon, Portugal, 1504-1509.

Levadoux, J. N. and Baligh, M. M. (1986)'Consolidation after undrained piezocone penetration. I: prediction'. *J. Geotech. Eng.*, ASCE, 112(7):707-726.

Lieng, J. T., Hove, F. and Tjelta, T. I. (1999)'Deep Penetrating Anchor: Subseabed deepwater anchor concept for floaters and other installations'. *Proc. Int. Symp. Offshore Polar Eng.* (ISOPE), Brest, France, 613-619.

Lieng, J. T., Kavli, A., Hove, F. and Tjelta, T. I. (2000)'Deep Penetrating Anchor: Further development, optimization and capacity clarification'. *Proc. Int. Symp. Offshore Polar Eng.* (ISOPE), Seattle, Washington, 410-416.

Locat, J., and Demers, D. (1988)'Viscosity, yield stress, remolded strength, and liquidity index relationships for sensitive clays'. *Can. Geotech. J.*, 25: 799-806.

Looijens, P. and Jacob, H. (2008)'Development of a deepwater tool for in-situ pipe-soil interaction measurement and its benefits in pipeline analysis'. *Proc. Offshore Pipeline Tech. Conf.*, Amsterdam, The Netherlands.

Low, H. E., Randolph, M. F. and Kelleher, P. (2007)'Estimation of in-situ coefficient of consolidation from dissipation tests with different penetrometers.' *Proc. Int. Conf. Offshore Site Invest. Geotech.*, *Soc. Underwater*

Tech. , London, 547-556.

Low, H. E., Randolph, M. F., Rutherford, C. J., Bernard, B. B. and Brooks, J. M. (2008)'Characterization of near seabed surface sediment. ' *Proc. Annu. Offshore Tech. Conf.* , Houston, Texas, Paper OTC 19149.

Low, H. E., Lunne, T., Andersen, K. H., Sjursen, M. A., Li, X. and Randolph, M. F. (2010)'Estimation of intact and remoulded undrained shear strength from penetration tests in soft clays'. *Géotechnique*, 10(11): 843-859.

Lu Q., Randolph M. F., Hu, Y. and Bugarski, I. C. (2004)'A numerical study of cone penetration in clay. ' *Géotechnique*, 54(4):257-267.

Lund, K. H. (2000)'Effect of increase in pipeline soil penetration from installation. ' *Proc. Int. Conf. on Offshore Mech. Arctic Eng. (OMAE)*, New Orleans, Los Angeles, Paper OMAE2000-PIPE5047.

Lundgren H., Mortensen K. (1953)'Determination by the theory of plasticity of the bearing capacity of continuous footings on sand. ' *Proc. Int. Conf. Soil Mech. Found. Eng. (ICSMFE)*, Zurich, Switzerland, 1: 409-412.

Lunne, T. (2001)'In situ testing in offshore geotechnical investigations. ' *Proc. Int. Conf. In Situ Measur. Soil Prop. Case Histories*, Bali, Indonesia, 61-81.

Lunne, T., Robertson, P. K. and Powell, J. J. M. (1997) *Cone Penetration Testing in Geotechnical Practice.* Blackie Academic and Professional, London.

Lunne, T., Tjelta, T. I, Walta, A. and Barwise, A. (2008)'Design and testing out of deep water seabed sampler. ' *Proc. Annu. Offshore Tech. Conf.* Houston, Texas, Paper OTC 19290.

Lupini, J. F., Skinner, A. E. and Vaughan, P. R. (1981)'The drained residual strength of cohesive soils. ' *Géotechnique*, 31(2):181-213.

Mandel, J. (1950)'Etude mathiematique de la consolidation des sols'. *Actes du Colloque International De Mechanique*, Poitier, France, 4: 9-19.

Manuel, L. and Cornell, C. A. (1996)'The influence of alternative wave loading and support modeling assumptions on jack-up rig response extremes. ' *J. of Offshore Mechanics and Arctic Engineering (OMAE)*, Vol. 118, 109-114.

Mao, X. (2000) *The Behaviour of Three Calcareous Soils in Monotonic and Cyclic Loading.* ' PhD Thesis, University of Western Australia.

Mao, X. and Fahey, M. (1999)'A method of reconstituting an aragonite soil using a synthetic flocculant. ' *Géotechnique*, 49(1):15-32.

Mao, X. and Fahey, M. (2003)'Behaviour of calcareous soils in undrained cyclic simple shear'. *Géotechnique*, 53(8): 715-727.

Martin, C. M. (1994) *Physical and Numerical Modelling of Offshore Foundations under Combined Loads.* DPhil Thesis, University of Oxford.

Martin, C. M. (2003)'New software for rigorous bearing capacity calculations'. *Proc. Int. Conf. Found. (ICOF)*, Dundee, Scotland, 581-592.

Martin, C. M. (2004)'Discussion of "Calculations of bearing capacity factor N_γ using numerical limit analysis" by Boonchai Ukritchon, Andrew J. Whittle and C. Klangvijit'. *J. Geotech. Geoenv. Eng.* , ASCE, 130(10): 106-1108.

Martin, C. M. and Houlsby, G. T. (1999)'Jackup units on clay: structural analysis with realistic modelling of spudcan behaviour'. *Proc. Annu. Offshore Tech. Conf.* , Houston, Texas, Paper OTC 10996.

Martin, C. M. and Houlsby, G. T. (2000)'Combined loading of spudcan foundations on clay: laboratory tests'.

Géotechnique, 50(4): 325-338.

Martin, C. M. and Houlsby, G. T. (2001) 'Combined loading of spudcan foundations on clay: numerical modelling'. *Géotechnique*, 51(8): 687-700.

Martin, C. M. and Randolph, M. F. (2001) 'Applications of the lower and upper bound theorems of plasticity to collapse of circular foundations'. *Proc. Tenth Int. Conf. Comp. Methods Adv. Geomech.*, Tucson, Arizona, 2: 1417-1428.

Martin, C. M. and Randolph, M. F. (2006) 'Upper bound analysis of lateral pile capacity in cohesive soil.' *Géotechnique*, 56(2):141-145.

Matlock, H. (1970) 'Correlations for design of laterally loaded piles in clay'. *Proc. Annu. Offshore Tech. Conf.*, Houston, Texas, Paper OTC 1204.

Matlock, H. and Foo, S. H. C. (1980) 'Axial analysis of piles using a hysteretic and degrading soil model'. *Proc. Conf. Num. Methods Offshore Piling*, ICE, London. 127-133.

Matlock, H. and Reese, L. C. (1960) 'Generalized solutions for laterally loaded piles' *J. Soil Mech. Found. Div.*, ASCE, 86(SM5): 63-91.

Maung, U. M. and Ahmad, C. K. M. (2000) 'Swiss cheesing to bring in a jack-up rig at Anding location'. *Proc. IADC/SPE Asia Pacific Drilling Tech.*, Kuala Lumpur, Malaysia, IADC/ SPE 62755.

McGuire, R. K. (2008). 'Probabilistic seismic hazard analysis: Early history'. *Earthquake Engineering and Structural Dynamics*, 37: 329-338.

McNamee, J. and Gibson, R. E. (1960) 'Plane strain and axially symmetric problems of the consolidation of a semi-infinite clay stratum'. *Quart. J. Mech. Appl. Math.*, 13: 210-227.

Medeiros, C. J. (2001) 'Torpedo anchor for deep water'. *Proc. Deepwater Offshore Tech. Conf.*, Rio de Janeiro, Brazil.

Medeiros, C. J. (2002) 'Low cost anchor system for flexible risers in deep waters'. *Proc. Annu. Offshore Tech. Conf.*, Houston, Texas, Paper OTC 14151.

Menzies, D. and Roper, R. (2008) 'Comparison of jackup rig spudcan penetration methods in clay'. *Proc. Annu. Offshore Tech. Conf.*, Houston, Texas, Paper OTC 19545.

Merifield R. S., Sloan S. W. and Yu H. S. (2001) 'Stability of plate anchors in undrained clay'. *Géotechnique*, 51(2): 141-153.

Merifield, R. S., White, D. J. and Randolph, M. F. (2008a) 'The ultimate undrained resistance of partially-embedded pipelines'. *Géotechnique*, 58(6): 461-470.

Merifield, R. S., White, D. J. and Randolph, M. F. (2008b) 'The effect of pipe-soil interface conditions on the undrained breakout resistance of partially-embedded pipelines'. *Proc. Int. Conf. of Int. Assoc. Comp. Methods Ad. Geomech. (IACMAG)*, Goa, India, 4249-4256.

Merifield, R. S., White, D. J. and Randolph, M. F. (2009) 'The effect of surface heave on the response of partially-embedded pipelines on clay'. *J. Geotech. Geoenv. Eng.*, ASCE, 135(6): 819-829.

Mesri, G. and Shahien, M. (2003) 'Residual shear strength mobilized in first-time slope failures'. *J. Geotech. Geoenviron. Eng.*, ASCE, 129(1): 12-31. (See also Discussions and Closure, 130(5):544-549.

Meyerhof, G. G. (1951). 'The ultimate bearing capacity of foundations'. *Géotechnique*, 2(4):301-332.

Meyerhof, G. G. (1953) 'The bearing capacity of foundations under eccentric and inclined loads'. *Proc. Int. Conf. Soils Mech. Found. Eng. (ICSMFE)*, Zurich, Switzerland, 1: 440-445.

Meyerhof, G. G. (1983) 'Scale effects of ultimate pile capacity'. *J. Geotech. Eng.*, ASCE, 109 (GT6):

797-806.

Meyerhof, G. G. (1995) 'Behaviour of pile foundations under special loading conditions. CGJ Hardy lecture'. *Can. Geotech. J.*, 32: 204-222.

Meyerhof, G. G. and Hanna (1978). Ultimate bearing capacity of foundations of layered soils under inclined loads. *Can. Geotech. J.*, 15, 565-572.

Mildenhall, J. and Fowler S. (2001) 'Mud volcanoes and structural development of Shah Deniz'. *J. Petrol. Sci. Eng.*, 28: 189-200.

Mitchell, J. K. (1993) *Fundamentals of Soil Behaviour.* 2nd ed., John Wiley & Sons, New York. Mo, O. (1976) 'Concrete drilling and production platforms; review of construction, installation and commissioning'. *Proc. Tech. Vol., Offshore North Sea Tech. Conf. Exhibition*, Stavanger, Norway.

Mokkelbost, K. H. and Strandvik, S. (1999) 'Development of NGI's deepwater gas probe, DGP'. *Proc Conf. Offshore Nearshore Geotech. Eng.*, Geoshore, Panvel, India, 107-112.

Morandi, A. C. (2007) 'Jack-up operations in the Gulf of Mexico Lessons Learned From Recent Hurricanes'. *Proc. Int. Conf. Jackup Platform*, City University, London.

Morandi, A. C., Brekke, J. N., Wishahy, M. A. (2009) 'Serviceability assessment of jackups in extreme storm events'. *Proc. Int. Conf. Jackup Platform*, City University, London.

Moresi, L., Dufour, F., and Muhlhaus, H-B. (2003) 'A Lagrangian integration point finite element method for large deformation modelling of viscoelastic geomaterials'. *J. Comput. Phys.*, 184: 476-497.

Morgenstern, N. R. and Price, V. E. (1965) 'The analysis of the stability of general slip circles'. *Géotechnique*, 15(1): 79-93.

Muir Wood, D. (1990) *Soil Behaviour and Critical State Soil Mechanics.* Cambridge University Press, Cambridge.

Muir Wood, D. (2004) *Geotechnical Modelling.* Spon Press, London.

Muller, R. D., Sdrolias, M., Gaina, C. and Roest, W. R. (2008) 'Age, spreading rates and spreading symmetry of the world's ocean crust'. *Geochem. Geophys. Geosyst.*, 9, Q04006, DOI: 10.1029/2007GC001743.

Murff, J. D. (1994) 'Limit analysis of multi-footing foundation systems'. *Proc. Int. Conf. Compu. Methods Adv. Geomech.*, Morgantown, West Virginia, 1: 223-244.

Murff, J. D. and Hamilton, J. M. (1993) 'P-ultimate for undrained analysis of laterally loaded piles'. *J. Geot. Eng.*, ASCE, 119(1): 91-107.

Murff, J. D., Wagner, D. A. and Randolph, M. F. (1989) 'Pipe penetration in cohesive soil'. *Géotechnique*, 39(2): 213-229.

Murff, J. D., Prins, M. D., Dean, E. T. R., James, R. G., Schofield, A. N. (1992) 'Jackup rig foundation modelling'. *Proc. Annu. Offshore Tech. Conf.*, Houston, Texas, Paper OTC 6807.

Murff, J. D., Randolph, M. F., Elkhatib, S., Kolk, H. J., Ruinen, R., Strom, P. J. and Thorne, C. (2005). Vertically loaded plate anchors for deepwater applications. *Proc. Int. Symp. Front. Offshore Geotech.* (*ISFOG*), Perth, Australia, 31-48.

Nadim F., Krunic D. and Jeanjean P. (2003) 'Reliability Method Applied to Slope Stability Problems: Estimating Annual Probabilities of Failure'. *Proc. Annu. Offshore Tech. Conf.*, Houston, Texas, Paper OTC 15203.

Najjar, S. S., Gilbert, R. B., Liedtke, E. A. and McCarron, W. O. (2003) 'Tilt table test for interface shear resistance between flowlines and soils'. *Proc. Int. Conf. Offshore Mech. Arctic Eng.* (*OMAE*), Cancun, Mexico, OMAE2003-37499.

NCEL (1987) *Drag Embedment Anchors for Navy Moorings.* Techdata Sheet 83-08R, Naval Civil Engineering Laboratory, Port Hueneme, California.

Nelson, K., Smith, P., Hoyle, M., Stoner, R. andVersavel, T. (2000) 'Jack-up response measurements and the under-prediction of spud-can fixity by SNAME 5-5A'. *Proc. Annu. Offshore Tech. Conf.*, Houston, Texas, Paper OTC 12074.

Neubecker, S. R. and Erbrich, C. T. (2004) 'Bayu-Udan substructure foundations: Geotechnical design and analysis'. *Proc. Annu. Offshore Tech. Conf.*, Houston, Texas, Paper OTC 16157.

Neubecker, S. R. and Randolph, M. F. (1995) 'Profile and frictional capacity of embedded anchor chain'. *J. Geotech. Eng.*, ASCE, 121(11): 787-803.

Neubecker, S. R. and Randolph, M. F. (1996) 'Performance of embedded anchor chains and consequences for anchor design'. *Proc. Annu. Offshore Tech. Conf.*, Houston, Texas, Paper OTC 7712.

Newlin, J. A. (2003a) 'Suction anchor piles for the Na Kika FDS mooring system, Part 1: site characterization and design'. *Deepwater Mooring Systems: Concepts, Design, Analysis, and Materials*, ASCE, Houston, Texas, USA, 28-54.

Newlin, J. A. (2003b) 'Suction anchor piles for the Na Kika FDS mooring system. Part 2: Installation performance'. *Deepwater Mooring Systems: Concepts, Design, Analysis, and Materials*, ASCE, Houston, Texas, USA, 55-57.

Newson, T. A., Bransby, M. F., Brunning, P. and Morrow, D. R. (2004) 'Determination of undrained shear strength parameters for buried pipeline stability in deltaic soft clays'. *Proc. Int. Symp. Offshore Polar Eng.* (*ISOPE*), Toulon, France, Paper 04-JSC-266.

Niedoroda, A. W. and Palmer, A. C. (1986) 'Subsea trench infill'. *Proc. Annu. Offshore Tech. Conf.*, Houston, Texas, OTC 5340.

Niedoroda, A., Reed, C., Hatchett, L., Young, A. and Kasch, V. (2003a) 'Analysis of past and future debris flows and turbidity currents generated by slope failures along the Sigsbee Escarpment'. *Proc. Annu. Offshore Tech. Conf.*, Houston, Texas, Paper OTC 15162.

Niedoroda, A., Jeanjean, P., Driver, D., Reed, C., Hatchett, L., Briaud, J.-L. and Bryant, B. (2003b) 'Bottom currents, erosion rates, and how to use them to date slope failures and debris flows along the Sigsbee Escarpment'. *Proc. Annu. Offshore Tech. Conf.*, Houston, Texas, Paper OTC 15199.

Nielsen, N-J. R., and Lyngberg, B. (1990) 'Upheaval buckling failures of insulated buried pipelines: a case story'. *Proc. Annu. Offshore Tech. Conf.*, Houston, Texas, OTC 6488.

Noad, J. (1993) 'Successful cable burial—its dependence on the correct use of plough assessment and geophysical surveys'. *Conf. Offshore Site Invest. Found. Behav.*, Soc. Underwater Tech., 39-56.

Noble Denton and Associates. (1987). 'Foundation fixity of jack-up units: a joint industry study'. *Noble Denton and Associates*, London.

Noble Denton Europe and Oxford University (2005) *The Calibration of SNAME Spudcan Footing Equations with Field Data*. Report No L19073/NDE/mjrh, Rev 5, dated November 2006.

NORSOK Standard (2004) '*Marine soil investigations*'. G-001, *Rev.*, 2, October 2004. Norwegian Geotechnical Institute (2000) *Windows Program HVMCap. Version 2.0: Theory, User Manual and Certification*. Norwegian Geotechnical Institute Report 524096-7, Rev. 1.

Nova R. and Montrasio L. (1991) 'Settlements of shallow foundations on sand'. *Géotechnique*, 41(2): 243-256.

Novello, E. (1999) 'From static to cyclic p-y data in calcareous sediments'. *Proc. 2nd Int. Conf. Eng. for Calcareous Sediments*, Bahrain, 1: 17-27.

Nowacki, F., Solheim, E., Nadim, F., Liedtke, E. and Andersen, K. (2003) 'Deterministic Slope Stability Analyses of the Sigsbee Escarpment'. *Proc. Annu. Offshore Tech. Conf.*, Houston, Texas, Paper OTC 15160.

O'Loughlin, C. D., Randolph, M. F. and Richardson, M. (2004) 'Experimental and theoretical studies of deep penetrating anchors'. *Proc. Annu. Offshore Tech. Conf.*, Houston, Texas, Paper OTC 16841.

O'Loughlin, C. D., Lowmass, A. Gaudin, C. and Randolph, M. F. (2006) 'Physical modelling to assess keying characteristics of plate anchors'. *Proc. Int. Conf. Phys. Model. Geotech.*, Hong Kong, 1: 659-665.

O'Loughlin, C. D., Richardson, M. D. and Randolph, M. F. (2009) 'Centrifuge tests on dynamically installed anchors'. *Proc. Int. Conf. Offshore Mech. Arctic Eng. (OMAE)*, Honolulu, Hawaii, Paper OMAE 2009-80238.

O'Neill, M. P. (2000) *The Behaviour of Drag Anchors in Layered Soils*. PhD Thesis, University of Western Australia.

O'Neill, M. P. and Randolph, M. F. (2001) 'Modelling drag anchors in a drum centrifuge'. *Int. J. Phys. Model. Geotech.*, 1(2): 29-41.

O'Neill, M. W. and Murchison, J. M. (1983) *An Evaluation of p-y Relationships in Sands*. Report PRAC 82-41-1 to American Petroleum Institute, University of Houston, Houston, Texas.

O'Neill, M. P., Randolph, M. F. and Neubecker, S. R. (1997) 'A novel procedure for testing model drag anchors'. *Proc. Int. Symp. Offshore Polar Eng. (ISOPE)*, Honolulu, Hawaii, 2: 939-945.

O'Neill, M. P., Bransby, M. F. and Randolph, M. F. (2003) 'Drag anchor fluke-soil interaction in clays'. *Can. Geotech. J.*, 40(1): 78-94.

O'Neill, C., Moresi, L., Muller, D., Albert, R., and Dufour, F. (2006) 'Ellipsis 3D: A particle-incell finite-element hybrid code for modelling mantle convection and lithospheric deformation'. *Comp. Geosci.*, 32: 1769-1779.

O'Reilly, M. P. and Brown, S. F. (1991) *Cyclic Loading of Soils*. Blackie.

Orange, D., Angell, M., Brand, J., Thompson, J., Buddin, T., Williams, M., Hart, B. and Berger, B. (2003a) 'Shallow Geological and Salt Tectonic Setting of the Mad Dog and Atlantis Field: Relationship Between Salt, Faults, and Seafloor Geomorphology'. *Proc. Annu. Offshore Tech. Conf.*, Houston, Texas, Paper OTC 15157.

Orange, D., Saffer, D., Jeanjean, P., Al-Khafaji, Z., Riley, G. and Humphrey, G. (2003b) 'Measurements and Modeling of the Shallow Pore Pressure Regime at the Sigsbee Escarpment: Successful Prediction of Overpressure and Ground-Truthing with Borehole Measurements'. *Proc. Annu. Offshore Tech. Conf.*, Houston, Texas, Paper OTC 15201.

Orcina (2008) *OrcaFlex User Manual*. www. orcina. com, UK.

Osborne, J. J. and Paisley, J. M. (2002) 'SE Asia jack-up punch-throughs: The way forward?' *Proc. Int. Conf. Offshore Site Invest. Geotech. -Sustainability and Diversity.* London, 301-306.

Osborne, J. J., Trickey, J. C., Houlsby, G. T. and James, R. G. (1991) 'Findings from a joint industry study on foundation fixity of jackup units'. *Proc. Annu. Offshore Tech. Conf.*, Houston, Texas, Paper 6615.

Osborne, J. J., Houlsby, G. T., Teh, K. L., Bienen, B., Cassidy, M. J., Randolph, M. F. and Leung, C. F. (2009) 'Improved guidelines for the prediction of geotechnical performance of spudcan foundations during installation and removal of jack-up units'. *Proc. Annu. Offshore Tech. Conf.*, Houston, Texas, Paper 20291.

Ovesen, N. K. (1975) 'Centrifugal testing applied to bearing capacity problems of footings on sand'. *Géotechnique*, 25(2): 394-401.

Paisley, J. M. and Chan, N. (2006) 'SE Asia jack-up punch-throughs: technical guidance note on site assessment'. *Proc. Jack-up Asia Conf. Exhib.*, Singapore.

Palmer, A. C. (1999) 'Speed effects in cutting and ploughing'. *Géotechnique*, 49(3): 285-294.

Palmer, A. C. and King, R. A. (2008) *Subsea Pipeline Engineering.* 2nd Edition. PennWell Books.

Palmer, A. C., Kenny, J. P., Perera, M. R. and Reece, A. R. (1979) 'Design and operation of an underwater pipeline trenching plough'. *Géotechnique*, 29(3): 305-322.

Palmer, A. C., Ellinas, C. P., Richards, D. M. and Guijt, J. (1990) 'Design of submarine pipelines against upheaval buckling'. *Proc. Annu. Offshore Tech. Conf.*, Houston, Texas, OTC 6335.

Patel, M. H. (1989) '*Dynamics of offshore structures*'. Butterworths, London.

Paton, A. K. and Wong, L. S. (2004) 'Na Kika—Deepwater Mooring and Host installation'. *Proc. Annu. Offshore Tech. Conf.*, Houston, Texas, Paper OTC 16702.

PDI (2005) *GRLWEAP Wave Equation Analysis of Pile Driving.* Pile Dynamics Inc. Ver. 2005-1.

Pedersen, P. T. and Jensen J. J. (1988) 'Upheaval creep of buried pipelines with initial imperfections'. *Mar. Struct.*, 1: 11-22.

Pesce, C. P., Aranha, J. A. P. and Martins, C. A. (1998) 'The soil rigidity effect in the touchdown boundary layer of a catenary riser: static problem'. *Proc. Int. Symp. Offshore Polar Eng.* (*ISOPE*). Montreal, Canada, 207-213.

Pestana, J. M. and Whittle, A. J. (1995) 'Compression model for cohesionless soils'. *Géotechnique*, 45(4): 611-631.

Peuchen, J. and Mayne P. W. (2007) 'Rate effects in vane shear testing'. *Proc. Int. Offshore Site Invest. Geotech. Conf.: Confronting New Challenges and Sharing Knowledge*, London, 187-194.

Peuchen, J. and Rapp, J. (2007) 'Logging sampling and testing for offshore geohazards', *Proc. Annual Offshore Tech. Conf.*, Houston, Paper OTC 18664.

Peuchen, J., Adrichem, J. and Hefer, P. A. (2005) 'Practice notes on push-in penetrometers for offshore geotechnical investigation'. *Proc. Int. Symp. Front. Offshore Geotech.* (*ISFOG*), Perth, Australia, 973-979.

Phillips, R., Nobahar, A., and Zhou, J. (2004) 'Combined axial and lateral pipe-soil interaction relationships'. *Proc. Int. Pipeline Conf.*, Calgary, Canada. 299-303.

Popescu, R., Phillips, R., Konuk, I., Guo, P. and Nobahar, A. (2002) 'Pipe-soil interaction: large scale tests and numerical modelling'. *Proc. Int. Conf. Phys. Model. Geotech.*, St. John's, NF, 917-922.

Potts, D. M. and Zdravkovic, L. (2001) *Finite Element Analysis in Geotechnical Engineering: Application.* Thomas Telford, London.

Poulos, H. G. (1988) *Marine Geotechnics.* Unwin Hyman, London.

Poulos H. G. (1988) 'Cyclic stability diagram for axially loaded piles'. *J. Geotech. Eng. Div.*, ASCE, 114 (GT8): 877-895.

Poulos, H. G. (1989) 'Cyclic axial loading analysis of piles in sand'. *J. Geotech. Eng.*, ASCE, 115(6): 836-852.

Poulos, H. G. and Davis, E. H. (1974) *Elastic Solutions for Soil and Rock Mechanics.* John Wiley, New York.

Powrie, W. (2002) *Soil Mechanics Concepts and Applications.* 2nd ed. Spon Press, London. Prandtl, L. (1921) 'Eindringungsfestigkeit und festigkeit von schneiden'. Angew. *Math. U. Mech* 1(15): 15-20.

Prasad, Y. V. S. N. and Chari, T. R. (1999) 'Lateral capacity of model rigid piles in cohesionless soils' *Soils Found.*, 39(2): 21-29.

Puech, A. and Foray, P. (2002) 'Refined model for interpreting shallow penetration CPTs in sands'. *Proc. Annu. Offshore Tech. Conf.* , Houston, Texas, Paper OTC 14275.

Purwana, O. A., Leung, C. F., Chow, Y. K., Foo, K. S. (2005) 'Influence of base suction on extraction of jack-up spudcans'. *Géotechnique*, 55(10): 741-753.

Purwana, O. A., Foo, K. S., Quah, M. C. K., Chow, Y. K. and Leung, C. F. (2008) 'Understanding spudcan extraction problem and mitigation device'. *Jack-up Asia Conf. Exhibition*, Singapore.

Puzrin, A. M. and Germanovich, L. (2005) 'The growth of shear bands in the catastrophic failure of soils'. *Proc. Royal Society*, A 461: 1199-1228.

Puzrin, A. M., Germanovich, L. and Kim, S. (2004) 'Catastrophic failure of submerged slopes in normally consolidated sediments'. *Géotechnique* 54(10): 631-643.

Quah, M. C. K., K. S. Foo, Purwana, O. A., Keizer, L., Randolph, M. F. and Cassidy, M. J. (2008) 'An integrated in-situ soil testing device for jack-up rigs'. *Jack-up Asia Conf. Exhibition*, Singapore.

Quirós, G. W. and Young, A. G. (1988) 'Comparison of field vane, CPT and laboratory strength data at Santa Barbara Channel site. Vane Shear Strength Testing of Soils: Field and Laboratory Studies. ' *ASTM STP* 1014: 306-317.

Rad, N. S. and Lunne, T. (1994) 'Gas in soils: detection and η-profiling. ' *J. Geotech. Engng*, ASCE 120 (4): 696-715.

Randolph, M. F. (1981) 'The response of flexible piles to lateral loading'. *Géotechnique* 31(2): 247-259.

Randolph, M. F. (1983) 'Design considerations for offshore piles' *Proc. Conf. on Geot. Practice in Offshore Eng.* Austin. 422-439.

Randolph, M. F. (1988) 'The axial capacity of deep foundations in calcareous soil'. *Proc. Int. Conf. on Eng. of Calcareous Sediments* Perth 2: 837-857.

Randolph, M. F. (1993) 'Pile capacity in sand—the critical depth myth'. *Australian Geomechanics* 24: 30-34.

Randolph, M. F. (2000) 'Effect of strength anisotropy on capacity of foundations'. *Developments in Theoretical Geomechanics*, *The John Booker Memorial Symposium*, Sydney, Australia, 313-327.

Randolph, M. F. (2003a) '43rd Rankine Lecture—Science and empiricism in pile foundation design'. *Géotechnique* 53(10): 847-875.

Randolph M F. (2003b) *RATZ User Manual v.* 4. 2. Centre for Offshore Foundation Systems, University of Western Australia, p. 42.

Randolph, M. F. and Erbrich, C. T. (2000) 'Design of shallow foundations for calcareous sediments'. *Proc. Eng. for Calcareous Sediments*. Ed. Al-Shafei, Balkema (2): 361-378.

Randolph, M. F. and Hope, S. (2004) 'Effect of cone velocity on cone resistance and excess pore pressures'. *Proc. Int. Symp. Eng. ng Practice and Performance of Soft Deposits*, Osaka, 147-152.

Randolph, M. F. and Houlsby, G. T. (1984) 'The limiting pressure on a circular pile loaded laterally in cohesive soil'. *Géotechnique* 34(4): 613-623.

Randolph, M. F. and House A. R. (2002) 'Analysis of suction caisson capacity in clay'. *Proc. Annu. Offshore Tech. Conf.* , Houston, Texas, Paper OTC 14236.

Randolph, M. F. and Murphy, B. S. (1985) 'Shaft capacity of driven piles in clay' *Proc. Annu. Offshore Tech. Conf.* Houston. OTC 4883.

Randolph, M. F. and Puzrin, A. M. (2003) 'Upper bound limit analysis of circular foundations on clay under general loading'. *Géotechnique* 53(9): 785-796.

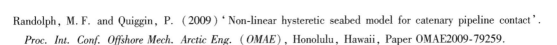

Randolph, M. F. and Quiggin, P. (2009) 'Non-linear hysteretic seabed model for catenary pipeline contact'. *Proc. Int. Conf. Offshore Mech. Arctic Eng. (OMAE)*, Honolulu, Hawaii, Paper OMAE2009-79259.

Randolph, M. F. and White D. J. (2008a) 'Offshore foundation design—a moving target'. *Proc., 2nd BGA Int. Conf. Found.*, Dundee, UK, IHS BRE Press, Watford. 27-59.

Randolph, M. F. and White, D. J. (2008b) 'Upper bound yield envelopes for pipelines at shallow embedment in clay'. *Géotechnique*, 58(4): 297-301.

Randolph, M. F. and White, D. J. (2008c) 'Pipeline embedment in deep water: processes and quantitative assessment'. *Proc. Annu. Offshore Tech. Conf.*, Houston, Texas, Paper OTC 19128.

Randolph, M. F. and Wroth, C. P. (1978) 'Analysis of deformation of vertically loaded piles.' *J. Geotech. Eng. Div.* ASCE 104(GT12): 1465-1488.

Randolph, M. F. and Wroth, C. P. (1979) 'An analytical solution for the consolidation around a driven pile'. *Int. J. Num. Anal. Methods in Geomech.* 3: 217-229.

Randolph, M. F., Finnie, I. M. and Joer, H. (1993) 'Performance of shallow and deep foundations on calcareous soil'. *Proc. Symp. Found. Diffi. Soils*, Kagoshima, Japan.

Randolph, M. F., Joer, H. A., Khorshid, M. S. and Hyden, A. M. (1996) 'Field and laboratory data from pile load tests in calcareous soil'. *Proc. Annu. Offshore Tech. Conf.* Houston Paper OTC 7992.

Randolph, M. F., Hefer, P. A., Geise, J. M. and Watson, P. G. (1998a) 'Improved seabed strength profiling using T-bar penetrometer'. *Proc Int. Conf. Offshore Site Invest. Found. Behav. —"New Frontiers"*, Soc. Underwater Tech., London, 221-235.

Randolph, M. F., O'Neill, M. P., Stewart, D. P. and Erbrich, C. (1998b) 'Performance of suction anchors in fine-grained calcareous soils'. *Proc. Annu. Offshore Tech. Conf.*, Houston, Texas, Paper OTC 8831.

Randolph, M. F., Martin, C. M. and Hu, Y. (2000) 'Limiting resistance of a spherical penetrometer in cohesive material.' *Géotechnique*, 50(5):573

Randolph, M. F., Jamiolkowski, M. B., Zdravkovic, L. (2004) 'Load carrying capacity of foundations'. *Proc. Skempton Memorial Conf.*, London, 1: 207-240.

Randolph, M. F. Cassidy, M. J., Gourvenec, S. and Erbrich, C. T. (2005) 'The Challenges of Offshore Geotechnical Engineering'. (Keynote) *Proc. Int. Symp. Soil Mech. Geotech. Eng. (ISSMGE)*, Osaka, Japan, Balkema. 1: 123-176.

Randolph, M. F., Low, H. E. and Zhou, H. (2007) 'In situ testing for design of pipeline and anchoring systems'. *Proc. Int. Conf. Offshore Site Invest. Geotech.*, Soc. Underwater Tech., London, 251-255.

Randolph, M. F., Wang, D., Zhou, H., M. S. Hossain, M. S. and Hu, Y. (2008) 'Large deformation finite element analysis for offshore applications'. *Proc. Int. Conf. of Int. Assoc. Comp. Methods Adv. Geomech. (IACMAG)*, Goa, India, 3307-3318.

Randolph, M. F., Seo, D. and White, D. J. (2010) 'Parametric solutions for slide impact on pipelines'. *J. Geotech. Geoenv. Eng.*, ASCE, 136(7): 940-949.

Reardon, M. J. (1986). 'Review of the geotechnical aspects of jack-up unit operations'. *Ground Eng.* 19(7): 21-26.

Reece, A. R. and Grinstead, T. W. (1986) 'Soil mechanics of submarine ploughs'. *Proc. Offshore Tech. Conf.*, Houston, Texas, Paper OTC 5341.

Reese, L. C., and Matlock, H. (1956) 'Non-dimensional solutions for laterally loaded piles with soil modulus assumed proportional to depth' *Proc. Eighth Texas Conf. Soil Mech. Found. Eng.*, Special Publication No.

29, Bureau of Engineering Research, University of Texas, Austin.

Reese L. C. and van Impe, W. F. (2001) *Single Piles and Pile Groups Under Lateral Loading*. Balkema.

Reese, L. C., Cox, W. R. and Koop, F. D. (1974) 'Analysis of laterally loaded piles in sand' *Proc. Annu. Offshore Tech. Conf.* Houston, Texas, Paper OTC 2080.

Richardson, M. D., O'Loughlin, C. D., Randolph, M. F. and Gaudin, C. (2009) 'Setup following installation of dynamic anchors in normally consolidated clay'. *J. Geotech. Geoenv. Engng*, ASCE 135(4): 487-496.

Rickman, J. P. and Barthelemy, H. C. (1988) 'Offshore construction of grouted driven pile foundations'. *Proc. Int. Conf. Eng. of Calcareous Sediments*. Perth. 1: 313-319.

Robertson, P. K. (1990) 'Soil classification using the cone penetration test.' *Can. Geotech. J.*, 27(1): 151-158. See also Discussion and Reply 28(1): 176-178.

Ronalds, B. F. (2005). 'Deepwater facility selection'. *Proc. Annu. Offshore Tech. Conf.*, Houston, Texas, Paper OTC 14259.

Roscoe, K. H., Schofiled, A. N. and Wroth, C. P. (1958) 'On the yielding of soils'. *Géotechnique*, 8(1): 22-52.

Rowe, R. K. and Davis, E. H. (1982) 'The behaviour of anchor plates in clay'. *Géotechnique*, 32(1): 9-23.

Salençon, J. (2005) 'Action d'une conduite circulaire sur un sol coherent'. *Proc. Int. Conf. Soil Mech. Geotech. Eng. (ICSMGE).*, Istanbul, Turkey, (2): 1311-1314.

Salençon, J. and Matar, M. (1982) 'Capacité portante des fondations superficielles circulaires'. *J. de Mécanique théorique et appliquée*, 1(2): 237-267.

Santamarina, C., Klein, K. A. and Fam, M. A. (2001). *Soils and Waves*. John Wiley & Sons, Chichester.

Scheidegger, A. E. (1973) 'On the prediction of the reach and velocity of catastrophic landslides'. *Rock Mech.*, 5: 231-236.

Schiffman, R. L., Chen, A. T. F. and Jordan, J. (1969) 'An analysis of consolidation theories'. *J. Soil Mech. Found.*, ASCE, 285-313.

Schmertmann, J. H. (1978) *Guidelines for Cone Test, Performance, and Design*. Report no. FHWATS-78209. Washington, DC: US Federal Highway Administration.

Schneider, J. A. (2007) *Analysis of Piezocone Data for Displacement Pile Design*. PhD Thesis, University of Western Australia.

Schneider, J. A., White, D. J. and Lehane, B. M. (2007) 'Shaft friction of piles in siliceous, calcareous and micaceous sands'. *Proc. Sixth Int. Conf. Offshore Site Invest. Geotech.*, Soc. Underwater Tech., London. 367-382.

Schneider, J. A., Randolph, M. F., Mayne, P. W. and Ramsey, N. R. (2008a) 'Analysis of factors influencing soil classification using normalized piezocone tip resistance and pore pressure parameters.' *J. Geotech. Geoenv. Eng.*, ASCE, 134(11): 1569-1586.

Schneider, J. A., Xu, X. and Lehane, B. M. (2008b) 'Database assessment of CPT-based design methods for axial capacity of driven piles in siliceous sands'. *J. Geotech. Geoenv. Eng.* ASCE, 134(9): 1227-1244.

Schofield, A. N. and Wroth, C. P. (1968) *Critical state soil mechanics*. McGraw-Hill, London.

Schotman, G. J. M. (1989). 'The effects of displacements on the stability of jackup spudcan foundations'. *Proc. 21st Offshore Tech. Conf.*, Houston, Texas, OTC 6026.

Schupp, J., Byrne, B. W., Eacott, N., Martin, C. M., Oliphant, J., Maconochie, A. and Cathie, D. (2006) 'Pipeline unburial behaviour in loose sand'. *Int. Conf. on Offshore Mechanics and Arctic Engineering*,

Hamburg, Germany, Paper OMAE2006-92542.

Scot Kobus, L. C., Fogal, R. W. and Sacchi, E. (1989). 'Jack-up conversion for production'. *Mar. Struct.*, 2(3-5):193-211.

Senders, M. and Kay, S. (2002) 'Geotechnical suction pile anchor design in deep water soft clays'. *Proc. Conf. Deepwater Risers, Moor. Anchor.*, London.

Senders, M. and Randolph, M. F. (2009). CPT-based method for the installation of suction caissons in sand. *J. Geotech. Geoenv. Eng.*, ASCE, 135(1): 14-25.

Senpere, D. and Auvergne, G. A. (1982) 'Suction Anchor Piles—A Proven Alternative to Driving or Drilling'. *Proc. Annu. Offshore Tech. Conf.*, Houston, Texas, Paper OTC 4206.

Shiri, H. and Randolph, M. F. (2010) 'The influence of seabed response on fatigue performance of steel catenary risers in touchdown zone'. *Proc. Int. Conf. Offshore Mech. Arctic Eng.*, OMAE2010-21153, Shanghai.

Shuttle, D. A. and Jefferies, M. G. (1998) 'Dimensionless and unbiased CPT interpretation in sand'. *Int. J. Num. Anal. Methods Geomech.*, 22: 351-391.

Siddique, A., Farooq, S. M. and Clayton, C. R. I. (2000) 'Disturbances due to tube sampling in coastal soils'. *J. Geotech. Geonv. Eng.*, ASCE, 126(6): 568-575.

Silva, A. J. (1974) 'Marine Geomechanics: Overview and projections'. In: *Deep Sea Sediments*. A. L. Inderbitzen (ed.), Plenum Press, New York.

Sims, M. A., Smith, B. J. A and Reed, T. (2004) 'Bayu-Udan substructure foundations: Conception, design and installation aspects'. *Proc. Annu. Offshore Tech. Conf.*, Houston, Texas, Paper OTC 16158.

Skempton, A. W. (1951) 'The bearing capacity of clays'. *Proc. Build. Res. Cong.*, London, 1, 180-189.

Sloan, S. W. (1988) 'Lower bound limit analysis using finite elements and linear programming'. *Int. J. Numer. Anal. Methods Geomech.* 12: 61-77.

Sloan, S. W. (1989) 'Upper bound limit analysis using finite elements and linear programming'. *Int. J. Numer. Anal. Methods Geomech.* 13: 263-282.

Slowey, N., Bryant, B. and Bean, D. (2003) 'Sedimentation in the vicinity of the Sigsbee escarpment during the last 25,000 years'. *Proc. Annu. Offshore Tech. Conf.*, Houston, Texas, Paper OTC 15159.

SNAME (1997) 'Guidelines for site specific assessment of mobile jack-up units'. *Soc. of Naval Arch. Mar. Eng. Tech. Res. Bull.*, 5-5A Rev. 1, New Jersey.

SNAME (2002) 'Guidelines for site specific assessment of mobile jack-up units'. *Soc. of Naval Arch. Mar. Eng. Tech. Res. Bull.*, 5-5A Rev. 2, New Jersey.

Spidsøe, N. and Karunakaran, D. (1993) 'Non-linear dynamic behaviour of jack-up platforms'. *Proc. Int. Conf. Jack-Up Platforms Design*, City University, London.

Springman, S. M. and Schofield, A. N. (1998) 'Monotonic lateral load transfer from a jack-up platform lattice leg to a soft clay deposit'. *Proc. Conf. Centrifuge 98*, Tokyo, Balkema, 563-568.

Stewart, D. P. (2000) 'Program PYGMY version 2.31, p-y analysis of laterally loaded piles under general loading-user manual'. University of Western Australia. 64pp.

Stewart, D. P. and Finnie, I. M. S. (2001) 'Spudcan-footprint interaction during jack-up workovers'. *Proc. Int. Symp. Offshore Polar Eng. (ISOPE)*, Stavanger, Norway.

Stewart, D. P. and Randolph, M. F. (1991) 'A new site investigation tool for the centrifuge'. *Proc. Int. Conf. Centrifuge Model. Centrifuge 91*, Balkema, 531-538.

Stewart, D. P. and Randolph, M. F. (1994) 'T-Bar penetration testing in soft clay'. *J. Geot. Eng. Div.*, ASCE,

120(12): 2230-2235.

Stone, K. J. L., and Phan, K. D. (1995) 'Cone penetration tests near the plastic limit'. *Géotechnique*, 45(1): 155-158.

Støve, O. J., Bysveen, S. and Christophersen, H. P. (1992) 'New foundation systems for the Snorre development'. *Proc. Annu. Offshore Tech. Conf.*, Houston, Texas, Paper OTC 6882.

Subba Rao, K. S., Allam, M. M. and Robinson, R. G. (1998) 'Interfacial friction between sands and solid surfaces'. *Proc. Inst. Civil Eng. Geotech. Eng.* 131(2): 75-82.

Sullivan, R. A. (1980). 'North Sea foundation investigation techniques'. Marine Geotechnics, 4(1):1-30.

Sultan, N., Voisset, M., Marsset, T., Vernant, A. M., Cauquil, E., Colliat, J. L. and Curinier, V. (2007) 'Detection of free gas and gas hydrate based on 3D seismic data and cone penetration testing: An example from the Nigerian Continental Slope'. *Mar. Geol.*, 240: 235-255.

Supachawarote, C., Randolph, M. F. and Gourvenec, S. (2004) 'Inclined pull-out capacity of suction caissons'. *Proc. Int. Symp. Offshore Polar Eng.* (*ISOPE*), Toulon, France, 2: 500-506.

Supachawarote, C., Randolph, M. F. and Gourvenec, S. (2005) 'The effect of crack formation on the inclined pull-out capacity of suction caissons'. *Proc. Int. Assoc. Comp. Methods Adv. Geomech.* (*IACMAG*), Turin, Italy, 577-584.

Svano G. (1981) *Undrained Effective Stress Analysis*. PhD Thesis, Norwegian Institute of Technology, Trondheim, Norway.

Taiebat, H. A. and Carter, J. P. (2000) 'Numerical studies of the bearing capacity of shallow foundations on cohesive soil subjected to combined loading'. *Géotechnique*, 50(4): 409-418.

Taiebat, H. A. and Carter, J. P. (2002) 'A failure surface for the bearing capacity of circular footings on saturated clays'. *Proc. Int. Symp. Num. Models Geomech.* (*NUMOG*), Rome, Italy, 457-462.

Taiebat, H. A. and Carter, J. P. (2010) 'A failure surface for circular footings on cohesive soils'. *Géotechnique*, 60(4): 265-273.

Tan, F. S. C. (1990) *Centrifuge and Theoretical Modelling of Conical Footings on Sand*. PhD Thesis, University of Cambridge.

Tani, K. and Craig, W. H. (1995) 'Bearing capacity of circular foundations on soft clay of strength increasing with depth'. *Soils Found.*, 35(2): 37-47.

Taylor, D. W. (1948) *Fundamentals of Soil Mechanics*. Wiley & Sons, New York.

Teh, C. I. and Houlsby, G. T. (1991) 'An analytical study of the cone penetration test in clay'. *Géotechnique*, 41(1):17.

Teh, K. L. (2007). *Punch-Through of Spudcan Foundation in Sand Overlying Clay*. PhD Thesis, National University of Singapore, Singapore.

Teh, K. L., Cassidy, M. J., Chow and Y. K. and Leung, C. F. (2006) 'Effects of scale and progressive failure on spudcan ultimate bearing capacity in sand'. *Proc. Int. Symp. Ultimate Limit States Geotech. Struct.* (*ELU-ULS, Géotechnique*), Marne-la-Vallee, France: 481-489.

Teh, K. L., Cassidy, M. J., Leung, C. F., Chow, Y. K., Randolph, M. F. and Quah, C. K. (2008) 'Revealing the bearing failure mechanisms of a penetrating spudcan through sand overlaying clay'. *Géotechnique*, 58(10): 793-804.

Teh, K. L., Leung, C. F., Chow, Y. K. and Cassidy, M. J. (2010) 'Centrifuge model study of spudcan penetration in sand overlying clay'. *Géotechnique*, 60(11): 825-842.

Teh, T. C., Palmer, A. C., Bolton, M. D. and Damgaard, J. S. (2006) 'Stability of submarine pipelines on liquefied seabeds'. *J. Waterw. Port Coastal Ocean Eng.*, ASCE, 132 (4): 244-251.

Temperton, I., Stoner, R. W. P. and Springett, C. N. (1997) 'Measured jack-up fixity: analysis of instrumentation data from three North Sea jack-up units and correlation to site assessment procedures'. *Proc. Int. Conf. Jack-Up Platform Des. Constr. Oper.*, City University, London.

Terzaghi, K. (1923) 'Die Berechnung der Durchlassigkeitsziffer des Tones aus der Verlaug der Hydrodynamischen Spannungsercheinungen'. *Akademie der Wissenchaften in Wein, Sitzungsberichte Mathematish Naturwissenschaftliche Klasse.* Part IIa 132(3/4): 125-138.

Terzaghi, K. (1943). *Theoretical Soil Mechanics.* Wiley, New York.

Tetlow, J. H. and Leece, M. (1982) Hutton TLP mooring system. *Proc. Annu. Offshore Tech. Conf.*, Houston, Texas, Paper OTC 4428.

Tetlow, J. H., Ellis, N. and Mitra, J. K. (1983) 'The Hutton tension leg platform'. *Proc. Conf. Design Offshore Struct.*, Thomas Telford, London. 137-150.

Thethi, R. and Moros, T. (2001) 'Soil interaction effects on simple catenary riser response'. *Deepwater Pipeline Riser Tech. Conf.*, Houston Texas.

Thorne, C. P. (1998) 'Penetration and load capacity of marine drag anchors in soft clay'. *J. Geotech. Geoenv. Eng.*, ASCE, 124(10): 945-953.

Thusyanthan, N. I., Mesmar, S., Wang J. and Haigh, S. K. (2010) 'Uplift resistance of buried pipelines and the DNV-RP-F110 guideline'. *Proc. Offshore Pipeline Tech. Conf.*, Amsterdam, The Netherlands, p. 20.

Tian, Y. and Cassidy, M. J. (2008) 'Modelling of pipe-soil interaction and its application in numerical simulation'. *Int. J. Geomech.*, ASCE, 8(4): 213-229.

Tjelta, T. I. (1993) 'Foundation behaviour of Gullfaks C'. *Proc. Offshore Site Investigation Fdn. Behav., Soc. Underwater Tech.*, 28: 451-467.

Tjelta, T. I. (1995). 'Geotechnical experience from the installation of the Europipe jacket with bucket foundations'. *Proc. Annu. Offshore Tech. Conf.*, Houston, Texas, Paper OTC 7795.

Tjelta, T. I. (1998) 'Foundation design for deepwater gravity base structure with long skirts on soft soil.' *Proc. Int. Conf. on Behaviour of Offshore Structures, BOSS'98*, The Hague, 173-192.

Tjelta, T. I. and Haaland, G. (1993) 'Novel foundation concept for a jacket finding its place'. *Proc. Offshore Site Invest. Found. Behav., Soc. Underwater Tech.*, 28: 717-728.

Tjelta, T. I, Tieges, A. W. W., Smits, F. P., Geise, J. M. and Lunne, T. (1985) 'In situ density measurements by nuclear backscatter for an offshore soil investigation'. *Proc. Annu. Offshore Tech. Conf.*, Houston, Texas, Paper OTC 6473.

Tjelta, T. I., Guttormsen, T. R and Hernstad, J. (1986) 'Large scale penetration test at a deepwater site'. *Proc. Ann. Offshore Tech. Conf.*, Houston, Texas, Paper OTC 5103.

Tjelta, T. I., Aas, P. M., Hermstad, J. and Andenaes, E. (1990) 'The skirt piled Gullfaks C platform installation.' *Proc. Annual Offshore Technology Conf., Houston*, Paper OTC 6473.

Tran, M. (2005) *Installation of Suction Caisson in Dense Sand and the Influence of Silt and Cemented Layers.* PhD Thesis, University of Sydney, Australia.

Tran, M. N. and Randolph, M. F. (2008) 'Variation of suction pressure during caisson installation in sand'. *Géotechnique*, 58(1): 1-11.

Trautmann, C. H., and O'Rourke, T. D. (1985) 'Lateral force-displacement response of buried pipe'. *J.*

Geotech. Eng. , ASCE, 111(9): 1077-1092.

Treacy, G. (2003) *Reinstallation of Spudcan Footings Next to Existing Footprints*. Honours Thesis, University of Western Australia.

Tromans, P. S., Anaturk, A. R. and Hagemeijer, P. (1991)'A new model for the kinematics of large ocean waves-applications as a design wave-.' *Proc. 1st Int. Offshore and Polar Engng Conf.* , Edinburgh, Vol. 3, pp. 64-71.

True, D. G. (1976) *Undrained Vertical Penetration into Ocean Bottom Soils*. PhD Thesis, University of California, Berkeley, California.

Uesugi, M., and Kishida, H. (1986a)'Influential factors of friction between steel and dry sand'. *Soils Found.* , 26(2): 33-46.

Uesugi, M. and Kishida, H. (1986b). 'Frictional resistance at yield between dry sand and mild steel'. *Soils Found.* , 26(4): 139-149.

Ukritchon, B. Whittle, A. J. and Sloan, S. W. (1998)'Undrained limit analysis for combined loading of strip footings on clay'. *J. Geot. Geoenv. Eng.*, ASCE, 124(3): 265-276.

Vade, Y. P. and Campenella, R. G. (1977)'Time-dependent behaviour of undisturbed clay'. *J. Geotech. Eng.* , ASCE, 103(GT7): 693-709.

Vanden Berghe, J. F., Cathie, D. and Ballard, J. -C. (2005)'Pipeline uplift mechanisms using finite element analysis'. *Proc. Int. Conf. Soil Mech. Found. Eng. (ICSMGE)*, Osaka, Japan, 3: 1801-1804.

Van Langen, H., Wong, P. C., and Dean, E. T. R. (1999)'Formation and validation of a theoretical model for jack-up foundation load-displacement analysis'. *Mar. Struct.* , 12(4): 215-230.

Veldman, H. and Lagers, G. (1997) *50 Years Offshore. Foundation for Offshore Studies*. Delft, The Netherlands.

Verley, R. L. P. and Lund, K. M. (1995)'A soil resistance model for pipelines placed on clay soils'. *Proc. Int. Conf. Offshore Mech. Arctic Eng. (OMAE)*, Copenhagen, Denmark, V: 225-232.

Verley, R. L. P. and Sotberg, T. (1994)'A soil resistance model for pipelines placed on sandy soils'. *J. Offshore Mech. Arctic Eng.* , ASME, 116(3): 145-153.

Vesic, A. S. (1975) 'Bearing capacity of shallow foundations'. In: *Foundation Engineering Handbook*, Winterkorn, H. F. and Fang, H. Y. (eds.), Van Nostrand, New York, 121-147.

Vesic, A. S. (1977) *Design of Pile Foundations, National Co-operative Highway Research Program, Synthesis of Highway Practice No* 42. Transportation Research Board, National Research Council, Washington D. C., p. 68.

Vivatrat, V., Valent, P. J. and Ponterio, A. (1982)'The influence of chain friction on anchor pile design'. *Proc. Annu. Offshore Tech. Conf.* , Houston, Texas, Paper OTC 4178.

Vlahos, G. (2004). *Physical and Numerical Modelling of a Three-Legged Jack-Up Structure on Clay Soil*. PhD Thesis, University of Western Australia.

Vlahos, G., Cassidy, M. J. and Byrne, B. W. (2006)'The behaviour of spudcan footings on clay subjected to combined cyclic loading'. *Appl. Ocean Res.* , 28(3): 209-221.

Vlahos, G., Cassidy, M. J. and Martin, C. M. (2008)'Implementation of a force-resultant model describing spudcan load-displacement behaviour using an implicit integration scheme'. *Proc. Int. Symp. Offshore Polar Eng.* , Vancouver, Canada, 2: 713-720.

Vlahos, G., Martin, C. M. and Cassidy, M. J. (2001). 'Experimental investigation of a model jack-up unit'. *Proc. Int. Symp. Offshore Polar Eng.* , Stavanger, Norway, 2001-JSC-152, 1: 97-105.

Vryhof Anchors (1990) *Vryhof Anchor Manual*. Vryhof Anchors, The Netherlands.

Vugts, J. S. (1990)'Environmental forces in relation to structure design or assessment—a personal view towards integration of the various aspects involved'. *Keynote paper*, *Proc. Environ. Forces Offshore Struct.*, *Soc. Underwater Tech.*, London.

Wagner, D. A., Murff, J. D., Brennodden, H. and Sveggenm O. (1989)'Pipe-soil interaction model'. *J. Waterw. Port Coastal Ocean Eng.*, ASCE, 115(2): 205-20.

Wang, D, Hu, Y. and Randolph, M. F. (2010)'Keying of rectangular plate anchors in normally consolidated clays'. *J. Geotech. Geoenv. Eng.*, ASCE.

Wang, D., White, D. J. and Randolph, M. F. (2009)'Numerical simulation of pipeline dynamic laying process'. *Proc. Int. Conf. Offshore Mech. Arctic Eng. (OMAE)*, Honolulu, Hawaii, Paper OMAE2009-79199.

Watson, P. G. and Humpheson, C. (2005)'Geotechnical interpretation for the Yolla A Platform'. *Proc. Int. Symp. Front. Offshore Geotech. (ISFOG)*, Perth, Australia, 343-349.

Wesselink, B. D., Murff, J. D., Randolph, M. F., Nunez, I. L. and Hyden, A. M. (1988)'Analysis of centrifuge model test data from laterally loaded piles in calcareous sand'. *Proc. Int. Conf. Eng. Calcareous Sediments*, Perth, Australia, 1: 261-270.

Westgate, Z. W., White, D. J. and Randolph, M. F. (2009)'Video observations of dynamic embedment during pipelaying on soft clay'. *Proc. Int. Conf. Offshore Mech. Arctic Eng. (OMAE)*, Honolulu, Hawaii, Paper OMAE2009-79814.

Westgate, Z. W., White, D. J., Randolph, M. F. and Brunning, P. (2010)'Pipeline laying and embedment in soft fine-grained soils: Field observations and numerical simulations'. *Proc. Annu Offshore Tech. Conf.*, Houston, Texas, Paper OTC 20407.

White, D. J. (2003)'PSD Measurement using the single particle optical sizing (SPOS) method'. *Géotechnique*, 53(3): 317-326.

White, D. J. (2005)'A general framework for shaft resistance on displacement piles in sand'. *Proc. Int. Symp. Front. Offshore Geotech.*, Perth, Australia, 697-703.

White, D. J. and Bolton, M. D. (2004). 'Displacement and strain paths during pile installation in sand'. *Géotechnique*, 54(6): 375-398.

White, D. J. and Bolton, M. D. (2005)'Comparing CPT and pile base resistance in sand'. *Proc. Inst. Civil Engng. Geotech. Eng.* 158(GE1): 3-14.

White, D. J. and Cheuk, C. Y. (2008)'Modelling the soil resistance on seabed pipelines during large cycles of lateral movement'. *Mar. Struct.*, 21(1): 59-79.

White, D. J. and Dingle, H. R. C. (2010)'The mechanism of steady'friction' between seabed pipelines and clay soils'. *Géotechnique*, In Press.

White, D. J. and Gaudin, C. (2008)'Simulation of seabed pipe-soil interaction using geotechnical centrifuge modelling'. *Proc. 1st Asia-Pacific Deep Offshore Tech. Conf.*, Perth, Australia, p. 28

White, D. J. and Randolph, M. F. (2007)'Seabed characterisation and models for pipeline-soil interaction'. *Int. J. Offshore Polar Eng.*, 17(3): 193-204.

White, D. J., Take W. A. and Bolton M. D. (2003) 'Soil deformation measurement using particle image velocimetry (PIV) and photogrammetry'. *Géotechnique*, 53(7): 619-631.

White, D. J., Schneider, J. A. and Lehane, B. M. (2005)'The influence of effective area ratio on shaft friction of displacement piles in sand'. *Proc. Int. Symp. Front. Offshore Geotech.*, Perth, Australia, 741-747.

White, D. J., Cheuk C. Y. and Bolton M. D. (2008) 'The uplift resistance of pipes and plate anchors buried in sand'. *Géotechnique*, 58(10): 761-770.

White, D. J., Teh, K. L., Leung, C. F. and Chow, Y. K. (2008) 'A comparison of the bearing capacity of flat and conical circular foundations on sand'. *Géotechnique*, (58)10: 781-792.

White, D. J., Gaudin, C., Boylan, N and Zhou, H. (2010) 'Interpretation of T-bar penetrometer tests at shallow embedment and in very soft soils'. *Can Geotech. J.*, 47(2): 218-229.

Whittle, A. J., Sutabutr, T., Germaine, J. T. and Varney, A. (2001) 'Prediction and interpretation of pore pressure dissipation for a tapered piezoprobe'. *Géotechnique*, 51(7): 601-617.

Wilde, B., Treu, H. and Fulton, T. (2001) 'Field testing of suction embedded plate anchors'. *Proc. Int. Symp. Offshore Polar Eng.* (*ISOPE*), Stavanger, Norway, 2: 544-551.

Williams M. S., ThompsonR. S. G. and Houlsby G. T. (1998) 'Non-linear dynamic analysis of offshore jack-up units'. *Comput. Struct.*, 69(2): 171-180.

Wiltsie, E. A., Hulett, J. M., Murff, J. D. Hyden, A. M. and Abbs, A. F. (1988) 'Foundation design for external strut strengthening system for Bass Strait first generation platforms'. *Proc. Conf. Eng. Calcareous Sediments*, Perth, Australia, 2: 321-330.

Woodside Offshore Petroleum (1988) 'General information on the North Rankin A platform'. *Proc. Int. Conf. Calcareous Sediments*, Perth, Australia, 2: 761-773.

Wroth, C. P. and Wood, D. M. (1978) 'The correlation of index properties with some basic engineering properties of soils'. *Can Geotech. J.*, 15(2): 137-145.

Xu, X. and Lehane, B. M. (2008) 'Pile and penetrometer end bearing resistance in two-layered soil profiles'. *Géotechnique*, 58(3): 187-197.

Xu, X. T., Schneider, J. A. and Lehane, B. M. (2008) 'Cone penetration test (CPT) methods for end-bearing assessment of open-and closed-ended driven piles in siliceous sand'. *Can Geotech. J.*, 45(1): 1130-1141.

Yafrate, N., DeJong, J., DeGroot, D. and Randolph, M. F. (2009) 'Evaluation of remolded shear strength and sensitivity of soft clay using full flow penetrometers'. *J. Geotech. Geoenv. Eng.*, ASCE, 135(9): 1179-1189.

Yamamoto, N., Randolph, M. F. and Einav, I. (2008) 'Simple formulae for the response of shallow foundations on compressible sands'. *Int. J. Geomech.*, ASCE, 8(4): 230-239.

Yamamoto, N., Randolph, M. F. and Einav, I. (2009) 'A numerical study of the effect of foundation size for a wide range of sands'. *J. Geotech. Geoenv. Eng.*, ASCE, 135(1): 37-45.

Yasuhara, K. and Andersen, K. H. (1991) 'Recompression of normally consolidated clay after cyclic loading'. *Soils Found.*, 31(1): 83-94.

Yegorov, K. E. and Nitchporovich, A. A. (1961) 'Research on the deflection of foundations'. *Proc. Int. Conf. Soil Mech. Found. Eng.* (*ICSMFE*), Paris, France, 1: 861-866.

Yimsiri, S. Soga, K., Yoshizaki, K., Dasari, G. R. and O'Rourke, T. D. (2004) 'Lateral and upward soil-pipeline interactions in sand for deep embedment conditions'. *J. Geotech. Geoenv. Eng.*, ASCE, 130(8): 830-842.

Young, A. G. and Focht, J. A. (1981) 'Subsurface hazards affect mobile jack-up rig operations'. *Sounding*, McClelland Engineers Inc., Houston, Texas, 3(2): 4-9.

Young, A. G., Kraft, L. M. and Focht, J. A. (1975) 'Geotechnical considerations in foundation design of offshore gravity structures'. *Proc. Annu. Offshore Tech. Conf.*, Houston, Texas, Paper OTC 2371.

Young, A. G., Remmes, B. D. and Meyer, B. J. (1984) 'Foundation performance of offshore jackup drilling rigs'. *J. Geotech. Eng. Div.*, ASCE, 110(7): 841-859, Paper No. 18996.

Young, A. G., Honganen, C. D., Silva, A. J. and Bryant, W. R. (2000) 'Comparison of geotechnical properties from large diameter long cores and borings in deep water Gulf of Mexico'. Proc. Offshore Technology Conf., Houston, Paper OTC 12089.

Yu, H. S., Herrmann, L. R. and Boulanger, R. W. (2000) 'Analysis of steady cone penetration in clay'. *J. Geotech. Geoenv. Eng.*, ASCE, 126(7): 594-605.

Yun, G. and Bransby, M. F. (2007a) 'The undrained vertical bearing capacity of skirted foundations'. *Soils Found.*, 47(3): 493-505.

Yun, G. and Bransby, M. F. (2007b) 'The horizontal-moment capacity of embedded foundations in undrained soil'. *Can Geotech. J.*, 44(4): 409-424.

Zakeri, A. (2009) 'Submarine debris flow impact on suspended (free-span) pipelines: normal and longitudinal drag forces'. *Ocean Eng.* 36(6-7): 489-499.

Zdravkovic, L., Ng., P. M. and Potts, D. M. (2002) 'Bearing capacity of surface foundations on sand subjected to combined loading'. *Proc. Int. Conf. Num. Methods Geotech. Eng.* (*NUMGE*), Paris, France, 232-330.

Zelinski, G. W., Gunleiskrud, T., Sættem, J., Zuidberg, H. M. and Geise, J. M. (1986) 'Deep heat flow measurements in quaternary sediments on the Norwegian continental shelf'. *Proc. Annu. Offshore Tech. Conf.* Houston, Texas, Paper OTC 5183.

Zhang, C., White, D. J. and Randolph, M. F. (2010). 'Centrifuge modelling of the cyclic lateral response of a rigid pile in soft clay'. *J. Geotech. Geoenv. Engng.*, ASCE.

Zhang, J. and Erbrich, C. T., (2005) 'Stability design of untrenched pipelines-geotechnical aspects'. *Proc. Int. Symp. Front. Offshore Geotech.* (*ISFOG*), Perth, Australia, 623-628.

Zhang, J., Stewart, D. P. and Randolph, M. F. (2002a) 'Modelling of shallowly embedded offshore pipelines in calcareous sand'. *J. Geotech. Geoenv. Eng.*, ASCE, 128(5): 363-371.

Zhang J., Stewart D. P. and Randolph M. F. (2002b) 'Kinematic hardening model for pipelinesoil interaction under various loading conditions'. *Int. J. Geomech.*, 2(4): 419-446.

Zhang, L., Tang, W. H., Zhang, L. and Zheng, J. (2004) 'Reducing uncertainty of prediction from empirical correlations'. *J. Geotech. Geoenv. Eng.*, ASCE, 130(5): 526-534.

Zhao, M., and Cheng, L. (2008) 'Numerical modeling of local scour below a piggyback pipeline in currents'. *J. Hydraul. Eng.*, ASCE, 134(10): 1452-1463.

Zhou, H. and Randolph, M. F. (2009a) 'Resistance of full-flow penetrometers in rate-dependent and strain-softening clay'. *Géotechnique*, 59(2): 79-86.

Zhou, H. and Randolph, M. F. (2009b) 'Numerical investigations into cycling of full-flow penetrometers in soft clay'. *Géotechnique*, 59(10): 801-812.

Zhou, X. X., Chow, Y. K. and Leung, C. F. (2009) 'Numerical modelling of extraction of spudcans'. *Géotechnique*, 59(1): 29-39.

Zhu, F., Clark, J. I. and Phillips, R. (2001) 'Scale effect of strip and circular footings resting on dense sand'. *J. Geotech. Geoenv. Eng.*, ASCE, 127(7): 613-621.